高职高专"十三五"规划教材

化工自动化技术

主　编　刘法钦
副主编　刘文博　张丽萍

中国石油大学出版社
CHINA UNIVERSITY OF PETROLEUM PRESS

图书在版编目(CIP)数据

化工自动化技术 / 刘法钦主编. —东营:中国石油大学出版社,2018.7

ISBN 978-7-5636-6107-7

Ⅰ. ①化… Ⅱ. ①刘… Ⅲ. ①化工过程—自动控制—高等职业教育—教材 Ⅳ. ①TQ056

中国版本图书馆 CIP 数据核字(2018)第 160773 号

书　　名: 化工自动化技术
HUAGONG ZIDONGHUA JISHU

主　　编: 刘法钦

责任编辑: 满云凤(电话　0532—86981533)

封面设计: 赵志勇

出 版 者: 中国石油大学出版社
(地址:山东省青岛市黄岛区长江西路 66 号　邮编:266580)

网　　址: http://www.uppbook.com.cn

电子邮箱: yibian8392139@163.com

印 刷 者: 沂南县汇丰印刷有限公司

发 行 者: 中国石油大学出版社(电话　0532—86983437)

开　　本: 185 mm×260 mm

印　　张: 15.25

字　　数: 374 千

版 印 次: 2019 年 1 月第 1 版　2019 年 1 月第 1 次印刷

书　　号: ISBN 978-7-5636-6107-7

印　　数: 1—2 000 册

定　　价: 35.00 元

前言

Preface

自动化技术是当今举世瞩目的先进技术之一，该领域也是中国今后重点发展的一个高科技领域。自动化技术的研究开发和应用水平是衡量一个国家发达程度的重要标志，也是现代化社会的一大标志。

自动化技术的进步推动了工业生产的飞速发展，在促进产业革命中起着十分重要的作用，特别是在石油、化工、冶金、轻工业等领域，由于采用了自动化仪表和集中控制装置，促进了连续生产过程自动化的发展，大大地提高了劳动生产率，获得了巨大的社会效益和经济效益。

化工自动化是化工、炼油、冶金、轻工业等化工类型生产过程自动化的简称。在化工设备上配备一些自动化装置，来代替操作人员的部分直接劳动，使生产在不同程度上自动地进行，这种用自动化装置来管理化工生产过程的办法，称为化工自动化。

自动化是提高社会生产力的有力工具之一。实现化工生产过程自动化的目的应包括以下几个方面：

（1）加快生产速度，降低生产成本，提高产品产量和质量。在人工操作的生产过程中，由于人的五官、手、脚，对外界的观察与控制，其精确度和速度是有一定限度的，而且还存在体力问题。如果用自动化装置代替人的操作，则以上情况可以避免或得到改善，并且通过自动控制系统，使生产过程在最佳条件下进行，从而可以大大提高生产效率，降低能耗，实现优质高产。

（2）减轻劳动强度，改善劳动条件。多数化工生产过程是在高温、高压或低温、低压环境下进行，还有的是易燃、易爆或有毒、有腐蚀性、有刺激性气味的环境，而实现化工自动化后，工人只要对自动化装置的运转进行监视，而不需要再直接从事大量危险的操作。

（3）能够保证生产安全，防止事故发生或扩大，达到延长设备使用寿命、提高设备利用率的目的。如离心式压缩机，往往由于操作不当引起喘振而损坏机体；聚合反应釜，往往因反应过程中温度过高而影响生产，假如对这些设备进行必要的自动控制，就可以防止或减少事故的发生。

（4）生产过程自动化的实现，能从根本上改变劳动方式，提高工人文化水平，为逐步消灭体力劳动和脑力劳动之间的差别创造条件。

由于现代自动化技术的发展，在化工行业，生产工艺、设备、控制与管理已逐渐成为一个有机的整体，因此，一方面，从事化工过程控制的技术人员必须深入了解和熟悉生产工艺与设备；另一方面，化工工艺技术人员必须具有相应的自动控制的知识。现在，越来越多的工艺技术人员认识到：学习自动化及仪表方面的知识，对于管理与开发现代化化工生产过程是十分重要的。为此，化工工艺类专业设置了本门课程。通过本课程的学习，应能了解化工自动化的基本知识，理解自动控制系统的组成、基本原理及各环节的作用；能根据工艺要求，与自动控制设计人员共同讨论和提出合理的自动控制方案；能在工艺设计或技术改造中，与自动控制设计人员密切合作，综合考虑工艺与控制两个方面，并为自动控制设计人员提供正确的工艺条件与数据；能了解化工对象的基本特性及其对控制过程的影响；能了解基本控制规律及其控制器参数与被控过程的控制质量之间的关系；能了解主要工艺参数（温度、压力、流量及物位）的基本测量方法和仪表的工作原理及其特点；在生产控制、管理和调度中，能正确地选用和使用常见的测量仪表和控制装置，使它们充分发挥作用；能在生产开停车过程中，初步掌握自动控制系统的投运及控制器的参数整定；能在自动控制系统运行过程中，发现和分析出现的一些问题和现象，以便提出正确的解决办法；能在处理各类技术问题时，应用一些控制论、系统论、信息论的观点来分析思考，寻求考虑整体条件、考虑事物间相互关联的综合解决方案。

化工生产过程自动化是一门综合性的技术学科。它应用自动控制学科、仪器仪表学科及计算机学科的理论与技术服务于化学工程学科。然而，化学工程本身又是一门覆盖面很广的学科，化工过程有其自身的规律，而化学工艺更是类型纷繁。对于熟悉化学工程学科的人员，如能再学习和掌握一些检测技术和控制系统方面的知识，必能在推进化工自动化技术发展中，起到事半功倍的作用。

化工生产过程自动化，一般要包括自动检测、自动保护、自动操纵和自动控制等方面的内容：

(1) 自动检测系统。

利用各种检测仪表对主要工艺参数进行测量、指示或记录的系统，称为自动检测系统。它代替了操作人员对工艺参数的不断观察与记录，因此起到“人的眼睛”的作用。

(2) 自动信号和联锁保护系统。

生产过程中，有时由于一些偶然因素的影响，导致工艺参数超出允许的变化范围而出现不正常情况时，就有引起事故的可能。为此，常对某些关键性参数设有自动信号联锁装置。当工艺参数超过了允许范围，在事故即将发生以前，信号系统就自动地发出声光信号，提醒操作人员注意，并及时采取措施。如工况已达到危险状态时，联锁系统立即自动采取紧急措施，打开安全阀或切断某些通路，必要时紧急停车，以防止事故的发生和扩大。它是生产过程中的一种安全装置。例如某反应器的反应温度超过了允许极限值，自动信号系统就会发出声光信号，报警给工艺操作人员以及时处理生产事故。由于生产过程的强化，往往靠操作人员处理事故已成为不可能，因为在一个强化的生产过程中，事故常常会在几秒钟内发生，由操作人员直接处理是根本来不及的。自动联锁保护系统可以圆满地解决这类问题，如当反应器的温度或压力进入危险限时，联锁系统可立即采取应急措施，加大冷却剂量或关闭进料阀门，减缓或停止反应，从而可避免引起爆炸等生产事故。

（3）自动操纵及自动开停车系统。

自动操纵系统可以根据预先规定的步骤自动地对生产设备进行某种周期性操作。例如合成氨造气车间的煤气发生炉，要求按照吹风、上吹、下吹、制气、吹净等步骤周期性地接通空气和水蒸气，利用自动操纵机可以代替人工自动地按照一定的时间程序扳动空气和水蒸气的阀门，使它们交替地接通煤气发生炉，从而极大地减轻了操作人员的重复性体力劳动。

自动开停车系统可以按照预先规定好的步骤，将生产过程自动地投入运行或自动停车。

（4）自动控制系统。

生产过程中各种工艺条件不可能是一成不变的。特别是化工生产，大多数是连续性生产，各设备相互关联，当其中某一设备的工艺条件发生变化时，就可能引起其他设备中某些参数或多或少地波动，偏离了正常的工艺条件，为此，就需要用一些自动控制装置，对生产中某些关键性参数进行自动控制，使它们在受到外界干扰（扰动）的影响而偏离正常状态时，能自动地控制并回到规定的数值范围内，为此目的而设置的系统就是自动控制系统。

由以上所述可以看出，自动检测系统只能完成“了解”生产过程进行情况的任务；信号联锁保护系统只能在工艺条件进入某种极限状态时，采取安全措施，以避免生产事故的发生；自动操纵系统只能按照预先规定好的步骤进行某种周期性操作；只有自动控制系统才能自动地排除各种干扰因素对工艺参数的影响，使它们始终保持在预先规定的数值上，保证生产维持在正常或最佳的工艺操作状态。因此，自动控制系统是自动化生产中的核心部分，也是本课程了解和学习的重点。

通过本门课程的学习，应能掌握自动控制系统的组成、系统运行的基本要求、系统的控制指标、对象特性以及控制器的控制规律；能掌握化工检测仪表基本知识、四大常规参数检测方法及其仪表的工作原理和特点；了解各种类型的控制装置包括 DCS、PLC、FCS；掌握常规的简单和复杂控制系统，理解控制器参数是如何影响控制系统质量的；熟悉化工生产过程中常见设备的控制方案。

编　者
2018.8

目录

Contents

模块1 自动控制基础

本模块主要介绍自动控制的一些基本知识和基本概念，如系统组成、分类、工作原理、系统运行的基本要求，以及系统过渡过程的品质指标、管道及仪表流程图；对象特性的类型、对象特性一般分析、对象特性参数的实验测定，控制器的基本控制规律等，为后面模块的学习奠定基础。

1.1 自动控制系统概述

本章首先介绍自动控制的一些基本概念，如系统组成、工作原理、动态及反馈，以及过渡过程的品质指标等，为后面章节的学习提供必要的基础知识。

1.1.1 自动控制系统的组成

自动控制系统是在人工控制的基础上产生和发展起来的。为了对自动控制有一个更加清晰的了解，下面对人工操作与自动控制做一下对比与分析。

图 1-1-1 所示是一个液体贮槽，在生产中常用来作为一般的中间容器或成品罐。从前一个工序出来的物料连续不断地流入贮槽中，而贮槽中的液体又送至下一工序进行加工或包装。当流入量 Q_i（或流出量 Q_o）波动就会引起贮槽内液位的波动，严重时会溢出或抽空。解决这个问题最简单的办法，是以贮槽液位为操作指标，以改变出口阀门开度为控制手段，如图 1-1-1 所示。当液位上升时，将出口阀门开大，液位上升越多，阀门开得越大；反之，当液位下降时，则关小出口阀门，液位下降越多，阀门关得越小。为了使液位上升和下降都有足够的余地，选择玻璃管液位计指示值中间的某一点为正常工作时的液位高度，通过改变出口阀门开度而使液位保持在这一高度上，这样就不会出现贮槽中液位过高而溢出槽外，或将贮槽内液体抽空而发生事故的现象。归纳起来，操作人员所进行的工作有以下三个方面。

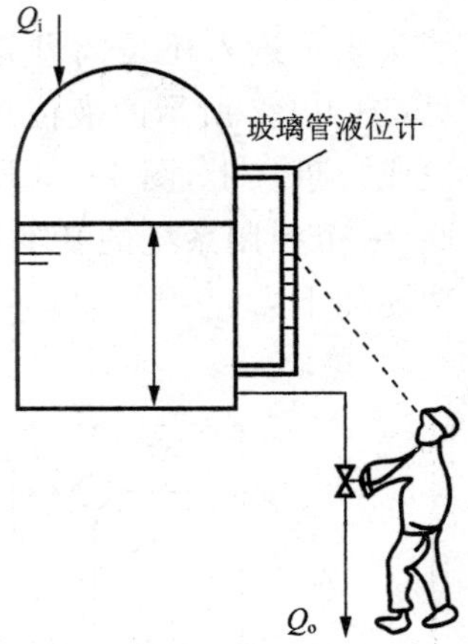

图 1-1-1　液位人工控制

（1）检测。用眼睛观察玻璃管液位计（测量元件）中液位的高低。

(2) 运算、命令。大脑根据眼睛看到的液位高度，与要求的液位值进行比较，得出偏差的大小和正负，然后根据操作经验，经思考、决策后发出命令。

(3) 执行。根据大脑发出的命令，通过手去改变阀门开度，以改变出口流量 Q_o，从而使液位保持在所需高度上。

眼、脑、手三个器官，分别担负了检测、运算/决策和执行三个任务，来完成测量偏差、操纵阀门以纠正偏差的全过程。

若采用一套自动控制装置来取代上述人工操作，就称为液位自动控制。自动化装置和液体贮槽一起，构成了图 1-1-2 所示的自动控制系统。

下面结合图 1-1-2 的例子介绍几个常用术语。

(1) 被控对象。需要实现控制的设备、机械或生产过程称为被控对象，简称对象，如图 1-1-2 中的液体贮槽。

(2) 被控变量。对象内要求保持一定数值(或按某一规律变化)的物理量称为被控变量，如图 1-1-2 中的液位。被控变量也即为对象的输出变量。

(3) 操纵变量。受执行器控制，用以使被控变量保持一定数值的物料或能量称为操纵变量，如图 1-1-2 所示的出料流量。

(4) 干扰(扰动)。除操纵变量以外，作用于对象并引起被控变量变化的一切因素称为干扰，如图 1-1-2 中的流入贮槽的液体流量。

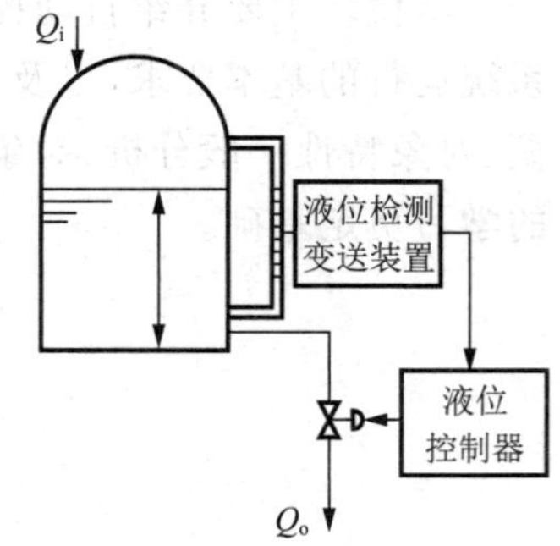

图 1-1-2　液位自动控制

(5) 给(设)定值。工艺规定被控变量所要保持的数值，如图 1-1-2 中的液位高度。

(6) 偏差。偏差本应是被控变量的给定值与实际值之差，但能获取的信息是被控变量的测量值而非实际值。因此，在控制系统中通常把给定值与测量值之差定义为偏差。

图 1-1-2 所示的液位自动控制系统各环节之间的联系可用图 1-1-3 来表示。每个方块表示组成系统的一个环节，两个方块之间用一条带箭头的线段表示其相互间的信号联系，箭头表示进入还是离开这个方块，线上的字母表示相互间的作用信号。由图 1-1-3 可见，图 1-1-2 所示的液位自动控制系统由控制器、执行器、被控对象及检测变送器四部分组成。事实上，图 1-1-3 所示的结构也就是一个典型的简单控制系统的基本组成。因此，一个控制系统的基本组成环节为控制器、执行器、检测变送器及被控对象，各部分的功能如下：

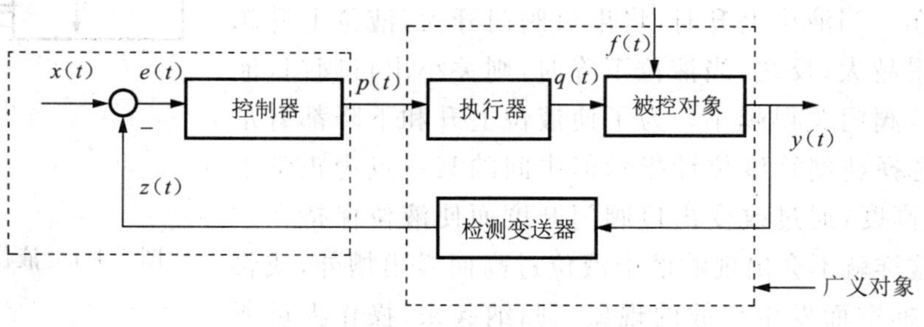

图 1-1-3　自动控制系统方块图

(1) 检测变送器。它测量被控变量 $y(t)$,并将被控变量转换为特定的标准信号 $z(t)$。

(2) 控制器。它接收来自变送器的信号,与给定值进行比较得出偏差 $e(t)=x(t)-z(t)$,并根据一定的规律进行运算,输出信号传送给执行器。比较机构是控制器的一个组成部分。

(3) 执行器。它根据控制器送来的信号相应地改变操纵变量,以达到控制被控变量的目的。

(4) 被控对象。需要实现控制的设备、机械或生产过程称为被控对象,简称对象。

有时,为了分析问题方便,常把图中执行器、被控对象及检测变送器合在一起统称为广义对象,则图 1-1-3 又可用图 1-1-4 表示。

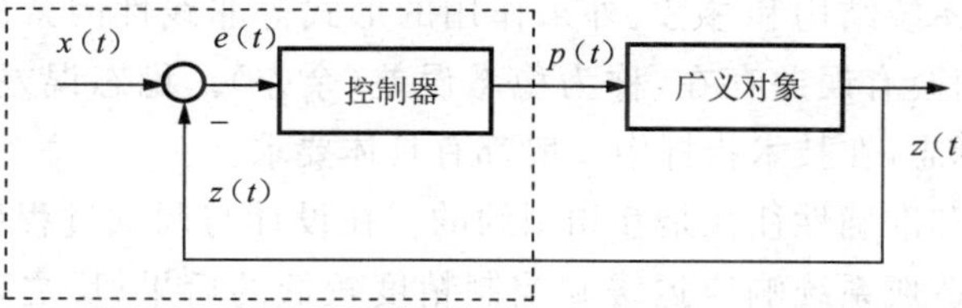

图 1-1-4 控制器与广义对象之间的关系

1.1.2 系统运行的基本要求

1. 系统运行的基本要求

自动控制理论是研究各种自动控制系统共同规律的一门学科。尽管自动控制系统有不同的类型,对每个系统也都有不同的特殊要求,但是,对于每一种类型的控制系统,对被控变量变化全过程提出的基本要求都是一样的。

由于系统在控制过程中存在着动态过程,所以自动控制系统性能的好坏,不仅取决于系统稳态时的控制精度,还取决于动态时的工作状况。因此,对自动控制系统的基本技术性能的要求,包含静态和动态两个方面,一般可以将其归纳为稳定性、快速性和准确性,即"稳、快、准"的要求。

(1) 稳定性。

稳定性是指系统受到外来作用后,其动态过程的振荡倾向和系统恢复平衡的能力。如果系统受到外来作用后,其被控变量在一定时间内可以达到某一稳定状态,则称系统是稳定的;否则,则称系统是不稳定的。

稳定性是保证控制系统正常工作的先决条件。对于一个稳定的控制系统,其被控变量偏离给定值的初始偏差应随时间的增长而逐渐减小或趋近于零。具体来说,对于稳定的定值控制系统,当被控变量因扰动作用而偏离给定值后,经过一个动态过程,被控变量应恢复到原来的给定值状态;对于稳定的随动控制系统,被控变量应能始终跟踪给定值的变化。反之,不稳定的控制系统,其被控变量偏离给定值的初始偏差将随时间的增长而发散,因此,不稳定的控制系统无法实现预定的控制任务。

线性自动控制系统的稳定性是由系统结构和参数所决定的,与外界因素无关。因此,保证控制系统的稳定性,是设计和操作人员的首要任务。

（2）快速性。

一个能在工业生产中实际应用的控制系统，仅仅满足稳定性要求是不够的。为满足生产实际的要求，还必须对其动态过程的形式和快慢提出要求，一般称为动态性能。

快速性是通过动态过程持续时间的长短来表征的。输入变化后，系统重新稳定下来所经历的过渡过程的时间越短，表明快速性越好；反之亦然。快速性表明了系统输出对输入响应的快慢程度。因此，提高响应速度、缩短过渡过程的时间，对提高系统的控制效率和控制过程的精度都是有利的。

（3）准确性。

理想情况下，当过渡过程结束后，被控变量达到的稳态值（即平衡状态）应与给定值一致。但实际上，由于系统结构和参数、外来作用的形式等非线性因素的影响，被控变量的稳态值与给定值之间会有误差存在，称为稳态误差（余差）。稳态误差是衡量控制系统静态控制精度的重要标志，在技术指标中一般都有具体要求。

稳定性、快速性和准确性往往是互相制约的。在设计与调试过程中，若过分强调系统的稳定性，则可能会造成系统响应迟缓和控制精度较低的后果；反之，若过分强调系统响应的快速性，则又会使系统的振荡加剧，甚至引起不稳定。

根据工作任务的不同分析和设计一个自动控制系统，使其对三方面的性能要求有所侧重，并兼顾其他，以全面满足要求，这正是本课程所要研究的内容。

再看图 1-1-3 可知，控制系统实际上是各环节输入与输出信息相互作用的一个整体，所以整个系统能否稳定运行和系统中的各个环节的特性有关，其中反馈性质更为重要。反馈是控制系统的输出（即被控变量）通过测量、变送环节返回到控制系统的输入端，并与给定值比较的过程。若反馈的结果是使系统的输出减小则称为负反馈；反之，使系统的输出增加的反馈则称为正反馈。工业控制系统一般情况下都应为负反馈。

2. 闭环与开环

系统的输出被反馈到输入端并与给定值进行比较的系统称为闭环系统，此时系统根据给定值与测量值的偏差进行控制，直至消除偏差。系统的输出没有被反馈到输入端，执行器只根据输入信号进行控制的系统称为开环系统，此时系统的输出与给定值及测量值之间的偏差无关。

综上所述，要实现自动控制，系统必须闭环。闭环控制系统稳定运行最基本的必要条件是负反馈。因此自动控制系统必须构成闭环负反馈系统。

3. 正作用与反作用

能否构成闭环负反馈系统和系统中各环节的特性有关。输出信号随输入信号的增加而增加的环节称为正作用环节；而输出信号随输入信号的增加而减小的环节称为反作用环节。由于检测变送环节一般均具有正作用特性，所以，图 1-1-3 所示的系统要构成负反馈，则控制器、执行器、被控对象三个环节串联相乘后应具有反作用特性。或从图 1-1-4 来看，系统要构成负反馈，则当广义对象为正作用特性时，控制器应为反作用特性；当广义对象为反作用特性时，则控制器应为正作用特性。

由于被控对象和执行器的特性是由实际的工艺现场条件决定的，所以应当通过控制器的正反作用特性的选择来满足系统负反馈的要求。

1.1.3 自动控制系统的分类

自动控制系统有多种分类方法。按系统的反馈形式可以分为开环控制系统与闭环控制系统;按系统的结构形式可以分为简单控制系统与复杂控制系统;按系统的给定值是否变化可以分为定值控制系统、随动控制系统和程序控制系统。

1. 定值控制系统

给定值恒定不变的闭环控制系统称为定值控制系统。在生产过程中,若工艺要求被控变量为恒定值,那么,就需要采用定值控制系统。图 1-1-2 所示的液位控制系统就是定值控制系统。其目的是为了使贮槽内的液位保持恒定。

2. 随动控制系统

随动控制系统又称自动跟踪系统,这类系统的特点是给定值不断变化,而这种变化不是预先规定好的,也就是说,给定值是随机变化的。随动控制的目的是使被控变量准确、快速地跟随给定值的变化而变化。例如军事领域的导弹制导系统、航空领域的导航雷达系统等都是随动控制系统应用的例子。在化工生产中,单闭环比值控制系统就属于随动控制系统,串级控制系统的副回路也属于随动控制系统。

3. 程序控制系统

这类控制系统的给定值是变化的,但它是一个已知的时间函数,即被控变量按一定的时间程序变化。

1.1.4 自动控制系统的过渡过程和品质指标

1. 系统的静态和动态

(1) 静态。

被控变量不随时间而变化的平衡状态称为系统的静态,也称稳态。在这种状态下,自控系统的输入和输出均保持原有的状态不变,整个控制系统处于相对稳定的平衡状态,系统各组成环节的输入、输出信号也都处于相对的静止状态,即各环节信号的变化率为零。此时输入与输出的关系称为静态特性。

这里所谓的稳态并不是指物料不流动或能量不交换,而是指物料的流动和能量的交换达到了动态平衡。如图 1-1-2 所示的液位贮槽的流入量等于贮槽的流出量时,贮槽的液位就达到了相对平衡状态,即所谓的系统处于稳态。

(2) 动态。

被控变量随时间变化的不平衡状态称为系统的动态。在这种状态下,系统各环节的输入、输出信号都处于变化的过程之中。此时输入与输出的关系称为动态特性。由于系统各环节的输入是变化的,所以系统的被控变量及各环节的输出信号也是变化的。

(3) 静态与动态的关系。

在自动控制系统中,平衡和静态是暂时的、相对的、有条件的,不平衡和动态才是普遍的、绝对的、无条件的。在定值控制系统中，扰动不断使被控变量偏离给定值，控制作用也就不断克服其影响，系统总是处于动态过程中。同样，在随动或程序控制系统中，给定值不断变化，系统也总是处于动态过程中。所以，在自动控制中，了解系统的动态特性比了解系统的静态特性更为重要。

2. 系统的过渡过程

自动控制的目的是使被控变量保持在给定值上。但在实际生产过程中，总是会有干扰存在，使系统偏离平衡状态，处于动态之中，而控制作用又使系统回复到平衡状态。系统从偏离平衡的状态回复到平衡状态的过程，或者说系统从一个平衡状态过渡到另一个平衡状态的过程称为系统的过渡过程。在这个过程中，被控变量是随时间不断变化的。了解过渡过程中被控变量的变化规律对于研究自动控制系统是十分重要的。

被控变量的变化规律取决于系统的特性和作用于系统的干扰形式。在生产中，出现的干扰是没有固定形式的，多半属于随机性质。在分析和设计控制系统时，为了方便，常选择一些特定的干扰形式，其中常用的是图 1-1-5 所示的阶跃干扰。采用阶跃干扰的形式来研究自动控制系统是因为考虑到这种形式的干扰比较突然，它对被控变量的影响较大。如果一个控制系统能够有效地克服这种类型的干扰，那么对于其他较缓和的干扰也能较好地克服。同时，这种干扰的形式简单，容易实现，便于分析、实验和计算。

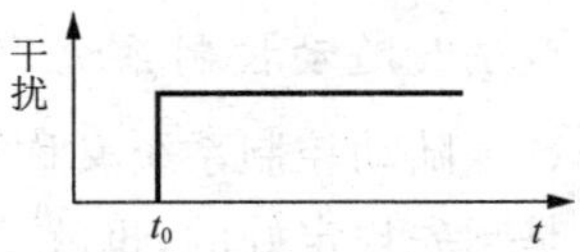

图 1-1-5　阶跃干扰

一般来说，自动控制系统在阶跃干扰作用下的过渡过程有图 1-1-6 所示的几种基本形式。

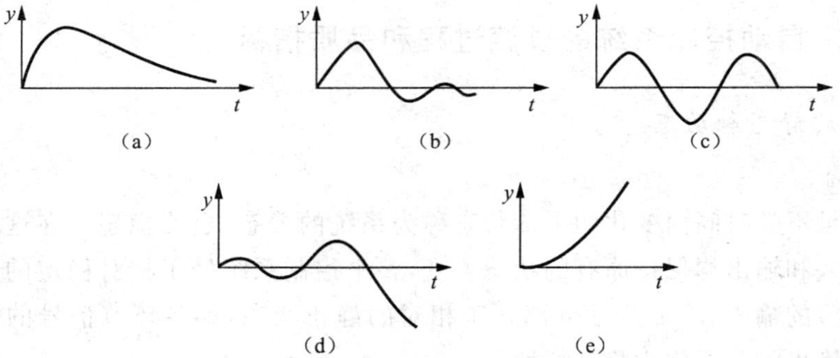

图 1-1-6　过渡过程的几种基本形式

(1) 非周期衰减过程。

被控变量在给定值的某一侧作缓慢变化，没有来回波动，最后稳定在某一数值上，这种过渡过程为非周期衰减过程，如图 1-1-6(a)所示。

(2) 衰减振荡过程。

被控变量在给定值附近波动，但幅度逐渐减小，最后稳定在某一数值上，这种过渡过程为衰减振荡过程，如图 1-1-6(b)所示。

(3) 等幅振荡过程。

被控变量在给定值附近来回波动，且波动幅度保持不变，这种情况称为等幅振荡过程，如图 1-1-6(c)所示。

(4) 发散振荡过程。

被控变量来回波动，且波动幅度逐渐变大，即偏离给定值越来越远，这种情况称为发散振荡过程，如图 1-1-6(d)所示。

(5) 单调发散过程。

被控变量虽不振荡，但偏离原来的平衡点越来越远，如图 1-1-6(e)所示。

以上过渡过程的五种形式可以归纳为三类(参照图 1-1-6)。

(1) 衰减过程。

图 1-1-6 中过渡过程(a)和(b)都是衰减的，称为稳定过程。被控变量经过一段时间后，逐渐趋向原来的或新的平衡状态，这是所希望的。对于非周期的衰减过程，由于这种过渡过程变化较慢，被控变量在控制过程中长时间地偏离给定值，而不能很快恢复平衡状态，所以一般不采用，只是在生产中不允许被控变量有波动的情况下才采用。

(2) 等幅振荡过程。

图 1-1-6 中过渡过程(c)介于不稳定与稳定之间，一般也认为是不稳定过程，生产上不能采用。只是对于某些控制质量要求不高的场合，如果被控变量允许在工艺许可的范围内振荡，那么这种过渡过程的形式是可以采用的。

(3) 发散过程。

图 1-1-6 中过渡过程(d)、(e)是发散的，为不稳定的过渡过程，其被控变量在控制过程中，不但不能达到平衡状态，而且逐渐远离给定值，它将导致被控变量超越工艺允许范围，严重时会引起事故，这是生产中所不允许的，应尽量避免。

3. 描述系统过渡过程的品质指标

控制系统的过渡过程形式是衡量控制系统品质的依据。由于在多数情况下，都希望得到衰减振荡过程，所以选取衰减振荡的过渡过程形式来讨论控制系统的品质指标。假定自动控制系统在阶跃输入作用下，被控变量的变化曲线如图 1-1-7 所示，图中横坐标为时间，纵坐标为被控变量。假定在时间 $t=0$ 之前，系统稳定，且被控变量等于给定值，在 $t=0$ 时刻，外加阶跃干扰作用，系统的被控变量开始按衰减振荡规律变化，然后逐渐稳定在 C 值上。

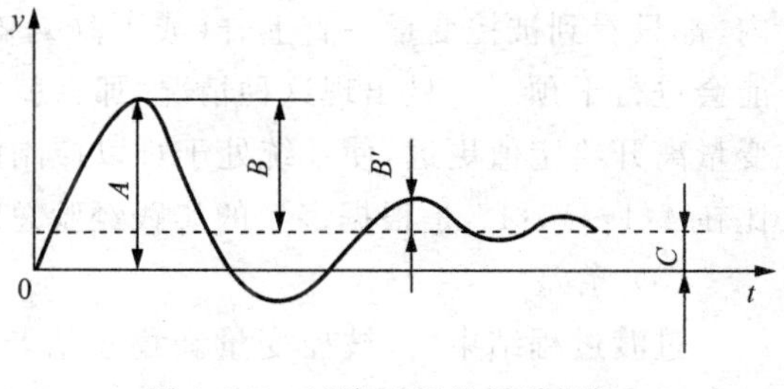

图 1-1-7 过渡过程的品质指标

对于如图 1-1-7 所示的过渡过程一般采用下列品质指标来评价控制系统的质量。

(1) 最大偏差或超调量。

最大偏差是指在过渡过程中被控变量偏离给定值的最大数值。在衰减振荡过程中，最大偏差就是第一个波的峰值，在图 1-1-7 中以 A 表示。最大偏差表示系统瞬间偏离给定值的最大程度。偏离越大，偏离的时间越长，对生产的正常稳定运行越不利。一般来说，最大偏差以小为好，特别是对于一些有约束条件的系统，如化学反应器的化合物爆炸极限、触媒烧结温度极限等，都会对最大偏差的允许值有所限制。同时考虑到干扰会不断出现，当第一个干扰还未消除时，第二个干扰可能又出现了，偏差有可能是叠加的，这就更需要限制最大偏差的允许值。所以，在决定最大偏差允许值时，应根据工艺情况慎重选择。

有时也可以用超调量来表征被控变量偏离给定值的程度。在图 1-1-7 中超调量以 B 表示。从图中可以看出，超调量是第一峰值 A 与新稳定值 C 之差，即 $B=A-C$。如果系统的新稳态值等于给定值，那么最大偏差 A 也就与超调量 B 相等。超调量习惯上用百分数 σ 来表示，即

$$\sigma=\frac{B}{C}\times 100\% \tag{1-1-1}$$

(2) 衰减比 n。

衰减比指前后两个相邻峰值之比。在图 1-1-7 中，衰减比 $n=B/B'$。若 $n>1$，过渡过程是衰减振荡过程；若 $n=1$，过渡过程是等幅振荡过程；若 $n<1$，过渡过程是发散振荡过程。

要满足控制要求，n 必须大于 1。若 n 虽然大于 1，但只比 1 稍大一点，则过渡过程接近于等幅振荡过程，由于这种过程不易稳定、振荡过于频繁，不够安全，因此一般不采用。如果 n 很大，则又太接近于非振荡过程，过渡过程过于缓慢，通常这也是不希望的。一般 n 取 4∶1～10∶1为宜。因为衰减比在 4∶1～10∶1时，过渡过程开始阶段的变化速度比较快，被控变量在同时受到干扰作用和控制作用的影响后，能比较快地达到一个峰值，然后马上下降，又较快地达到一个低峰值，而且第二个峰值远远低于前一个峰值。当操作人员看到这种现象后，心里就比较踏实，因为操作人员知道被控变量再振荡数次后就会很快稳定下来；并且最终的稳态值显然在两峰值之间，决不会出现太高或太低的现象，更不会远离给定值以致造成事故。尤其在反应比较缓慢的情况下，衰减振荡过程的这一特点尤为重要。对于这种系统，如果过渡过程是或接近于非振荡的衰减过程，操作人员很可能在较长时间内，都只看到被控变量一直上升（或下降），就会怀疑被控变量会继续上升（或下降），很可能会进行干预。一旦出现这种情况，那么就等于给系统施加了人为的干扰，有可能使被控变量离开给定值更远，使系统处于难以控制的状态。所以，选择衰减振荡过程并规定衰减比在 4∶1～10∶1，是根据多年的实践经验总结得出的结论。

(3) 余差。

过渡过程结束时，被控变量新稳态值与给定值之差称为余差。或者说余差就是过渡过程结束时存在的残余偏差，在图 1-1-7 中用 C 表示。给定值是生产的技术指标，所以，被控变量越接近给定值越好，亦即余差越小越好。但实际生产中，也并不是要求任何系统的余差都很小，如一般贮槽的液位调节要求就不高，这种系统往往允许液位有较大的变化范围，余差就可以大一些，而化学反应器的温度控制一般要求比较高，应当尽量消除余差。所以，对余差大小的要求，必须结合具体系统做具体分析，不能一概而论。有余差的控制过程称为有差控制，相应的系统称为有差系统；没有余差的控制过程称为无差控制，相应的系统称为无差系统。

(4) 过渡时间。

从干扰作用开始,到系统重新建立平衡为止,过渡过程所经历的时间称为过渡时间。从理论上讲,要完全达到新的平衡状态需要无限长的时间。实际上,我们把从干扰开始作用之时起,到被控变量进入新稳态值的±5%(或±2%)的范围内且不再越出时为止所经历的时间,可记为过渡时间。过渡时间短,表示过渡过程进行得比较迅速,这时即使干扰频繁出现,系统也能适应,系统控制质量就高;反之,过渡时间太长,第一个干扰引起的过渡过程尚未结束,第二个干扰就已经出现,这样几个干扰的影响叠加起来,就可能使系统满足不了生产的要求。

(5) 振荡周期或频率。

过渡过程同向相邻两波峰(或波谷)之间的时间间隔称为振荡周期或工作周期,其倒数称为振荡频率。在衰减比相同的情况下,周期与过渡时间成正比。一般希望振荡周期短一些。

除上述主要品质指标外,还有一些品质指标。如振荡次数,是指在过渡过程内被控变量振荡的次数。所谓"理想过渡过程两个波",就是指过渡过程振荡两次就能稳定下来,它在一般情况下,可认为是较为理想的过程。另外,上升时间也是一个品质指标,它是指干扰开始作用起至第一个波峰时所需要的时间,显然,上升时间短一些为好。

综上所述,过渡过程的品质指标主要有:最大偏差、衰减比、余差、过渡时间等。这些指标在不同的系统中各有其重要性,且相互之间既有矛盾又有联系。因此,应根据具体情况分清主次,对生产过程有决定意义的主要品质指标应优先予以保证。另外,对一个系统提出的品质要求和对一个控制系统的质量评价,都应该从实际需要出发,不应要求过高,否则就会造成人力物力的巨大浪费,有时甚至根本无法实现。

例 某换热器的温度调节系统在单位阶跃干扰作用下的过渡过程曲线如图 1-1-8 所示。试分别求出最大偏差、余差、衰减比、振荡周期和过渡时间(给定值为 200 ℃)。

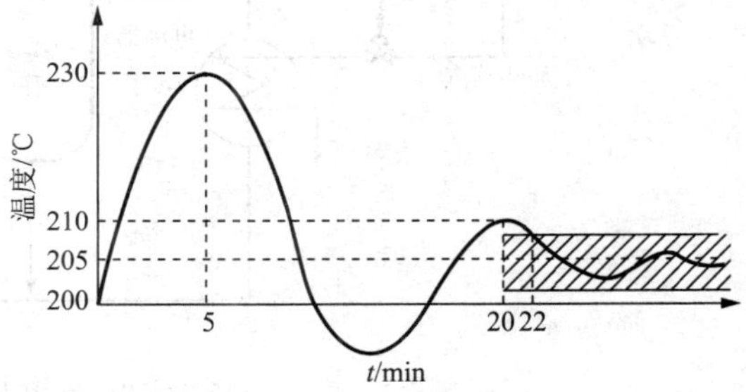

图 1-1-8 温度控制系统过渡过程曲线

解 (1) 最大偏差:$A = 230 - 200 = 30$(℃)。

(2) 余差 $C = 205 - 200 = 5$(℃)。

(3) 第一个波峰值 $B = 230 - 205 = 25$(℃),第二个波峰值 $B' = 210 - 205 = 5$(℃),衰减比 $n=25:5=5:1$。

(4) 振荡周期为同向相邻两波峰之间的时间间隔,故周期:$T = 20 - 5 = 15$(min)。

(5) 过渡时间与规定的被控变量限制范围大小有关,假定被控变量进入额定值的±2%,就可以认为过渡过程已经结束,那么限制范围为 200×(±2%)=±4(℃),这时,可在新稳态值(205 ℃)两侧以宽度为±4 ℃画一区域,图 1-1-8 中以画有阴影线的区域表示,只要被控变量进入这一区域且不再越出,过渡过程就可以认为已经结束。因此,从图上可以看出,过渡时间为 22 min。

1.1.5 管道及仪表流程图

在工艺设计给出的流程图中，按流程顺序标注出相应的测量点、控制点、控制系统及自动信号与联锁保护系统等，便构成了管道及仪表流程图(PID 图)。由 PID 图可以清楚地了解生产的工艺流程与自动控制方案。

图 1-1-9 所示是简化了的乙烯生产过程中脱乙烷塔的管道及仪表流程图。从脱甲烷塔出来的釜液进入脱乙烷塔脱除乙烷。从脱乙烷塔塔顶出来的 C_2H_6、C_2H_4 等馏分经塔顶冷凝器冷凝后，部分作为回流，其余则去乙炔加氢反应器进行加氢反应。从脱乙烷塔底出来的釜液部分经再沸器后返回塔底，其余则去脱丙烷塔脱除丙烷。

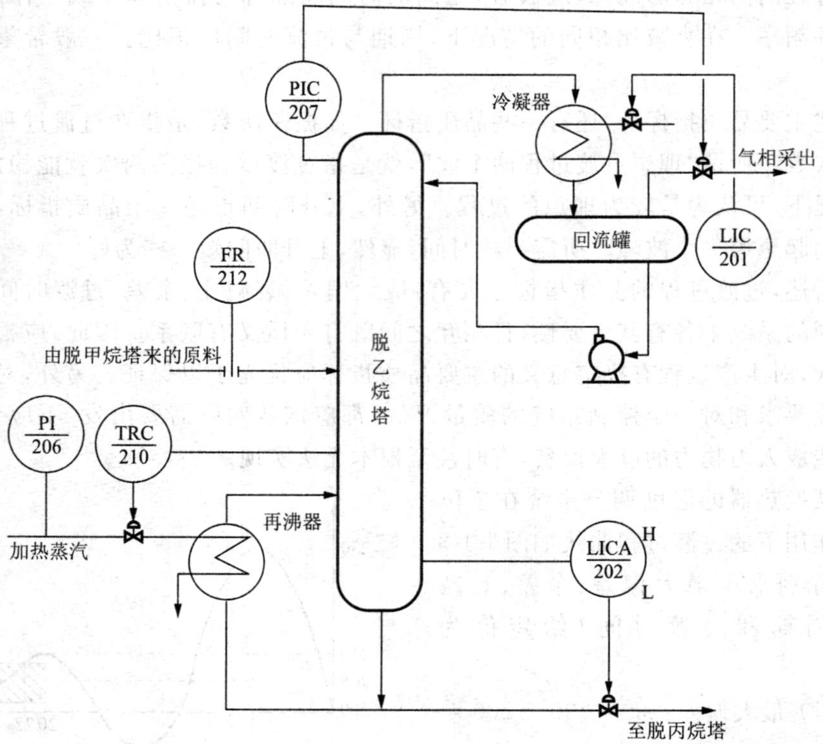

图 1-1-9 管道及仪表流程图示例

在绘制管道及仪表流程图时，图中所采用的图例符号要按有关的技术规定进行，可参见中华人民共和国化学工业部设计标准 HGJ 7—87《化工过程检测、控制系统设计符号统一规定》。下面结合图 1-1-9 对其中一些常用的统一规定做简要介绍。

1. 图形符号

(1) 测量点(包括检测元件、取样点)。

是由工艺设备轮廓线或工艺管线引到仪表圆圈的连接线的起点，一般无特定的图形符号，如图 1-1-10 所示。图 1-1-9 中的塔顶取压点和加热蒸汽管线上的取压点都属于这种情形。必要时检测元件也可以用象形或图形符号表示。例如流量检测采用孔板时，检测点也可用图 1-1-9 中脱乙烷塔的进料管线上的符号表示。

(2) 连接线。

通用的仪表信号线均以细实线表示。连接线交叉及相接时，采用图 1-1-11 的形式表示。必要时也可用加箭头的方式表示信号的方向。在需要时，信号线也可按气信号、电信号、导压毛细管等不同的表示方式以示区别。

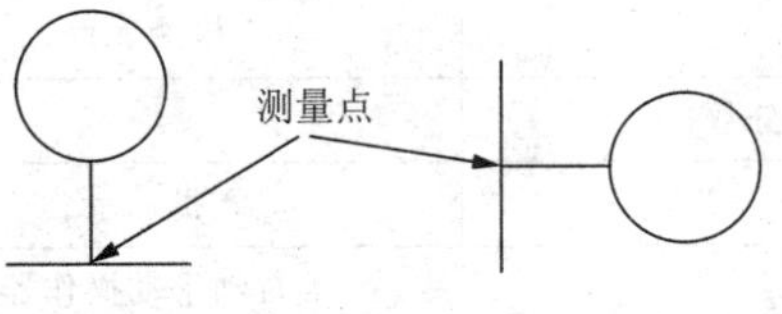

图 1-1-10 检测点的一般表示方法

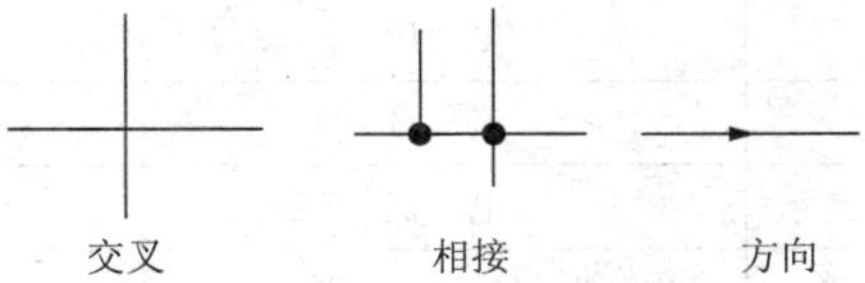

图 1-1-11 连接线的表示法

(3) 仪表(包括检测、显示、控制)的图形符号。

仪表的图形符号是一个细实线圆圈，直径约 10 mm。

对于不同的仪表安装位置的图形符号如表 1-1-1 所示。

表 1-1-1 仪表安装位置的图形符号表示

序号	安装位置	图形符号	备注	序号	安装位置	图形符号	备注
1	就地安装仪表	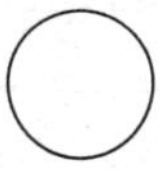		3	就地仪表盘面安装仪表	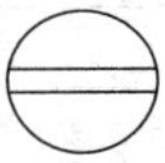	
		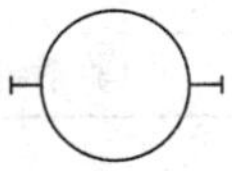	嵌在管道中	4	集中仪表盘后安装仪表	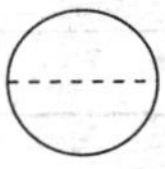	
2	集中仪表盘面安装仪表	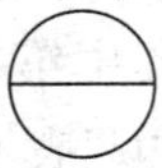		5	就地仪表盘后安装仪表	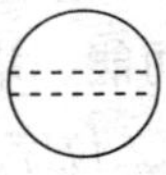	

对于同一个检测点，但具有两个或两个以上的被测变量，其具有相同或不同功能的复式仪表，可用两个相切的圆或分别用细实线圆与细虚线圆相切表示(测量点在图纸上距离较远或不在同一图纸上)，如图 1-1-12 所示。

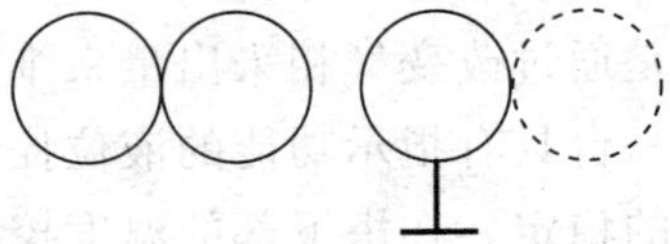

图 1-1-12 复式仪表表示法

2. 字母代号

在管道及仪表流程图中，用来表示仪表的小圆圈的上半圆内，一般写有两位(或两位以上)字母，第一位字母表示被测变量，后继字母表示仪表的功能，常用被测变量和仪表功能的字母代号如表 1-1-2 所示。

表 1-1-2 被测变量和仪表功能的字母代号

字 母	第一位字母		后继字母
	被测变量	修饰词	功 能
A	分 析		报 警
C	电导率		控 制

续表 1-1-2

字　母	第一位字母		后继字母
	被测变量	修饰词	功　能
D	密　度	差	
E	电　压		检测元件
F	流　量	比(分数)	
I	电　流		指　示
K	时间或时间程序		自动手动操作器
L	液　位		
M	水分或湿度		
P	压力或真空		
Q	数量或件数	积分、累积	积分、累积
R	放射性		记录或打印
S	速度或频率		开关、联锁
T	温　度	安　全	传　送
V	黏　度		阀、挡板、百叶窗
W	力		套　管
Y	选　用		继电器或计算器
Z	位　置		驱动、执行或未分类的终端执行器

现以图 1-1-9 的脱乙烷塔管道及仪表流程图来说明如何以字母代号的组合来表示被测变量及仪表功能。塔顶的压力控制系统中的“PIC-207”,其中第一位字母“P”表示被测变量为压力,第二位字母“I”表示具有指示功能,第三位字母“C”表示具有控制功能,“207”为仪表工段序号。因此,PIC 的组合就表示一台具有指示功能的压力控制器。该控制系统是通过改变气相采出量来维持塔压稳定的。同样,回流罐液位控制系统中的“LIC-201”是一台具有指示功能的液位控制器,它通过改变进入冷凝器的冷剂量来维持回流罐中液位的稳定。在塔下部的温度控制系统中的“TRC-210”表示一台具有记录功能的温度控制器,它通过改变进入再沸器的加热蒸汽量来维持塔底温度的恒定。当一台仪表同时具有指示、记录功能时,只需标注字母代号“R”,不标“I”,所以“TRC-210”可以表示同时具有指示、记录功能。同样,在进料管线上的“FR-212”可以表示同时具有指示、记录功能的流量仪表。在塔底的液位控制系统中的“LICA-202”代表一台具有指示、报警功能的液位控制器,它通过改变塔底采出量来维持塔釜液位的稳定。仪表圆圈外标有“H”“L”字母,表示该仪表同时具有高、低限报警,在塔釜液位过高或过低时,会发出声、光报警信号。

3. 仪表位号

在检测、控制系统中,构成一个回路的每台仪表(或元件)都应有自己的仪表位号。仪表位号由字母代号组合和阿拉伯数字编号两部分组成。字母代号的意义前面已经解释过,阿拉伯数字编号写在圆圈的下半部,第一位数字表示工段号,后续数字(二位或三位数字)表示仪表序号。图 1-1-9 中仪表的数字编号第一位都是 2,表示脱乙烷塔在乙烯生产中属于第二工段。通过管道及仪表流程图，可以看出其上每台仪表的测量点位置、被测变量、仪表功能、工段号、仪表序号、安装位置等。例如，图 1-1-9 中的“PI-206”表示测量点在加热蒸汽管线上的蒸汽压力指示仪表，该仪表为就地安装，工段号为 2，仪表序号为 06；“TRC-210”表示同一工段的一台温度记录控制器，其温度的测量点在塔的下部，仪表安装在集中仪表盘面上。

1.2 对象特性

在工业生产过程中，最常见的被控过程是各类热交换器、塔器、反应器、加热炉、锅炉、贮槽、泵、压缩机等。每个过程都各有其自身固有特性，而过程特性的差异对整个系统的运行控制有着重大影响。有的生产过程较易操作，工艺变量能够控制得比较平稳；有的生产过程很难操作，工艺变量容易产生大幅度的波动，只要稍不谨慎就会越出工艺允许的范围，轻则影响生产，重则造成事故。只有充分了解和熟悉生产过程，才能得心应手地操作，使工艺生产在最佳状态下进行。在自动控制系统中，若想采用过程控制装置来模拟操作人员的劳动，就必须充分了解过程的特性，掌握其内在规律，确定合适的被控变量和操纵变量。在此基础上才能选用合适的检测和控制仪表，选择合理的控制器参数，设计合乎工艺要求的控制系统。特别是在设计新型的控制方案时，例如前馈控制、解耦控制、时滞补偿控制、预测控制、软测量技术及推断控制、自适应控制、计算机最优控制等，多数都要涉及过程的数学模型，更需要考虑过程特性。

1.2.1 对象特性的类型

所谓对象特性（也称为过程特性），是指当被控过程的输入变量（操纵变量或扰动变量）发生变化时，其输出变量（被控变量）随时间的变化规律。对象各个输入变量对输出变量有着各自的作用途径，将操纵变量 $q(t)$ 对被控变量 $y(t)$ 的作用途径称为控制通道，而将扰动 $f(t)$ 对被控变量 $y(t)$ 的作用途径称为扰动通道。在研究过程特性时对控制通道和扰动通道都要加以考虑。

广义对象特性可以通过控制作用 $p(t)$ 作阶跃变化[扰动 $f(t)$ 不变]时被控变量的时间特性 $y(t)$，以及扰动 $f(t)$ 作阶跃变化[控制作用 $p(t)$ 不变]时被控变量的时间特性 $y(t)$ 来获得。用图形表示时，前者称为控制通道的响应曲线，后者称为扰动通道的响应曲线。

响应曲线可分为四种类型。

1. 自衡的非振荡过程

在阶跃作用下，被控变量不经振荡，逐渐向新的稳态值靠拢的过程称为自衡的非振荡过程。图 1-2-1 所示的液体贮槽中的液位高度 h 和图 1-2-2 所示的蒸汽加热器出口温度 θ 都具有这种特性，其响应曲线示于图 1-2-3(a)和图 1-2-3(b)。

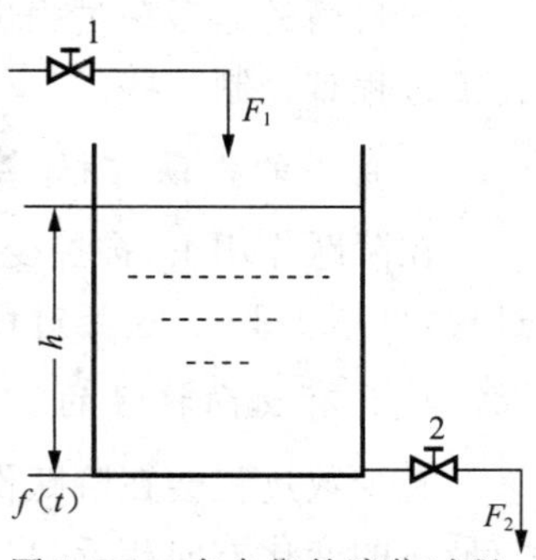

图 1-2-1 有自衡的液位过程

在图 1-2-1 中，当进料阀开度增大、进料量增加时，破坏了贮槽原有的物料平衡状态。由于进料多于出料，多余的液体在贮槽内蓄积起来，使贮槽液位升高。随着液位的上升，出料量也因静压头的增加而增大。这样进、出料量之差会逐渐减小，液位上升速度也逐渐变慢，最后当进、出料量相等时，液位也就稳定在一个新的位置上。显然这种过程会自发地趋于新的平衡状态。

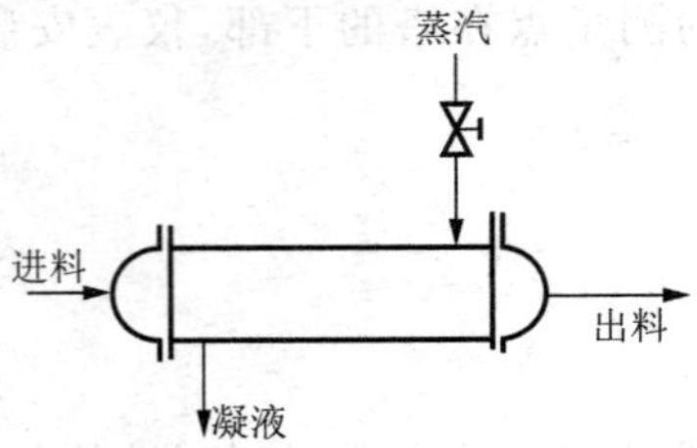

图 1-2-2　蒸汽加热器

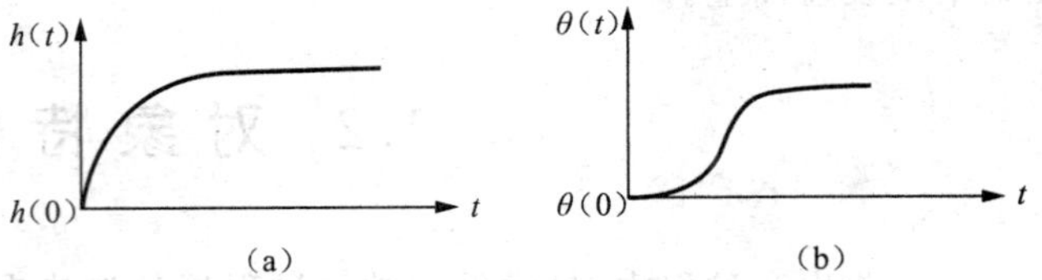

图 1-2-3　自衡的非振荡过程

图 1-2-2 所示蒸汽加热器也有类似的特性。当蒸汽阀门开大，流入蒸汽流量增大时，热平衡被破坏。由于输入热量大于输出热量，多余的热量加热管壁，继而使管内流体温度升高，出口温度也随之上升。这样，随着输出热量的增大，输入、输出热量之差会逐渐减小，流体出口温度的上升速度也逐渐变慢。这种过程最后也能在新的出口温度下自发地建立起新的热量平衡状态。

这种过程在化工自动控制系统中最为常见，而且也比较容易控制。

2. 无自衡的非振荡过程

这类过程在阶跃作用下，被控变量会一直上升或下降，直到极限值。图 1-2-4(a)所示也是一个液体贮槽，它与图 1-2-1 所示的液体贮槽差别在于出料不是用阀门节流，而是用定量泵抽出，因此当进料量增加后，液位的上升不会影响出料量。当进料量作阶跃变化后，液位等速上升，不能建立起新的物料平衡状态，其响应曲线见图 1-2-4(b)所示。

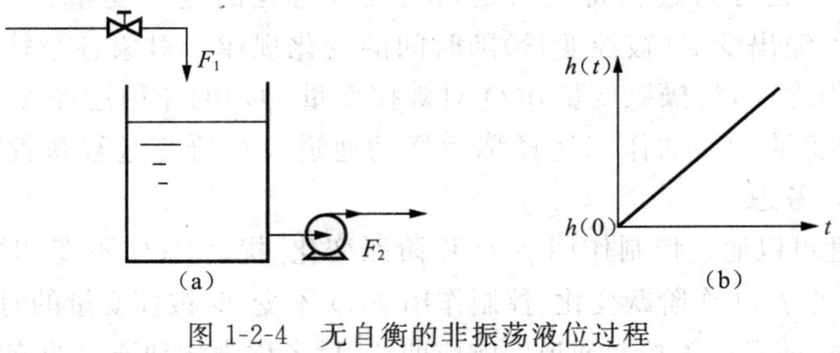

图 1-2-4　无自衡的非振荡液位过程

无自衡的非振荡过程也可能出现如图 1-2-5 所示的响应曲线。通常无自衡过程要比自衡过程难控制一些。

3. 自衡的振荡过程

在阶跃作用下，被控变量出现衰减振荡过程，最后能趋向新的稳态值，称自衡的振荡过程，见图 1-2-6。这类过程不多见。显然具有振荡的过程也较难控制。

4. 具有反向特性的过程

有少数过程会在阶跃作用下，被控变量先降后升，或先升后降，即起始时的变化方向与最终的变化方向相反，出现图 1-2-7 所示的反向特性，例如锅炉水位控制。处理这类过程必须十分谨慎，要避免误向控制动作。

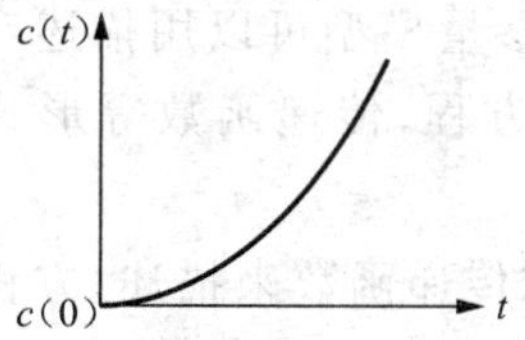

图 1-2-5 无自衡的非振荡过程

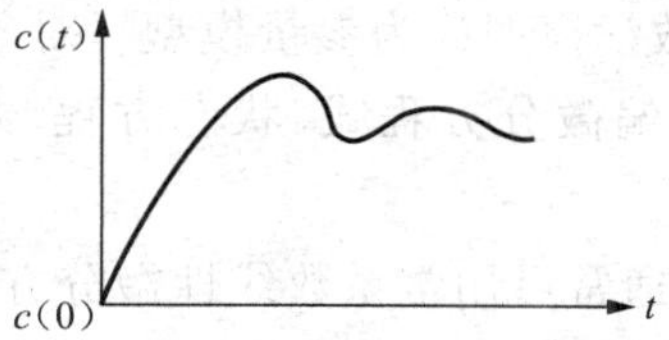

图 1-2-6 自衡的振荡过程

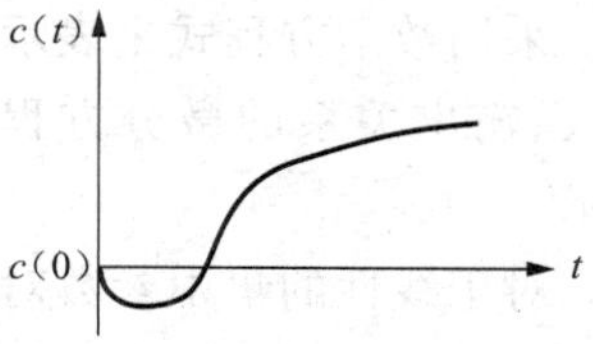

图 1-2-7 具有反向特性的过程

1.2.2 对象特性的描述

控制系统由被控对象、控制器、测量变送、执行器等基本环节组成，因此控制系统的特性也就取决于这些基本环节的特性。要设计或改进自动控制系统使之达到预期的质量指标，首先必须了解与掌握系统各组成环节的稳态与动态特性。

在实际生产过程中，常常会发现有的设备容易操作，参数能够控制得比较平稳；有的设备却很难操作，参数总是忽高忽低，波动频繁，极易越出规定范围。所以，不同的设备或生产过程，有着各自不同的特性。在进行自动化生产时，必须充分研究被控对象，了解对象的特性，才能设计合理的自动控制系统。

研究对象特性，就是用数学的方法来描述对象输入量与输出量之间的关系。描述对象的数学方程、曲线、表格等称为对象的数学模型。被控变量作为对象的输出，有时也称为输出变量；而干扰作用和控制作用作为对象的输入，有时也称为输入变量。干扰作用和控制作用都是引起被控变量变化的因素。由对象的输入变量至输出变量的信号联系称为通道，控制作用至被控变量的信号联系称控制通道；干扰作用至被控变量的信号联系称干扰通道。对象输出为控制通道输出与干扰通道输出之和，如图 1-2-8 所示。

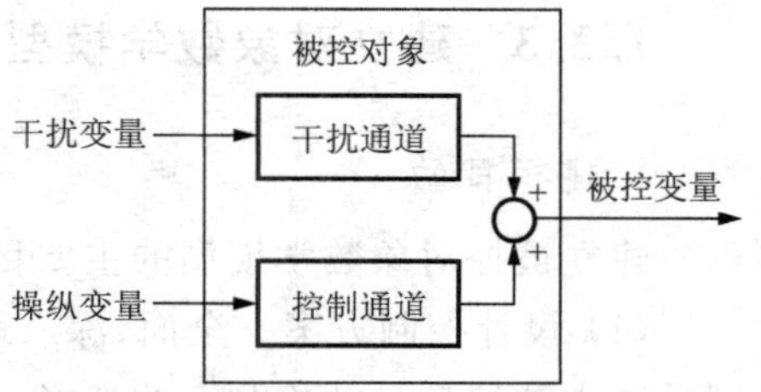

图 1-2-8 干扰输入变量、控制输入变量与对象输出变量之间的关系

在控制系统的分析和设计中，对象的数学模型是十分重要的基础资料。对象的数学模型可分为稳态数学模型和动态数学模型。稳态数学模型描述的是对象在稳态时的输入量和输出量之间的关系；动态数学模型描述的是对象在输入量改变以后输出量的变化情况。稳态数学模型是动态数学模型在对象达到平衡时的特例。

本节所要研究的是用于控制的数学模型，它与用于工艺设计与分析的数学模型有所不同。用于控制的数学模型一般是在工艺流程和设备尺寸等都已确定的情况下，研究对象的输入变量如何影响输出变量，研究的目的是使所设计的控制系统达到更好的控制效果；而用于工艺设计的数学模型(一般是稳态的)是在产品规格和产量已经确定的情况下，通过模型的计算，来确定设备的结构、尺寸、工艺流程和某些工艺条件，以期达到最好的经济效益。

描述对象特性的数学模型主要有参量模型和非参量模型两种形式。

1. 参量模型

采用数学方程式来表示的数学模型称为参量模型。对象的参量模型可以用描述对象输入、输出关系的微分方程式、偏微分方程式、状态方程、差分方程、传递函数等形式来表示。

对于线性的集中参数对象，通常可用常系数线性微分方程或传递函数来描述，方程中的常系数与具体对象有关。

有时要得到对象的参量模型很困难，甚至无法得到，在这种情况下可采用非参量模型进行描述。

2. 非参量模型

采用曲线或表格来表示的数学模型称为非参量模型。非参量模型可以通过记录实验结果得到，有时也可通过计算得到。其特点是形象、清晰，比较容易看出定性特征。但是，由于它们缺乏数学方程的解析性质，要直接利用它们来进行系统的分析和设计往往比较困难，必要时，可以对它们进行一定的数学处理来得到参量模型的形式。

由于对象的数学模型描述的是对象在受到控制作用或干扰作用后被控变量的变化规律，因此对象的非参量模型可以用对象在一定形式的输入作用下的输出曲线或数据来表示。根据输入形式的不同，主要有阶跃反应曲线法、脉冲反应曲线法、矩形脉冲反应曲线法、频率特性曲线法等。这些曲线一般都可以通过实验直接得到。

1.2.3 建立对象数学模型的目的与方法

1. 建模目的

建立被控对象数学模型的主要目的可归结为：

(1) 设计控制方案。全面、深入地了解被控对象特性是设计控制系统的基础。比如控制系统中被控变量及检测点的选择、控制(操纵)变量的确定、控制系统结构形式的确定等都与被控对象的特性有关。

(2) 调试控制系统和确定控制器参数。充分了解被控对象特性是安全调试和投运控制系统的保证。此外，选择控制规律及确定控制器参数也离不开对被控对象特性的了解。

(3) 制订工业过程的优化控制方案。优化控制往往可以在基本不增加投资与设备的情况下，获取可观的经济效益。这离不开对被控对象特性的了解，而且主要是依靠对象的稳态数学模型。

(4) 确定新型控制方案及控制算法。在用计算机构成一些新型控制系统时，往往离不开被控对象的数学模型。例如预测控制、推理控制、前馈动态补偿等都是在已知对象数学模型的基础上才能进行的。

(5) 建立计算机仿真与过程培训系统。利用数学模型和系统仿真技术，使操作人员可以在计算机上对各种控制策略进行定量的比较与评定。还可为操作人员提供仿真操作平台，从而为高速、安全、低成本地培训工程技术人员和操作人员提供捷径，并有可能制订大型设备的启动和停车操作方案。

(6) 设计工业过程的故障检测与诊断系统。利用数学模型可以及时发现工业过程中控制系统的故障及其原因,并提供正确的解决途径。

2. 建模的方法

一般来说,建模的方法有机理建模、实验建模、混合建模三种。

(1) 机理建模。

机理建模是根据对象或生产过程的内部机理,写出各种有关的平衡方程,如物料平衡方程、能量平衡方程、动量平衡方程、相平衡方程以及某些物性方程、设备特性方程、化学反应定律等,从而得到对象(或过程)的数学模型,这类模型通常称为机理模型。应用这种方法建立的数学模型最大的优点是具有非常明确的物理意义,模型具有很大的适应性,便于对模型参数进行调整。但由于某些被控对象较为复杂,对其物理、化学过程的机理还不是完全了解,而且参数呈线性的并不多,再加上分布元件参数(即参数是时间与位置的函数)较多,所以对于某些对象(或过程)很难得到机理模型。

(2) 实验建模。

在机理模型难以建立的情况下,可采用实验建模的方法得到对象的数学模型。实验建模就是在所要研究的对象上,人为地施加一个输入作用,然后用仪表记录表征对象特性的物理量随时间变化的规律,得到一系列实验数据或曲线。这些数据或曲线就可以用来表示对象特性。有时,为进一步分析对象特性,需要对这些数据或曲线进行处理,使其转化为描述对象特性的解析表达式。

这种应用对象输入输出的实测数据来决定其模型结构和参数的方法,通常称为系统辨识。其主要特点是把被研究的对象视为一个黑箱子,不管其内部机理如何,完全从外部特性上来测试和描述对象的动态特性。因此对于一些内部机理复杂的对象,实验建模比机理建模要简单、省力。

(3) 混合建模。

将机理建模与实验建模结合起来,称为混合建模。混合建模是一种比较实用的方法,它先由机理分析的方法提出数学模型的结构形式,然后再对其中某些未知的或不确定的参数利用实验的方法给予确定。这种在已知模型结构的基础上,通过实测数据来确定数学表达式中某些参数的方法,称为参数估计。

1.2.4 对象特性的一般分析

这里所要研究的是当对象的输入变化后,输出是怎样变化的。显然,对象输出的变化情况与输入的形式有关。为使问题简单起见,下面假定对象的输入信号均为阶跃信号。

描述对象特性的参数为放大系数 K、时间常数 T、滞后时间 τ 三个参数。下面将分别对它们进行分析与研究。

1. 放大系数 K

对于一阶线性对象,当其输入信号为阶跃信号

$$\begin{aligned} f &= 0 \quad t<0 \\ f &= A \quad t>0 \end{aligned} \tag{1-2-1}$$

时，方程的解析解为

$$\theta = KA(1 - e^{-t/T}) \tag{1-2-2}$$

当 $t = 0$ 时，$\theta(0) = 0$；当 $t \to \infty$时，$\theta(\infty) = KA$，其响应曲线如图 1-2-9 所示。由此可见，当输入量有一阶跃变化量 A 后，输出相应地发生变化，最后稳定在一定的数值上（一般称为最终稳态值），输出的最终变化量为输入变化量的 K 倍。所以，式（1-2-2）中的系数 K 就称为放大系数，它表征了对象对输入变量的放大能力。$K = \Delta\theta/\Delta f$，即放大系数 K 等于输出的稳态变化量与输入的变化量之比。放大系数与对象输出的中间变化过程无关，而只与过程的初点、终点有关，所以，放大系数表征了对象的稳态特性。

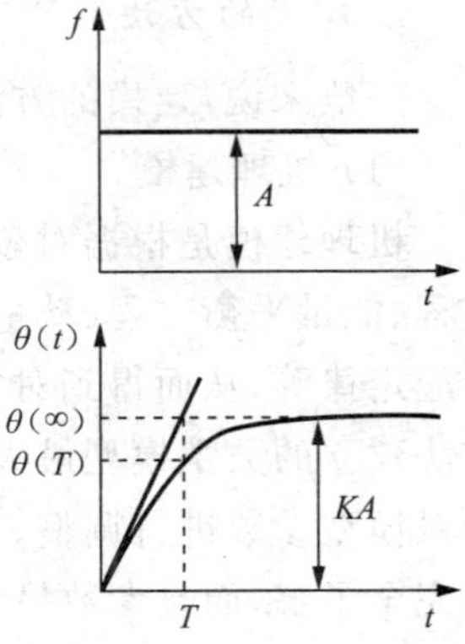

图 1-2-9　一阶特性对象的阶跃响应曲线

对象的放大系数 K 越大，就表示当对象的输入量有一定变化时，对输出的影响也越大。对于同一个对象，不同的输入变量与被控变量之间的放大系数的大小有可能各不相同。

如前所述，对象的输入至输出的信号联系通道分为控制通道与干扰通道，控制通道的放大系数（一般用 K_0 表示）越大，表示控制作用对被控变量的影响也越大；干扰通道的放大系数（一般用 K_f表示）越大，表示干扰作用对被控变量的影响也越大。所以，在设计控制方案时，总是希望 K_0 要大一些，K_f要尽可能小一些。K_0 越大，控制作用对干扰的补偿能力也越强，越有利于克服干扰；K_f越小，干扰对被控变量的影响就越小。但 K_0 也不能太大，否则过于灵敏，使过程不易控制，难以稳定。

2. 时间常数 T

从生产实践中发现，有的对象受到干扰后，被控变量变化很快，能迅速地达到稳态值；有的对象在受到干扰后，惯性很大，被控变量要经过很长时间才能达到新的稳态值。这说明对于不同的对象，或同一个对象对于不同的输入变量，其输出对输入变化的响应速度是不一样的，有的快有的慢。一般用时间常数 T 来描述对象对输入响应的快慢程度。

一阶线性对象有式（1-2-1）所示的阶跃输入时，其解析表达式如式（1-2-2）所示。当 $t = T$ 时，$\theta(T) = KA(1 - e^{-1}) = 0.632KA$，如图 1-2-9 所示。由此可见，时间常数 T 为当对象受到阶跃输入作用时，对象输出达到最终稳态值的 63.2%所需要的时间，或者说时间常数为对象的输出保持初始速度变化而达到最终稳态值所需要的时间。时间常数越大，被控变量对输入的响应也越慢，被控变量的变化也越慢，达到新的稳态值所需的时间也越长。

如图 1-2-10 所示的甲、乙两个水槽，水槽的截面积分别为 A_1、A_2，且 $A_1 > A_2$，进/出口管路、阀门等参数都相同，当进口流量改变同样一个数值时，截面积小的水槽液位变化很快，并迅速趋向新的稳态值，而截面积大的水槽液位变化慢，须经过很长时间才能达到新稳态值，所以水槽甲的时间常数大于水槽乙的时间常数。

因为只有当 $t \to \infty$时，才有 $\theta(\infty) = KA$，所以，从理论上说对象的输出需要无限长的时间才能达到稳态值。但在实际工作中只要对象的输出进入最终稳态值的 95%的范围之内时，就可近似地认为动态过程基本结束。当 $\theta(t) = 0.95\theta(\infty) = 0.95KA$ 时，有 $\theta(t) = KA(1 - e^{-t/T}) = 0.95KA$，此时，$t \approx 3T$。所以，可以近似地认为从对象受到输入作用开始，

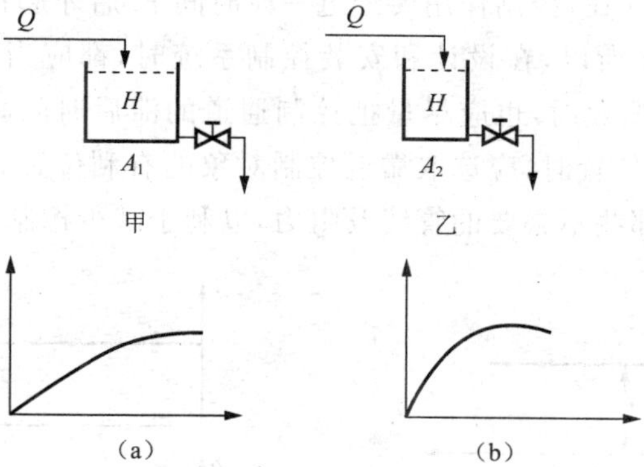

图 1-2-10　不同时间常数的对象反应曲线

经过 $3T$ 时间后，动态过程基本结束，对象处于稳态。时间常数 T 是表示在输入作用下，被控变量完成其变化过程所需要的时间的一个重要参数。它对过渡过程的影响表现在动态方面，所以，时间常数 T 是表征对象动态特性之一的重要参数。

表达式(1-2-2)中的系数 T 即为对象的时间常数。

时间常数的大小反映了对象输出变量对输入变量响应速度的快慢，对控制通道而言，若时间常数太大，响应速度慢，控制作用不及时，易引起超调量过大，过渡时间很长；若时间常数小，响应速度快，控制作用及时，控制质量容易得到保证。但时间常数过小也不利于控制，因为时间常数过小，响应过快，易引起振荡，从而使系统的稳定性降低。对于干扰通道而言，干扰通道的时间常数越大，被控变量对干扰的响应就越慢，控制作用就越容易克服干扰而获得较高的控制质量。

3. 滞后时间 τ

根据滞后性质的不同，滞后可分为传递滞后和容量滞后两类。

传递滞后是指由于物料从一点移动到另一点需要一定的时间而产生的滞后，它将输出对输入的响应推迟了一段时间 τ，如图 1-2-11 所示。图中，曲线 1 为无纯滞后的响应曲线，曲线 2 为有纯滞后的响应曲线。

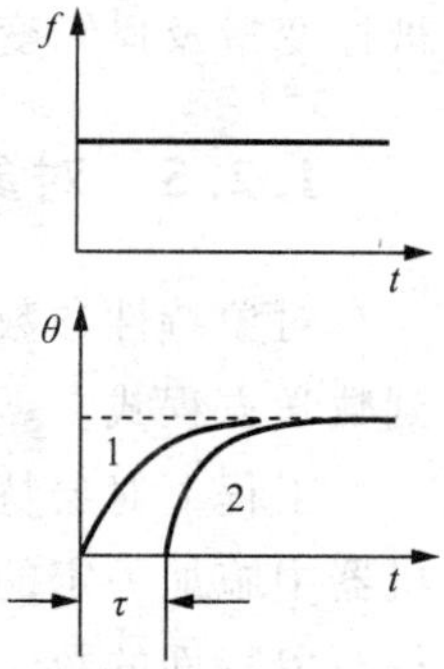

图 1-2-11　有、无纯滞后的一阶响应曲线

有些对象在受到阶跃输入作用 f 后(如串联液体贮槽)，被控变量 θ 开始变化很慢，后来才逐渐加快，最后又变慢，直至逐渐接近稳态值，这种现象叫容量滞后或过渡滞后，这种对象称为多容对象，其响应曲线如图 1-2-12 所示。

容量滞后一般是由于物料或能量的传递需要克服一定阻力引起的，在动态特性上可近似地作为纯滞后看待，如图 1-2-12 中的 τ_h 这段时间，通常称为等效纯滞后。

在纯滞后和容量滞后同时存在时，常把二者之和称为滞后时间，用 τ 表示，$\tau=\tau_0+\tau_h$，如图 1-2-13 所示。

控制通道上存在的滞后时间通常用 τ_0 来表示，干扰通道上存在的滞后时间通常用 τ_f 来表示。显然，控制通道上纯滞后 τ_0 的存在是不利于控制的。也就是说，系统受到干扰作用后,由于纯滞后 τ_0 的存在,控制作用要经过一段时间 τ_0 后才起作用,使被控变量的超调量增加,控制质量恶化。所以,在设计和安装控制系统时,都应当尽量避免控制通道纯滞后 τ_0 的存在,实在无法避免时,也应尽量把控制通道的滞后时间减到最小。例如,在选择控制阀与检测点的安装位置时,应选取靠近控制对象的有利位置。从工艺角度来说,应通过工艺改进,尽量缩短那些不必要的管线及阻力,以利于减少控制通道的滞后时间。

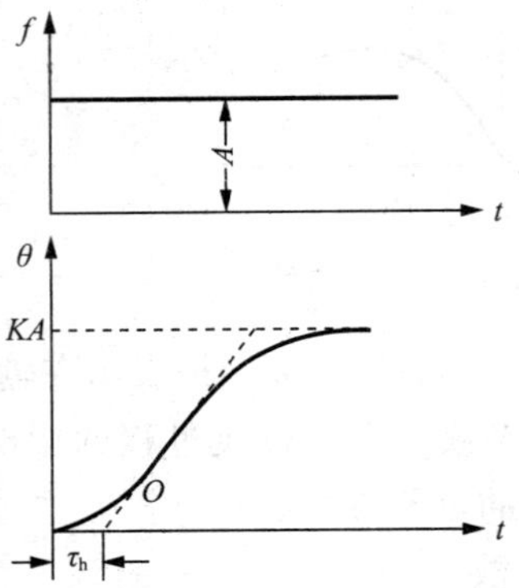

图 1-2-12　多容对象的响应曲线

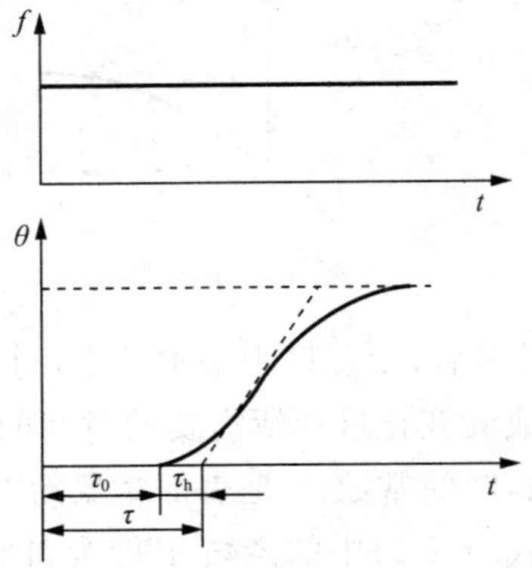

图 1-2-13　滞后时间 τ 示意

干扰通道 τ_f 的存在相当于干扰被推迟了 τ_f 时间进入系统,所以对过渡过程品质的影响不大。

综上所述,简单对象的特性参数可以用放大系数 K、时间常数 T、滞后时间 τ 三个特性参数表征,多容对象也可近似地用它们代表。对象特性对控制系统的工作质量有着非常重要的影响。所以在确定控制方案时,应根据工艺要求确定被控变量,并从生产实际出发,分析干扰因素,抓主要矛盾,合理地选择操纵变量,以构成合理的控制通道,组成一个可控性良好的被控对象,这是控制系统设计中的一个重要环节。如何根据对象特性选择被控变量及操纵变量,将在模块 4 中进行详细讨论。

1.2.5　对象特性参数的实验测定方法

对象特性参数可以在机理建模后得到。但是在生产中很多过程很难通过机理分析得到数学方程式。

工程上对象特性参数多数通过实验测定来得到。最简便的方法就是直接在原设备或机器中施加一定的扰动,并对该对象的输出变量进行测量和记录,而后进行分析整理,取得对象特性的数学表达式。下面是几种常见的方法。

1. *阶跃扰动法*

阶跃扰动法又称反应曲线法。当过程处于稳定状态时,在过程的输入端施加一个幅度已知的阶跃扰动,测量和记录过程输出变量的数值,即可画出输出变量随时间变化的反应曲线。根据响应曲线,再经过处理,就能得到过程特性参数。

以输送物料的皮带运输过程为例。将加料斗出料量看成过程输入变量,反应器进料量看成过程输出变量。在输入变量 F 作阶跃变化 A 时,过程输出响应曲线 $C(t)$ 在经过纯

滞后 τ 之后才有变化响应，最终稳定在 B，如图 1-2-14 所示。放大系数即为 B/A，纯滞后即为 τ_0。过 $t=\tau$ 这一点作切线与输出响应曲线终态值 B 相交，该交点投影到时间轴上的值减去 τ 就得到了时间常数 T。

阶跃扰动法能形象、直观地描述过程的动态特性，简便易行。如果输入量是流量，那施加阶跃扰动时只要将阀门开度作突然变化（通常是 10%左右）即可，不需要特殊的附属设备，被控变量可用原有的仪表进行测量记录，由于测试的工作量不大，数据的处理也很方便，所以得到了广泛的应用。但是许多过程较复杂，扰动因素较多，会影响测试精度；同时由于受工艺条件限制，阶跃扰动幅度不能太大，因此实施阶跃扰动法时，应在相对稳定的情况下输入阶跃信号，并且在相同测试条件下重复做几次，获得两次以上比较接近的响应曲线，以提高测试精度。

2. 矩形脉冲扰动法

用阶跃扰动可以获得完整的响应曲线，但是过程将在较长时间内处于相当大的扰动作用下，被控变量的偏差往往会超出生产所允许的数值，以致试验不能继续下去。在这种情况下，就应采用矩形脉冲扰动法。

所谓矩形脉冲扰动法，就是先在过程上加入一个阶跃扰动，待被控变量继续上升（或下降）到将要超过工艺允许变化范围时，立即撤除扰动。这时继续记录被控变量，直到其稳定为止，再根据记录曲线，求取过程特性参数。图 1-2-15 为矩形脉冲扰动法示意图，其脉冲扰动 $f(t)$ 可以看成是两个阶跃扰动 $f_1(t)$ 和 $f_2(t)$ 的叠加，故 $f(t)$ 作用下的响应曲线 $y(t)$ 也就是阶跃扰动 $f_1(t)$ 和 $f_2(t)$ 作用下的响应曲线代数和。

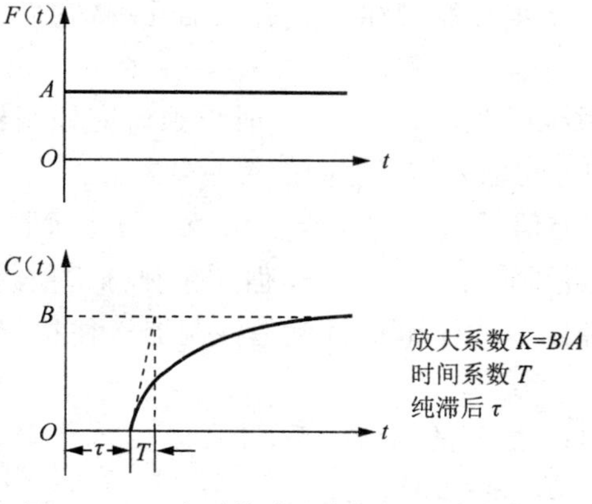

图 1-2-14 阶跃扰动法求取过程特性参数

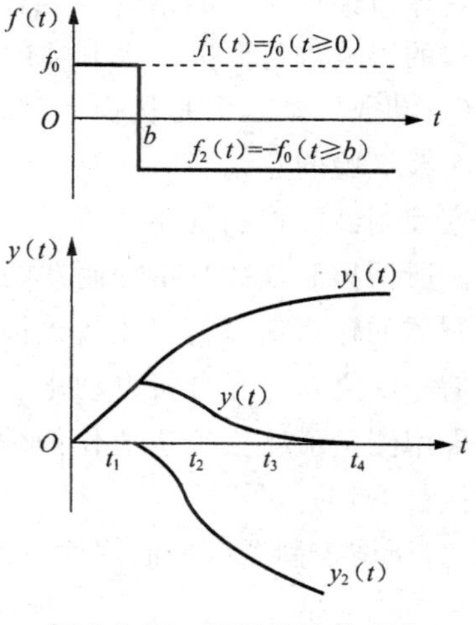

图 1-2-15 矩形脉冲扰动法

3. 周期扰动法

周期扰动法是在过程的输入端施加一系列频率不同的周期性扰动，一般以正弦波扰动居多。

正弦波扰动围绕在给定值上下波动，对工艺生产的影响较小，测试精度较高，而且可直接取得过程的频率特性，数据处理简单、直观，这是周期扰动法突出的优点。但是此法需要复杂的正弦波信号发生器，测试的工作量较大。

4. 统计相关法

上面介绍的测定对象动态特性方法在测定时需要进行专门的试验，其生产装置要从正常运行状态转为试验状态，然而测定时间越长，对生产的影响就越大，而且为了使生产过程不要偏离正常运行状态太远，以及避免超出线性范围，对象的输入信号幅度也不能太大。

采用统计相关法测定对象动态特性可以在生产正常运行状态下进行。该方法可以直接利用正常运行所记录的数据进行统计分析，建立数学模型，进而获取对象特性参数。但是需要较长时间的数据记录，经过分析筛选出有用的数据，再进行复杂的计算，由于正常运行时记录的数据参数波动不大，统计分析的精度不高，为了缩短测试时间，提高精度，通常在实施统计相关法时对对象施加一个特殊的伪随机二位式序列信号，该信号不致造成过程偏离正常运行状态过大，而在数据分析上却又很方便。这种方法以随机过程理论为基础，其特点是要处理大量信息，因此须借助计算机的配合运算，才能显示出它的优越性。

通常在用实验方法测定过程的动态特性时，已经将检测元件、变送器乃至控制阀的动态特性包括在内，因此取得的是控制系统中除控制器以外的广义过程的动态特性，使得对控制系统的分析简单化，即将控制系统看成是广义对象与控制器的组合。

1.3 基本控制规律

在具体讨论控制器的结构与工作原理之前，需要先对控制器的控制规律及其对系统过渡过程的影响进行研究。控制器的形式虽然很多，有不外加能源的（自力式的），有外加能源的（电动或气动），但是从控制规律来看，基本控制规律只有有限的几种，它们都是长期生产实践经验的总结。

研究控制器的控制规律时将控制器和系统断开，即只在开环时单独研究控制器本身的特性。所谓控制规律是指控制器的输出信号与输入信号之间的关系。

控制器的输入信号是经比较机构后的偏差信号 e，它是给定值信号 x 与变送器送来的测量值信号 z 之差。在分析自动化系统时，偏差采用 $e=x-z$，但在单独分析控制器时，习惯上采用测量值减去给定值作为偏差。控制器的输出信号就是控制器送往执行器（常用气动执行器）的信号 p。

因此，所谓控制器的控制规律就是指 p 与 e 之间的函数关系，即

$$p=f(e)=f(z-x) \tag{1-3-1}$$

在研究控制器的控制规律时，经常是假定控制器的输入信号 e 是一个阶跃信号，然后来研究控制器的输出信号 p 随时间的变化规律。

控制器的基本控制规律有位式控制（其中以双位控制比较常用）、比例控制（P）、积分控制（I）、微分控制（D）。常用的控制规律有比例控制（P）、比例积分控制（PI）、比例微分控制（PD）和比例积分微分控制（PID）。

不同的控制规律适应不同的生产要求，所以，必须根据生产要求来选用适当的控制规律。如选用不当，不但不能起到好的作用，反而会使控制过程恶化，甚至造成事故。要选

用合适的控制器，首先必须了解常用的几种控制规律的特点与适用条件，然后，根据过渡过程品质指标要求，结合具体对象特性，才能做出正确的选择。

1.3.1 双位控制

双位控制的动作规律是当测量值大于给定值时，控制器的输出为最大(或最小)，而当测量值小于给定值时，则输出为最小(或最大)，即控制器只有两个输出值，相应的控制机构只有开和关两个极限位置，因此又称开关控制。

理想的双位控制器其输出 p 与输入偏差 e 之间的关系为

$$\begin{aligned} p &= p_{\max} \quad e>0\ (\text{或}\ e<0) \\ p &= p_{\min} \quad e<0\ (\text{或}\ e>0) \end{aligned} \tag{1-3-2}$$

双位控制器结构简单、成本较低、易于实现，因而应用很普遍，例如仪表用压缩空气贮罐的压力控制，恒温炉、管式炉的温度控制等。

除了双位控制外，还有三位(即具有一个中间位置)或更多位的，包括双位在内，这一类统称为位式控制，它们的工作原理基本上一样。

1.3.2 比例控制

在双位控制系统中，被控变量不可避免地会产生持续的等幅振荡过程，这是由于双位控制器只有两个特定的输出值，相应的控制阀也只有两个极限位置，势必在一个极限位置时，流入对象的物料量(能量)大于由对象流出的物料量(能量)，因此被控变量上升；而在另一个极限位置时，情况正好相反，被控变量下降，如此反复，被控变量势必产生等幅振荡。为了避免这种情况，应该使控制阀的开度(即控制器的输出值)与被控变量的偏差成比例，根据偏差的大小，控制阀可以处于不同的位置，这样就有可能获得与对象负荷相适应的操纵变量，从而使被控变量趋于稳定，达到平衡状态。如图 1-3-1 所示的液位控制系统，当液位高于给定值时，控制阀就关小，液位越高，阀门关得越小；若液位低于给定值，控制阀就开大，液位越低，阀开得越大。它相当于把位式控制的位数增加到无穷多位，于是变成了连续控制系统。图中浮球是测量元件，杠杆就是一个最简单的控制器。

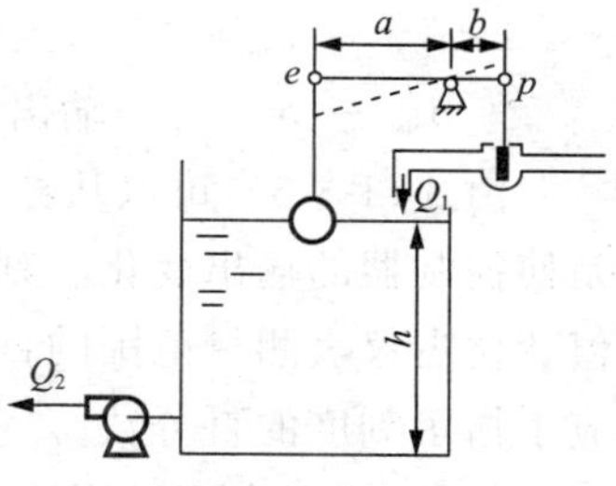

图 1-3-1 简单的比例控制系统示意图

图 1-3-1 中，若杠杆在液位改变前的位置用实线表示。改变后的位置用虚线表示，根据相似三角形原理，有

$$\frac{a}{b} = \frac{e}{p}$$

即

$$p = \frac{b}{a} \times e \tag{1-3-3}$$

式中 e——杠杆左端的位移，即液位的变化量；

p——杠杆右端的位移，即阀杆的位移量；

a,b——杠杆支点与两端的距离。

由此可见，在该控制系统中，阀门开度的改变量与被控变量（液位）的偏差值成比例，这就是比例控制规律。

对于具有比例控制规律的控制器（称为比例控制器），其输出信号（指变化量）p 与输入信号（指偏差，当给定值不变时，偏差就是被控变量测量值的变化量）e 之间成比例关系，即

$$p = K_P e \tag{1-3-4}$$

式中，K_P 是一个可调的放大倍数（比例增益）。

对照式（1-3-3）可知，图 1-3-1 所示的比例控制器的比例增益 $K_P = \frac{b}{a}$，改变杠杆支点的位置，便可改变 K_P 的数值。

由式（1-3-4）可以看出，比例控制的放大倍数 K_P 是一个重要的系数，它决定了比例控制作用的强弱；K_P 越大，比例控制作用越强。在实际的比例控制器中，习惯上使用比例度 δ 而不用放大倍数 K_P 来表示比例控制作用的强弱。

所谓比例度就是指控制器输入的变化相对值与相应的输出变化相对值之比的百分数，用公式表示为

$$\delta = \left(\frac{e}{x_{max} - x_{min}} \Big/ \frac{p}{p_{max} - p_{min}}\right) \times 100\% \tag{1-3-5}$$

式中　e——输入变化量；

p——相应的输出变化量；

$x_{max} - x_{min}$——输入的最大变化量，即变送器的量程；

$p_{max} - p_{min}$——输出的最大变化量，即控制器输出的工作范围。

由式（1-3-5），可以从控制器表盘上的指示值变化看出比例度的具体意义。比例度就是使控制器的输出变化满刻度时（也就是控制阀从全关到全开或相反），相应的仪表测量值变化占仪表测量范围的百分数。或者说，使控制器输出变化满刻度时，输入偏差变化对应于指示刻度的百分数。

例如 DDZ-Ⅲ型温度比例控制器，温度刻度范围为 400～800 ℃，控制器输出工作范围是 4～20 mA。当指示指针从 600 ℃移到 700 ℃，此时控制器相应的输出从 4 mA 变为 12 mA，其比例度的值为

$$\delta = \left(\frac{700 - 600}{800 - 400} \Big/ \frac{12 - 4}{20 - 4}\right) \times 100\% = 50\%$$

这说明对于这台控制器，温度变化全量程的 50%（相当于 200 ℃），控制器的输出就能从最小变为最大，在此区间内，e 和 p 是成比例的。图 1-3-2 是比例度的示意图。当比例度为 50%、100%、200%时，分别说明只要偏差 e 变化量占仪表全量程的 50%、100%、200%时，控制器的输出就可以由最小 p_{min} 变为最大 p_{max}。

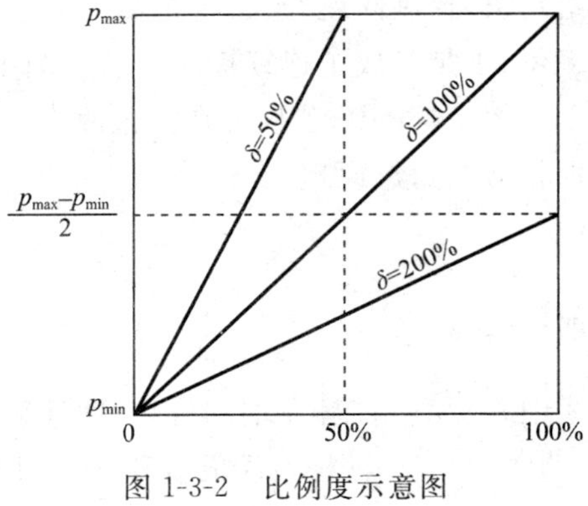

图 1-3-2　比例度示意图

将式（1-3-4）代入式（1-3-5），经整理后可得

$$\delta = \frac{1}{K_P} \times \frac{p_{max} - p_{min}}{x_{max} - x_{min}} \times 100\% \tag{1-3-6}$$

对于一个具体的比例作用控制器，指示值的刻度范围（$x_{max}-x_{min}$），及输出的工作范围 $p_{max}-p_{min}$ 应是一定的，所以由式(1-3-6)可以看出，比例度 δ 与放大倍数 K_P 成反比。这就是说，控制器的比例度 δ 越小，它的放大倍数 K_P 就越大，它对偏差(控制器输入)放大的能力越强，反之亦然。因此比例度 δ 和放大倍数 K_P 都能表示比例控制器控制作用的强弱。只不过 K_P 越大，表示控制作用越强，而 δ 越大，表示控制作用越弱。

图 1-3-3 表示图 1-3-1 所示的液位比例控制系统的过渡过程。如果系统原来处于平衡状态，液位恒定在某值上，在 $t=t_0$ 时，系统外加一个干扰作用，即出水量 Q_2 有一阶跃增加[见图 1-3-3(a)]，液位开始下降[见图 1-3-3(b)]，浮球也跟着下降，通过杠杆使进水阀的阀杆上升，这就是作用在控制阀上的信号 p[见图 1-3-3(c)]，于是进水量 Q_1 增加[见图 1-3-3(d)]。由于 Q_1 增加，促使液位下降速度逐渐缓慢下来，经过一段时间后，待进水量的增加量与出水量的增加量相等时，系统又建立起新的平衡，液位稳定在一个新值上。但是控制过程结束时，液位的新稳态值将低于给定值，它们之间的差值就叫余差，如果定义偏差 e 为测量值减去给定值，则 e 的变化曲线见图 1-3-3(e)。

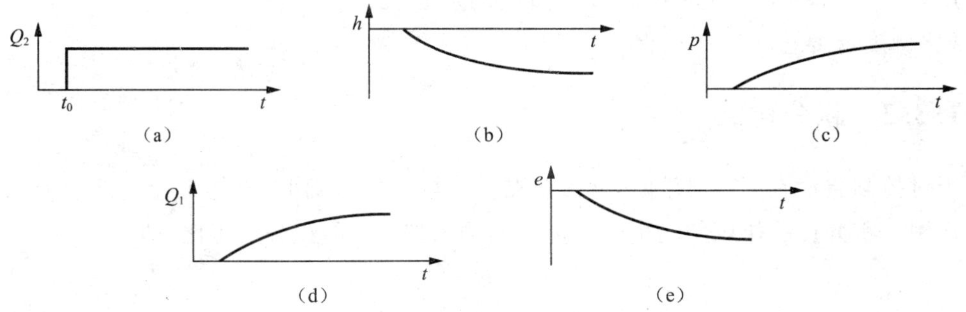

图 1-3-3 比例控制系统过渡过程

为什么会有余差呢？它是比例控制规律的必然结果。从图 1-3-1 可见，原来系统处于平衡，进水量与出水量相等，此时控制阀有一固定的开度，比如说对应于杠杆为水平的位置。当 $t=t_0$ 时，出水量有一阶跃增大量，于是液位下降，引起进水量增加，只有当进水量增加到与出水量相等时才能重新建立平衡，而液位也才不再变化。但是要使进水量增加，控制阀必须开大，阀杆必须上移。而阀杆上移时浮球必然下移。因为杠杆是一种刚性的结构，这就是说达到新的平衡时浮球位置必定下移，也就是液位稳定在一个比原来稳态值(即给定值)要低的位置上，其差值就是余差。存在余差是比例控制的缺点。

比例控制的优点是反应快、控制及时。有偏差信号输入时，输出立刻与其成比例地变化，偏差越大，输出的控制作用越强。

为了减小余差，就要增大 K_P(即减小比例度 δ)，但这会使系统稳定性变差。比例度对控制过程的影响如图 1-3-4 所示。由图可见，比例度越大(即 K_P 越小)，过渡过程曲线越平稳，但余差也越大。比例度越小，则过渡过程曲线越振荡。比例度过小时就可能出现发散振荡。当比例度大时即放大倍数 K_P 小，在干扰产生后，控制器的输出变化较小，控制阀开度改变较小，被控变量的变化就很缓慢(曲线 6)。当比例度减小时，K_P 增大，在同样的偏差下，控制器输出较大，控制阀开度改变较大，被控变量变化也比较灵敏，开始有些振荡，余差不大(曲线5、4)。比例度再减小，控制阀开度改变更大，大到有点过分时，被控变量也就跟着过分地变化，再拉回来时又拉过头，结果会出现激烈的振荡(曲线3)。当比例度继续减小到某一数值时系统出现等幅振荡。这时的比例度称为临界比例度 δ_K (曲线2)。一般除反应很快的流量及管道压力等系统外，这种情况大多出现在 $\delta < 20\%$ 时。当比例度小于 δ_K 时，在干扰产生后将出现发散振荡(曲线1)，这是很危险的。工艺生产通常要求比较平稳而余差又不太大的控制过程，例如曲线4，一般地说，若对象的滞后较小、时间常数较大以及放大倍数较小时，控制器的比例度可以选得小一些，以提高系统的灵敏度，使反应快一些，此时过渡过程曲线的形状较好。反之，比例度就要选大一些以保证稳定。

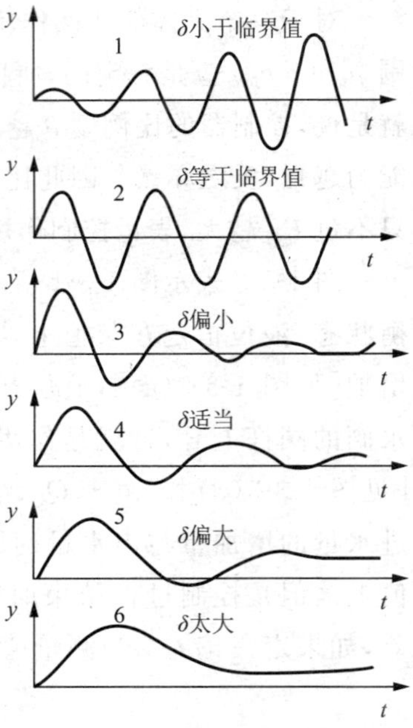

图 1-3-4 比例度对过渡过程的影响

1.3.3 积分控制

当对控制质量有更高要求时，就需要在比例控制的基础上，再加上能消除余差的积分控制作用。积分控制作用的输出变化量 p 与输入偏差 e 的积分成正比，即

$$p = K_I \int e \mathrm{d}t \tag{1-3-7}$$

式中，K_I 代表积分速度。当输入偏差是常数 A 时，式(1-3-7)成为

$$p = K_I \int A \mathrm{d}t = K_I A t$$

即输出是一条直线(见图1-3-5)。由图1-3-5可见，当有偏差存在时，输出信号将随时间增大(或减小)。当偏差为零时，输出才停止变化且稳定在某一数值上，因而用积分控制器组成控制系统可以达到无余差。

输出信号的变化速度与偏差 e 及 K_I 成正比，而其控制作用是随着时间积累逐渐增强的，所以控制动作缓慢，会出现控制不及时，当对象惯性较大时，被控变量将出现大的超调量，过渡时间也将延长，因此，积分作用一般不能单独使用。常常把比例与积分组合起来，这样既能及时控制，又能消除余差，比例积分控制规律可用下式表示

$$p = K_P \left(e + K_I \int e \mathrm{d}t\right) \tag{1-3-8}$$

通常采用积分时间 T_I 来代替 K_I，$T_I = \frac{1}{K_I}$，所以式(1-3-8)常写为

$$p = K_P \left(e + \frac{1}{T_I} \int e \mathrm{d}t\right) \tag{1-3-9}$$

若偏差是幅值为 A 的阶跃干扰，代入可得

$$p = K_P A + \frac{K_P}{T_I} A t$$

这一关系示于图 1-3-6 中，输出中垂直上升部分 $K_P A$ 是比例作用造成的，慢慢上升部分 $\frac{K_P}{T_I} A t$ 是积分作用造成的；当 $t = T_I$ 时，输出为 $2K_P A$。因此，积分时间的定义为：PI 控制器在阶跃信号作用下，当积分部分的输出与比例部分的输出相等(或者说总的输出是比例部分的 2 倍)时所需要的时间。

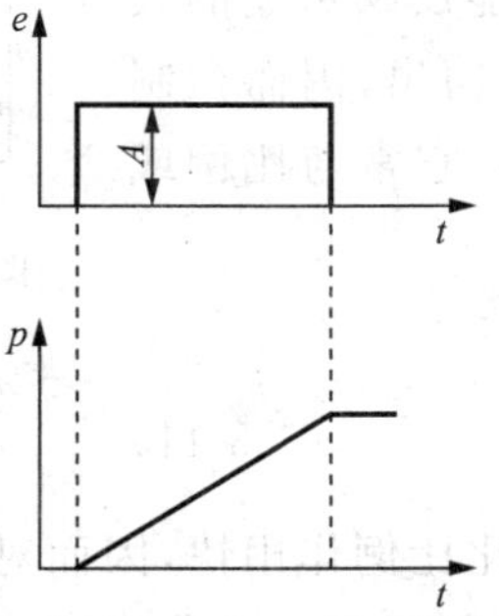

图 1-3-5 积分控制器特性

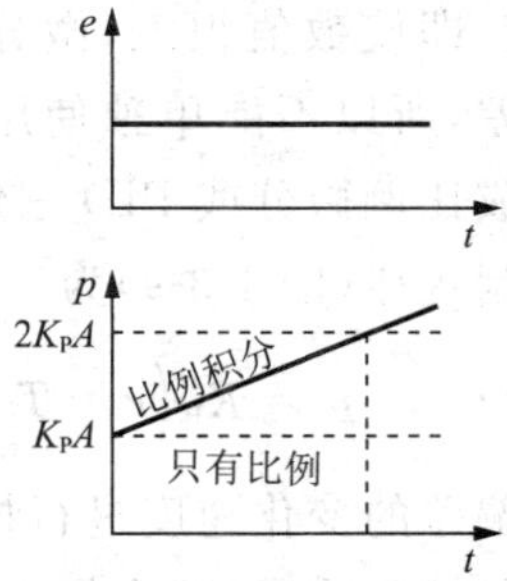

图 1-3-6 比例积分控制器特性

应用这个关系，可以实测 K_P 及 T_I。对控制器输入一个幅值为 A 的阶跃变化，立即记下输出的跃变值并启动秒表计时，当输出达到跃变值的两倍时，此时间就是 T_I，跃变值 $K_P A$ 除以阶跃输入幅值 A 就是 K_P。

积分时间 T_I 越短，积分速度 K_I 越大，积分作用越强。反之，积分时间越长，积分作用越弱。若积分时间为无穷大，就没有积分作用，成为纯比例控制器了。

图 1-3-7 表示在同样比例度下积分时间 T_I 对过渡过程的影响。T_I 太大，积分作用不明显，余差消除很慢(曲线 3)；T_I 过小，易于消除余差，但系统振荡加剧，曲线 2 适宜，曲线 1 就振荡太剧烈了。

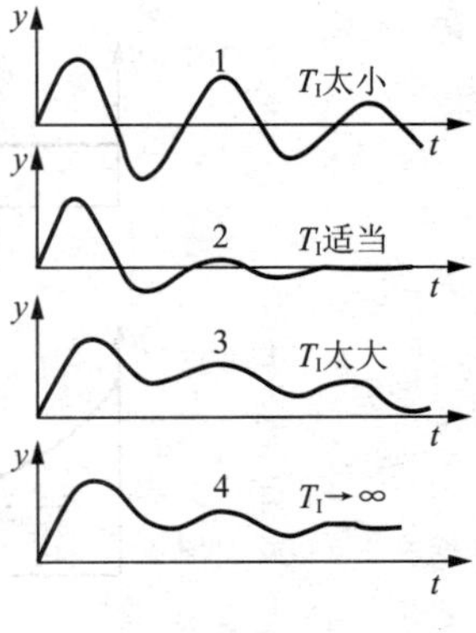

图 1-3-7 积分时间对过渡过程的影响

比例积分控制器对于多数系统都可采用，比例度和积分时间两个参数均可调整。当对象滞后很大时，可能控制时间较长、最大偏差也较大；负荷变化过于剧烈时，由于积分动作缓慢，使控制作用不及时，此时可增加微分作用。

1.3.4 微分控制

对于惯性较大的对象，常常希望能根据被控变量变化的快慢来控制。在人工控制时，虽然偏差可能还小，但看到参数变化很快，估计很快就会有更大偏差，此时会过分地改变阀门开度以克服干扰影响，这就是按偏差变化速度进行控制。在自动控制时，这就要求控制器具有微分控制规律，就是控制器的输出信号与偏差信号的变化速度成正比，即

$$p = T_D \frac{de}{dt} \tag{1-3-10}$$

式中，T_D 为微分时间，$\frac{de}{dt}$ 为偏差信号变化速度。此式表示理想微分控制器的特性，若在 $t=t_0$ 时输入一个阶跃信号，则在 $t=t_0$ 时控制器输出将为无穷大，其余时间输出为零(图 1-3-8)。这种控制器用在系统中，即使偏差很小，只要出现变化趋势，马上就进行控制，故有超前控制之称，这是它的优点。但它的输出不能反映偏差的大小，假如偏差固定，即使数值很大，微分作用也没有输出，因而控制结果不能消除偏差，所以不能单独使用这种控制器，它常与比例或比例积分组合构成比例微分或 PID 三作用控制器。

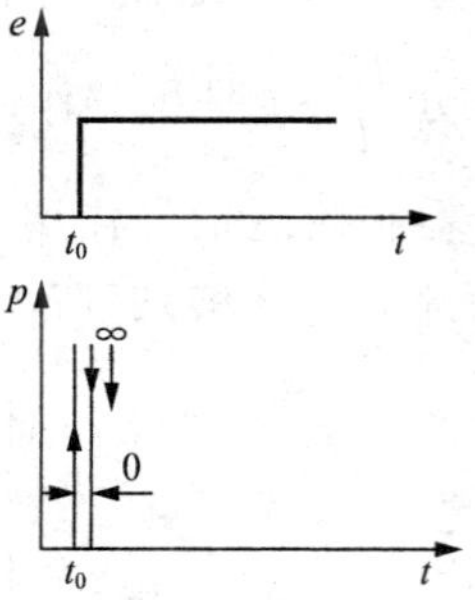

图 1-3-8　理想微分控制器特性

比例微分控制规律(图 1-3-9)为

$$p = K_P\left(e + T_D \frac{de}{dt}\right) \tag{1-3-11}$$

微分作用按偏差的变化速度进行控制，其作用比比例作用快，因而对惯性大的对象用比例微分可以改善控制质量，减小最大偏差，节省控制时间。微分作用可以阻止被控变量的变化，有抑制振荡的效果，但如果变化过大，控制作用过强，反而会引起被控变量大幅度的振荡。在一定比例度下，微分时间 T_D 的改变对过渡过程的影响如图 1-3-10 所示。微分作用的强弱用微分时间来衡量。

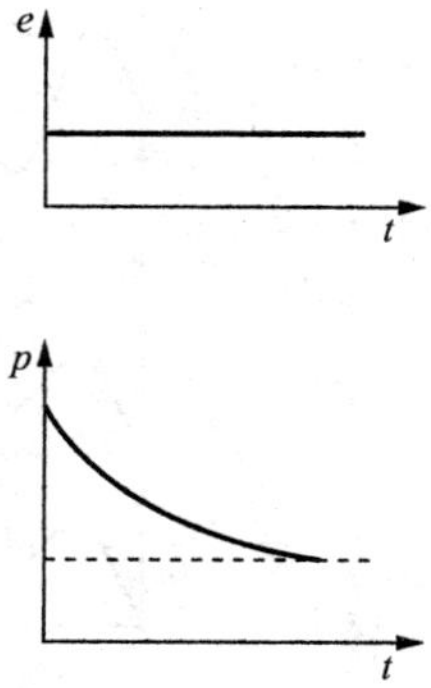

图 1-3-9　比例微分控制器特性

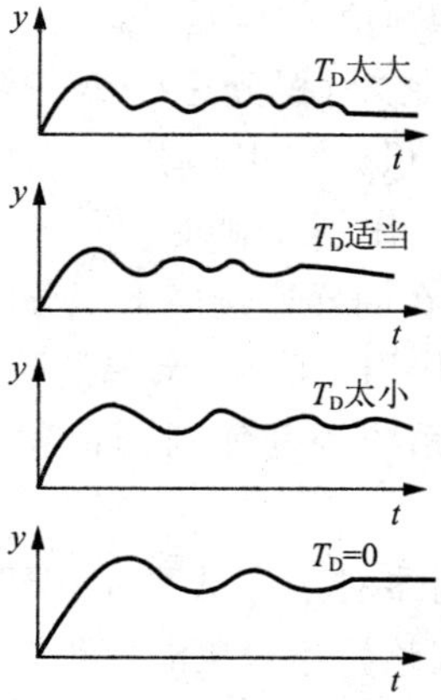

图 1-3-10　微分时间对过渡过程的影响

实际微分控制规律的输出是比例输出和微分输出之和，可用下式表示为

$$\Delta p(t) = \Delta p_P + \Delta p_D = K_C A\left[1 + (K_D - 1)e^{-\frac{K_D}{T_D}t}\right]$$

式中　K_D——微分放大倍数；

　　T_D——微分时间。

由此可知：当 $t=0$ 时，$\Delta p(0) = K_D K_C A$；当 t 趋向于无穷大时，$\Delta p(\infty) = K_C A$。

所以微分控制器在阶跃信号的作用下，输出一开始就立即升高到输入幅值 A 的 $K_D K_C$ 倍，然后，再逐渐下降，到最后就只有比例作用 $K_C A$ 了。

当 $t = T_D/K_D = T$ 时，有

$$\Delta p(T)=K_{C}A+0.368K_{C}A(K_{D}-1)$$

由此式可以看出，在 K_C、K_D已知确定的情况下，可以根据实验来确定微分时间 T_D的数值。在比例度恒等于100%的情况下，给微分控制器输入一个幅值为 A 的阶跃信号，微分控制器的输出从最高点开始下降，当下降了 $A(K_D-1)$的63.2%所经历的时间 T(称为微分时间常数)乘以微分增益 K_D，定义为微分时间，即微分时间常数 T 与微分增益 K_D之积，就是微分时间 T_D，有

$$T_D=K_D T$$

其中微分增益 K_D是常数，一般为5倍。

1.3.5 比例积分微分控制规律(PID)

理想比例积分微分控制规律(PID)的表达式为

$$p=K_P\left(e+\frac{1}{T_I}\int e\mathrm{d}t+T_D\frac{\mathrm{d}e}{\mathrm{d}t}\right) \qquad (1\text{-}3\text{-}12)$$

当有阶跃信号输入时，输出为比例、积分和微分三部分输出之和，如图1-3-11所示。这种控制器既能快速进行控制，又能消除余差，具有较好的控制性能。

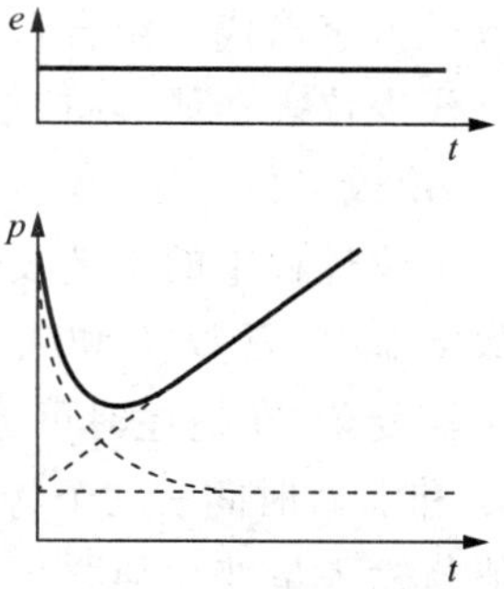

图1-3-11 三作用控制器特性

小 结

自动控制系统应用负反馈原理，通过反馈使信号传递构成闭合回路，所以又称闭环控制系统。自动控制系统是为了实现过程控制，以控制理论和生产要求为依据，采用模拟仪表、数字仪表或微型计算机等构成的控制总体。典型的自动控制系统主要由被控对象、控制器、执行器(自动控制系统中主要是控制阀)、检测元件及变送器组成，在结构上形成闭环负反馈是确保其稳定的先决条件。自动控制系统通过测量变送器，把被控变量的测量值反馈到输入端与给定值进行比较，然后根据两者的偏差，按预置的控制规律进行运算，输出控制信号给控制阀，通过控制阀调整操纵变量，以克服扰动的影响，从而保证被控变量与给定值一致。按给定值的变化情况，可将控制系统分为三类，即定值控制系统、随动控制系统和程序控制系统。自动控制系统多为定值控制系统。

按被控变量是否随时间变化，可将系统的运行状态分为静态和动态。在自动控制系统中，把被控变量不随时间变化的平衡状态，称为系统的静态或稳态；系统(或环节)处于静态时的输出与输入之间的关系称为系统(或环节)的静态特性。而把被控变量随时间变化的不平衡状态，称为系统的动态；系统处于动态时的输出与输入之间的关系称为系统的动态特性。需要指出的是，系统的静态与平时说的静止不动是不同的，系统的静态并非指系统内没有物料与能量的流动，而是指各个参数保持不变的相对平衡状态。对自动控制系统的基本技术性能要求包含静态和动态两个方面，一般可以归纳为稳定性、快速性和准确性，即稳、准、快。

描述自动控制系统性能的指标称为质量指标，在时间域上主要有单项性能指标和综

合性能指标。单项性能指标是从使系统满足稳定性、快速性和准确性三方面的基本要求出发，以系统在单位阶跃输入作用下被控变量的衰减振荡曲线来定义的。通常以五个指标来评定：衰减比、过渡时间、最大偏差、余差和振荡周期。衰减比用于衡量控制系统的稳定性，过渡时间和振荡周期用于描述控制系统的快速性，最大偏差则反映了系统的准确性，它们都是描述系统动态性能的指标，而余差是反映控制系统准确性的一个重要的稳态指标。

在检测、控制系统中，构成一个回路的每台仪表（或元件）都应有自己的仪表位号。仪表位号由字母代号组合和阿拉伯数字编号两部分组成。第一位字母代表被控变量，后继字母代表仪表功能，阿拉伯数字编号写在圆圈的下半部，第一位数字表示工段号，后续数字（二位或三位数字）表示仪表序号。

工业过程中的工艺设备和装置多为自衡非振荡过程。一阶自衡过程的特性可用放大系数 K、时间常数 T 和纯滞后时间 τ_0 这三个特性参数来表征。多容自衡非振荡过程的特性比较复杂，在描述时可近似处理成具有纯滞后的一阶过程，用放大系数 K、等效时间常数 T 和滞后时间 τ 三个特性参数来近似表征。过程放大系数 K 是过程输出量变化的新稳态值与输入量变化值之比，它只与过程的初、终状态有关，而与过程的变化无关，所以放大系数 K 是过程的静态特性参数。时间常数 T 用来表征过程输入变化后被控变量的变化情况，它是反映过程动态特性的参数。纯滞后时间 τ_0 是指在过程的输入发生变化后，输出变化落后于输入变化的时间，它也是反映过程动态特性的参数。容量滞后一般是因为物料或能量的传递需要通过一定的容量环节和克服阻力而引起的，它并不是真正的滞后，而是对因过程的多容性而引起的被控变量的阶跃响应起始部分变化速度缓慢作近似处理的结果，在分析过程特性时可将容量滞后近似地看作纯滞后处理。因此，过程的总滞后应为纯滞后与容量滞后之和，称为滞后时间。

控制器分位式控制器（其中以双位控制器比较常用）和常规控制器两种。双位控制是位式控制中最简单的形式，其实质是随着偏差信号符号的改变，使控制阀全开或者全关。双位控制常用于控制质量要求不高、所产生的冲击流量对工艺影响不大的场合。

常规控制器的基本控制规律有比例控制（P）、积分控制（I）和微分控制（D），工业生产中实际使用的控制规律主要有三种：比例控制（P）、比例积分控制（PI）、比例积分微分控制（PID）。常规控制器的三个可调控制参数是比例度 δ、积分时间 T_I 和微分时间 T_D。

比例控制规律是控制器的基本控制规律。比例控制的特点是控制及时，但存在余差。比例度 δ 是用于表示控制器比例控制作用强弱的参数，其取值大小会影响系统的控制质量。δ 越小，则比例控制作用就越强。减小比例度 δ，有利于减小系统的余差，缩短回复时间，但会使系统的稳定性变差（降低）。比例度 δ 对最大偏差的影响视设定作用和扰动作用而不同。

积分控制作用的特点是能够消除余差，但因其控制作用缓慢使系统的稳定性变差，因此积分作用不能单独使用。积分控制作用的强弱用积分时间 T_I 来表示，T_I 越小，则积分控制作用越强，反之越弱。T_I 的减小，有利于尽快消除余差、减小最大偏差，但会使控制系统的振荡加剧、系统的稳定性下降；若 T_I 过小，则可能导致系统不稳定。

微分控制作用是按偏差的变化速度进行控制的，因此它具有“超前控制”作用，其控制的结果不能消除偏差，所以微分控制规律也不能单独使用。微分控制作用的强弱用微分时间 T_D 来表示；T_D 越大，表示微分控制作用越强。选取适当的微分时间 T_D，系统的控制指标将得到全面的改善，即可缩短系统的回复时间，提高系统稳定性，减少动态偏差和余差。但若选得过大（即引入太强的微分作用），则会使系统变得非常敏感，系统的控制质量反而变差，甚至使系统不稳定。

思考题与习题

1. 什么是对象特性？研究对象特性对设计自动控制系统有何帮助？

2. 为什么要建立过程的数学模型？主要有哪些建模方法？

3. 一个自衡的非振荡过程的特性参数有哪些？各有什么物理意义？

4. 什么是控制通道和扰动通道？对不同通道的特性参数要求有什么不同？

5. 常用的对象特性实验测试方法有哪些？各有什么特点？

6. 已知某换热器被控变量是出口温度 θ，操纵变量是蒸汽流量 Q。在蒸汽流量作阶跃变化时，出口温度响应曲线如习题6图所示。该过程通常可以近似作为一阶滞后环节来处理。试用作图法估算该控制通道的特性参数 K、T 和 τ。

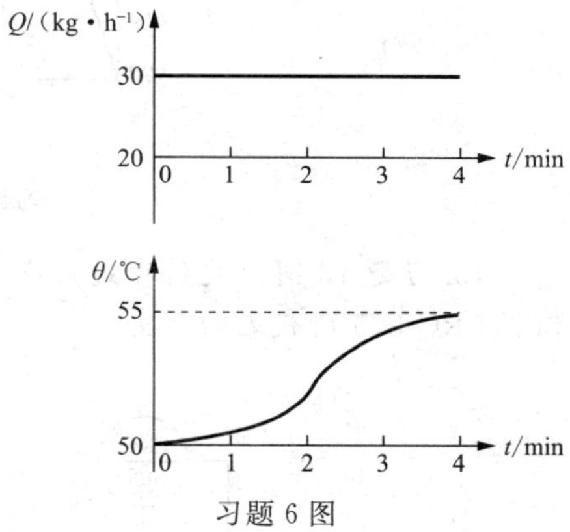

习题6图

7. 自动控制系统由哪几部分组成？各组成环节起什么作用？

8. 什么是被控对象、被控变量、操纵变量（控制变量）、给定值及干扰？画出习题8图所示控制系统的方框图，并指出该系统中的被控对象、被控变量、操纵变量、干扰变量是什么？

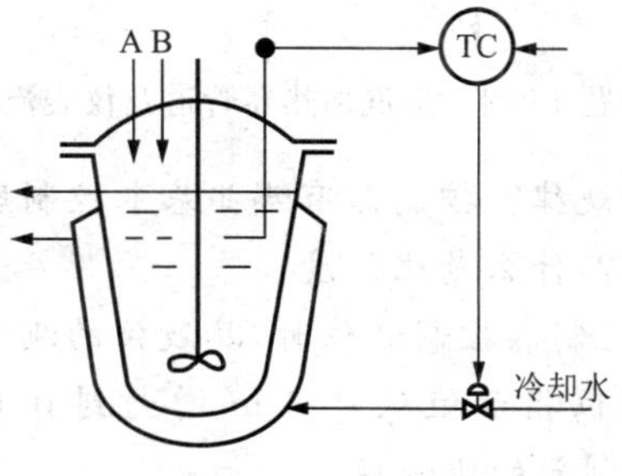

习题8图　反应器温度控制系统

9. 系统运行的基本要求是什么？

10. 什么是反馈？什么是负反馈？负反馈在自动控制系统中有什么重要意义？自动控制系统怎样才能构成负反馈？

11. 根据给定值的形式，控制系统可以分为哪几类？

12. 什么是控制系统的稳态与动态？为什么说研究控制系统的动态特性比研究其稳

态特性更重要?

13. 什么是自动控制系统的过渡过程?它有哪几种基本形式?其中哪几种形式能满足自动控制的要求?

14. 描述自动控制系统衰减振荡过程的品质指标有哪些?

15. 某化学反应器工艺规定的操作温度为(900±10)℃。考虑安全因素,控制过程中温度偏离给定值最大不得超过 80 ℃。现设计的温度定值控制系统,在最大阶跃干扰作用下的过渡过程曲线如习题 15 图所示。试求最大偏差、衰减比、余差和振荡周期等过渡过程品质指标,并说明该控制系统是否满足题中的工艺要求。

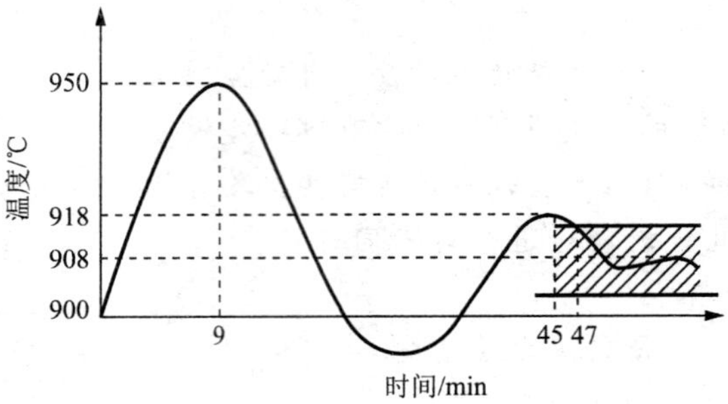

习题 15 图　过渡过程曲线

16. 习题 16 图为某列管式蒸汽加热器的管道及仪表流程,试说明图中 PI-307、TRC-303、FRC-305 所代表的意义。

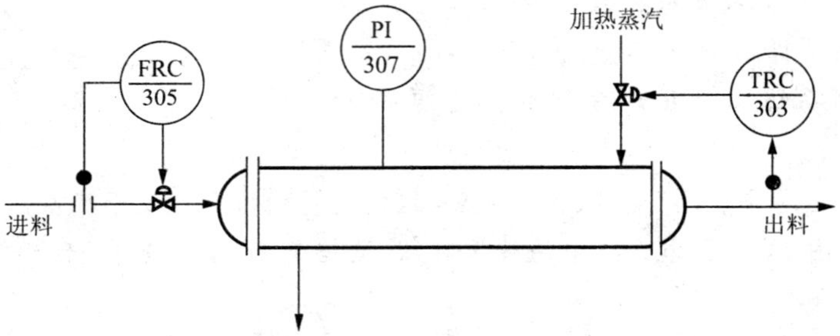

习题 16 图　蒸汽加热器管道及仪表流程

17. 什么是控制器的控制规律?控制器有哪些基本控制规律?

18. 什么是比例控制规律?什么是比例度?

19. 一台 DDZ-Ⅲ型比例控制器控制液位时,其液位的测量范围为 0～1.2 m,液位变送器的输出为 4～20 mA,当液位指示值从 0.3 m 增大到 0.6 m 时比例控制器的输出从 8 mA 增大到 12 mA,试求控制器的比例度。

20. 一台 DDZ-Ⅲ型比例式温度控制器,对应的测量范围为 0～1 000 ℃,控制器的比例度为 50%,当指示值变化 100 ℃时,求相应的控制器输出将变化多少?当指示值变化多少时?控制器输出变化达到全范围?

21. 比例度对控制过程有什么影响?对余差有什么影响?

22. 什么是积分控制规律?为什么积分控制能消除余差?

23. 什么是积分时间?怎样确定积分时间 T_1?

24. 某台DDZ-Ⅲ型比例积分控制器，比例度为200%，积分时间为1.5 min，问：当输入在某时刻突然变化了1 mA，经3 min后，输出变化多少？

25. 什么是微分控制规律？它有什么特点？

26. 什么是微分时间？如何用实验来确定 T_D？

27. 写出PID三作用控制器的输出输入关系式，分别说明其3个特征参数大小对控制过程的影响。

实训课题　单回路控制系统控制过程演示

1. 实训目的

(1) 掌握过程控制系统的实际结构及组成。

(2) 初步认识定值控制系统的作用及控制过程。

2. 实训设备

过程控制实验装置一套。

3. 实训原理

水箱液位定值控制系统的结构示意图如图1所示。

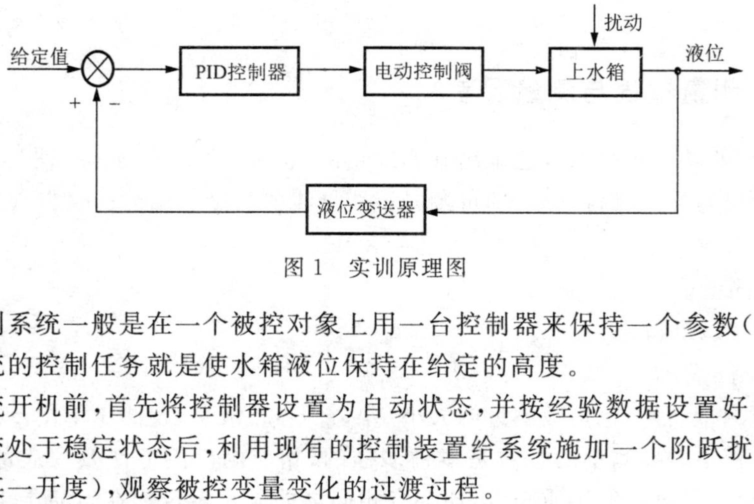

图1　实训原理图

简单控制系统一般是在一个被控对象上用一台控制器来保持一个参数(被控变量)的恒定。本系统的控制任务就是使水箱液位保持在给定的高度。

控制系统开机前，首先将控制器设置为自动状态，并按经验数据设置好PID参数值。开机并待系统处于稳定状态后，利用现有的控制装置给系统施加一个阶跃扰动(如将出水阀适当增大某一开度)，观察被控变量变化的过渡过程。

待系统重新稳定后，再观察被控变量是否稳定在给定值附近、是否存在余差，并分析余差存在与否的原因。

4. 思考题

(1) 在做本实训时，为什么要等到控制系统处于稳定状态时才施加扰动？

(2) 试利用反馈控制原理分析该液位控制系统的控制过程。

模块2 检测仪表

在工业生产过程中，为了正确地指导生产操作、保证生产安全、提高产品质量和实现生产过程自动化，一项必不可少的工作是准确而及时地检测出生产过程中的各有关参数，如压力、流量、物位及温度等。用来检测这些参数的技术工具称为检测仪表。用来将这些参数转换为一定的便于传送的信号（例如电信号或气压信号）的仪表通常称为传感器。当传感器的输出为单元组合仪表中规定的标准信号时，通常称为变送器。本模块将主要介绍有关压力、流量、物位、温度等参数的检测方法、检测仪表及相应的传感器或变送器。

2.1 检测仪表基本知识

2.1.1 测量过程与测量误差

所谓测量，就是用实验的方法求出某物理量的大小。比如要测量一段导线的长度，就需要用一把米尺与导线进行比对，即可测知该段导线的长度。用数学式表示为

$$X=X_{m}V$$

式中 X——测量值；

X_{m}——倍数值；

V——测量单位。

测量值即测量结果，包括被测量的大小 X_{m}、符号（正或负）及测量单位。

在生产过程中需要测量的参数是多种多样的，相应的检测方法及仪表的结构原理也各不相同，但从测量过程的实质来看，却都有相同之处。测量过程在实质上都是将被测参数与其相应的测量单位进行比较的过程，而测量仪表就是实现这种比较的工具。各种测量仪表不论采用哪种原理，它们都是要将被测参数经过一次或多次的信号能量的转换，最后获得一种便于测量的信号能量形式，并由指针位移或数字形式显示出来。例如各种炉温的测量，常常是利用热电偶的热电效应，把被测温度转换成直流毫伏信号（电能），然后变为毫伏测量仪表上的指针位移，并与温度标尺相比较而显示出被测温度的数值。

在测量过程中，由于所使用的测量工具本身不够准确，观测者的主观性和周围环境的影响，等等，使得测量的结果不可能绝对准确。由仪表读得的测量值与被测量真值之间总是存在一定的差值，这一差值就称为测量误差。

测量误差通常有三种表示方法,即绝对误差、相对误差和引用误差。

绝对误差在理论上是指仪表指示值 x_i 和被测量的真值 x_t 之间的差值,可表示为

$$\Delta = x_i - x_t \tag{2-1-1}$$

所谓真值是指被测物理量客观存在的真实数值,它是无法测量得到的理论值。因此,所谓测量仪表在其标尺范围内各点读数的绝对误差,一般是指用被校表(精确度较低)和标准表(精确度较高)同时对同一被测量进行测量所得到的两个读数之差,可用下式表示为

$$\Delta = x - x_0 \tag{2-1-2}$$

式中 Δ——绝对误差;

x——被校表的读数值;

x_0——标准表的读数值。

测量误差还可以用相对误差来表示。相对误差等于某一点的绝对误差 Δ 与标准表在这一点的指示值 x_0 之比。可表示为

$$\Lambda = \frac{\Delta}{x_0} = \frac{x - x_0}{x_0} \tag{2-1-3}$$

式中 Λ——仪表在 x_0 处的相对误差。

事实上,仪表的精确度不仅与绝对误差有关,而且还与仪表的测量范围有关。例如,两台测量范围不同的仪表,如果它们的绝对误差相等的话,测量范围大的仪表精确度较测量范围小的为高。因此,工业上经常将绝对误差折合成仪表测量范围的百分数表示,称为引用误差(或相对百分误差)δ,即

$$\delta = \frac{\Delta_{max}}{S_P} \times 100\% \tag{2-1-4}$$

式中,$S_P = x_{max} - x_{min}$ 为仪表的量程,即仪表测量范围的上限值 x_{max} 与下限值 x_{min} 之差。

2.1.2 测量仪表的性能指标

一台仪表性能的优劣,在工程上可用如下指标来衡量。

1. 精确度(简称精度)

任何测量过程都存在一定的误差,因此使用测量仪表时必须知道该仪表的精确程度,以便估计测量结果与其真实值的差距,即估计测量值的误差大小。

前面已经提到,仪表的测量误差可以用绝对误差 Δ 来表示。但是,必须指出,仪表的绝对误差在测量范围内的各点上是不相同的,因此,常说的“绝对误差”指的是绝对误差中的最大值 Δ_{max}。根据仪表的使用要求,规定一个在正常情况下允许的最大误差,这个允许的最大误差就叫允许误差。允许误差一般用相对百分误差来表示,即某一台仪表的允许误差是指在规定的正常情况下允许的相对百分误差的最大值,即

$$\delta_{允} = \pm \frac{\Delta_{max}}{S_P} \times 100\% \tag{2-1-5}$$

仪表的允许误差越大,表示它的精确度越低;反之,仪表的允许误差越小,表示仪表的精确度越高。

事实上,国家就是利用这一办法来统一规定仪表的精确度(精度)等级的。将仪表的

允许相对百分误差去掉“±”及“%”，便可以用来确定仪表的精确度等级。目前，我国生产的仪表常用的精确度等级有0.005，0.02，0.05，0.1，0.2，0.4，0.5，1.0，1.5，2.5，4.0等。如某台测温仪表的允许误差为±1.5%，则认为该仪表的精确度等级符合1.5级。为了进一步说明如何确定仪表的精确度等级，下面举两个例子。

例　某台测温仪表的测温范围为200～700 ℃，校验该表时得到的最大绝对误差为+4 ℃，试确定该仪表的精度等级。

解　该仪表的相对百分误差为

$$\delta = +\frac{4}{700-200}\times 100\% = +0.8\%$$

如果将该仪表的δ去掉“+”与“%”，其数值为0.8。由于国家规定的精度等级中没有0.8级仪表，同时，该仪表的误差超过了0.5级仪表所允许的最大误差，所以，这台测温仪表的精度等级为1.0级。

例　某台测温仪表的测温范围为0～1 000 ℃。根据工艺要求，温度指示值的误差不允许超过±7℃，试问应如何选择仪表的精度等级才能满足以上要求？

解　根据工艺上的要求，仪表的允许误差为

$$\delta = \pm\frac{7}{1\,000-0}\times 100\% = \pm 0.7\%$$

如果将仪表的允许误差去掉“±”与“%”，其数值介于0.5～1.0之同，如果选择精度等级为1.0级的仪表，其允许的误差为±1.0%，超过了工艺上允许的数值，故应选择0.5级仪表才能满足工艺要求。

由以上两个例子可以看出，根据仪表校验数据来确定仪表精度等级和根据工艺要求来选择仪表精度等级，情况是不一样的。根据仪表校验数据来确定仪表精度等级时，仪表的允许误差应该大于（至少等于）仪表校验所得的相对百分误差；根据工艺要求来选择仪表精度等级时，仪表的允许误差应该小于（至多等于）工艺上所允许的最大相对百分误差。

仪表的精度等级是衡量仪表质量优劣的重要指标之一。精度等级数值越小，就表征该仪表的精确度等级越高，也说明该仪表的精确度越高。0.05级以上的仪表，常用来作为标准表；工业现场用的测量仪表，其精度大多是0.5级以下的。

仪表的精度等级一般可用不同的符号形式标志在仪表面板上，如△1.5 ⓵.0等。

2. 变差

变差是指在外界条件不变的情况下，用同一仪表对同一变量在仪表全范围内进行正、反行程（即被测变量逐渐由小到大和逐渐由大到小）测量时，仪表正、反行程指示值之间的最大差值。如图2-1-1所示。

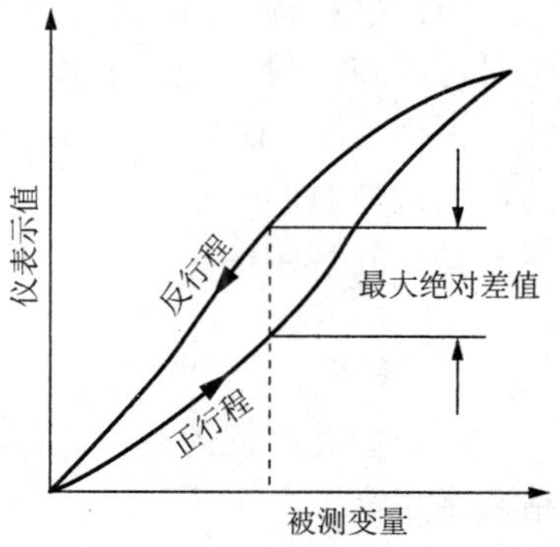

图 2-1-1　测量仪表的变差

造成变差的原因很多，例如传动机构间存在的间隙、摩擦力、弹性元件的弹性滞后等。变差的大小，用在同一被测变量值下，正、反行程间仪表指示值的最大绝对差值与仪表量程之比的百分数表示，即

$$E_{h\max} = \frac{\Delta'_{\max}}{S_P}\times 100\% \qquad (2\text{-}1\text{-}6)$$

式中　Δ'_{max}——仪表正、反行程的最大绝对差值。

必须注意，仪表的变差不能超出仪表的允许误差，否则，应及时检修。

3. 灵敏度与灵敏限

灵敏度一般用于模拟量仪表。仪表指针的线位移或角位移（仪表输出的变化量），与引起这个位移的被测参数的改变量之比值称为仪表的灵敏度。用公式表示如下

$$S=\frac{\Delta\alpha}{\Delta x} \tag{2-1-7}$$

式中　S——仪表的灵敏度；

$\Delta\alpha$——指针的线位移或角位移；

Δx——引起 $\Delta\alpha$ 所需的被测参数变化量。

仪表的灵敏度，在数值上就等于单位被测参数变化量所引起的仪表指针移动的距离（或转角）。

所谓仪表的灵敏限，是指能引起仪表指针发生动作的被测参数的最小变化量。通常仪表灵敏限的数值应不大于仪表允许绝对误差的一半。

值得注意的是，上述指标仅适用于指针式仪表。在数字式仪表中往往用分辨力来表示仪表灵敏度（或灵敏限）的大小。

4. 分辨力

对于数字式仪表，分辨力是指数字显示器的最末位数字间隔所代表的被测参数变化量，如数字电压表显示器末位一个数字所代表的输入电压值。显然，不同量程的仪表分辨力是不同的，相应于最低量程的分辨力称为该表的最高分辨力，也叫灵敏度。通常以最高分辨力作为数字电压表的分辨力指标。例如，某表的最低量程是 0～1.000 00 V，五位半数字显示，末位一个数字的等效电压为 10 μV，便可说该表的分辨力为 10 μV。数字式仪表的分辨率一般是指显示的最小数值与最大数值之比。例如，测量范围为 0～999.9 ℃的数字温度显示仪表，最小显示 0.1 ℃（末位跳变 1 个字），最大显示 999.9 ℃，则其分辨率为 0.01%。

5. 线性度

线性度用于表征线性刻度仪表的输出量与输入量的实际校准曲线与理论直线的吻合程度，如图 2-1-2 所示。通常总是希望测量仪表的输出与输入之间呈线性关系，因为在线性情况下，模拟式仪表的刻度就可以做成均匀刻度，而数字式仪表就可以不必采取线性化措施。

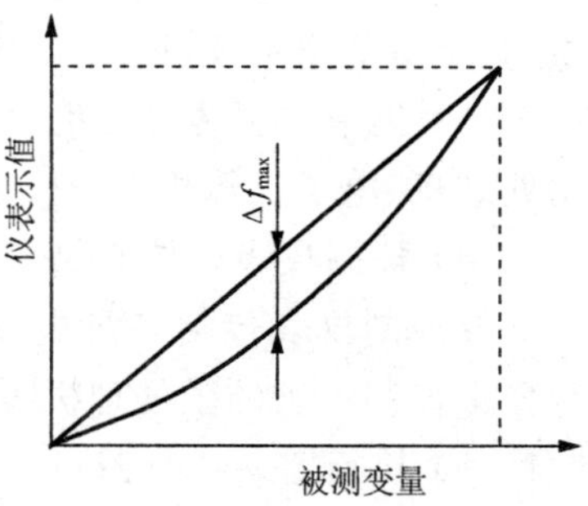

图 2-1-2　线性度示意图

线性度通常用实际测得的输入-输出特性曲线（称为标定曲线）和理论直线之间的最大偏差与测量仪表量程之比的百分数表示，即

$$\delta_f=\frac{\Delta f_{max}}{S_p}\times 100\% \tag{2-1-8}$$

式中　δ_f——线性度（又称非线性误差）；

Δf_{max}——标定曲线和理论直线的最大偏差（以仪表示值的单位计算）。

6. 反应时间

当用仪表对被测量进行测量时，被测量突然变化以后，仪表指示值总是要经过一段时间后才能准确地显示出来。反应时间就是用来衡量仪表能不能尽快反映出参数变化的品质指标。反应时间长，说明仪表需要较长时间才能给出准确的指示值，那就不宜用来测量变化频繁的参数。因为在这种情况下，当仪表尚未准确显示出被测值时，参数本身却早已改变了，使仪表始终指示不出参数瞬时值的真实情况。所以，仪表反应时间的长短，实际上反映了仪表动态特性的好坏。

仪表的反应时间有不同的表示方法。当输入信号突然变化一个数值后，输出信号将由原始值逐渐变化到新的稳态值。仪表的输出信号（即指示值）由开始变化到新稳态值的63.2%所用的时间，可用来表示反应时间，也有用从变化到新稳态值的95%所用的时间来表示反应时间的。

2.1.3 工业仪表的分类

工业仪表种类繁多，结构形式各异，根据不同的原则可以进行相应的分类。

1. 按仪表使用的能源分类

按使用的能源来分，工业自动化仪表可以分为气动仪表、电动仪表和液动仪表。目前工业上常用的为电动仪表。电动仪表是以电为能源，信号之间联系比较方便，适宜于远距离传送和集中控制，便于与计算机联用；现在电动仪表可以做到防火、防爆，更有利于电动仪表的安全使用。但电动仪表一般结构较复杂，易受温度、湿度、电磁场、放射性等环境影响。

2. 按信息的获得、传递、反映和处理的过程分类

按照信息传递过程中的不同作用，工业自动化仪表可以分为五大类。

(1) 检测仪表。检测仪表的主要作用是获取信息，并进行适当的转换。在生产过程中，检测仪表主要用来测量某些工艺参数，如温度、压力、流量、物位以及物料的成分、物性等，并将被测参数的大小成比例地转换成电信号（电压、电流、频率等）或气压信号。

(2) 显示仪表。显示仪表的作用是将由检测仪表获得的信息显示出来，包括各种模拟量、数字量的指示仪、记录仪和积算器，以及工业电视、图像显示器等。

(3) 集中控制装置。集中控制装置包括各种巡回检测仪、巡回控制仪、程序控制仪、数据处理机、电子计算机以及仪表控制盘和操作台等。

(4) 控制仪表。控制仪表可以根据需要对输入信号进行各种运算，例如放大、积分、微分等。控制仪表包括各种电动、气动的控制器以及用来代替模拟控制仪表的微处理机等。

(5) 执行器。执行器可以接收控制仪表的输出信号或直接来自操作人员的指令，对生产过程进行操作或控制。执行器包括各种气动、电动、液动执行机构和控制阀。

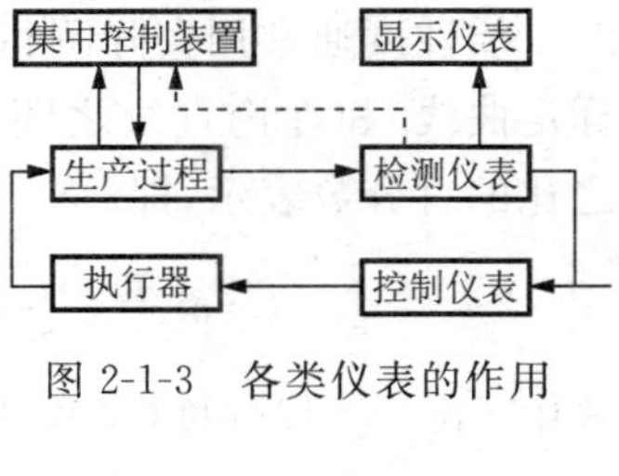

图 2-1-3 各类仪表的作用

上述各类仪表在信息传递过程中的关系可以用图 2-1-3 来表示。

3. 按仪表的组成形式分类

(1) 基地式仪表。这类仪表的特点是将测量、显示、控制等各部分集中组装在一个表壳里,形成一个整体。这种仪表比较适于在现场做就地检测和控制,但不能实现多种参数的集中显示与控制。这在一定程度上限制了基地式仪表的应用范围。

(2) 单元组合仪表。将参数的测量及其变送、显示、控制等各部分,分别制成能独立工作的单元仪表(简称单元,如变送单元、显示单元、控制单元等)。这些单元之间以统一的标准信号互相联系,可以根据要求的不同方便地将各单元任意组合成各种控制系统,具有很好的适用性和灵活性。

化工生产中的单元组合仪表有电动单元组合仪表和气动单元组合仪表两种。国产的电动单元组合仪表以“电”“单”“组”三字的汉语拼音字头为代号,简称 DDZ 仪表,同样,气动单元组合仪表简称 QDZ 仪表。

2.1.4 检测系统中信号的传递形式

从传递信号的连续性来看,在检测系统中传递信号的形式可以分为模拟信号、数字信号和开关信号。

1. 模拟信号

在时间上是连续变化的,亦即在任何瞬时都可以确定其数值的信号,称为模拟信号。在生产过程中常遇到的各种连续变化的物理量和化学量皆属于模拟信号。模拟信号可以变换为电信号,即平滑、连续地变化的电压或电流信号。例如,连续变化的温度信号可以利用热电偶转换为与之成比例的连续变化的电势信号。

2. 数字信号

数字信号是一种以离散形式出现的不连续信号,通常用二进制数“0”和“1”组合的代码序列来表示。数字信号变化成电信号就是一连串的窄脉冲和高低电平交替变化的电压信号。

连续变化的工艺参数(模拟信号)可以用数字式传感器直接转换成数字信号。然而,大多数情况是首先把这些参数变换成电形式的模拟信号,然后再利用模/数(A/D)转换器把电模拟量转换成数字量。将一个模拟信号转换为数字信号时,必须用一定的计量单位使连续参数整量化,亦即用最接近的离散值(数字量)来近似表示连续量的大小。由于数字量只能增大或减小一个单位,因此,计量单位越小,整量化所造成的误差也就越小。

3. 开关信号

用两种状态或用两个数值范围表示的不连续信号称为开关信号。例如:用水银触点温度计来检测温度的变化时,可以利用水银触点的“断开”与“闭合”来判断温度是否达到给定值。在自动检测技术中,利用开关式传感器(如干簧管、电触点式传感器)可以将模拟信号转换成开关信号。

2.2 压力检测及仪表

工业生产中，所谓压力是指由气体或液体均匀垂直地作用于单位面积上的力。在工业生产过程中，压力是重要的操作参数之一。特别是在化工、炼油等生产过程中，经常会遇到压力和真空度的测量，其中包括比大气压力高很多的高压、超高压和比大气压力低很多的真空度的测量。如高压聚乙烯，要在150 MPa或更高压力下进行聚合；氢气和氮气合成氨气时，要在15MPa或32 MPa的压力下进行反应；而炼油厂减压蒸馏，则要在比大气压低很多的真空下进行。如果压力不符合要求，不仅会影响生产效率，降低产品质量，有时还会造成严重的生产事故。此外，压力测量的意义并不局限于其自身，还有一些其他参数的测量，如物位、流量等往往是通过测量压力或差压来进行的，即测出了压力或差压，便可确定物位或流量。

2.2.1 压力单位及测压仪表

由于压力是指均匀垂直地作用在单位面积上的力，故可用下式表示

$$p=\frac{F}{S} \tag{2-2-1}$$

式中 p——压力；

F——垂直作用力；

S——受力面积。

根据国际单位制(SI)规定，压力的单位为帕斯卡，简称帕(Pa)，1帕为1牛顿每平方米，即

$$1\ \text{Pa}=1\ \text{N/m}^2 \tag{2-2-2}$$

工程上经常使用兆帕(MPa)。帕与兆帕之间的关系为

$$1\ \text{MPa}=1\times10^6\ \text{Pa} \tag{2-2-3}$$

过去使用的压力单位比较多，根据1984年2月27日国务院“关于在我国统一实行法定计量单位的命令”的规定，这些单位将不再使用。但为了使大家了解国际单位制中的压力单位(Pa或MPa)与之前使用的单位之间的关系，下面给出几种单位之间的换算关系，见附录1。

在压力测量中，常有表压、绝对压力、负压或真空度之分，其关系见图2-2-1。

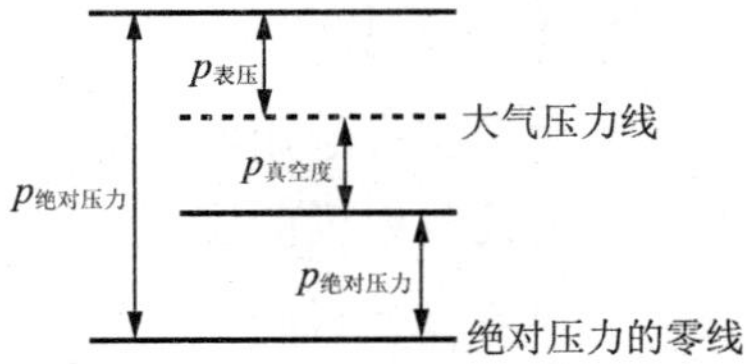

图2-2-1 表压、绝对压力、负压(真空度)的关系

工程上所用的压力指示值，大多为表压(绝对压力计的指示值除外)。表压是绝对压力与大气压力之差，即

$$p_{表压}=p_{绝对压力}-p_{大气压力}$$

当被测压力低于大气压力时，一般用负压或真空度来表示，它是大气压力与绝对压力之差，即

$$p_{真空度} = p_{大气压力} - p_{绝对压力}$$

因为各种工艺设备和测量仪表通常是处于大气之中，本身就承受着大气压力，所以工程上经常用表压或真空度来表示压力的大小。后面所提到的压力，除特别说明外，均指表压或真空度。

测量压力或真空度的仪表很多，按照其转换原理的不同，大致可分为四大类。

1. 液柱式压力计

液柱式压力计是根据流体静力学原理，将被测压力转换成液柱高度进行测量的。按其结构形式的不同，有U形管压力计、单管压力计和斜管压力计等。这类压力计结构简单、使用方便，但其精度受工作液的毛细管作用、密度及视差等因素的影响，测量范围较窄，一般用来测量较低的压力、真空度或压差。

2. 弹性式压力计

弹性式压力计是将被测压力转换成弹性元件变形的位移进行测量的，例如弹簧管压力计、波纹管压力计及膜式压力计等。

3. 电气式压力计

电气式压力计是通过机械和电气元件将被测压力转换成电量（如电压、电流、频率等）来进行测量的仪表，例如各种压力传感器和压力变送器。

4. 活塞式压力计

活塞式压力计是根据水压机液体传送压力的原理，将被测压力转换成活塞上所加平衡砝码的质量来进行测量的。它的测量精度很高，允许误差可小到0.05%～0.02%，但其结构较复杂，价格较贵，一般作为标准型压力测量仪器来检验其他类型的压力计。

2.2.2 弹性式压力计

弹性式压力计是利用各种形式的弹性元件，在被测介质压力的作用下受压后产生弹性变形的原理而制成的测压仪表。这种仪表具有结构简单、使用可靠、读数清晰、价格低廉、测量范围宽以及有足够的精度等优点。若增加附属装置，如记录机构、电气变换装置、控制元件等，则可以实现压力的记录、远传、信号报警、自动控制等。弹性式压力计可以用来测量几百帕到数千兆帕范围内的压力，因此在工业上是应用最为广泛的一种测压仪表。

弹性元件是一种简易、可靠的测压敏感元件。当测压范围不同时，所用的弹性元件也不一样，常用的几种弹性元件的结构如图2-2-2所示。

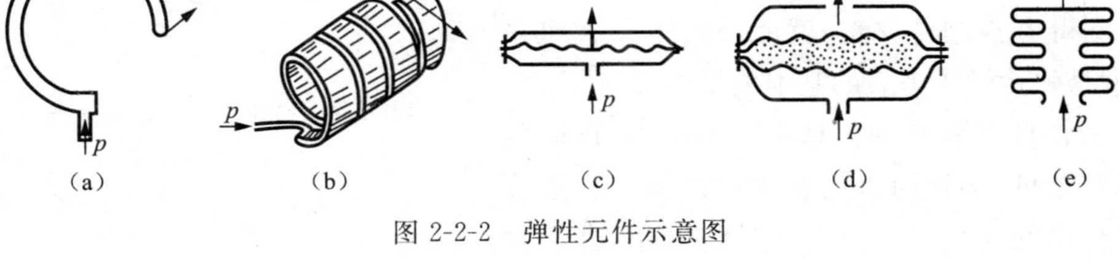

图2-2-2 弹性元件示意图

1. 弹簧管

弹簧管式弹性元件的测压范围较宽,可测量高达 1 000 MPa 的压力。单圈弹簧管是一端封闭并弯成圆弧形的空心的金属管子,它的截面做成扁圆形或椭圆形,如图 2-2-2(a)所示。当通入压力以后,它的自由端就会产生位移。这种单圈弹簧管自由端位移较小,因此能测量较高的压力。为了增加自由端的位移,可以制成多圈弹簧管,如图 2-2-2(b)所示。

2. 膜片膜盒

膜片膜盒式弹性元件根据其结构不同可以分为膜片式与膜盒式弹性元件。它可测量的最大压力较弹簧管式的要低。图 2-2-2(c)为膜片式弹性元件,它是由金属或非金属材料制成的具有弹性的一张膜片(主要有平膜片与波纹膜片两种形式),在压力作用下能产生变形。有时也可以由两张金属膜片沿周边对焊起来,制成一薄壁盒子,内充工作液(如硅油),称为膜盒,如图 2-2-2(d)所示。

3. 波纹管

波纹管式弹性元件是一个周围为波纹状的薄壁金属筒体,如图 2-2-2(e)所示。这种弹性元件易于变形,而且位移很大,常用于微压与低压的测量(一般不超过 1 MPa)。

2.2.3 弹簧管压力表

弹簧管压力表的测量范围极广,品种规格繁多。按其所使用的测压元件不同,可分为单圈弹簧管压力表与多圈弹簧管压力表。按其用途不同,除普通弹簧管压力表外,还有耐腐蚀的氨用压力表、禁油的氧气压力表等,它们的外形与结构基本上是相同的,只是所用的材料有所不同。

弹簧管压力表的结构原理如图 2-2-3 所示。

弹簧管 1 是压力表的测量元件。图中所示为单圈弹簧管,它是一根弯成 270°圆弧的椭圆截面的空心金属管子。管子的自由端 B 封闭,管子的另一端固定在接头 9 上。当通入被测的压力 p 后,由于椭圆形截面在压力 p 的作用下将趋于圆形,而弯成圆弧形的弹簧管也随之产生向外挺直的扩张变形。由于变形,使弹簧管的自由端 B 产生位移。输入压力 p 越大,产生的变形也越大。由于输入压力与弹簧自由端 B 的位移成正比,所以只要测得 B 点的位移量,就能反映压力 p 的大小,这就是弹簧管压力表的基本测量原理。

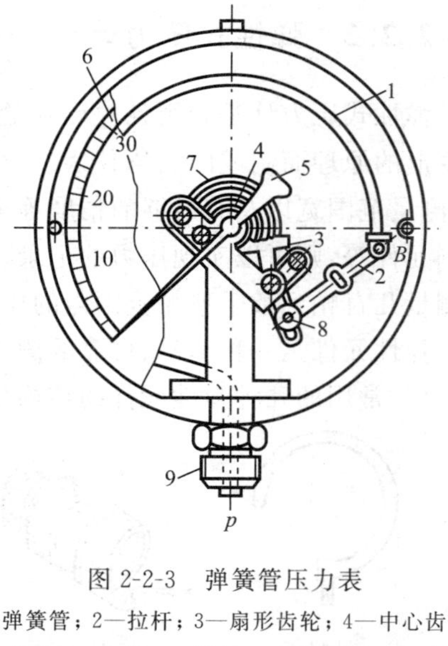

图 2-2-3　弹簧管压力表

1—弹簧管;2—拉杆;3—扇形齿轮;4—中心齿轮;5—指针;6—面板;7—游丝;8—调整螺钉;9—接头

弹簧管自由端 B 的位移量一般很小,直接显示有困难,所以必须通过传动放大机构才能指示出来。具体的放大过程如下:弹簧管自由端 B 的位移通过拉杆 2(见图 2-2-3)使扇形齿轮 3 作逆时针偏转,于是指针 5 通过同轴的中心齿轮 4 的带动而作顺时针偏转,在面板 6 的刻度标尺上显示出被测压力 p 的数值。由于弹簧管自由端的位移与被测压力之间具有正比关系,因此弹簧管压力表的刻度标尺是线性的。

游丝 7 用来克服因扇形齿轮和中心齿轮间的传动间隙而产生的仪表变差。改变调整螺钉 8 的位置(即改变机械传动的放大系数),可以实现压力表量程的调整。

在化工生产过程中,常常需要把压力控制在某一范围内,即当压力低于或高于给定范围时,就会破坏正常工艺条件,甚至可能发生危险,这时就应采用带有报警或控制触点的压力表。将普通弹簧管压力表稍加改变,便可成为电接点信号压力表,它能在压力偏离给定范围时,及时发出信号,以提醒操作人员注意或通过中间继电器实现压力的自动控制。

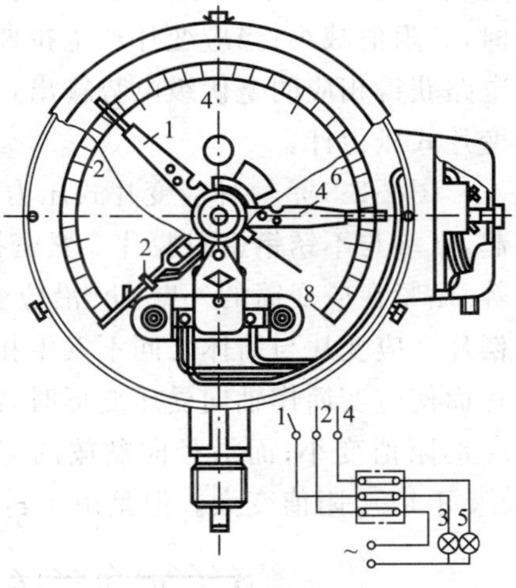

图 2-2-4 电接点信号压力表

1,4—静触点;2—动触点;3—绿灯;5—红灯

图 2-2-4 是电接点信号压力表的结构和工作原理示意图。压力表指针上有动触点 2,表盘上另有两个可调节的指针,上面分别有静触点 1 和 4。当压力超过给定上限数值(此数值由静触点 4 的指针位置确定)时,动触点 2 和静触点 4 接触,红色信号灯 5 的电路被接通,发出红色灯光报警。若压力低到给定下限数值时,动触点 2 与静触点 1 接触,接通了绿色信号灯 3 的电路,发出绿色灯光报警。静触点 1、4 的位置可根据需要灵活调节。

2.2.4 电气式压力计

电气式压力计是一种能将压力转换成电信号进行传输及显示的仪表。这种仪表的测量范围较广,分别可测 7×10^{-5} Pa 至 5×10^{2} MPa 的压力,允许误差可至 0.2%。由于可以远距离传送信号,所以在工业生产过程中可以实现压力自动控制和报警,并可与工业控制机联用。

电气式压力计一般由压力传感器、测量电路和信号处理装置所组成。常用的信号处理装置有指示仪、记录仪以及控制器、微处理机等。图 2-2-5 是电气式压力计的组成方框图。

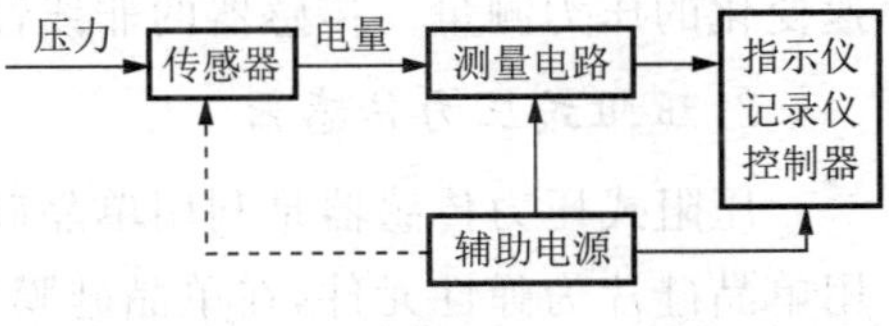

图 2-2-5 电气式压力计组成方框图

压力传感器的作用是把压力信号检测出来,并转换成电信号进行输出,当输出的电信号能够被进一步变换为标准信号时,压力传感器又称为压力变送器。

标准信号是指物理量的形式和数值范围都符合国际标准的信号。例如直流电流 4~20 mA、压力信号 0.02~0.1 MPa 都是当前通用的标准信号。我国还有一些变送器以 0~10 mA 直流电为输出信号。

下面简单介绍应变片式压力传感器、压阻式压力传感器和电容式压力变送器。

1. 应变片式压力传感器

应变片式压力传感器是利用电阻应变原理构成的。电阻应变片有金属应变片(金属丝或金属箔)和半导体应变片两类。被测压力使应变片产生应变,当应变片产生压缩应变时,其阻值减小;当应变片产生拉伸应变时,其阻值增加。应变片阻值的变化,再通过桥式电路获得相应的毫伏级电势输出,并用毫伏计或其他记录仪表显示被测压力,从而组成应变片式压力计。

图 2-2-6 是一种应变片式压力传感器的原理图。应变筒 1 的上端与外壳 2 固定在一起,下端与不锈钢密封膜片 3 紧密接触,两片康铜丝应变片 r_1 和 r_2 用特殊胶合剂(缩醛胶等)贴紧在应变筒的外壁。r_1 沿应变筒轴向贴放,作为测量片;r_2 沿径向贴放,作为温度补偿片。应变片与筒体之同不发生相对滑动,并且保持电气绝缘。当被测压力 p 作用于膜片而使应变筒作轴向受压变形时,沿轴向贴放的应变片 r_1 也将产生轴向压缩应变 ε_1,于是 r_1 的阻值变小;而沿径向贴放的应变片 r_2,由于本身受到横向压缩将引起纵向拉伸应变 ε_2,于是 r_2 阻值变大。但是由于 ε_2 比 ε_1 要小,故实际上 r_1 的减少量将比 r_2 的增大量要大。

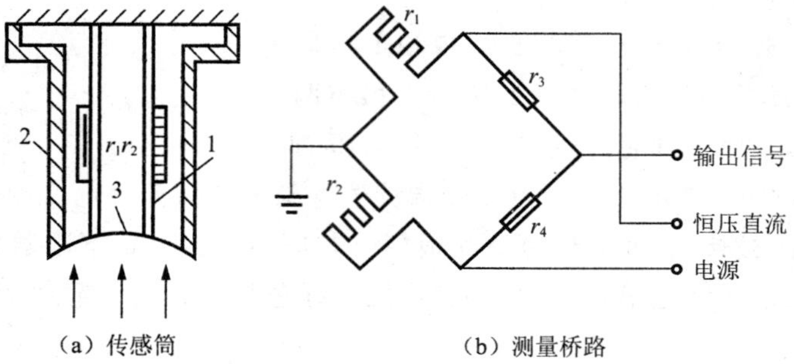

图 2-2-6 应变片式压力传感器

1—应变筒;2—外壳;3—密封膜片

应变片 r_1 和 r_2 与两个固定电阻 r_3 和 r_4 组成桥式电路,如图 2-2-6(b)所示。由于 r_1 和 r_2 的阻值变化而使桥路失去平衡,从而获得不平衡电压 ΔU 作为传感器的输出信号,在桥路供给直流稳压电源最大为 10 V 时,可得最大 ΔU 为 5 mV 的输出。传感器的被测压力可达 25 MPa。由于传感器的固有频率在 25 000 Hz 以上,故有较好的动态性能,适用于快速变化的压力测量。传感器的非线性及滞后误差小于额定压力的 1%。

2. 压阻式压力传感器

压阻式压力传感器是利用单晶硅的压阻效应而构成,其工作原理如图 2-2-7 所示。采用单晶硅片为弹性元件,在单晶硅膜片上利用集成电路的工艺,在单晶硅的特定方向扩散一组等值电阻,并将电阻接成桥路,单晶硅片置于传感器腔内。当压力发生变化时,单晶硅产生应变,使直接扩散在上面的应变电阻产生与被测压力成比例的变化,再由桥式电路转换成相应的电压输出信号。

压阻式压力传感器具有精度高、工作可靠、频率响应快、迟滞小、尺寸小、质量小、结构简单等特点,可在恶劣的环境条件下工作,便于实现数字化显示。压阻式压力传感器不仅可以用来测量压力,稍加改变,还可以用来测量差压、高度、速度、加速度等参数。

(a) 单晶硅片

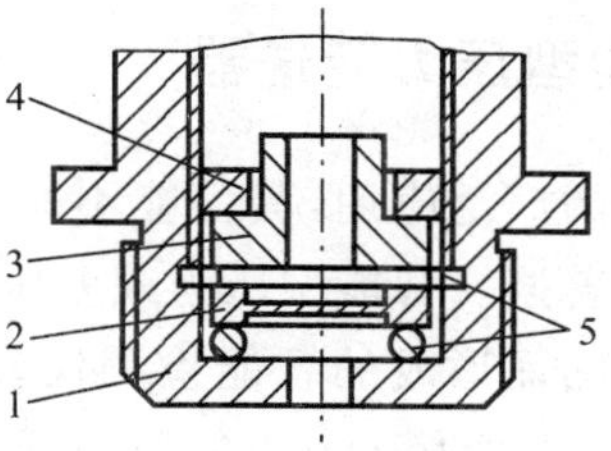

(b) 结构

图 2-2-7 压阻式压力传感器

1—基座;2—单晶硅片;3—导环;4—螺母;5—密封垫圈;6—等效电阻

3. 电容式压力变送器

20 世纪 70 年代初由美国最先投放市场的电容变送器,是一种开环检测仪表,具有结构简单、过载能力强、可靠性好、测量精度高、体积小、质量小、使用方便等一系列优点,目前已成为最受欢迎的压力、差压变送器。其输出信号也是标准的 4～20 mA DC 电流信号。

电容式压力变送器是先将压力的变化转换为电容量的变化,然后进行测量。

在工业生产过程中,差压变送器的应用数量多于压力变送器,因此,以下按差压变送器介绍,其实两者的原理和结构基本上相同。

图 2-2-8 是电容式差压变送器的原理图,将左右对称的不锈钢底座的外侧加工成环状波纹沟槽,并焊上波纹隔离膜片。基座内侧有玻璃层,基座和玻璃层中央有孔道相通。玻璃层内表面打磨成凹球面,球面上镀有金属膜,此金属膜层有导线通往外部,构成电容的左右固定极板。在两个固定极板之间是弹性材料制成的测量膜片,作为电容的可动极板。可动极板与两固定极板构成两个电容器,在测量膜片两侧的空腔中充满硅油作为工作液。

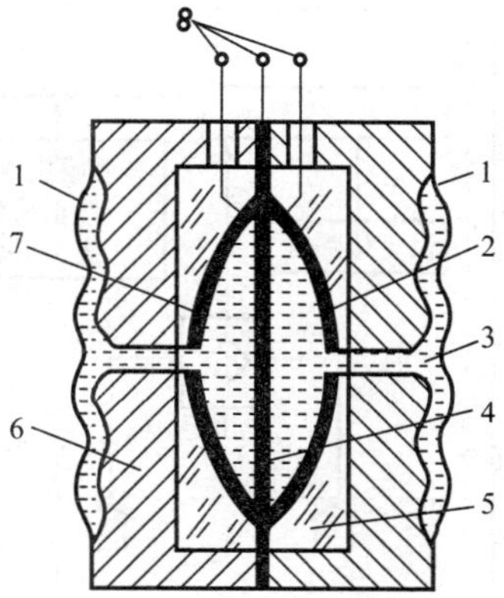

图 2-2-8 电容式差压变送器原理图

1—隔离膜片;2,7—固定电级;3—硅油;4—测量膜片;5—玻璃层;6—底座;8—引线

当被测压力 p_1、p_2 分别加于左右两侧的隔离膜片时,通过硅油将差压传递到测量膜片上,使其向压力小的一侧弯曲变形,引起可动极板与两固定电极间的距离发生变化,因而两电容器的电容量不再相等,而是一个增大、另一个减小,形成差动电容,差动电容与被测压力成正比,即 $\frac{C_L - C_H}{C_L + C_H} \propto \Delta p$,电容的变化量通过引线传至测量电路,通过测量电路的检测和放大,将差动电容转换成 4～20 mA 的直流电信号输出。

电容式差压变送器的结构可以有效地保护测量膜片,当差压过大并超过允许测量范围时,测量膜片将平滑地贴靠在玻璃凹球面上,因此不易损坏,过载后的恢复特性很好,这样大大提高了过载承受能力。与力矩平衡式相比,电容式没有杠杆传动机构,因而尺寸紧凑,密封性与抗振性好,测量精度相应提高,可达 0.2 级。

2.2.5 智能型压力变送器

随着集成电路的广泛应用，其性能不断提高，成本大幅度降低，使得微处理器在各个领域中的应用十分普遍。智能型压力或差压变送器就是在普通压力或差压传感器的基础上增加微处理器电路而形成的智能检测仪表。例如，用带有温度补偿的电容传感器与微处理器相结合，构成精度为 0.1 级的压力或差压变送器，其量程比为 100∶1，时间常数在 0～36 s 可调，通过手持通信器，可对 1 500 m 之内的现场变送器进行工作参数的设定、量程调整以及向变送器输入信息数据。

智能型变送器的特点是可进行远程通信。利用手持通信器，可对现场变送器进行各种运行参数的选择和标定；其精确度高，使用与维护方便。通过编制各种程序，使变送器具有自修正、自补偿、自诊断及错误方式告警等多种功能，因而提高了变送器的精确度，简化了调整、校准与维护过程，使变送器与计算机、控制系统直接对话。

下面以美国费希尔-罗斯蒙特公司(Fisher-Rosemount)的 3051C 型智能差压变送器为例对其工作原理作简单介绍。

3051C 型智能差压变送器包括变送器和 475(早的 275 和 375)型手持通信器。

变送器由传感膜头和电子线路板组成，如图 2-2-9 所示为其原理方框图。

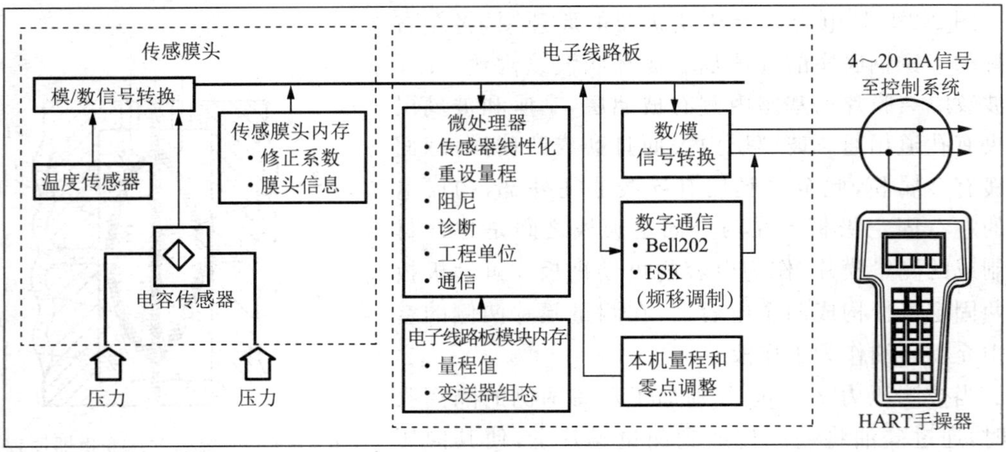

图 2-2-9　3051C 型智能差压变送器(4～20 mA)方框图

被测介质压力通过电容传感器转换为与之成正比的差动电容信号。传感膜头还同时进行温度的测量，用于补偿温度变化的影响。上述电容和温度信号通过 A/D 转换器转换为数字信号，输入到电子线路板模块。

在变送器的特性化过程中，所有的传感器都经受了整个工作范围内的压力与温度循环测试。根据测试数据所得到的修正系数，都贮存在传感膜头的内存中，从而可保证变送器在运行过程中能精确地进行信号修正。

电子线路板模块接收来自传感膜头的数字输入信号和修正系数，然后对信号加以修正与线性化。电子线路板模块的输出部分将数字信号转换成 4～20 mA DC 电流信号，并与手持通信器进行通信。

在电子线路板模块的永久性 EEPROM 存贮器中存有变送器的组态数据，遇到意外停电时，其中数据仍然保存，所以恢复供电之后，变送器能立即工作。

数字通信格式符合 HART 协议，该协议使用了工业标准 Bell 202 频移调制(FSK)技术，通过在 4～20 mA DC 输出信号上叠加高频信号来完成远程通信。罗斯蒙特公司采用这一技术，能在不影响回路完整性的情况下实现同时通信和输出。

3051C 型智能差压变送器所用的手持通信器为 475 型(最早的 275 和 375 型)，其上带有键盘及液晶显示器。它可以接在现场变送器的信号端子上，就地设定或检测，也可以在远离现场的控制室中，接在某个变送器的信号线上进行远程设定及检测。为了便于通信，信号回路必须有不小于 250 Ω 的负载电阻，其连接示意图如图 2-2-10 所示。

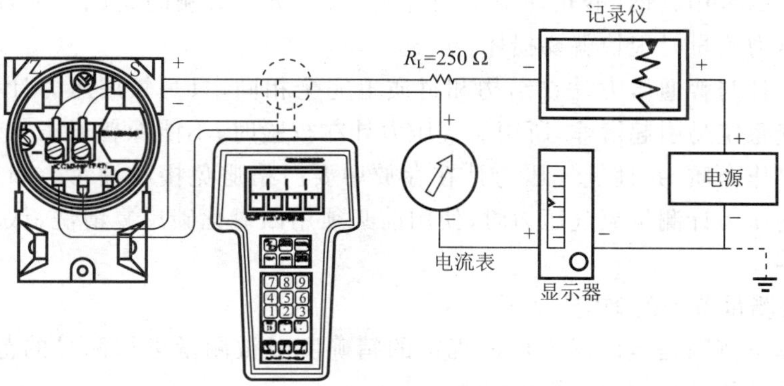

图 2-2-10 手持通信器的连接示意图

手持通信器能够实现下列功能。

(1) 组态。组态可分为两部分：首先，设定变送器的工作参数，包括测量范围、线性或平方根输出、阻尼时间常数、工程单位选择；其次，可向变送器输入信息性数据，以便对变送器进行识别与物理描述，包括给变送器指定位号、描述符等。

(2) 测量范围的变更。当需要更改测量范围时，不需到现场调整，可在控制室通过手持通信器直接设定。

(3) 变送器的校准。包括零点和量程的校准，用手持通信器操作非常方便。

(4) 自诊断。3051C 型变送器可进行连续自诊断，当出现问题时，变送器将激活用户选定的模拟输出报警。手持通信器可以询问变送器，确定问题所在；变送器向手持通信器输出特定的信息，以识别问题，从而可以快速地进行维修。

由于智能型差压变送器有好的总体性能及长期稳定的工作能力，所以校验周期比较长。智能型差压变送器与手持通信器结合使用，可远离生产现场，尤其是危险或不易到达的地方，给变送器的运行和维护带来了极大的方便。

2.2.6 压力计的选用及安装

正确地选用及安装是保证压力计在生产过程中发挥应有作用的重要环节。

1. 压力计的选用

压力计的选用应根据工艺生产过程对压力测量的要求，结合其他各方面的情况，加以全面的考虑和具体的分析。选用压力计和选用其他仪表一样，一般应该考虑以下几个方面的问题。

（1）仪表类型的选用。

仪表类型的选用必须满足工艺生产的要求。例如，是否需要远传、自动记录或报警，被测介质的物理化学性能（如腐蚀性、温度高低、黏度大小、脏污程度、易燃易爆性能等）是否对测量仪表提出特殊要求，现场环境条件（如高温、电磁场、振动及现场安装条件等）对仪表类型有无特殊要求，等等。总之，根据工艺要求正确选用仪表类型是保证仪表正常工作及安全生产的重要前提。

例如，普通压力计的弹簧管多采用铜合金，高压的也有采用碳钢的。而氨用压力计弹簧管的材料却都采用碳钢，不允许采用铜合金，因为氨气对铜的腐蚀极强，所以普通压力计用于氨气压力测量时很快就要损坏。

氧气压力计与普通压力计在结构和材质上完全相同，只是氧用压力计严格禁油。因为油进入氧气系统易引起爆炸，所用氧气压力计在校验时，不能像普通压力计那样采用变压器油作为工作介质，并且氧气压力计在存放中要严格避免接触油污。如果必须采用现有的带油污的压力计测量氧气压力时，使用前必须用四氯化碳反复清洗、认真检查直到无油污为止。

（2）仪表测量范围的确定。

仪表的测量范围是指该仪表可按规定的精确度对被测量进行测量的范围，它是根据操作中需要测量的参数的大小来确定的。

在测量压力时，为了延长仪表使用寿命，避免弹性元件因受力过大而损坏，压力计的上限值应该高于工艺生产中可能的最大压力值。根据“化工自控设计技术规定”，在测量稳定压力时，最大工作压力不应超过测量上限值的2/3；测量脉动压力时，最大工作压力不应超过测量上限值的1/2；测量高压压力时，最大工作压力不应超过测量上限值的3/5。

为了保证测量值的准确性，所测的压力值不能太接近于仪表的下限值，亦即仪表的量程不能选得太大，一般被测压力的最小值应不低于仪表满量程的1/3为宜。

根据被测参数的最大值和最小值计算出仪表的上、下限后，还不能以此数值直接作为仪表的测量范围。因为仪表标尺的极限值不是任意取一个数字都可以的，它是由国家主管部门用规程或标准确定的。因此，选用仪表的标尺极限值时，也只能采用相应的规程或标准中的数值（一般可在相应的产品目录中找到）。

（3）仪表精度级的选取。

仪表精度是根据工艺生产上所允许的最大测量误差来确定的。一般来说，所选用的仪表越精密，测量结果越精确、可靠。但不能认为选用的仪表精度越高越好，因为越精密的仪表，一般价格越贵，操作和维护越费事。因此，在满足工艺要求的前提下，应尽可能选用精度较低、价廉耐用的仪表。

下面通过一个例子来说明压力表的选用。

例 某台往复式压缩机的出口压力范围为25～28 MPa，工艺要求测量误差不得大于1 MPa，就地观察，并能高低限报警，试正确选用一台压力表，指出型号、精度与测量范围。

解 由于往复式压缩机的出口压力脉动较大，所以选择仪表的上限值为

$$p_1 \geqslant p_{max} \div \frac{1}{2} = 28 \div \frac{1}{2} = 56\ \text{MPa}$$

$$p_1 \leqslant p_{\min} \div \frac{1}{3} = 25 \div \frac{1}{3} = 75 \text{ MPa}$$

根据就地观察及能进行高低限报警的要求，查压力表的规格型号，可知应选用 YX-150 型电接点压力表，测量范围为 0～60 MPa。

另外，根据测量误差的要求，可算得允许误差为

$$\delta = \frac{1}{60} \times 100\% = 1.67\%$$

所以，选精度等级为 1.5 级的仪表可以满足误差要求。

因此，可以确定，选择的压力表为 YX-150 型电接点压力表，测量范围为 0～60 MPa，精度等级为 1.5 级。

2. 压力计的安装

压力计的安装正确与否，直接影响测量结果的准确性和压力计的使用寿命。

(1) 测压点的选择。

所选择的测压点应能反映被测压力的真实大小。为此，必须注意以下几点。

① 要选在被测介质直线流动的管段部分，不要选在管路拐弯、分叉、死角或其他易形成漩涡的地方。

② 测量流动介质的压力时，应使取压点与流动方向垂直，取压管内端面与生产设备连接处的内壁应保持平齐，不应有凸出物或毛刺。

③ 测量液体压力时，取压点应在管道下部，使导压管内不积存气体；测量气体压力时，取压点应在管道上方，使导压管内不积存液体。

(2) 导压管铺设。

① 导压管粗细要合适，一般内径为 6～10 mm，长度应尽可能短，最长不得超过 50 m，以减少压力指示的迟缓。如超过 50 m，应选用能远距离传送的压力计。

② 导压管水平安装时应保证有 1∶10～1∶20 的倾斜度，以利于积存于其中之液体（或气体）的排出。

③ 当被测介质易冷凝或冻结时，必须加设保温伴热管线。

④ 取压口到压力计之间应装有切断阀，以备检修压力计时使用。切断阀应装设在靠近取压口的地方。

(3) 压力计的安装。

① 压力计应安装在易观察和检修的地方。

② 安装地点应力求避免振动和高温影响。

③ 测量蒸汽压力时，应加装凝液管，以防止高温蒸汽直接与测压元件接触[见图 2-2-11(a)]，对于有腐蚀性介质的压力测量，应加装有中性介质的隔离罐，图 2-2-11(b)表示了被测介质密度 ρ_2 与隔离液密度 ρ_1 的两种情况。

总之，针对被测介质的不同性质（高温、低温、腐蚀、脏污、结晶、沉淀、黏稠等），要采取相应的防热、防腐、防冻、防堵等措施。

④ 压力计的连接处，应根据被测压力的高低和介质性质，选择适当的材料，作为密封垫片，以防泄漏。

⑤ 当被测压力较小，而压力计与取压口又不在同一高度时，对因高度而引起的测量误

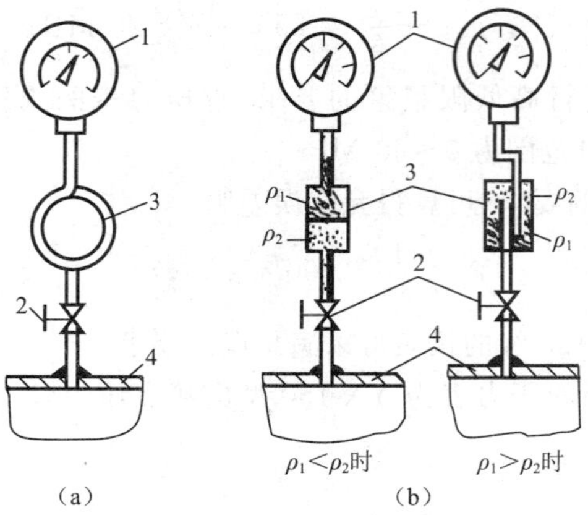

图 2-2-11　压力计安装示意图

1—压力计；2—切断阀门；3—凝液管；4—取压容器

差应按 $\Delta p=\pm H\rho g$ 进行修正。式中，H 为高度差，ρ 为导压管中介质的密度，g 为重力加速度。

⑥ 为安全起见，测量高压的压力计除选用有通气孔的外，安装时表壳应朝向墙壁或无人通过之处，以防发生意外。

2.3　流量检测及仪表

2.3.1　概述

在化工和炼油生产过程中，为了有效地进行生产操作和控制，经常需要测量生产过程中各种介质（液体、气体和蒸汽等）的流量，以便为生产操作和控制提供依据。同时，为了进行经济核算，经常需要知道在一段时间（如一班、一天等）内流过的介质总量。所以，介质流量是控制生产过程达到优质高产和安全生产以及进行经济核算所必需的一个重要参数。

一般所讲的流量大小是指单位时间内流过管道某一截面的流体数量的大小，即瞬时流量。在某一段时间内流过管道的流体流量的总和，即瞬时流量在某一段时间内的累计值，称为总量。

流量和总量，可以用质量表示，也可以用体积表示。单位时间内流过的流体以质量表示的称为质量流量，常用符号 M 表示；以体积表示的称为体积流量，常用符号 Q 表示。若流体的密度是 ρ，则体积流量与质量流量之间的关系是

$$M=\rho\cdot Q \quad 或 \quad Q=\frac{M}{\rho} \tag{2-3-1}$$

如以 t 表示时间，则流量和总量之间的关系是

$$Q_{总}=\int_0^t Q\mathrm{d}t, \quad M_{总}=\int_0^t M\mathrm{d}t$$

测量流体流量的仪表一般称为流量计;测量流体总量的仪表常称为计量表。然而两者并不是截然不同的,在流量计上配以累计机构,也可以读出总量。

常用的流量单位有吨每小时(t/h)、千克每小时(kg/h)、千克每秒(kg/s)、立方米每小时(m^3/h)、升每小时(L/h)、升每分钟(L/min)等。

测量流量的方法很多,其测量原理和所应用的仪表结构形式各不相同。目前有许多流量测量的分类方法,本书仅以一种大致的分类法为例,简介如下。

1. 速度式流量计

这是一种以测量流体在管道内的流速作为测量依据来计算流量的仪表。如差压式流量计、转子流量计、电磁流量计、涡轮流量计、堰式流量计等都属于速度式流量计。

2. 容积式流量计

这是一种以单位时间内所排出的流体的固定容积的数目作为测量依据来计算流量的仪表。如椭圆齿轮流量计、活塞式流量计等都属于容积式流量计。

3. 质量流量计

这是一种以测量流体流过的质量 M 为依据的流量计。质量流量计分直接式和间接式两种。直接式质量流量计直接测量质量流量,例如量热式、角动量式、陀螺式和科氏力式等质量流量计。间接式质量流量计是用密度与体积流量经过运算求得质量流量的。质量流量计具有测量精度不受流体的温度、压力、黏度等变化影响的优点,是一种发展中的流量测量仪表。

下面主要介绍差压式流量计和转子流量计,并简述几种其他类型的流量计。

2.3.2 差压式流量计

差压式(也称节流式)流量计是基于流体流动的节流原理,利用流体流经节流装置时产生的压力差而实现流量测量的。它是目前生产中测量流量最成熟、最常用的方法之一。通常是由能将被测流量转换成压差信号的节流装置和能将此压差转换成对应的流量值显示出来的差压计以及显示仪表所组成。在单元组合仪表中,由节流装置产生的压差信号,经常通过差压变送器转换成相应的标准信号(电信号或气信号),以供显示、记录或控制用。

1. 节流现象与流量基本方程式

(1) 节流现象。

流体在有节流装置的管道中流动时,在节流装置前后的管壁处流体的静压力产生差异的现象称为节流现象。

节流装置包括节流元件和取压装置。节流元件是安装在管道中使流体产生局部收缩的元件。应用最广泛的是孔板,其次是喷嘴、文丘里管等。下面以孔板为例说明节流现象。

具有一定能量的流体,才可能在管道中形成流动状态。流动流体的能量有两种形式,即静压能和动能。流体由于有压力而具有静压能,又由于流体有流动速度而具有动能。这两种形式的能量在一定的条件下可以互相转化。但是,根据能量守恒定律,流体所具有的静压能和动能，再加上克服流动阻力的能量损失，在没有外加能量的情况下，其总和是不变的。图 2-3-1 所示为在孔板前后流体的速度与压力的分布情况。流体在管道截面Ⅰ前，以一定的流速 v_1 流动。此时静压力为 p'_1。在接近节流装置时，由于遇到节流装置的阻挡，使靠近管壁处的流体受到节流装置的阻挡作用最强，因而使其一部分动能转换为静压能，出现了节流装置入口端面靠近管壁处的流体静压力升高，并且比管道中心处的压力要大，即在节流装置入口端面处产生一径向压差。这一径向压差使流体产生径向附加速度，从而使靠近管壁处的流体质点的流向就与管道中心轴线相倾斜，形成了流束的收缩运动。由于惯性作用，流束的最小截面并不在孔板的节流孔处，而是经过孔板后仍继续收缩，到截面Ⅱ处达到最小，这时流速最大，达到 v_2，随后流束又逐渐扩大，至截面Ⅲ后完全复原，流速便降低到原来的数值，即 $v_3=v_1$。

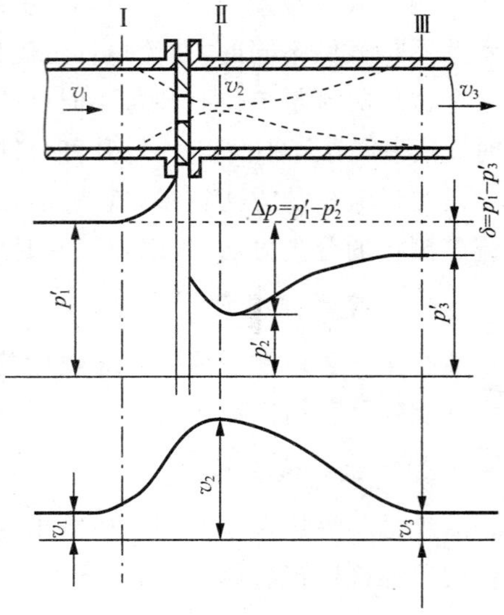

图 2-3-1　孔板装置及压力、流速分布

由于节流装置造成流束的局部收缩，使流体的流速发生变化，即动能发生变化。与此同时，表征流体静压能的静压力也要变化。在Ⅰ截面，流体具有静压力 p'_1。到达截面Ⅱ，流速增加到最大值，静压力就降低到最小值 p'_2，而后又随着流束的恢复而逐渐恢复。由于在孔板端面处，流通截面突然缩小与扩大，使流体形成局部涡流，要消耗一部分能量，同时流体流经孔板时，要克服摩擦力，所以流体的静压力不能恢复到原来的数值 p'_1，而产生了压力损失 $\delta=p'_1-p'_3$。

节流装置前流体压力较高，称为正压，常以"＋"标志，节流装置后流体压力较低，称为负压（注意不要与真空混淆），常以"－"标志。节流装置前后压差的大小与流量有关。管道中流动的流体流量越大，在节流装置前后产生的压差也越大，我们只要测出孔板前后两侧压差的大小，即可表示流量的大小，这就是节流装置测量流量的基本原理。

值得注意的是：要准确地测量出截面Ⅰ与截面Ⅱ处的压力 p'_1、p'_2 是有困难的，这是因为产生最低静压力 p'_2 的截面Ⅱ的位置随着流速的不同会改变的，事先根本无法确定。因此实际上是在孔板前后的管壁上选择两个固定的取压点，来测量流体在节流装置前后的压力变化的。因而所测得的压差与流量之间的关系，与测压点及取压方式的选择是紧密相关的。

常用的取压方式有角接取压（取压点分别位于节流元件前后端面处）、法兰取压（取压点分别位于节流元件前后各 1 英寸处）、径距取压（$D-D/2$）等方式。

（2）流量基本方程式。

流量基本方程式是阐明流量与压差之间定量关系的基本流量公式。它是根据流体力学中的伯努利方程和流体连续性方程式推导而得的，即

$$Q=\alpha\varepsilon A_0\sqrt{\frac{2}{\rho}\Delta p} \tag{2-3-3}$$

$$M = \alpha\varepsilon A_0\sqrt{2\rho\Delta p} \tag{2-3-4}$$

式中 α——流量系数；

ε——流体膨胀校正系数；

A_0——节流件的开孔面积；

ρ——节流装置前的流体密度；

Δp——节流装置前后实际测得的压差。

流量系数 α 主要与节流装置的形式、取压方式、流体的流动状态(如雷诺数)和管道条件等因素有关。因此，α 是一个影响因素复杂的综合性参数，也是节流式流量计能否准确测量流量的关键所在。对于标准节流装置，α 可以从有关手册中查出；对于非标准节流装置，其值要由实验方法确定。值得一提的是，在进行节流装置的设计计算时，其计算结果只能应用在一定条件下，一旦条件改变，必须重新计算，否则会引起很大的测量误差。

流体膨胀校正系数 ε 用来校正流体的可压缩性，它与节流装置前后压力的相对变化量、流体的等熵指数等因素有关，其取值范围小于等于 1。对于不可压缩性流体，$\varepsilon=1$；对于可压缩性流体，则 $\varepsilon<1$。应用时可以查阅有关手册而得。

2. 标准节流装置

标准节流装置就是有关计算数据都经系统试验并有统一的图表和计算公式，无须进行单独标定就可以直接投入使用的节流装置。国内外已把最常用的节流装置(孔板、喷嘴、文丘里管等)标准化，并称为标准节流装置。

标准化的具体内容包括节流装置的结构、工艺要求、取压方式和使用条件等。例如图 2-3-2 所示的标准孔板，其中 d/D 应在 0.2～0.75，d 不小于 12.5 mm，直孔厚度 h 应在 $0.005D$～$0.02D$，孔板的总厚度 H 应在 h～$0.05D$，圆锥面的斜角 α 应在 30°～45°等。标准喷嘴和标准文丘里管的结构参数的规定也可以查阅相关的设计手册。

由基本的流量方程可知，节流装置前后的差压 Δp 是节流式流量计计算流量的关键数据，Δp 的数值不仅与流体流量有关，还取决于不同的取压方式。对于标准孔板，中国规定标准的取压方式有角接取压、法兰取压和径距取压。

角接取压的两个取压口分别位于孔板前后端面处，取压口可以是环隙取压口和单独钻孔取压口，如图 2-3-3 所示。环隙取压利用左右对称的两个环室把孔板夹在中间，通常要求环隙在整个圆周上穿通管道，或者每个夹持环应至少有 4 个开孔与管道内部连通，每个开孔的中心线彼此互成等角度，再利用导压管把孔板上下游的压力分别引出；当采用单独钻孔取压时，取压口的轴线应尽可能以 90°与管道轴线相交。环隙宽度和单独钻孔取压口的直径 a 通常在 4～10 mm 之间。显然，环隙取压由于环室的均压作用，便于测出孔板两端的平稳差压，能得到较好的测量精度，但是夹持环的加工制造和安装要求严格。当管径 $D>500$ mm 时，一般采用单独钻孔取压。

法兰取压和径距取压都仅适用于标准孔板。法兰取压装置是由一对带有取压口的法兰组成，取压口轴线距离孔板端面为 25.4 mm；径距取压装置是设有取压口的管段，上下游取压口轴线与孔板端面的距离分别为 D 和 $D/2$(D 为管道的直径)。

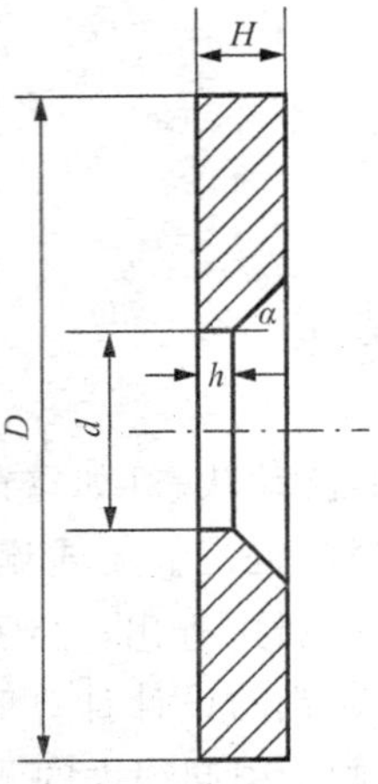

图 2-3-2 标准孔板

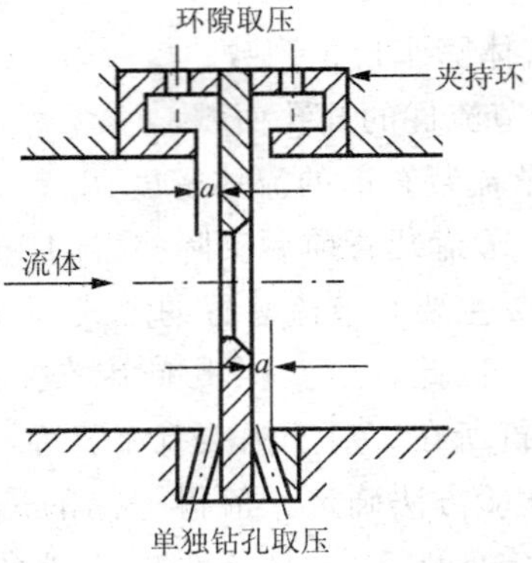

图 2-3-3 角接取压示意图

在各种标准的节流装置中以标准孔板的应用最为广泛，它具有结构简单、安装使用方便的特点，适用于大流量的测量。孔板的最大缺点是流体流经节流装置后压力损失较大，当工艺管路不允许有较大的压力损失时，一般不宜选用孔板流量计。标准喷嘴和标准文丘里管的压力损失较小，但结构比较复杂，不易加工。

3. 节流式流量计的使用和安装

(1) 节流式流量计的使用。

节流式流量计是基于节流装置的一类流量检测仪表，它由节流装置、引压管、差压变送器和显示仪表组成，节流式流量计的组成框图如图 2-3-4 所示。

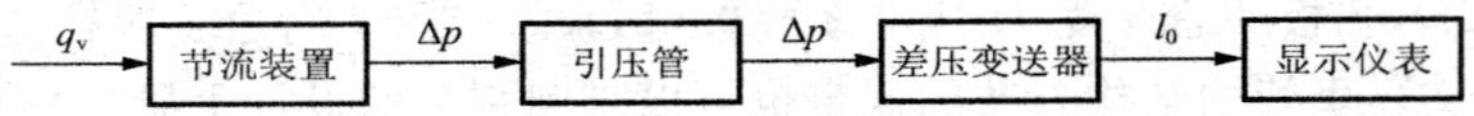

图 2-3-4 节流式流量计的组成框图

虽然节流式流量计的应用非常广泛，但是如果使用不当往往会出现很大的测量误差，有时甚至高达 10%～20%。下面列举一些造成测量误差的原因，以便在安装使用过程中得到充分的重视，并予以适当的解决。

① 节流式流量计仅适用于测量管道直径不小于 50 mm，雷诺数在$(1\sim10)\times10^4$以上的流体，而且流体应当清洁，充满管道，不发生相变。

② 为了保证流体在节流装置前后为稳定的流动状态，在节流装置上、下游必须配置一定长度的直管段(直管段长度与管路上安装的弯头等阻流件的结构和数量有关，可以查阅相关手册)。

③ 由流量的基本方程可知，流量与节流件前后差压的平方根成正比，因此被测流量不应接近于仪表的下限值，否则差压变送器输出的小信号经开方会产生很大的测量误差。

④ 接至差压变送器上的差压信号应该与节流装置前后的差压相一致，这就需要安装差压信号的引压管路。

⑤ 当被测流体的工作状态发生变化时，如被测流体的温度、压力、雷诺数等参数发生变化，会产生测量上的误差，因此在实际使用时必须按照新的工艺条件重新进行设计计算，或者把所测的结果做必要的修正。

⑥ 节流装置经过长时间的使用，会因物理磨损或者化学腐蚀，造成几何形状和尺寸的变化，从而引起测量误差，因此需要及时检查和维修，必要时更换新的节流装置。

(2) 差压变送器的安装。

差压变送器也属于压力测量仪表，因此差压变送器的安装要遵循一般压力测量仪表的安装原则。然而，差压变送器与取压口之间必须通过引压导管连接，才能把被测压力正确地传递到变送器的正负压室，如果取压口选择不当，引压管安装不正确，或者引压管有堵塞、渗漏现象，或者差压变送器的安装和操作不正确，都会引起较大的测量误差。

① 取压口的选择。取压口的选择与被测介质的特性有很大关系，对于不同的介质，取压口的位置应符合如下规定，如图 2-3-5 所示。

被测介质为液体时，取压口应位于管道下半部与管道水平线成 0～45°角，如图 2-3-5(a)所示。取压口位于管道下半部的目的是保证引压管内没有气泡，这样两根引压管内液柱所附加在差压变送器正、负压室的压力可以相互抵消；取压口不宜从底部引出，是为了防止液体介质中可能夹带的固体杂质会沉积在引压管中引起堵塞。

被测介质为气体时，取压口应位于管道上半部与管道垂直中心线成 0～45°角，如图 2-3-5(b)所示，其目的是为了保证引压管中不积聚和滞留液体。

被测介质为蒸汽时，取压口应位于管道上半部与管道水平线成 0～45°角，如图 2-3-5(c)所示，最常见的接法是从管道水平位置接出，并分别安装凝液罐，这样两根引压管内部都充满冷凝液，而且液位高度相同。

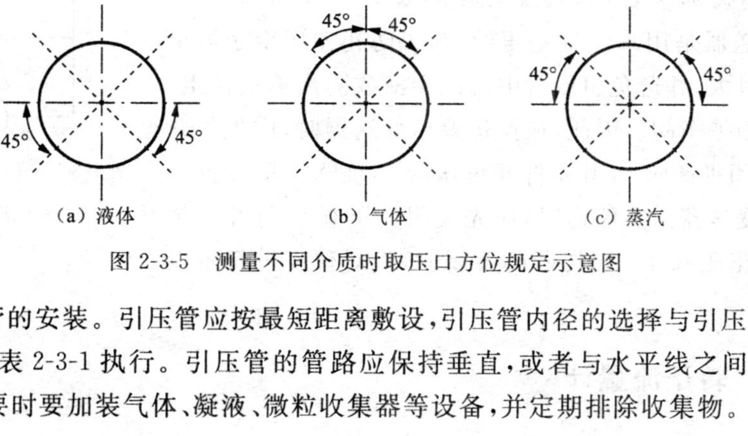

图 2-3-5 测量不同介质时取压口方位规定示意图

② 引压管的安装。引压管应按最短距离敷设，引压管内径的选择与引压管长度有关，一般可以参照表 2-3-1 执行。引压管的管路应保持垂直，或者与水平线之间不小于 1∶10 的倾斜度，必要时要加装气体、凝液、微粒收集器等设备，并定期排除收集物。

表 2-3-1 引压管内径与引压管长度的关系

引压管长度/m 引压管内径/mm 被测介质	<1.6	1.6～4.5	4.5～9
水、水蒸气、干气体	7～9	10	13
湿气体	13	13	13
低中黏度油品	13	19	25
脏液体	25	25	33

在测量液体介质时，在引压管的管路中应有排气装置，如果差压变送器只能安装在取样口之上时，应加装如图 2-3-6(a)所示的贮气罐和放空阀，这样，即使有少量气泡，也不会对测量精度造成影响。在测量气体介质时，如果差压变送器只能安装在取样口之下时，必须加装如图 2-3-6(b)所示的贮液罐和排放阀，克服滞留液对测量精度产生的影响。测量蒸汽时的引压管管路则如图 2-3-6(c)所示。

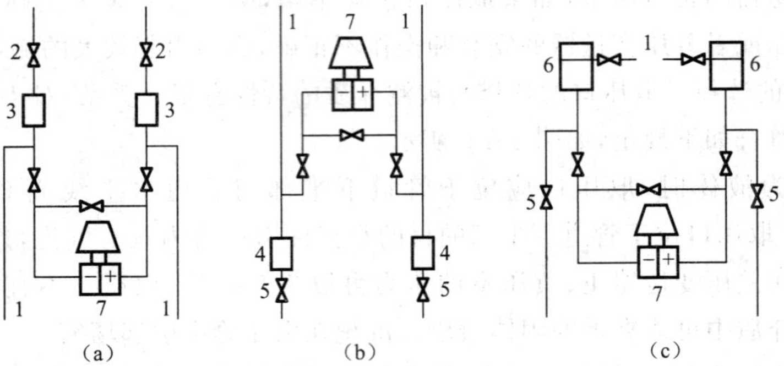

图 2-3-6　测量不同介质的引压管安装示意图

1—取压口；2—放空阀；3—贮气罐；4—贮液罐；5—排放阀；6—凝液罐；7—差压变送器

③ 差压变送器的安装。由引压导管接至差压计或变送器前，必须安装切断阀，而差压变送器本身一般带有正压阀 1、负压阀 2 和平衡阀 3，这三个阀构成三阀组，如图 2-3-7 所示。

差压变送器是用来测量差压的，为了防止差压变送器单向受静压力过大，并避免引压管中的冷凝液或隔离液被冲走，必须正确使用平衡阀。因此，在投运差压变送器时，应先打开正压阀 1，关闭平衡阀 3，最后打开负压阀 2，变送器即可投入运行。差压变送器需要停运时，应先关闭负压阀 2、打开平衡阀 3，再关闭正压阀 1。当切断阀关闭时，可对仪表进行零点校验。

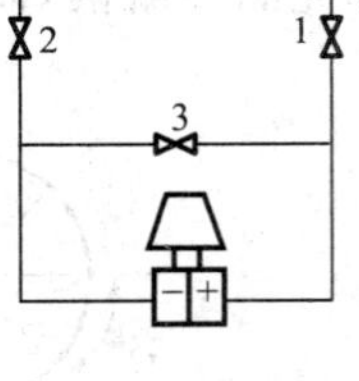

图 2-3-7　三阀组件示意图

1—正压阀；2—负压阀；3—平衡阀

2.3.3　转子流量计

在工业生产中经常遇到小流量的测量，因其流体的流速低，这就要求测量仪表有较高的灵敏度，才能保证一定的精度。转子流量计特别适宜测量管径 50 mm 以下的管道流量，测量的流量可小到每小时几升。

1. 检测原理

和差压式流量计相比，转子流量计的工作原理有所不同。差压式流量计是在节流面积不变的条件下，以差压变化来反映流量的大小；而转子流量计却是在压降不变的条件下，利用节流面积的变化来测量流量的大小，即采用了变面积的流量测量方法。

如图 2-3-8 所示，转子流量计主要由两个部分组成：一是由下往上逐渐扩大的锥形管

(通常用透明玻璃制成),二是放在锥形管内可自由运动的转子。工作时,被测流体由锥形管下端进入,流过转子与锥形管之间的环隙,再从锥形管上端流出。当流体流过的时候,位于锥形管中的转子受到两个力的作用,一个是转子在流体中的重力,方向向下,一个是流体对转子向上的冲击作用力。当这两个力正好相等时,转子就停浮在一定的高度上。假如被测流体的流量突然由小变大时,作用在转子上的冲击作用力就加大,转子上升。由于转子在锥形管中位置的升高,造成转子与锥形管间的环隙增大,即流通面积增大。随着环隙的增大,流过此环隙的流体流速变慢,因而,流体作用在转子上的冲击力也就变小,转子将在一个新的高度上重新平衡。这样,转子在锥形管中平衡位置的高低与被测介质的流量大小相对应。

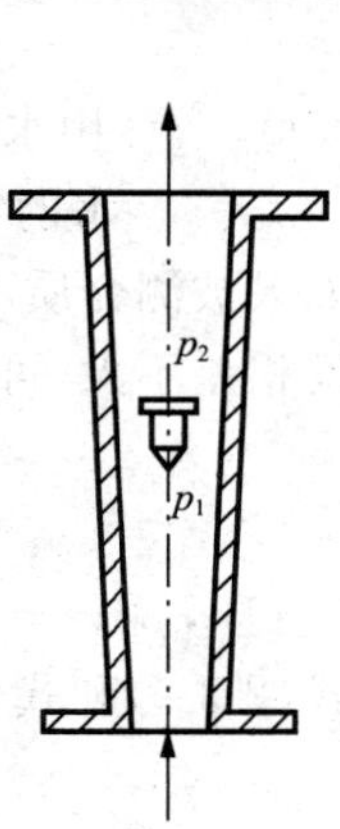

图 2-3-8 转子流量计的工作原理图

转子流量计中转子的平衡条件是

$$V(\rho_t - \rho_f)g = \Delta p A \tag{2-3-5}$$

式中 V——转子的体积;

ρ_t, ρ_f——转子和流体的密度;

g——重力加速度;

Δp——转子前后的压差;

A——转子的最大截面积。

转子和锥形管间的环隙面积相当于节流式流量计的节流孔面积,但它是变化的,并与转子高度 h 成近似的线性关系,因此,转子流量计的流量公式可以表示为

$$Q = \phi h \sqrt{\frac{2}{\rho_f}\Delta p} = \phi h \sqrt{\frac{2V(\rho_t - \rho_f)g}{\rho_f A}} \tag{2-3-6}$$

$$M = Q \cdot \rho_f = \phi h \sqrt{\frac{2V(\rho_t - \rho_f)g\rho_f}{A}} \tag{2-3-7}$$

式中 ϕ——仪表常数;

h——转子浮起的高度。

上面所介绍的转子流量计只适用于就地指示。对配有电远传装置的转子流量计,可以把反映流量大小的转子高度 h 转换为电信号,传送到其他仪表进行显示、记录或控制。

2. 转子流量计的示值修正

由于转子流量计在制造的时候,通常是在工业基准状态(20 ℃,0.101 33 MPa)时用水或空气进行刻度的。所以,在实际使用时,如果被测介质的密度和工作状态发生变化,就必须对流量指示值按照实际被测介质的密度、温度、压力等参数的具体情况进行修正。

(1) 液体流量示值修正。

由于测量液体的转子流量计是在常温 20 ℃时用水标定的,根据式(2-3-6)可写为

$$Q_{刻} = \phi h \sqrt{\frac{2V(\rho_t - \rho_w)g}{\rho_w A}} \tag{2-3-8}$$

式中　$Q_{刻}$——用水标定时的流量刻度；

ρ_w——水的密度。

如果被测介质不是水，则需要对流量刻度进行重新修正。如果被测介质的黏度和水的黏度相差不大，可以近似认为 ϕ 是常数，有

$$Q_{实}=\phi h\sqrt{\frac{2V(\rho_t-\rho_f)g}{\rho_f A}} \tag{2-3-9}$$

式中　$Q_{实}$，ρ_f——被测介质的实际流量和密度。

式(2-3-9)和式(2-3-8)相除，整理后可得

$$Q_{实}=\sqrt{\frac{(\rho_t-\rho_f)\rho_w}{(\rho_t-\rho_w)\rho_f}}Q_{刻} \tag{2-3-10}$$

此式即为转子流量计的液体修正公式。

(2) 气体流量示值修正。

对于气体介质流量值的修正，除了被测介质的密度之外，还需要对被测介质的工作温度和压力进行修正。当已知仪表显示的刻度为 $q_{刻}$，则被测介质的实际流量 $q_{实}$(工业基准状态)可按下式修正，即

$$q_{实}=\sqrt{\frac{\rho_0 p_f T_0}{\rho_f p_0 T_f}}q_{刻} \tag{2-3-11}$$

式中　$q_{实}$——被测介质的实际流量；

ρ_f，ρ_0——被测介质和空气在标准状态下的密度；

p_f，T_f——被测介质的绝对压力和热力学温度；

p_0，T_0——标准状态下的绝对压力和热力学温度(p_0 =0.101 33 MPa，T_0 =293 K)；

$q_{刻}$——刻度流量值。

3. 转子流量计的特点

转子流量计主要有以下几方面的特点：① 转子流量计主要适合于检测中小管径、较低雷诺数的中小流量；② 流量计结构简单、使用方便、工作可靠，仪表前直管段长度要求不高；③ 流量计的基本误差约为仪表量程的±2%，量程比可达 10∶1；④ 流量计的测量精度易受被测介质密度、黏度、温度、压力、纯净度、安装质量等的影响。

2.3.4　电磁流量计

电磁式流量检测目前应用最广泛的是根据法拉第电磁感应定律进行流量测量的电磁流量计，它可以检测具有一定电导率的酸、碱、盐溶液，腐蚀性液体以及含有固体颗粒的液体流量，但不能检测气体、蒸汽和非导电液体的流量。

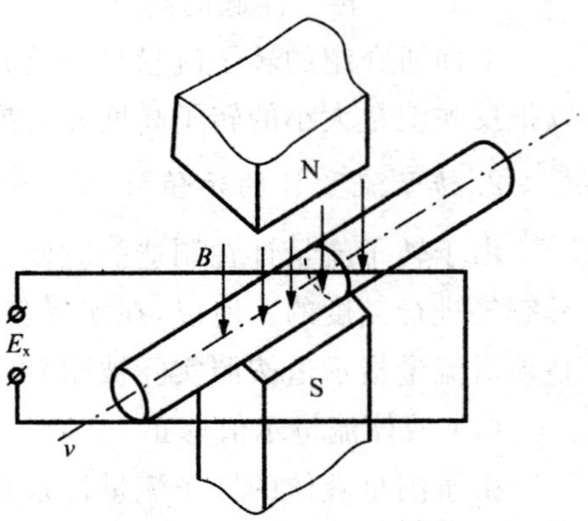

图 2-3-9　电磁式流量检测原理图

如图 2-3-9 所示，当导电的流体在磁场中以垂直方向流动而切割磁力线时，就会在管道两边的电极上产生感应电势，感应电势的大小与磁场的强度、流体的速度和流体垂直切割磁力线的有效长度成正比，即

$$E_x = KBDv \tag{2-3-12}$$

式中 E_x——感应电势；

K——比例系数；

B——磁感应强度；

D——管道直径；

v——垂直于磁力线的流体流动速度。

而体积流量 Q 与流速 v 的关系为

$$Q = \frac{\pi D^2}{4} v \tag{2-3-13}$$

综合式(2-3-12)和(2-3-13)，可得

$$Q = \frac{\pi D}{4BK} E_x \tag{2-3-14}$$

由此可见，在管道直径 D 已经确定、磁感应强度 B 维持不变时，流体的体积流量与磁感应电势呈线性关系。利用上述原理制成的流量检测仪表称为电磁流量计。

由于电磁流量计的测量导管内无可动部件或突出于管道内部的部件，因而压力损失极小。由式(2-3-14)可以看出，流量计的输出电流与体积流量呈线性关系，且不受液体的温度、压力、密度、黏度等参数的影响。电磁流量计反应迅速，可以测量脉动流量，其量程比一般为 10:1，精度较高的量程比可达 100:1。电磁流量计的测量口径范围很大，可以从 1 mm 到 2 m 以上，测量精度一般优于 0.5 级。但是电磁流量计要求被测流体必须是导电的，且被测流体的电导率不能小于水的电导率。另外，由于衬里材料的限制，电磁流量计的使用温度一般为 0～200 ℃；因电极是嵌装在测量导管上的，这也使最高工作压力受到一定限制。

为了进一步提高流量测量的精度，电磁流量计在安装的时候还需要注意以下问题：① 它可以水平安装，也可以垂直安装，但要求被测液体充满管道；② 电磁流量计的安装现场要远离外部磁场，以减小外部干扰；③ 电磁流量计前后管道有时带有较大的杂散电流，一般要把流量计前后 1～1.5 m 处和流量计外壳连接在一起，共同接地。

2.3.5 涡轮流量计

涡轮式流量检测方法是以动量矩守恒原理为基础的，如图 2-3-10 所示，流体冲击涡轮叶片，使涡轮旋转，涡轮的旋转速度随流量的变化而变化，通过涡轮外的磁电转换装置可将涡轮的旋转转换成电脉冲。

涡轮流量计的静特性曲线如图 2-3-11 所示，当流量较小时，由于受到摩擦力矩的影响，涡轮转速 ω 随流量 q_v 缓慢增加；当 q_v 增大到某一数值后，ω 将随 q_v 线性增加，二者可近似为

$$\omega = \xi q_v - \alpha \tag{2-3-15}$$

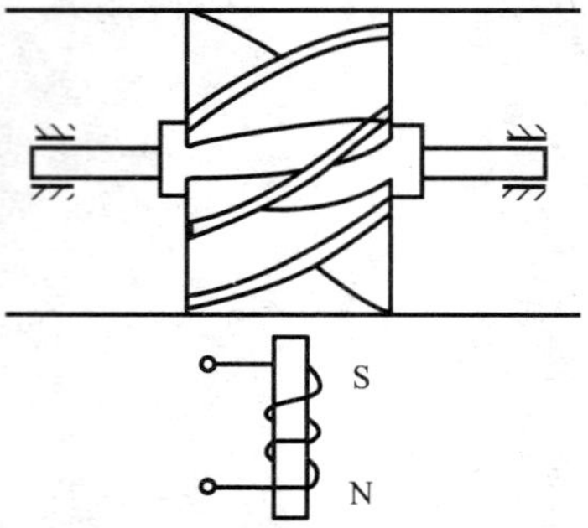

图 2-3-10　涡轮式流量检测原理图

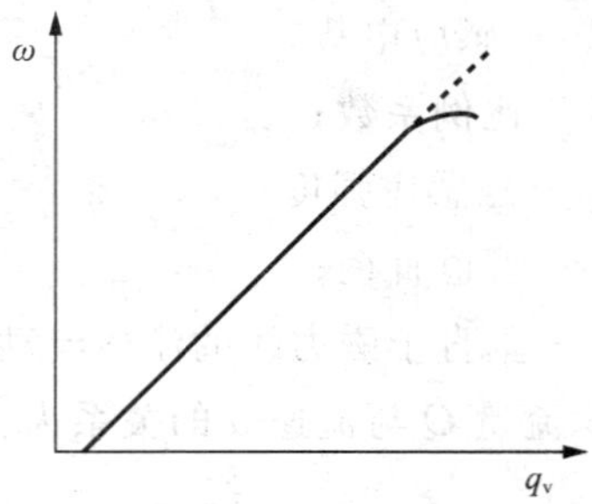

图 2-3-11　涡轮流量计静特性曲线

涡轮流量计安装方便，磁电感应转换器与叶片间不需密封和齿轮传动机构，因而测量精度高，可达到 0.5 级以上；基于磁电感应的转换原理，使涡轮流量计具有较高的反应速度，可测脉动流量；流量与涡轮转速之间呈线性关系，量程比一般为 10∶1，主要用于中小口径的流量检测。但是，涡轮流量计仅适用洁净的被测介质，通常在涡轮前要安装过滤装置；流量计前后需有一定的直管段长度，以使流向比较稳定，一般流量计上、下侧的直管段长度要求在 10*D* 和 5*D* 以上；流量计的转换系数一般是在常温下用水标定的，当介质的密度和黏度发生变化时需重新标定或进行补偿。

2.3.6　漩涡流量计

漩涡流量计又称涡街流量计，其测量方法基于流体力学中的卡门涡街原理。把一个漩涡发生体（如圆柱体、三角柱体等非流线型对称物体）垂直插在管道中，当流体绕过漩涡发生体时会在其左右两侧后方交替产生漩涡，形成涡列，且左右两侧漩涡的旋转方向相反。这种漩涡列就称为卡门涡街，如图 2-3-12 所示。

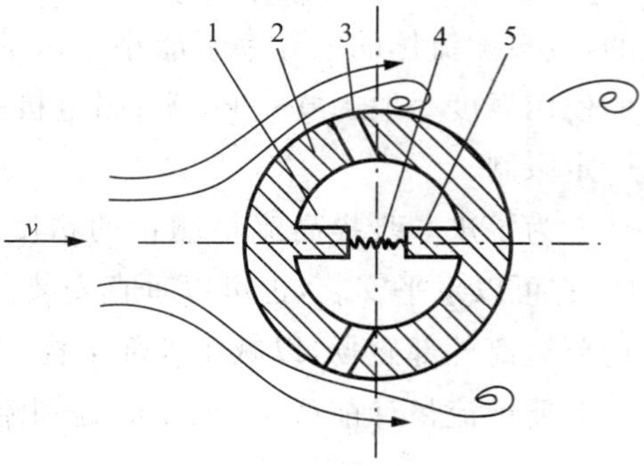

图 2-3-12　圆柱检出器原理图

1—空腔；2—圆柱棒；3—导压孔；
4—铂电阻丝；5—隔墙

由于漩涡之间相互影响，漩涡列一般是不稳定的。实验证明，当两列漩涡之间的距离 h 和同列的两个漩涡之间的距离 l 满足公式 $h/l=0.281$ 时，卡门涡街是稳定的。此时漩涡的频率 f 与流体的平均流速 v 及旋涡发生体的宽度 d 有如下关系，即

$$f = St\frac{v}{d} \tag{2-3-16}$$

式中，St 为斯特劳哈尔系数，它主要与漩涡发生体宽度 d 和流体雷诺数有关。在雷诺数为 5 000～150 000 的范围内，St 基本上为一常数，而漩涡发生体宽度 d 也是定值，因此，漩涡产生的频率 f 与流体的平均流速 v 成正比。所以，只要测得漩涡的频率 f，就可以得到流体的流速 v，进而可求得体积流量 q_v。

一般来说，涡街流量计输出信号(频率)不受流体物性和组分变化的影响，仅与漩涡发生体形状和尺寸以及流体的雷诺数有关。其特点是管道内无可动部件，压损较小，精确度约为±(0.5%～1%)，量程比可达20∶1或更大。但是，涡街流量计不适于低雷诺数的情况，对高黏度、低流速、小口径的使用有限制，流量计安装时要有足够的直管段长度，上、下侧的直管段分别不少于20 D和5 D，应尽量杜绝振动。

2.3.7 容积式流量计

容积式流量计是在全部流量计中属于最准确的一类流量计，主要有椭圆齿轮式、腰轮式、螺杆式、刮板式、活塞式等。容积式流量计的检测原理就是让被测流体充满具有一定容积的空间，然后再把这部分流体从出口排出，根据单位时间内排出的流体体积可直接确定体积流量。

以椭圆齿轮流量计为例，如图2-3-13所示，就是两个相互啮合的齿轮，一个为主动轮，一个为从动轮。当流体进入时，主动轮由于受到压力的作用，带动从动轮工作，转子每旋转一周，就排出4个体积与椭圆齿轮和外壳围成的弯月形空腔一样大的流体。在弯月形空腔V一定的情况下，只要测出椭圆齿轮流量计的转速n就可以计算出被测流体的流量

$$q_v = 4Vn \tag{2-3-17}$$

式中 V——弯月形空腔的容积；

n——椭圆齿轮的转速。

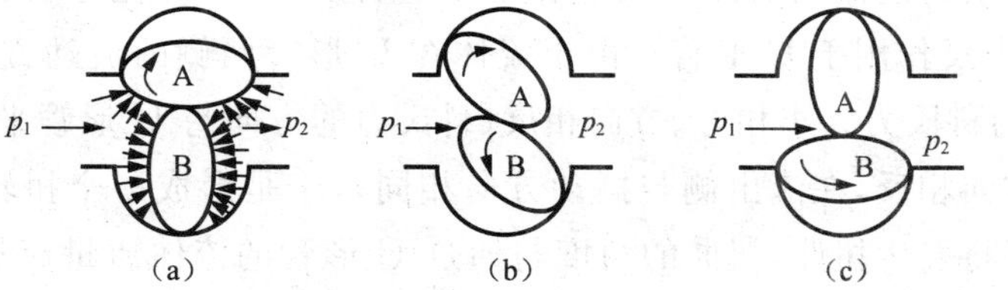

图2-3-13 椭圆齿轮流量计的机构原理

容积式流量计的主要特点是计量精度高，一般可达0.2～0.5级，有的甚至能达到0.1级，安装直管段对计量精度影响不大，量程比一般为10∶1，一般只适用于10～150 mm的中小口径。容积式流量计对被测流体的黏度变化不敏感，特别适合测量高黏度的流体流量，但要求被测介质洁净，不含固体颗粒，一般情况下，流量计前要装过滤器。由于温度对椭圆齿轮的影响，容积式流量计一般不宜在高温或低温下使用。

2.3.8 质量流量计

前面介绍的各种流量计均为测量体积流量的仪表，一般来说可以满足流量测量的要求。但是，有时人们更关心的是测量流体的质量。这是因为物料平衡、热平衡以及贮存、经济核算等都需要知道介质的质量。所以，在测量工作中，常常要将已测出的体积流量乘以介质的密度，换算成质量流量。由于介质密度受温度、压力、黏度等许多因素的影响(气体尤为突出)，这些因素往往会给测量结果带来较大的误差。质量流量计能够直接测得质

量流量，这就能从根本上提高测量精度，省去了烦琐的换算和修正。

质量流量计大致可分为两大类：一类是直接式质量流量计，即直接检测流体的质量流量；另一类是间接式或推导式质量流量计，这类流量计是通过体积流量计和密度计的组合来测量质量流量。

这里主要介绍使用比较广泛的直接式质量流量计。

直接式质量流量计的形式很多，有量热式、角动量式、差压式以及科氏力式等。下面介绍其中比较常用的一种——科里奥利质量流量计，简称科氏力式流量计。

这种流量计的测量原理是基于流体在振动管中流动时，将产生与质量流量成正比的科里奥利力。图 2-3-14 是一种 U 形管式科氏力式流量计的示意图。

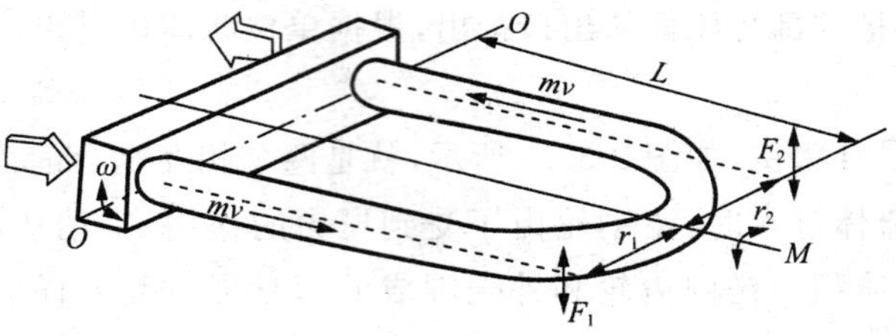

图 2-3-14　科氏力式流量计测量原理

U 形管的两个开口端固定，流体从一端流入，由另一端流出。在 U 形管顶端装有电磁装置，激发 U 形管以 O-O 为轴，按固有的频率振动，振动方向垂直于 U 形管所在平面。U 形管内的流体在沿管道流动的同时又随管道做垂直运动，此时流体就会产生科里奥利加速度，并以科氏力反作用于 U 形管。由于流体在 U 形管两侧的流动方向相反，因此作用于 U 形管两侧的科氏力大小相等、方向相反（科氏力的方向与 U 形管平面垂直，且在流体流入侧与振动方向相反，在流出侧与振动方向相同），于是形成一个扭转力矩。U 形管在该力矩的作用下将发生扭曲，扭曲的角度与通过 U 形管的流体质量流量成正比。如果在 U 形管两侧中心平面处安装两个电磁传感器来测量 U 形管扭转角度的大小，就可以得到所测的质量流量 M，其关系式为

$$M = \frac{K_s \theta}{4r\omega} \tag{2-3-18}$$

式中　θ——扭转角；

K_s——扭转弹性系数；

ω——振动角速度；

r——U 形管跨度半径。

科氏力式质量流量计的特点是能够直接测量质量流量，不受流体物性（密度、黏度等）的影响，测量精度高；测量值不受管道内流场影响，没有上、下侧直管段长度的要求；可测各种非牛顿流体以及黏滞和含微粒的浆液。但是它的阻力损失较大，零点不稳定以及管路振动会影响测量精度。

2.4 物位检测及仪表

2.4.1 概述

在容器中液体介质的液面位置高低称为液位;容器中固体或颗粒状物质的堆积高度称为料位;两种密度不同且互不相溶的液体介质的分界面高度称为界位。测量液位的仪表称为液位计;测量料位的仪表称为料位计;而测量两种互不相溶的密度不同的液体介质的分界面的仪表称为界面计。上述三种仪表统称为物位仪表。

物位测量在现代工业生产自动化中具有重要的地位。随着现代化工业设备规模的扩大和集中管理,特别是计算机投入运行以后,物位的测量和远传更为重要了。

通过物位的测量,可以正确获知容器设备中所贮物质的体积或质量;监视或控制容器内的介质物位,使它保持在一定的工艺要求的高度,或对它的上、下限位置进行报警,以及根据物位来连续监视或调节容器中流入与流出物料的平衡。所以,一般测量物位有两种目的,一种是对物位测量的绝对值要求非常准确,借以确定容器或贮存库中的原料、辅料、半成品或成品的数量;另一种是对物位测量的相对值要求非常准确,要能迅速正确反映某一特定基准面上的物料相对变化,用以连续控制生产工艺过程,即利用物位仪表进行监视和控制。

物位测量对安全生产关系十分密切。例如合成氨生产中铜洗塔塔底的液位控制,塔底液位过高,精炼气就会带液,导致合成塔触媒中毒;反之,如果液位过低时,会失去液封作用,发生高压气冲入再生系统,造成严重事故。

工业生产中对物位仪表的要求多种多样,主要有精度、量程、经济和安全可靠等方面。其中首要的是安全可靠。测量物位仪表的种类很多,按其工作原理主要有下列几种类型。

1. 直读式物位仪表

利用连通器原理制成。主要有玻璃管液位计、玻璃板液位计等。

2. 差压式物位仪表

利用液柱或物料堆积对某定点产生压力的原理工作。可分为压力式物位仪表和差压式物位仪表。

3. 浮力式物位仪表

利用浮子高度随液位改变而变化(恒浮力式液位计)或液体对浸没于其中的浮子的浮力随液位高度而变化(变浮力式液位计)的原理工作。可分为浮子带钢丝绳、浮球带杠杆和沉筒式液位计等。

4. 电磁式物位仪表

将物位的变化转换为一些电量的变化,通过测出这些电量的变化来测知物位。它可以分为电阻式(即电极式)、电容式和电感式物位仪表等。还有利用压磁效应工作的物位仪表。

5. 核辐射式物位仪表

利用核辐射线透过物料时，其强度随物质层的厚度而变化的原理工作。目前应用较多的是 γ 射线。

6. 声波式物位仪表

由于物位的变化引起声阻抗的变化、声波的遮断和声波反射距离的不同，测出这些变化就可测知物位。所以声波式物位仪表可以根据它的工作原理分为声波遮断式物位仪表、反射式物位仪表和阻尼式物位仪表等。

7. 光学式物位仪表

利用物位对光波的遮断和反射原理工作。它利用的光源可以有普通白炽灯光或激光等。

此外，还有一些其他形式的物位仪表，下面重点介绍差压式液位变送器，并简单介绍几种其他类型的物位测量仪表。

2.4.2 差压式液位变送器

利用差压或压力变送器可以很方便地测量液位，且能输出标准的电流或气压信号，有关差压或压力变送器的原理及结构已在前面介绍，此处只着重讨论其应用。

1. 工作原理

差压式液位变送器，是利用容器内的液位改变时由液柱产生的静压也相应变化的原理而工作的，如图 2-4-1 所示。

将差压变送器的一端接液相，另一端接气相。设容器上部空间为干燥气体，其压力为 p_0，则

$$p_1 = p_0 + H\rho g \tag{2-4-1}$$

$$p_2 = p_0 \tag{2-4-2}$$

因此可得

$$\Delta p = p_1 - p_2 = H\rho g \tag{2-4-3}$$

式中 H——液位高度；

ρ——介质密度；

g——重力加速度；

p_1，p_2——差压变送器正、负压室的压力。

通常被测介质的密度是已知的。差压变送器测得的差压与液位高度成正比，这样就把测量液位高度转换为测量差压的问题了。

当被测容器是敞口的，气相压力为大气压时，只需将差压变送器的负压室连通大气即可。若不需要远传信号，也可以在容器底部安装压力表，如图 2-4-2 所示，根据压力 p 与液位 H 成正比的关系，可直接在压力表上按液位进行刻度。

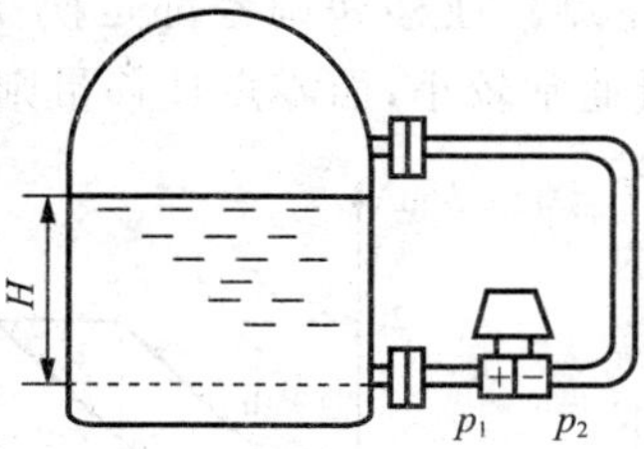

图 2-4-1 差压液位变送器原理图

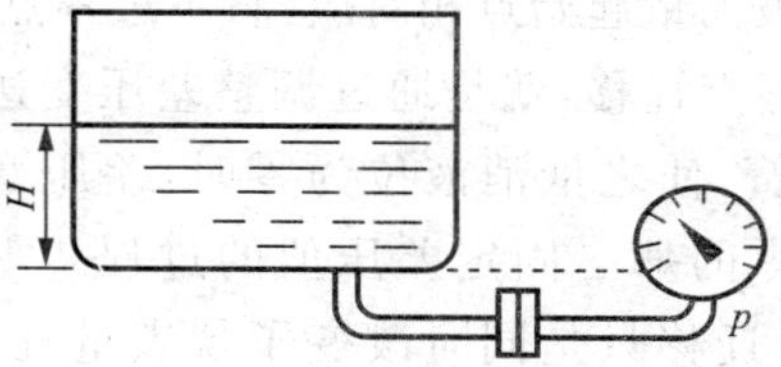

图 2-4-2 压力表式液位计

2. 零点迁移问题

在使用差压变送器测量液位时，一般来说，其压差 Δp 与液位高度 H 之间有如下关系

$$\Delta p = H\rho g \tag{2-4-4}$$

这就属于一般的“无迁移”情况。当 $H=0$ 时，作用在正、负压室的压力是相等的。

但是在实际应用中，往往 H 与 Δp 之间的对应关系没有那么简单。例如图 2-4-3 所示，为防止容器内液体和气体进入变送器而造成管线堵塞或腐蚀，并保持负压室的液柱高度恒定，在变送器正、负压室与取压点之间分别装有隔离罐，并充以隔离液。若被测介质密度为 ρ_1，隔离液密度为 ρ_2（通常 $\rho_2 > \rho_1$），这时正、负压室的压力分别为

$$p_1 = h_1\rho_2 g + H\rho_1 g + p_0 \tag{2-4-5}$$

$$p_2 = h_2\rho_2 g + p_0 \tag{2-4-6}$$

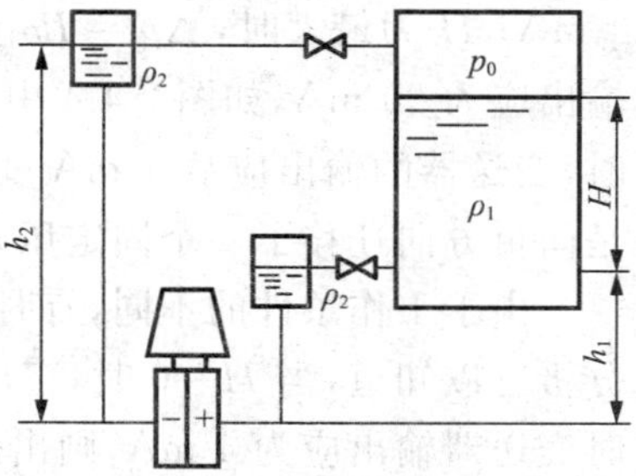

图 2-4-3 负迁移示意图

正、负压室间的压差为

$$\Delta p = p_1 - p_2 = H\rho_1 g - (h_2 - h_1)\rho_2 g \tag{2-4-7}$$

式中 Δp——变送器正、负压室的压差；

H——被测液位的高度；

h_1——正压室隔离罐液位到变送器的高度；

h_2——负压室隔离罐液位到变送器的高度。

将式(2-4-7)与式(2-4-3)相比较，就知道这时压差减少了$(h_2 - h_1)\rho_2 g$一项，也就是说，当 $H=0$ 时，$\Delta p = -(h_2 - h_1)\rho_2 g$，对比无迁移情况，相当于在负压室多了一项压力，其固定数值为 $(h_2 - h_1)\rho_2 g$。假定采用的是 DDZ-Ⅲ型差压变送器，其输出范围为 4～20 mA 的电流信号。在无迁移时，$H=0$，$\Delta p=0$，这时变送器的输出 $I_0 = 4$ mA；$H = H_{max}$，$\Delta p = \Delta p_{max}$，这时变送器的输出 $I_0 = 20$ mA。但是有迁移时，根据式(2-4-6)可知，由于有固定差压的存在，当 $H=0$ 时，变送器的输入小于 0，其输出必定小于 4 mA；当 $H = H_{max}$ 时，变送器的输入小于 Δp_{max}，其输出必定小于 20 mA。为了使仪表的输出能正确反映出液位的数值，也就是使液位的零值和满量程能与变送器输出的上、下限值相对应，必须设法抵消固定压差 $(h_2 - h_1)\rho_2 g$ 的作用，使得当 $H=0$ 时，变送器的输出仍然回到 4 mA，而当 $H = H_{max}$ 时，变送器的输出为 20 mA。采用零点迁移的办法就能够达到此目的，即调节变送器的迁移弹簧，以抵消固定压差 $(h_2 - h_1)\rho_2 g$ 的作用。

这里迁移弹簧的作用，实质是改变变送器的零点。迁移和调零都是使变送器输出的起始值与被测量起始点相对应，只不过零点调整量通常较小，而零点迁移量则比较大。

所谓零点迁移，就是通过调整差压变送器的零点迁移弹簧，使之抵消液位为零时，差压变送器的读数不为零的那一固定差压值的过程。零点迁移的实质是：迁移只是同时改变了仪表量程的上、下限，而仪表的量程不变。例如，某差压变送器的量程为 0～5 000 Pa，当压差由 0 变化到 5 000 Pa 时，变送器的输出将由 4 mA 变化到 20 mA，这是无迁移的情况，如图 2-4-4 中曲线 a 所示。当有迁移时，假定固定压差为 $(h_2-h_1)\rho_2 g=2\ 000$ Pa，那么 $H=0$ 时，根据式(2-4-6)有，这时变送器的输出应为 4 mA；H 为最大时，$\Delta p=H\rho_1 g-(h_2-h_1)\rho_2 g=5\ 000-2000=3\ 000$ Pa，这时变送器输出应为 20 mA，如图 2-4-4 中曲线 b 所示。也就是说，Δp 从 $-2\ 000$ Pa 到 3 000 Pa 变化时，变送器的输出应从 4 mA 变化到 20 mA。它维持原来的量程(5 000 Pa)大小不变，只是向负方向迁移了一个固定压差值 $(h_2-h_1)\rho_2 g=2\ 000$ Pa。这种情况称之为负迁移。

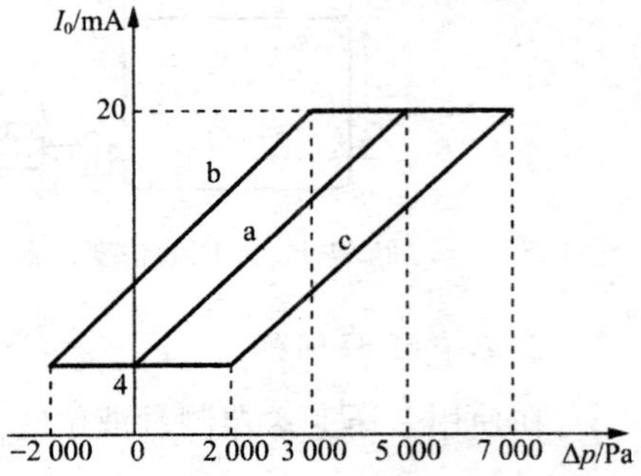

图 2-4-4　正负迁移示意图

由于工作条件的不同，有时会出现正迁移的情况，如图 2-4-5 所示，如果 $p_0=0$，经过分析可以知道，当 $H=0$ 时，正压室多了一项附加压力 $h\rho g$，或者说 $H=0$ 时，$\Delta p=h\rho g$，这时变送器输出应为 4 mA，画出此时变送器输出和输入压差之间的关系，就如同图 2-4-4 中曲线 c 所示。

综上分析，可以这样来理解零点迁移的方向：当 $H=0$ 时，若 $\Delta p=0$，则为无迁移；当 $H=0$ 时，若 $\Delta p>0$，则为正迁移；当 $H=0$ 时，若 $\Delta p<0$，则为负迁移。

3. 用法兰式差压变送器测量液位

为了解决测量具有腐蚀性或含有结晶颗粒以及黏度大、易凝固等液体液位时引压管线被腐蚀、被堵塞的问题，应使用在导压管入口处加隔离膜盒的法兰式差压变送器，如图 2-4-6 所示。作为敏感元件的测量头 1(金属膜盒)，经毛细管 2 与变送器 3 的测量室相通。在膜盒、毛细管和测量室所组成的封闭系统内填充硅油作为传压介质，并使被测介质不进入毛细管与变送器，以免堵塞。

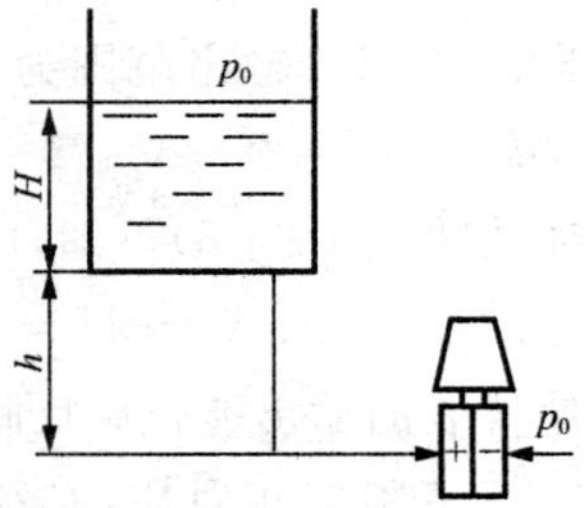

图 2-4-5　正迁移示意图

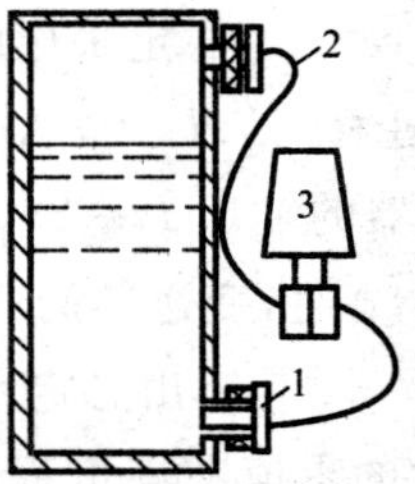

图 2-4-6　法兰式差压变送器测量液位示意图

1—法兰式测量头；2—毛细管；3—变送器

法兰式差压变送器按其结构形式又分为单法兰式及双法兰式两种。容器与变送器间只需一个法兰将管路接通的称为单法兰差压变送器，而对于上端和大气隔绝的闭口容器，因上部空间与大气压力多半不等，必须采用两个法兰分别将液相和气相压力导入差压变送器，如图 2-4-6 所示，这就是双法兰差压变送器。

例 用双法兰差压变送器测量密闭容器液位，如图 2-4-7 所示。已知被测液位变化范围为 0～3 m，被测介质密度为 $\rho_1=900\ \text{kg/m}^3$，引压管介质密度 $\rho_2=950\ \text{kg/m}^3$。变送器的安装尺寸为 $h_1=1$ m，$h_2=4$ m。(取 $g=10\ \text{m/s}^2$)求：

(1) 计算迁移量并判断零点迁移方向。

(2) 迁移后变送器的测量范围。

(3) 当变送器安装位置升高或降低时，对测量结果有何影响？

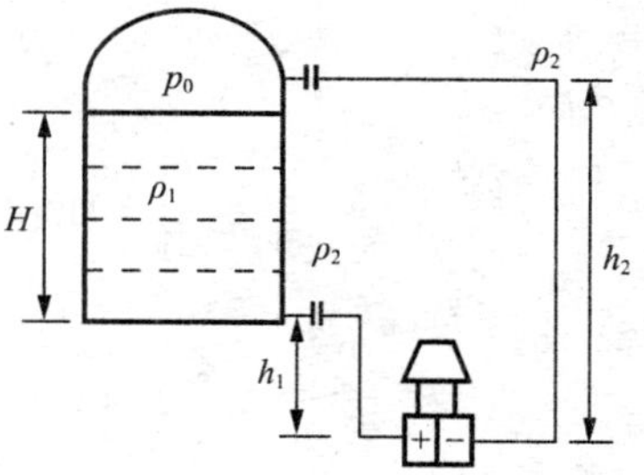

图 2-4-7 双法兰式差压变送器测量液位示意图

解 (1) 作用在变送器正压室的压力为

$$p_+=h_1\rho_2 g+H\rho_1 g+p_0$$

作用在变送器负压室的压力为

$$p_-=h_2\rho_2 g+p_0$$

作用在变送器正、负压室的压力差为

$$\Delta p=H\rho_1 g+(h_1-h_2)\rho_2 g$$

当 $H=0$ 时，$\Delta p=(h_1-h_2)\rho_2 g=(1-4)\times950\times10=-28\ 500$ Pa

由此可知，迁移量为 28 500 Pa；零点迁移方向为负迁移。

(2) 变送器差压量程：$\Delta p_{\max}=H\rho_1 g=3\times900\times10=27\ 000$ Pa，即 0～27 000 Pa。上、下限分别向负方向平移 28 500 Pa，因此迁移后变送器的测量范围为 −28 500～ −1 500 Pa。

(3) 当变送器安装位置升高或降低时，因为变送器正、负压室差压不变，因此对测量结果无影响。

如果双法兰差压变送器是普通三型仪表，则需要打开变送器后盖，找到零点迁移弹簧，通过工艺操作使贮罐液位降至零点，然后调整零点迁移弹簧使变送器输出为 4 mA DC，则完成零点迁移。如果双法兰差压变送器是智能变送器，则利用相应的手持通信器(简称手操器)，打开电源，打开手持通信器的菜单，找到量程下限，将量程下限设置为 −28 500 Pa，然后，再从菜单中找到量程上限，设置为 −1 500 Pa，保存后即完成零点迁移。

2.4.3 浮筒式液位计

浮筒式液化计是依据阿基米德定律设计而成的液位测量仪表，可用于敞口或密闭容器的液位测量。

如图 2-4-8 所示，浮筒式液位计主要由四个基本部分组成：浮筒、弹簧、磁钢室和输出指示器。当浮筒浸没在液体中时，浮筒将受到向下的重力 G、向上的浮力 $F_{浮}$ 和弹簧弹力 $F_{弹}$ 的复合作用。当这三个力达到平衡时，浮筒就静止在某一位置；当液位发生变化时，浮筒所受浮力相应改变，平衡状态被打破，从而引起弹力变化即弹簧的伸缩，直至达到新的平衡。弹簧的伸缩使其与刚性连接的磁钢产生位移，再通过输出指示器内磁感应元件和传动装置或变换输出装置，使其指示出液位或输出与液位对应的电信号。

浮筒式液位计通常有内置式和侧装外置式两种安装方式，如图 2-4-9 所示，二者的测量完全相同，但外置式安装更适用于温度较高的场合。

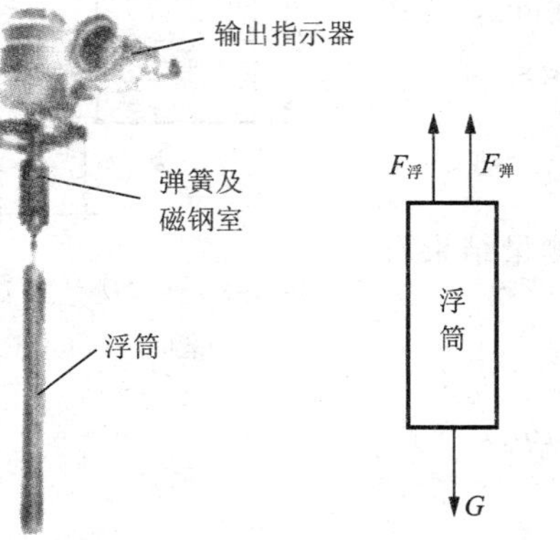

图 2-4-8　浮筒式液位计的测量原理

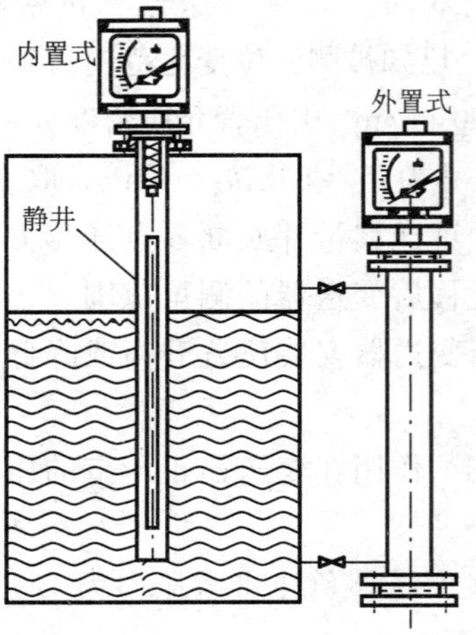

图 2-4-9　浮筒式液位计的安装示意图

校验浮筒式液位计的方法有干校法和水校法两种。干校法校验方便、准确，不需要复杂的操作，通常用于实验室或检修时校验用。而现场一般采用水校法，如果被测液体不是水可以经过换算用水代校。在此仅介绍水校法。

水校法又称湿校法。浮筒式液位计本来是测水位的，可直接用水校验。如果被测介质不是水，也可以通过换算用水代校。这种校验方法主要用于已安装在现场不易拆开的外浮筒式液位计的校验。校验时关闭浮筒室的上下引压阀，将外浮筒与工艺设备之间隔断。打开浮筒室底部的排污阀，排出浮筒室内被测介质。从排污阀处连接一段透明塑料管，从透明管向浮筒室中灌水，并由此确定灌水高度，这样就可以进行校验了。

浮筒的长度为 L，质量为 M，截面积为 A。被测介质密度为 ρ_x，校验时水的密度为 ρ_w。校验时所加水位高度 h 应满足与被校液位高度 H 时浮筒对杠杆的拉力相同，即

$$W-Ah\rho_w g=W-AH\rho_x g \tag{2-4-8}$$

由此求出用水代校时，校验所加水位的高度 h 为

$$h=\frac{\rho_x}{\rho_w}H \tag{2-4-9}$$

式(2-4-9)为测量液位时的校验计算公式。测量界位时可根据相同的原理进行推导。

例　有一浮筒液位变送器用来测量界面，其浮筒长度为 $L=500$ mm，配 DDZ-Ⅲ型仪表，被测介质的密度分别为 $\rho_1=1\ 200\ \text{kg/m}^3$，$\rho_2=800\ \text{kg/m}^3$，试用水校法来进行校验。

解　(1) 关闭正、负一次阀，打开上、下放空阀，排污(桶接)。

(2) 从下放空处接一透明的塑料管，灌水。

最低界位时有：$\rho_2 gL=\rho_W gh_0$

灌水高度：$h_0=\rho_2/\rho_W\times L=800/1\ 000\times500=400$(mm)

最高界位时有：$\rho_1 gL=\rho_W gh_{100}$

灌水高度：$h_{100} = \rho_1/\rho_W \times L = 1\ 200/1\ 000 \times 500 = 600$(mm)

界位 100%时灌水高度超出筒长：600－500＝100(mm)

这时可将零位灌水高度降至 400－100＝300(mm)处来进行校验，其灌水高度与输出信号的对应关系如下：

$H=0\%$：$h_0=300$ mm，输出信号为 4 mA；

$H=50\%$，$h_{50}=300+(600-400)\times 50\%=400$(mA)，输出信号为 $4+(20-4)\times 50\% =12$(mA)；

$H=100\%$，$h_{100}=500$ mm，输出信号为 20 mA。

(3) 再把水灌到 400 mm，调整仪表零点，使变送器输出 4 mA。

(4) 放掉筒中的水(桶接)，关闭上、下放空阀，打开正、负一次阀，投入使用。

2.4.4 电容式物位计

电容式物位计是基于圆筒电容器工作的。图 2-4-10(a)所示是由两个同轴圆柱极板组成的电容器，设极板长度为 L，内、外电极的直径分别为 d 和 D，当两极板之间填充介电常数为 ε_1 的介质时，两极板间的电容量为

$$C = \frac{2\pi\varepsilon_1 L}{\ln(D/d)} \tag{2-4-10}$$

当极板之间有一部分被介电常数为 ε_2 的另一种介质填充时，如图 2-4-10(b)所示，两种不同的介电常数的介质将引起电容量发生变化。设被填充的物位高度为 H，可推导出电容变化量 ΔC 为

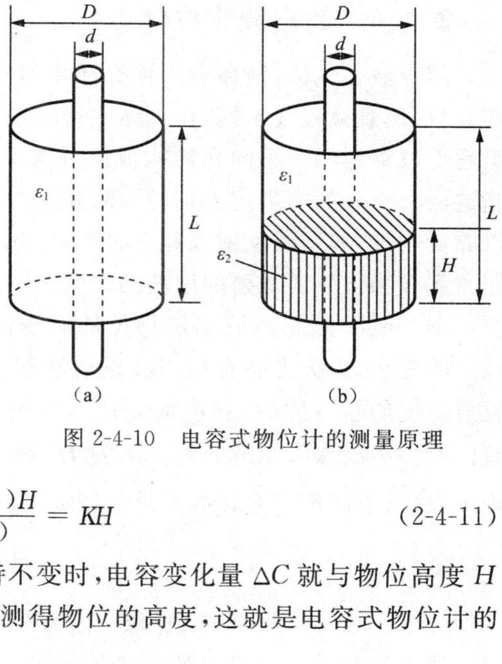

图 2-4-10 电容式物位计的测量原理

$$\Delta C = \frac{2\pi(\varepsilon_2 - \varepsilon_1)H}{\ln(D/d)} = KH \tag{2-4-11}$$

当电容器的几何尺寸和介电常数 ε_1、ε_2 保持不变时，电容变化量 ΔC 就与物位高度 H 成正比。因此，只要测量出电容的变化量就可以测得物位的高度，这就是电容式物位计的基本测量原理。

电容式物位计可以用于液位的测量，也可以用于料位的测量，但要求介质的介电常数保持稳定。在实际使用过程中，当现场温度、被测液体的浓度、固体介质的湿度或成分等发生变化时，介质的介电常数也会发生变化，应及时对仪表进行调整才能达到预想的测量精度。

2.4.5 核辐射式物位计

核辐射式物位计是利用放射源产生的核辐射线(通常为 γ 射线)穿过一定厚度的被测介质时，射线的投射强度将随介质厚度的增加而呈指数规律衰减的原理来测量物位的。射线强度的变化规律如下

$$I = I_0 e^{-\mu H} \tag{2-4-12}$$

式中 I_0——进入物料之前的射线强度；

μ——物料的吸收系数；

H——物料的厚度；

I——穿过介质后的射线强度。

图 2-4-11 是辐射式物位计的测量原理示意图，在辐射源射出的射线强度 I_0 和介质的吸收系数 μ 已知的情况下，只要通过射线接收器检测出透过介质以后的射线强度 I，就可以检测出物位的高度 H。

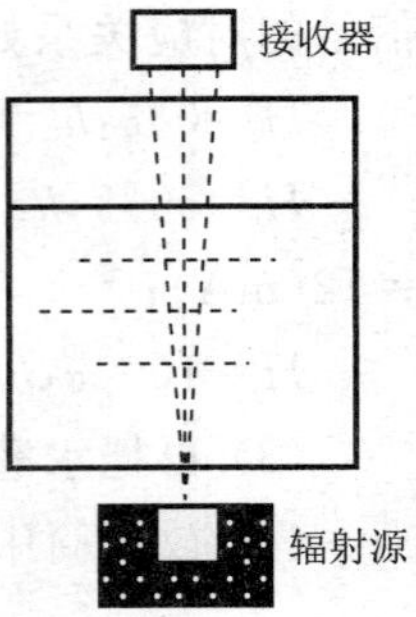

图 2-4-11 辐射式物位计的测量原理

核辐射式物位计属于非接触式物位测量仪表，适用于高温、高压、强腐蚀、剧毒等条件苛刻的场合。核辐射线还能够直接穿透钢板等介质，可用于高温熔融金属的液位测量，使用时几乎不受温度、压力、电磁场的影响。但由于射线对人体有害，因此对射线的使用应严加控制，且须切实加强安全防护措施。

2.4.6 超声波物位计

超声波在气体、液体和固体介质中以一定速度传播时因被吸收而衰减，但衰减程度不同，在气体中衰减最大，而在固体中衰减最小。当超声波穿越两种不同介质构成的分界面时会产生反射和折射，且当这两种介质的声阻抗差别较大时几乎为全反射。利用这些特性可以测量物位，如回波反射式超声波物位计通过测量从发射超声波至接收到被物位界面反射的回波的时间间隔来确定物位的高低。

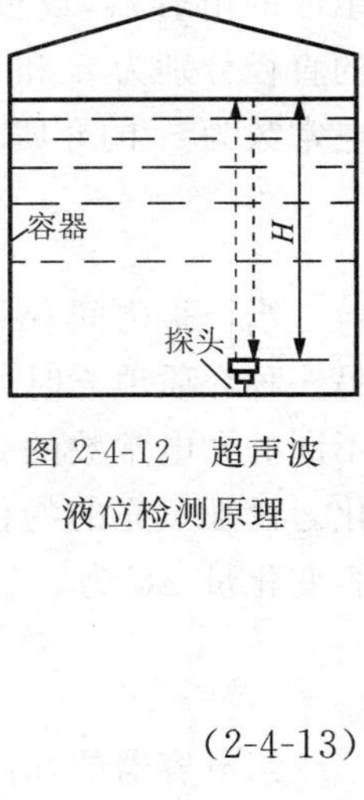

图 2-4-12 超声波液位检测原理

图 2-4-12 是超声波测量物位的原理图。在容器底部放置一个超声波探头，探头上装有超声波发射器和接收器。当发射器向液面发射短促的超声波时，在液面处产生反射，反射的回波被接收器接收。若超声波探头至液面的高度为 H，超声波在液体中传播的速度为 v，从发射超声波至接收到反射回波间隔时间为 t，则有如下关系

$$H = \frac{1}{2}vt \tag{2-4-13}$$

式中，只要 v 已知，测出 t，就可得到物位高度 H。

超声波物位计主要包括超声换能器和电子装置两部分。超声换能器由压电材料制成，用来实现电能和机械能的相互转换，其发射器和接收器可以装在同一个探头上，也可分开装在两个探头上，探头可以装在容器的上方或者下方。电子装置用于产生电信号激励超声换能器发射超声波，并接收和处理经过超声换能器转换的电信号。由于超声波物位计检测的精度主要取决于超声传播速度和传播时间，而传播速度容易受到介质温度、成分等变化的影响，因此需要进行补偿。通常的补偿方法是在超声换能器附近安装一个温度传感器，根据已知的声速与温度之间的关系自动进行声速补偿。另外也可以设置一个校正器具定期校正声速。

超声波物位计采用的是非接触测量，因此适用于液体、颗粒状、粉状物以及黏稠、有毒介质的物位测量，能够防爆，但有些介质对超声波吸收能力很强，无法采用超声波检测方法。

2.4.7 磁翻转式液位计

其结构原理如图 2-4-13 所示。用非导磁的不锈钢制成的浮子室内装有带磁铁的浮子,浮子室与容器相连,紧贴浮子室壁装有带磁铁的红白两面分明的磁翻板或磁翻球的标尺。当浮子随管内液位升降时,利用磁性吸引,使磁翻板或翻球产生翻转,有液体的位置红色向外,无液体的位置白色向外,红白分界之处就是液位高度。

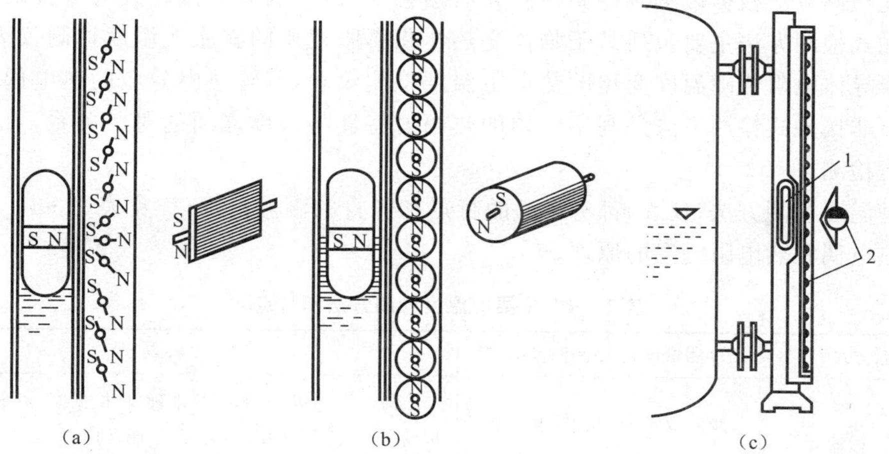

图 2-4-13 磁翻转式液位计

1—内装磁铁的浮子;2—磁翻板

磁翻转式液位计指示直观、结构简单、测量范围大、不受容器高度的限制,可以取代玻璃管液位计,用来测量有压容器或敞口容器内的液位。指示机构不与液体介质直接接触,特别适用于高温、高压、高黏度、有毒、有害、强腐蚀性介质,且安全防爆。除就地指示外,还可以配备报警开关和信号远传装置,实现远距离的液位报警和监控。

2.4.8 物位检测仪表的选用

各种物位检测仪表都有其特点和适用范围,有些可以检测液位,有些可以检测料位。选择物位计时必须考虑测量范围、测量精度、被测介质的物理化学性质、环境操作条件、容器结构形状等因素。在液位检测中最为常用的就是静压式和浮力式测量方法,但必须在容器上开孔安装引压管或在介质中插入浮筒,因此在介质为高黏度或者易燃易爆场合不能使用这些方法。在料位检测中可以采用电容式、超声波式、射线式等测量方法。各种物位测量方法的特点都是检测元件与被测介质的某一个特性参数有关,如静压式和浮力式液位计与介质的密度有关,电容式物位计与介质的介电常数有关,超声波物位计与超声波在介质中的传播速度有关,核辐射物位计与介质对射线的吸收系数有关。这些特性参数有时会随温度、组分等变化而发生变化,直接关系到测量精度,因此必须注意对它们进行补偿或修正。

2.5 温度检测及仪表

2.5.1 温度检测的主要方法和分类

温度检测方法根据敏感元件和被测介质接触与否，可以分成接触式与非接触式两大类。接触式检测方法主要包括基于物体受热体积膨胀性质的膨胀式温度检测仪表，基于导体或半导体电阻值随温度变化的热电阻温度检测仪表，基于热电效应的热电偶温度检测仪表。非接触式检测方法是利用物体的热辐射特性与温度之间的对应关系，对物体的温度进行检测。

每种温度检测方法(仪表)都有自己的特点和各自的测温范围，详见表 2-5-1。下面主要介绍热电偶和热电阻测温的原理。

表 2-5-1 主要的温度检测方法和特点

测温方式		温度测量仪表	测温范围/℃	主要特点
接触式	膨胀式	玻璃液体	−100～600	结构简单，使用方便，测量准确，价格低廉；测量上限和精度受玻璃质量的限制，易碎，不能远传
		双金属	−80～600	结构紧凑，可靠；测量精度低，量程和使用范围有限
	热电效应	热电偶	−200～1 800	测温范围广，测量精度高，便于远距离、多点、集中检测和自动控制，应用广泛；需自由端温度补偿，在低温段测量精度较低
	热阻效应	铂电阻	−200～600	测量精度高，便于远距离、多点、集中检测和自动控制，应用于广泛；不能测高温
		铜电阻	−50～150	
		半导体热敏电阻	−50～150	灵敏度高，体积小，结构简单，使用方便；互换性较差，测量范围有一定限制
非接触式		辐射式	0～3 500	不破坏温度场，测温范围大，响应快，可测运动物体的温度；易受外界环境的影响，标定较困难

2.5.2 热电偶及其测温原理

1. 热电效应和热电偶

热电效应是热电偶测温的基本原理。根据热电效应，任何两种不同的导体或半导体组成的闭合回路，如图 2-5-1 所示，如果将它们的两个接点分别置于温度各为 t 及 t_0 的热源中，则在该回路内就会产生热电势。两个接点中，t 端称为工作端(假定该端置于被测的热源中)，又称测量端或热端；t_0 端称为自由端，又称参考端或冷端。这两种不同导体或半导体的组合称为热电偶，每根单独的导体或半导体称为热电极，如图 2-5-2 所示。

由热电效应可知，闭合回路中所产生的热电势由接触电势和温差电势两部分组成，如

图 2-5-1 所示，有

$$E_{AB}(t,t_0) = \underbrace{e_{AB}(t) - e_{AB}(t_0)}_{\text{接触电势}} + \underbrace{e_B(t,t_0) - e_A(t,t_0)}_{\text{温差电势}} \quad (2\text{-}5\text{-}1)$$

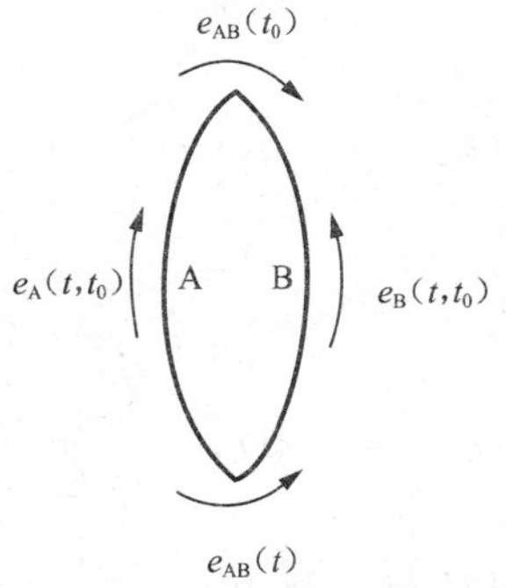

图 2-5-1 热电现象

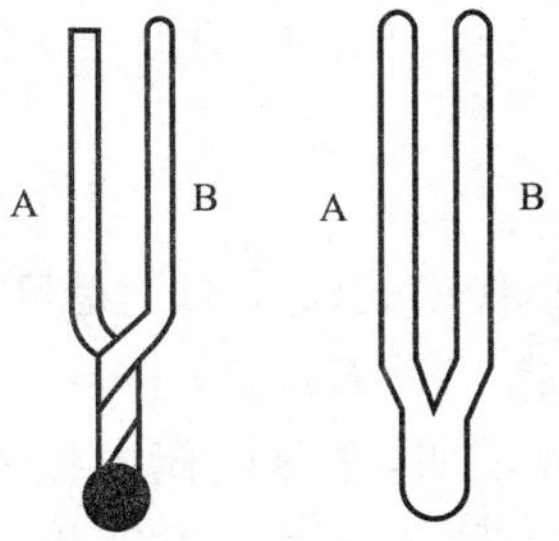

图 2-5-2 热电偶示意图

$e_{AB}(t)$ 表示热电偶的接触电势，热电势的大小与温度 t 和电极材料有关，下标 A 表示正电极，B 表示负电极，如果下标次序改为 BA，则热电势 e 前面的符号也应相应改变，即 $e_{AB}(t) = -e_{BA}(t)$。$e_A(t,t_0)$ 和 $e_B(t,t_0)$ 分别表示两电极的温差电势，由于温差电势远远小于接触电势，常常把它忽略不计，这样热电偶的热电势可表示为

$$E_{AB}(t,t_0) = e_{AB}(t) - e_{AB}(t_0) \quad (2\text{-}5\text{-}2)$$

式(2-5-2)就是热电偶测温的基本公式。当冷端温度 t_0 一定时，对于确定的热电偶来说 $e_{AB}(t_0)$ 为常数，因此，其总热电势就与温度 t 成单值函数对应关系，和热电偶的长短、粗细无关。这样，只要测量出热电偶的热电势大小，就能判断被测温度的高低，这就是热电偶的测温原理。

需要注意的是，如果组成热电偶的两种电极材料相同，则无论热电偶冷、热两端的温度如何，闭合回路中的总热电势为零；如果热电偶冷、热两端的温度相同，则无论两电极材料如何，闭合回路中的总热电势也为零。热电偶产生的热电势除了与冷、热两端的温度有关之外，还与电极材料有关，也就是说由不同电极材料制成的热电偶在相同的温度下产生的热电势是不同的。

2. 热电偶中间导体定律与热电势的检测

热电偶的输出信号是毫伏信号，毫伏信号的大小不仅与冷、热两端的温度有关，还和热电偶的电极材料有关，理论上任何两种不同导体都可以组成热电偶，都会产生热电势。但如何来检测热电偶产生的毫伏信号呢？因为要测量毫伏信号，必须在热电偶回路中串接毫伏信号的检测仪表，那串接的检测仪表是否会产生额外的热电势，对热电偶回路产生影响呢？要说明以上问题，首先介绍热电偶的一个基本定律，即中间导体定律。

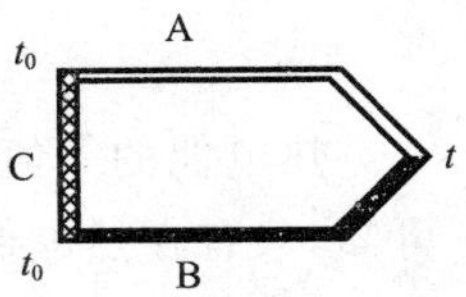

图 2-5-3 三种导体构成的热电回路

如图 2-5-3 所示，将由 A、B 两种材料制成的热电偶在其中一端(如 t_0 端)断开，接入第三种导体 C，并使 A 和 C、B 和 C 接触处的温度均为 t_0，则接入导体 C 以后对热电偶回路中的热电势没有影响。

根据前面的分析，由 A、B 两种材料制成的热电偶，在冷、热端温

度分别为 t_0 和 t 时所产生的热电势可以用式(2-5-2)表示。如果断开冷端，接入第三种导体C，并保持A和C、B和C接触处的温度均为 t_0，则回路中的总热电势等于各接点处的接触电势之和，即

$$E_{ABC}(t,t_0)=e_{AB}(t)+e_{BC}(t_0)+e_{CA}(t_0) \tag{2-5-3}$$

当 $t=t_0$ 时，有

$$E_{ABC}(t_0,t_0)=e_{AB}(t_0)+e_{BC}(t_0)+e_{CA}(t_0)=0$$

即

$$-e_{AB}(t_0)=e_{BC}(t_0)+e_{CA}(t_0) \tag{2-5-4}$$

将式(2-5-4)代入式(2-5-3)于是可得

$$E_{ABC}(t,t_0)=e_{AB}(t)-e_{AB}(t_0)=E_{AB}(t,t_0) \tag{2-5-5}$$

同理还可以证明，在热电偶中接入第四种、第五种……导体以后，只要接入导体的两端温度相同，接入的导体对原热电偶回路中的热电势均没有影响。根据这一性质，可以在热电偶回路中接入各种仪表和连接导线，如图2-5-4所示，只要保证两个接点的温度相同就可以对热电势进行测量而不影响热电偶的输出。

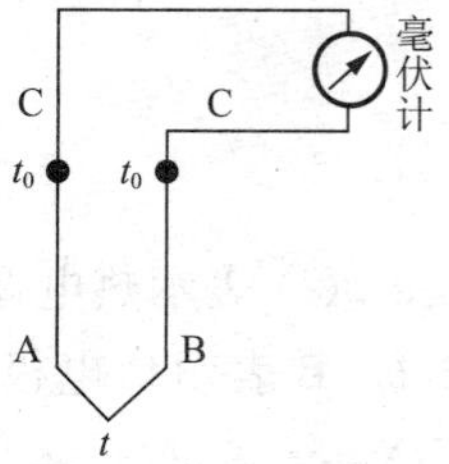

图 2-5-4　热电势检测示意图

3. 热电偶的等值替代定律和补偿导线

如果热电偶AB在某一温度范围内所产生的热电势与热电偶CD在同一温度范围内所产生的热电势相等，即 $E_{AB}(t,t_0)=E_{CD}(t,t_0)$，则这两支热电偶在该温度范围内是可以相互替换的，这就是所谓的热电偶等值替代定律。下面通过一个例子来加以说明。

例　如图2-5-5(a)所示，设 $E_{AB}(t_c,t_0)=E_{CD}(t_c,t_0)$，证明该回路的总热电势为 $E_{AB}(t,t_0)$。

证明　对于图2-5-5(a)来说，热电偶回路的总热电势为

$$E_{ABCD}=e_{AB}(t)+e_{BD}(t_c)+e_{DC}(t_0)+e_{CA}(t_c)$$

假设 $t=t_0=t_c$，则有

$$e_{AB}(t_c)+e_{BD}(t_c)+e_{DC}(t_c)+e_{CA}(t_c)=0$$

所以

$$\begin{aligned}E_{ABCD}&=e_{AB}(t)-e_{AB}(t_c)+e_{DC}(t_0)-e_{DC}(t_c)\\&=E_{AB}(t,t_c)+E_{CD}(t_c,t_0)\end{aligned}$$

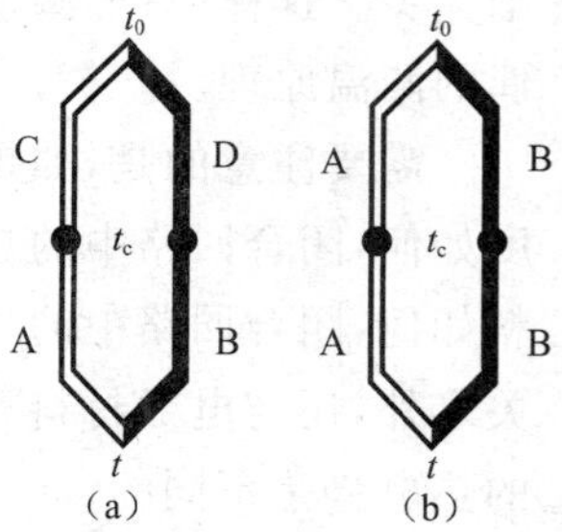

图 2-5-5　热电偶的等值替代

因为 $E_{AB}(t_c,t_0)=E_{CD}(t_c,t_0)$，则

$$\begin{aligned}E_{ABCD}&=E_{AB}(t,t_c)+E_{AB}(t_c,t_0)\\&=e_{AB}(t)-e_{AB}(t_c)+e_{AB}(t_c)-e_{AB}(t_0)\\&=e_{AB}(t)-e_{AB}(t_0)=E_{AB}(t,t_0)\end{aligned}$$

热电偶的等值替代定律也是决定其能够进行工业应用的基础。由热电偶的测温原理可知，只有在热电偶的冷端温度保持不变时，热电势才与被测温度具备单值函数对应关系。在实际应用时，热电偶需要安装在被测对象上。若冷、热端距离很近，冷端温度必然会受到设备、环境等因素的影响，难以保持恒定。当然，在理论上可以把热电偶做得很长，将冷端延伸到恒温环境，然而工业用热电偶一般都采用贵重金属材料制作而成，这样势必

要浪费大量的贵重的电极材料。

根据热电偶的等值替代定律，当A、B作为热电偶的测量电极时，如果有一对导线CD在一定的温度范围内与热电偶AB具有相同的热电性质，则在该温度范围内可以将这一对导线引入热电偶回路中，而不影响热电偶AB的热电势。补偿导线就是由两种不同的廉价的金属(或合金)材料制成的，在一定温度范围(0～100 ℃)内与所连接的热电偶具有相同的热电特性的专用导线。它相当于把热电偶的冷端由 t_c 处延长到 t_0 处，起着延伸热电偶冷端的作用，从而解决了冷端温度的恒定问题。

一般在0～100 ℃范围内要求补偿导线与被补偿的热电偶具有几乎完全相同的热电性质，补偿导线的连接如图2-5-6所示。在选择和使用补偿导线时，要和热电偶的型号相匹配，注意极性不能接错，热电偶与补偿导线连接处的温度一般不能高于100 ℃。

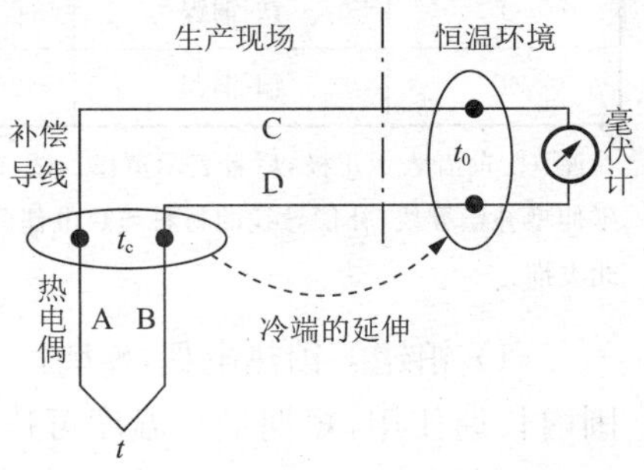

图2-5-6 补偿导线的连接示意图

4. 标准化热电偶和分度表

从理论上分析，似乎任何两种不同的导体都可以组成热电偶，用来测量温度。但实际情况并非如此，为了保证在工业现场应用可靠，并具有足够的精度，热电偶的电极材料在被测温度范围内应满足热电性质稳定、物理化学性能稳定、热电势随温度的变化率要大、热电势与温度尽可能成线性对应关系、具有足够的机械强度、复制性和互换性好等要求，目前，在国际上被公认的热电偶材料只有几种。

常用热电偶可分为标准热电偶和非标准热电偶两大类。所谓标准热电偶是指国家标准规定了其热电势与温度的关系、允许误差、有统一的标准型号(称为分度号)的热电偶。非标准化热电偶的使用范围不及标准化热电偶广泛，一般也没有统一的分度表，主要用于某些特殊场合的温度测量。从1988年起，中国热电偶全部按IEC国际标准生产，并指定S、B、E、K、N、R、J、T八种标准化热电偶为中国统一设计型号的热电偶，参见表2-5-2。

表2-5-2 标准化热电偶及其补偿导线

热电偶				常用配套的补偿导线(绝缘层着色)		
分度号	热电偶材料①	测温范围/℃		型号②	正极材料	负极材料
		长期	短期			
S	铂铑$^{③}_{10}$-铂	0～1 300	1 600	SC	铜(红)	铜镍(绿)
R	铂铑$_{13}$-铂	0～1 300	1 600	RC	铜(红)	铜镍(绿)
B	铂铑$_{30}$-铂铑$_6$	0～1 600	1 800	BC	铜(红)	铜(灰)
K	镍铬-镍硅	−50～1 000	1 300	KX	镍铬(红)	镍硅(黑)
N	镍铬硅-镍硅	−50～1 000	1 300	NX	镍铬硅(红)	镍硅(灰)
E	镍铬-铜镍	−40～800	900	EX	镍铬(红)	铜镍(棕)

续表 2-5-2

热电偶				常用配套的补偿导线(绝缘层着色)		
分度号	热电偶材料[①]	测温范围/℃		型号[②]	正极材料	负极材料
		长期	短期			
J	铁-铜镍	0～750	1 200	JX	铁(红)	铜镍(紫)
T	铜-铜镍	−200～300	350	TX	铜(红)	铜镍(白)

注:① 前者表示正极,后者表示负极。② 补偿导线型号的第一个字母表示配套的热电偶型号;第二个字母“X”表示延伸型补偿导线(补偿导线的材料与热电偶的材料相同),“C”表示补偿型补偿导线。③ 铂铑$_{10}$表示铂 90%,铑 10%,以此类推。

(1) 铂铑$_{10}$-铂热电偶(S 型)。S 型热电偶属于贵金属热电偶,可以在 1 300 ℃以下范围内长期使用,短期最高温度可达 1 600 ℃,具有准确度高、测温温区宽、使用寿命长等优点,在氧化性和中性介质中具有较高的物理、化学稳定性。缺点是热电势小。

(2) 铂铑$_{13}$-铂热电偶(R 型)。R 型热电偶的特点与 S 型热电偶几乎相同。

(3) 铂铑$_{30}$-铂铑$_{6}$热电偶(B 型)。B 型热电偶也为贵金属热电偶,具有与 S 型热电偶相类似的特点。B 型热电偶在温度小于 50 ℃时产生的热电势极小,一般可不考虑冷端温度的补偿。

(4) 镍铬-镍硅热电偶(K 型)。这是目前使用最广泛的廉价金属热电偶,具有线性度好、热电势大、稳定性和均匀性较好、价格便宜等优点,适用于氧化性或惰性介质的温度测量,在还原性介质中,热电极会很快受到腐蚀,只能用于测量 500 ℃以下的温度。

(5) 镍铬硅-镍硅热电偶(N 型)。N 型热电偶为廉价金属热电偶,其特点与 K 型热电偶相似。

(6) 镍铬-铜镍热电偶(E 型)。E 型热电偶属于廉价金属热电偶,产生的热电势在所有标准化热电偶中最大,可测量微小的温度变化,稳定性好,适用于湿度较高、氧化性、惰性介质环境,但不能用于还原性介质中。

(7) 铁-铜镍热电偶(J 型)。J 型热电偶为廉价金属热电偶,具有线性度好、热电势较大、灵敏度较高、稳定性和均匀性较好、价格便宜等优点,能用于还原和惰性环境,氧化环境对使用寿命有影响。

(8) 铜-铜镍热电偶(T 型)。T 型热电偶是最佳的测量低温的廉价金属热电偶,具有线性度好、热电势大、稳定性高等优点,特别是在−200～0 ℃温区内使用稳定性更好。

附录中列出了几种常用的标准热电偶分度表。根据标准规定,热电偶的分度表是以 $t_0 = 0$ ℃为基准进行分度的。

例 用 K 型热电偶来测量温度,在冷端温度为 $t_0 = 25$ ℃时,测得热电势为 22.9 mV,求被测介质的实际温度。

解 根据题意有 $E(t,25) = 22.900$ mV,其中 t 为被测温度。

由 K 型热电偶的分度表查出 $E(25,0) = 1.000$ mV ,则

$$E(t,0) = E(t,25) + E(25,0) = 22.900 + 1.000 = 23.900 \text{ mV}$$

再通过分度表查出测量温度 $t = 576.4$ ℃。

由于热电偶的热电势和温度呈一定的非线性关系，因此在计算上述例子时，不能简单地就利用测得的热电势 $E(t,t_0)$ 直接查分度表得出 t'，然后加上冷端温度 t_0，这样会引入很大的计算误差。如果直接查分度表，可得出与 22.900 mV 对应的温度为 552.9 ℃，再加上冷端温度，结果将是 578 ℃，可见计算误差达到 1.6 ℃。

5. 热电偶冷端温度补偿

采用补偿导线，目的是把热电偶的冷端从温度较高和不稳定的现场延伸到温度较低和比较稳定的操作室内，由于操作室内的温度往往高于 0 ℃，而且也是不恒定的，这时，热电偶产生的热电势必然会随冷端温度的变化而变化。因此，在应用热电偶时，只有把冷端温度保持为 0 ℃，或者进行必要的修正和处理才能得出准确的测量结果，对热电偶冷端温度的处理称为冷端温度补偿。目前，热电偶冷端温度主要有以下几种补偿方法。

(1) 冷端恒温法。如图 2-5-7 所示，这是一种最直接的冷端温度处理方法。把热电偶的冷端放入恒温装置中，保持冷端温度为 0 ℃，所以称之为"冰浴法"，这种方法多用于实验室中。

(2) 计算修正法。当用补偿导线把热电偶的冷端延伸到 t_0 处，只要 t_0 值已知，并测得热电偶回路中的热电势，就可以通过查表计算的方法来计算出被测温度 t，计算过程参见本页例题。这种方法适用于实验室或者临时测温。

(3) 补偿电桥法。补偿电桥法是目前实际应用中最常用的一种处理方法，它利用不平衡电桥产生的电势来补偿热电偶因冷端温度变化而引起的热电势变化。如图 2-5-8 所示，电桥由 R_1、R_2、R_3（均为锰铜电阻）和 R_{Cu}（铜电阻）组成。在设计的冷端温度 t_0（如 $t_0 = 0$ ℃）时，满足 $R_1 = R_2, R_3 = R_{Cu}$，这时电桥平衡，无电压输出，即 $U_{ab}(t_0) = 0$，回路中的输出电势就是热电偶产生的热电势；当冷端温度 t_0 变化到 t_0' 时，不妨设 $t_0' > t_0$，热电势减小，但电桥中 R_{Cu} 随温度的上升而增大，于是电桥两端会产生一个不平衡电压 $U_{ab}(t_0')$，此时回路中输出的热电势为 $E(t,t_0') + U_{ab}(t_0')$。经过设计，可使电桥的不平衡电压等于因冷端温度变化引起的热电势变化，于是实现了冷端温度的自动补偿。实际的补偿电桥一般是按 $t_0 = 20$ ℃设计的，即 $t_0 = 20$ ℃时，补偿电桥平衡无电压输出。

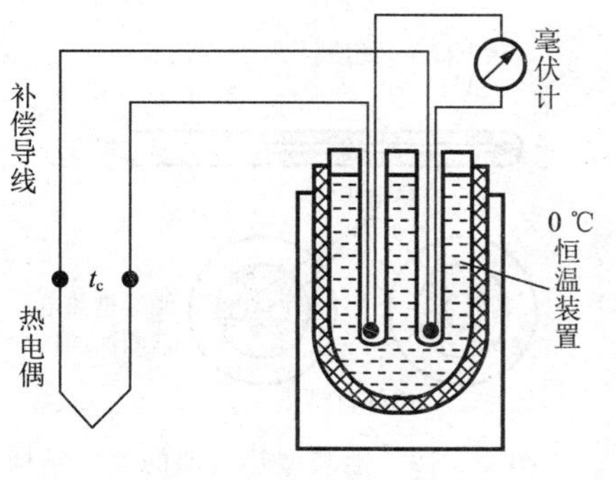

图 2-5-7 冰浴法示意图

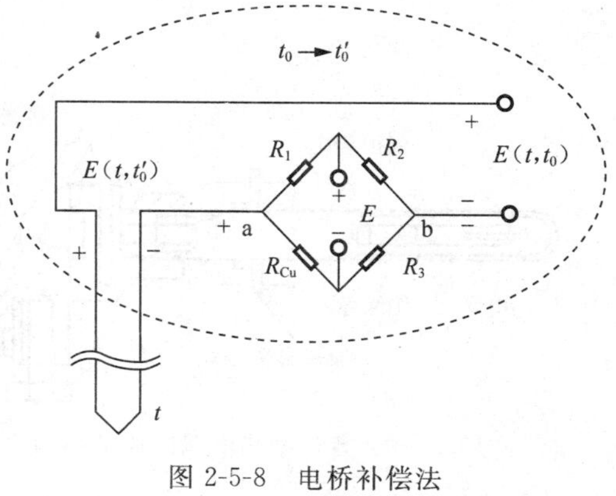

图 2-5-8 电桥补偿法

6. 热电偶的结构形式

热电偶广泛应用于各种条件下的温度测量，尤其适用于 500 ℃以上较高温度的测量，普通型热电偶和铠装型热电偶是实际应用最广泛的两种结构。

(1) 普通型热电偶。普通型热电偶主要由热电极、绝缘管、保护套管和接线盒等主要部分组成。贵重金属热电极的直径一般为 0.3～0.65 mm，普通金属热电极的直径一般为 0.5～3.2 mm；热电极的长度由安装条件和插入深度而定，一般为 350～2 000 mm。绝缘管用于防止两根电极短路，保护套管用于保护热电极不受化学腐蚀和机械损伤，材料的选择因工作条件而定，参见表 2-5-3、表 2-5-4。普通型热电偶主要有法兰式和螺纹式两种安装方式，如图 2-5-9 所示。

表 2-5-3　常用绝缘管材料

材　料	工作温度/℃	材　料	工作温度/℃
橡皮、绝缘漆	80	瓷　管	1 400
珐　琅	150	Al_2O_3 管	1 700
石英管	1 200		

表 2-5-4　常用保护套管材料

材　料	工作温度/℃	材　料	工作温度/℃
无缝钢管	600	瓷　管	1 400
不锈钢管	1 000	Al_2O_3 陶瓷管	>1 900
石英管	1 200		

(2) 铠装型热电偶。铠装型热电偶是由热电极、绝缘材料和金属套管三者经过拉伸加工成型的，如图 2-5-10 所示。金属套管一般为铜、不锈钢、镍基高温合金等，保护套管和热电极之间填充绝缘材料粉末，常用的绝缘材料有氧化镁、氧化铝等。铠装型热电偶可以做得很细，直径一般为 2～8 mm，在使用中可以随测量需要任意弯曲。铠装型热电偶具有动态响应快、机械强度高、抗振性好、可弯曲等优点，可安装在结构较复杂的装置上，应用十分广泛。

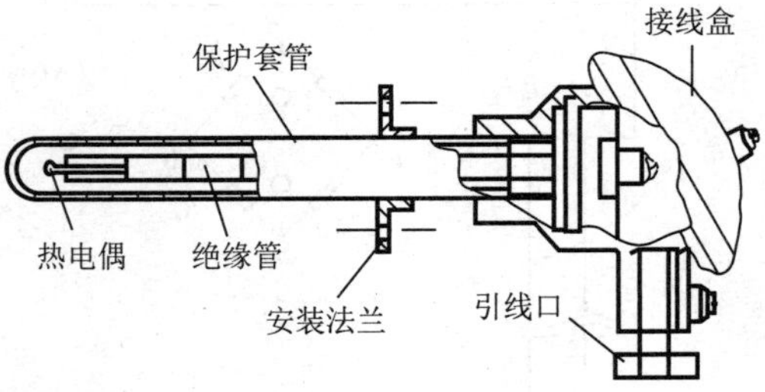

图 2-5-9　普通型热电偶的典型结构

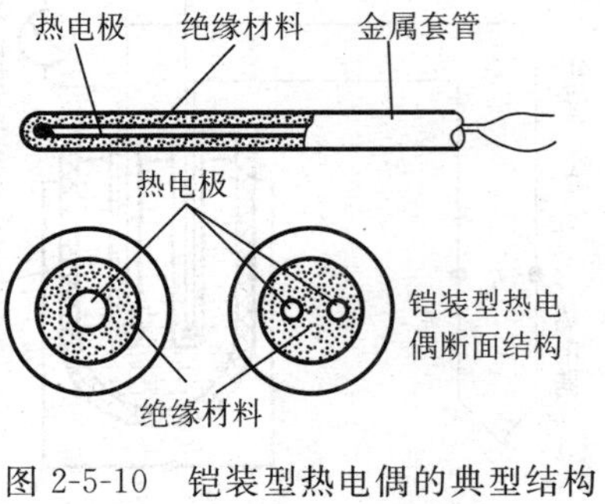

图 2-5-10　铠装型热电偶的典型结构

此外，还有一些适用于特殊测温场合的热电偶，如反应速度极快、热惯性极小的表面型热电偶，适用于固体表面温度的测量；采用防爆结构的防爆型热电偶，适用于易燃易爆现场的温度测量等。

2.5.3 热电阻及其测温原理

在工业应用中，热电偶一般适用于测量 500 ℃以上的较高温度。对于 500 ℃以下的中、低温度，热电偶输出的热电势很小(参见附录)，这对二次仪表的放大器、抗干扰措施等的要求就很高，否则难以实现精确测量；而且，在较低的温度区域，冷端温度的变化所引起的相对误差也非常突出。所以测量中、低温度，一般使用热电阻温度测量仪表较为合适。

1. 热电阻的测温原理

与热电偶测温原理不同的是，热电阻是基于热阻效应进行温度测量的，即电阻体的阻值随温度的变化而变化的特性。因此，只要测出感温热电阻的阻值变化，就可以测量出被测温度。目前，主要有金属热电阻和半导体热敏电阻两类。

金属热电阻的电阻值和温度一般可以用以下的近似关系式表示，即

$$R_t = R_{t_0}[1+\alpha(t-t_0)] \tag{2-5-6}$$

式中 R_t——金属热电阻在温度 t 时对应的电阻值；

R_{t_0}——温度 t_0 (通常 $t_0=0$ ℃)时对应的电阻值；

α——电阻温度系数。

半导体热敏电阻的电阻值和温度的关系为

$$R_{\mathrm{t}} = \mathrm{A}e^{\mathrm{B}/t} \tag{2-5-7}$$

式中 R_t——热敏电阻在温度 t 时的电阻值；

A，B——取决于半导体材料和结构的常数。

相比较而言，热敏电阻的温度系数更大，常温下的电阻值更高(通常在数千欧以上)，但互换性较差，非线性严重，测温范围只有－50～300 ℃，大量用于家电和汽车用温度检测和控制。金属热电阻一般适用于－200～500 ℃范围内的温度测量，其特点是测量准确、稳定性好、性能可靠，因此在过程控制领域中的应用极其广泛。

2. 工业上常用的金属热电阻

从电阻随温度的变化来看，大部分金属导体都有这种性质，但并不是都能用作测温热电阻，作为热电阻的金属材料一般有如下要求：温度系数要尽可能大而且稳定，电阻率要大(在同样灵敏度下减小传感器的尺寸)，在使用的温度范围内具有稳定的化学和物理性能，材料的复制性好，电阻值随温度变化要有单值函数关系(最好呈线性关系)。

目前，应用最广泛的热电阻材料是铂和铜，参见表 2-5-5。我国最常用的铂热电阻有 $R_0=10\ \Omega$、$R_0=100\ \Omega$ 和 $R_0=1\ 000\ \Omega$，它们的分度号分别为 Pt10、Pt100 和 Pt1000。

表 2-5-5　工业上常见的热电阻

名称	材料	分度号	0 ℃时阻值/Ω	测温范围/℃	主要特点
铂电阻	铂	Pt10	10	−200～850	精度高，适用于中性和氧化性介质，稳定性好，具有一定的非线性，温度越高电阻变化率越小，价格较贵
		Pt100	100	−200～850	
铜电阻	铜	Cu50	50	−50～150	在测温范围内电阻值和温度呈线性关系，温度系数大，适用于无腐蚀介质，超过150 ℃易被氧化，价格便宜
		Cu100	100	−50～150	

对于铂热电阻可用下述公式近似估算其电阻值，以判断铂电阻是否故障。

$$R_t=\frac{R_{100}-R_0}{100}t+R_0=0.385t+R_0$$

铜热电阻有 $R_0=50\ \Omega$ 和 $R_0=100\ \Omega$ 两种，它们的分度号分别为 Cu50 和 Cu100。其中 Pt100 和 Cu50 的应用更为广泛。

对于铜热电阻可用下述公式近似估算其电阻值，以判断铜热电阻是否故障。

$$R_t=\frac{R_{100}-R_0}{100}t+R_0=0.428t+R_0$$

3. 热电阻的信号连接方式

热电阻是把温度变化转换为电阻值变化的一次元件，通常需要把电阻信号通过引线传递到计算机控制装置或者其他二次仪表上。工业用热电阻安装在生产现场，与控制室之间存在一定的距离，因此热电阻的引线对测量结果会有较大的影响。

目前，热电阻的引线方式主要有以下三种方式，如图 2-5-11 所示。

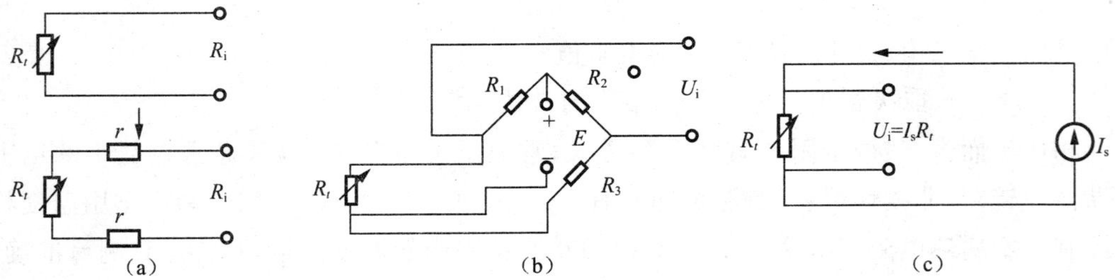

图 2-5-11　热电阻的引线方式

(1) 二线制。在热电阻的两端各连接一根导线来引出电阻信号的方式称为二线制。如图 2-5-11(a)所示。这种引线方式最简单，但由于连接导线必然存在引线电阻 r，r 的大小与导线的材质和长度等因素有关。很明显，图中的 $R_i\approx R_t+2r$。因此，这种引线方式只适用于测量精度要求较低的场合。

(2) 三线制。在热电阻根部的一端连接一根引线，另一端连接两根引线的方式称为三线制。如图 2-5-11(b)所示。这种方式通常与电桥配套使用，可以较好地消除环境温度变化对引线电阻的影响，是工业过程中最常用的引线方式。

(3) 四线制。在热电阻根部两端各连接两根导线的方式称为四线制。如图 2-5-11(c)所示。其中两根引线为热电阻提供恒定电流 I_s，把 R_t 转换为电压信号 U_i，再通过另两根

引线把 U_i 引至二次仪表。可见这种引线方式可以完全消除引线电阻的影响，主要用于高精度的温度检测。

4. 热电阻的结构类型

和热电偶温度传感器相类似，工业上常用的热电阻主要有普通型热电阻和铠装型热电阻两种。

普通型热电阻是由电阻体、保护套管、接线盒以及各种用途的固定装置组成，安装固定装置有固定螺纹、活动法兰盘、固定安装法兰盘和带固定螺栓锥形保护管装置等形式，参见图 2-5-9。铠装型热电阻外保护套管采用不锈钢，内充高密度氧化物绝缘体，具有很强的抗污染性能和优良的机械强度。与前者相比，铠装型热电阻具有直径小、易弯曲、抗震性好、热响应时间快、使用寿命长等优点，参见图 2-5-10。

对于一些特殊的测温场合，还可以选用一些专用型热电阻，例如，测量固体表面温度可以选用端面热电阻，在易燃易爆场合可以选用防爆型热电阻，测量振动设备上的温度可以选用带有防振结构的热电阻等。

2.5.4 温度变送器简介

热电偶、热电阻是用于温度信号检测的一次元件，它需要和显示仪表、控制仪表配合，来实现对温度或温差的显示、控制。目前，大多数计算机控制装置可以直接输入热电偶和热电阻信号，即把电阻信号或者毫伏信号经过补偿导线直接接入到计算机控制设备上，实现被测温度的显示和控制。但是，在实际工业现场中，也不乏利用信号转换仪表先将传感器输出的电阻或者毫伏信号转换为标准信号输出，再把标准信号接入到其他显示仪表、控制仪表，这种信号转换仪表即为温度变送器。

1. DDZ-Ⅲ型温度变送器

DDZ-Ⅲ型温度变送器是工业过程中使用广泛的一类模拟式温度变送器。它与各种类型的热电阻、热电偶配套使用，将温度或温差信号转换成 4～20 mA、1～5 V DC 的统一标准信号输出。DDZ-Ⅲ型温度变送器主要有热电偶温度变送器、热电阻温度变送器和直流毫伏变送器三种类型，在过程控制领域中，使用最多的是热电偶温度变送器和热电阻温度变送器。

(1) 热电偶温度变送器。

热电偶温度变送器的结构大体上可以分为输入电路、放大电路、反馈电路，如图 2-5-12 所示。

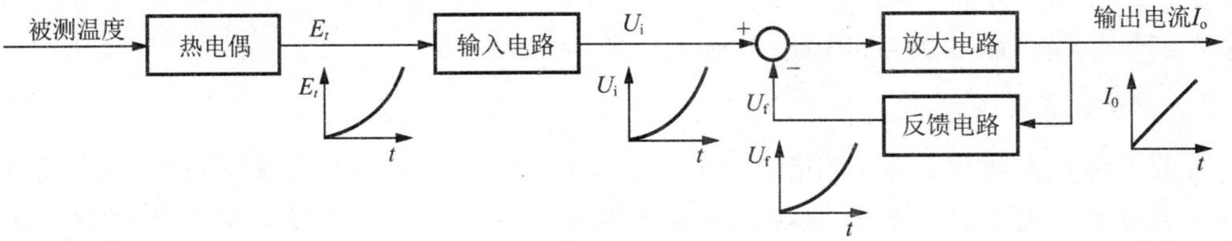

图 2-5-12 热电偶温度变送器结构框图

① 输入电路。图 2-5-13 是热电偶温度变送器的输入回路，它的作用是实现热电偶冷端温度补偿和零点调整。电桥中，E 是稳压电源，R_1、R_2 是高值精密电阻，使流经两个桥臂的电流为定值，虽然 R_{Cu} 会随冷端温度的变化发生变化，但变化量很小，对桥臂电流的影响可以忽略。这样，电桥提供的补偿电压可以表示成

$$U_{ab}=I_1R_{Cu}-I_2R_3 \qquad (2\text{-}5\text{-}8)$$

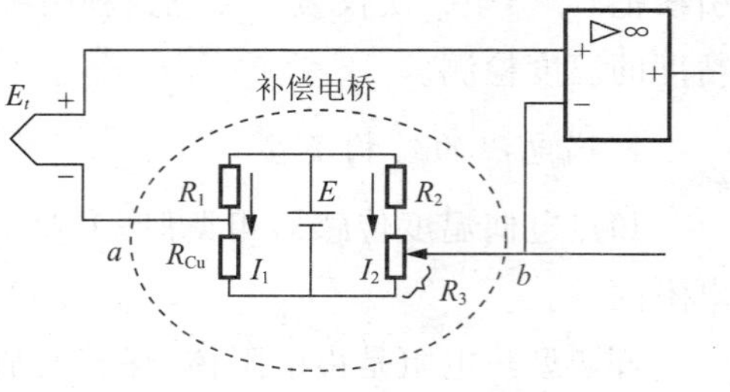

图 2-5-13

式中，R_3 为可调电阻，调整 R_3 的大小可以自由改变电桥输出的零点。

由于热电偶输出的毫伏信号与被测温度之间存在一定的非线性，因此输入电路的输出信号 U_i 与被测温度之间也是非线性的。

② 反馈电路。为了使变送器的输出信号 I_o 与被测温度 t 成线性对应关系，变送器必须具有线性化处理功能，DDZ-Ⅲ型热电偶温度变送器就是在反馈电路中采用折线处理方法来修正热电偶的非线性特性。如图 2-5-12 所示，通过反馈回路的非线性来补偿热电偶的非线性，使 I_o 与 t 呈线性关系。变送器的量程调整功能通过调整反馈回路中的量程调整电位器实现，具体的非线性反馈电路在此不做详细分析。

③ 放大电路。由于热电偶输出的热电势数值很小，需要经过多级放大后才能变换出较大的输出，放大电路的功能就是把毫伏信号作放大运算，并把放大后的输出电压信号转换成具有一定负载能力的标准电流输出信号。

总而言之，热电偶温度变送器输入热电势毫伏信号，输入回路即是冷端温度自动补偿桥路，其产生的补偿电势与热电势相加后作为测量电势，因此补偿电桥上的参数与热电偶分度号有关，热电偶温度变送器使用时要注意分度号的匹配。

(2) 热电阻温度变送器。

热电阻温度变送器与热电阻配套使用，将温度转换成 4～20 mA、1～5 V 的统一标准信号，然后与显示仪表或控制仪表配合，实现对温度的显示或控制。

热电阻温度变送器的结构大体上也可分为三大部分：输入电桥、放大电路及反馈电路，如图 2-5-14 所示。和热电偶温度变送器比较，放大电路是通用的，只是输入电桥和反馈电路不同。

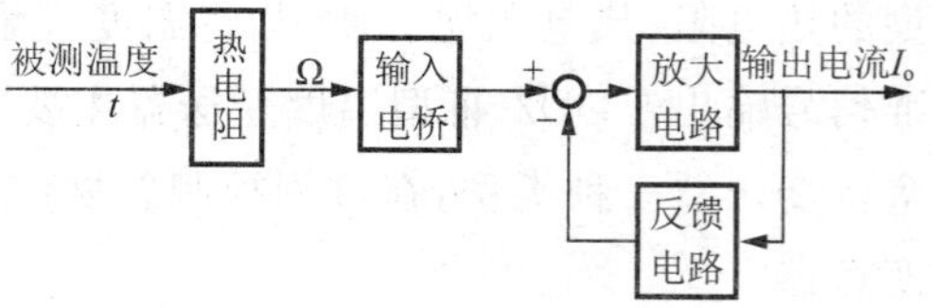

图 2-5-14 热电阻温度变送器的结构方框图

热电阻温度变送器的输入电桥实质上是一个不平衡电桥。热电阻被接入其中一个桥臂，当温度变化引起热电阻阻值发生改变后，电桥就输出一个不平衡电压信号，此电压信号通过放大电路和反馈电路，便可以得到一个与输入信号呈线性函数关系的输出电流 I_o。

2. 一体化温度变送器

所谓一体化温度变送器，是指将变送器模块安装在测温元件接线盒或专用接线盒内的一种温度变送器。其变送器模块和测温元件形成一个整体，可以直接安装在被测工艺设备上，输出为统一标准信号。这种变送器具有体积小、质量小、现场安装方便等优点。

因而在工业生产中得到广泛应用。

一体化温度变送器，由测温元件和变送器模块两部分构成，其结构框图如图 2-5-15 所示。变送器模块把测温元件的输出信号 E_t 或 R_t 转换成统一标准信号，主要是 4～20 mA 的直流电流信号。

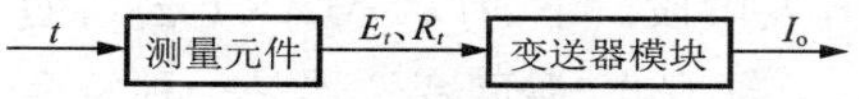

2-5-15 一体化温度变送器结构框图

由于一体化温度变送器直接安装在现场，一般情况下变送器模块内部集成电路的正常工作温度为－20～＋80 ℃，超过这一范围，电子器件的性能会发生变化，变送器将不能正常工作，因此在使用中应特别注意变送器模块所处的环境温度。

一体化温度变送器品种较多，其变送器模块大多数以一片专用变送器芯片为主，外接少量元器件构成，常用的变送器芯片有 AD693、XTR101、XTR103、IXR100 等。下面以 AD693 构成的一体化热电偶温度变送器为例进行介绍。

AD693 构成的热电偶温度变送器的电路原理如图 2-5-16 所示，它由热电偶、输入电路和 AD693 等组成。

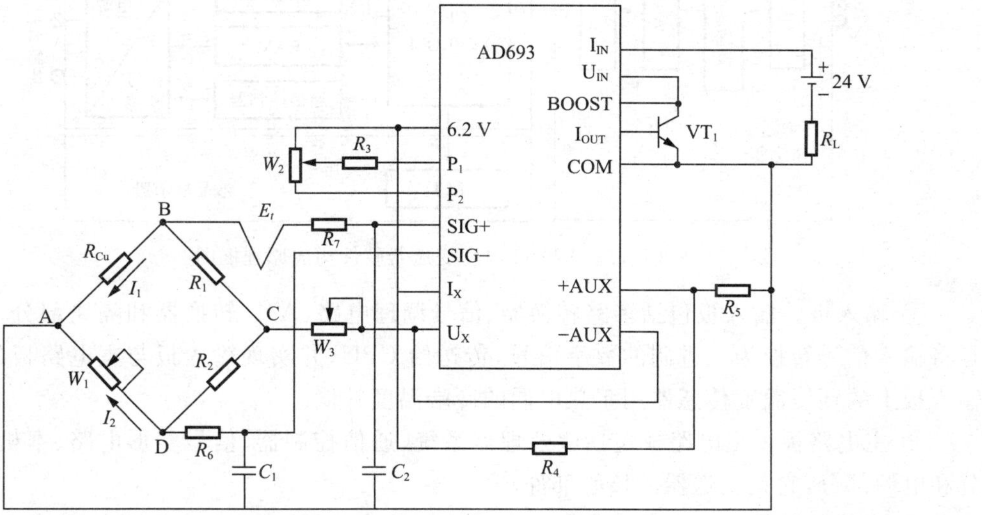

图 2-5-16 一体化热电偶温度变送器电路原理

图 2-5-16 中输入电路是一个冷端温度补偿电桥，B、D 是电桥的输出端，与 AD693 的输入端相连。R_{Cu} 为铜补偿电阻，通过改变电位器 W_1 的阻值可以调整变送器的零点。W_2 和 R_3 起调整放大器转换系数的作用，即起到了量程调整的作用。

AD693 的输入信号 U_i 为热电偶所产生的热电势 E_t 与电桥的输出信号 U_{BD} 的代数和，如果设 AD693 的转换系数为 K，可得变送器输出与输入之间的关系为

$$I_o = KU_i = KE_t + KI_1(R_{Cu} - R_{w1}) \qquad (2\text{-}5\text{-}9)$$

从式(2-5-9)可以看出：① 变送器的输出电流 I_o 与热电偶的热电势 E_t 成正比关系；② R_{Cu} 阻值随温度而变，合理选择 R_{Cu} 的数值可使 R_{Cu} 随温度变化而引起的 I_1R_{Cu} 变化量近似等于热电偶因冷端温度变化所引起的热电势 E_t 的变化值，两者互相抵消。

3. 智能式温度变送器

智能式温度变送器有一些采用 HART 协议通信方式，也有一些采用现场总线通信方

式，前者技术比较成熟，产品的种类也比较多，后者的产品近几年才问世，国内尚处于研究开发阶段。下面以 SMART 公司的 TT302 温度变送器为例加以介绍。

TT302 温度变送器是一种符合 FF 通信协议的现场总线智能仪表，它可以与各种热电偶或热电阻配合使用测量温度，具有量程范围宽、精度高、环境温度和振动影响小、抗干扰能力强、质量小以及安装维护方便等优点。

TT302 温度变送器主要由硬件部分和软件部分两部分构成。

(1) TT302 温度变送器的硬件构成。

TT302 温度变送器的硬件构成原理框图如图 2-5-17 所示，在结构上它由输入板、主电路板和液晶显示器组成。

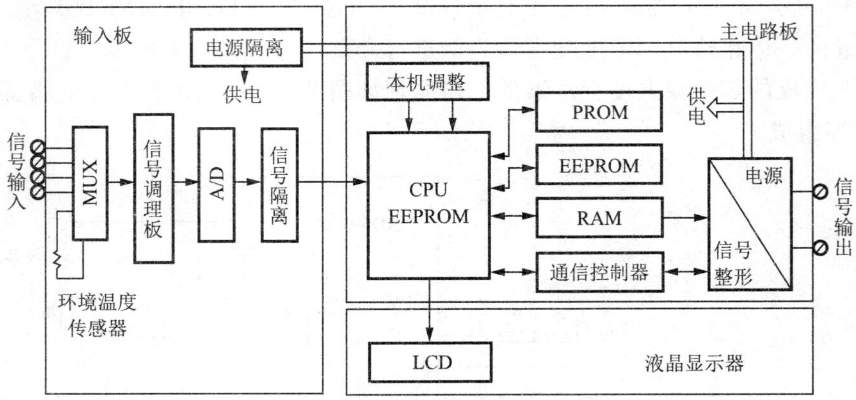

图 2-5-17 TT302 温度变送器硬件构成原理框图

① 输入板。输入板包括多路转换器、信号调理电路、A/D 转换器和隔离部分，其作用是将输入信号转换为二进制的数字信号，传送给 CPU，并实现输入板与主电路板的隔离。输入板上的环境温度传感器用于热电偶的冷端温度补偿。

② 主电路板。主电路板包括微处理器系统、通信控制器、信号整形电路、本机调整部分和电源部分，它是变送器的核心部件。

③ 液晶显示器。液晶显示器是一个微功耗的显示器，可以显示四位半数字和五位字母，用于接收 CPU 的数据并加以显示。

(2) TT302 温度变送器的软件构成。

TT302 温度变送器的软件分为系统程序和功能模块两大部分。系统程序使变送器各硬件电路能正常工作并实现所规定的功能，同时完成各组成部分之间的管理。功能模块提供了各种功能，用户可以选择所需要的功能模块以实现用户所要求的功能。

TT302 等智能式温度变送器还有很多其他功能，用户可以通过上位管理计算机或挂接在现场总线通信电缆上的手持通信器，对变送器进行远程组态，调用或删除功能模块，对于带有液晶显示的变送器，也可以使用磁性编程工具对变送器进行本地调整。

TT302 温度变送器还具有控制功能，其软件中提供了多种与控制功能有关的功能模块，用户通过组态，可以实现所要求的控制策略。

2.5.5 其他温度检测仪表简介

1. 双金属温度计

双金属温度计是基于物体受热后体积膨胀的性质制成的，用两片线膨胀系数不同的金属片叠焊在一起制成感温元件，称为双金属片，如图 2-5-18 所示。双金属片受热后由于两金属片的膨胀长度不同而产生弯曲，自由端带动指针指示出相应的温度数值。双金属温度计通常是作为一种就地指示仪表，安装时需要外加金属保护套管。

用双金属片制成的温度计，通常被用于温度继电控制器、极值温度控制器或其他仪表的温度补偿器。图 2-5-19 所示，是一种双金属温度信号器的示意图。当温度超过某一定值，双金属片便产生弯曲，且与调节螺钉 2 相接触，使电路接通，信号灯发亮。如以继电器代替信号灯，便可以用来控制热源，而成为两位式温度控制器。温度的控制范围可通过改变调节螺钉 2 与双金属片 1 之间的距离来调整。

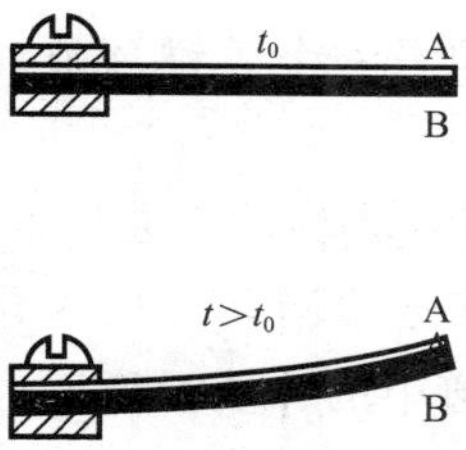

图 2-5-18 双金属片

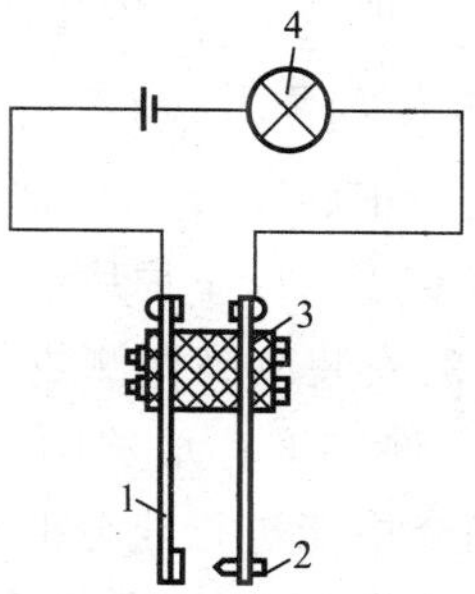

图 2-5-19 双金属温度信号器

1—双金属片；2—调节螺钉；3—绝缘子；4—信号灯

2. 辐射式温度计

辐射式温度计是利用物体的辐射能随温度变化而变化的原理制成的，它是一种非接触式温度检测仪表。在应用辐射式温度计检测温度时，只需要把温度计对准被测对象，而不必与被测对象直接接触。因此，不会破坏被测对象的温度场。

3. 集成温度传感器

集成温度传感器是利用半导体 PN 结的电流-电压特性与温度的关系，把敏感元件、放大电路和补偿电路等部分集成一体的温度检测元件，除了具有与其他半导体元件一样的体积小、反应快的优点以外，还具有线性好、性能高、价格低的特点。由于受到 PN 结耐热性能等因素的限制，集成温度传感器只能用来测量 150 ℃以下的温度。

例如美国的 AD590、中国的 SG590 等都是常用的集成温度传感器，其工作电源一般为 3～30 V，可测温度为－55～150 ℃，传感器的输出为微安级的电流，它与温度的关系是在基准温度下为 1 μA/K 左右，但这类传感器的最大缺点是零点的一致性不高。

2.5.6 温度检测仪表的选用和安装

1. 温度检测仪表的选用

温度检测仪表的种类很多，在选用温度检测仪表的时候，应注意每种仪表的特点和适用范围，这也是确保温度测量精度的第一个关键环节。

目前，工业上常见的温度检测仪表主要有双金属温度计、热电偶、热电阻和辐射式温度计等。双金属温度计一般用于温度信号的就地检测和指示，测量精度不高。热电阻、热电偶和辐射式温度计可用于温度信号的在线测量，其中热电阻和热电偶是工业上最常用的两种测温仪表，前者适用于测量 500 ℃以下的中、低温度，后者更适用于测量 500～1 800 ℃ 范围的中、高温度。辐射式温度计一般用于 2 000 ℃以上的高温测量。

另外，在选用温度检测仪表时，除了要综合考虑测量精度、信号制、稳定性等技术要求之外，还应该注意工作环境等因素的影响，例如环境温度、介质特性（氧化性、还原性、腐蚀性）等，选择适当的保护套管、连接导线等附件。

2. 温度检测仪表的安装

温度检测仪表的正确安装是保证仪表正常使用的另一个关键环节。一般来说，温度检测仪表的安装需要遵循以下原则。

（1）检测元件的安装应确保测量的准确性，选择有代表性的安装位置。对于接触式检测元件来说，检测元件应该有足够的插入深度，不应该把检测元件插入介质的死角，以确保检测元件与被测介质能进行充分的热交换；测量管道中的介质温度时，检测元件工作端应位于管道中心流速最大之处，检测元件应该迎着流体流动方向安装，非不得已时，切勿与被测介质顺流安装，否则容易产生测量误差，如图 2-5-20 所示；测量负压管道（或设备）上的温度时，必须保证密封性，以免外界空气的吸入而降低精度。

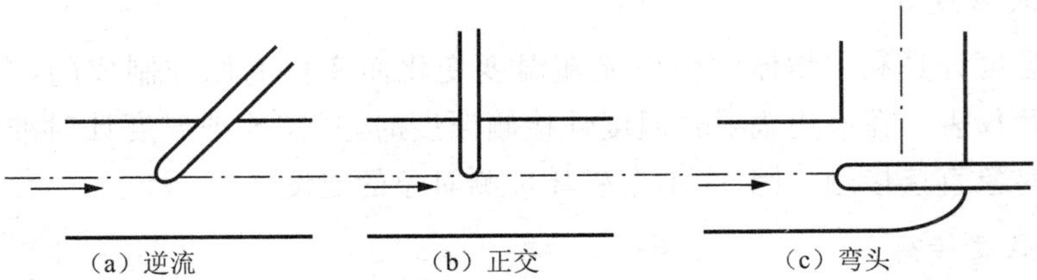

图 2-5-20　温度检测元件的安装示意图

（2）检测元件的安装应确保安全、可靠。为避免检测元件的损坏，接触式测量仪表的保护套管应该具有足够的机械强度，在使用时可以根据现场的工作压力、温度、腐蚀性等特性，合理地选择保护套管的材质、壁厚；当介质压力超过 10 MPa 时，必须安装保护外套，确保安全；为了减小测量的滞后，可在保护套管内部加装传热良好的填充物，如硅油、石英砂等；接线盒出线孔应该朝下，以免因密封不良使水汽、灰尘等进入而降低测量精度。

（3）检测元件的安装应综合考虑仪表维修、校验的方便。

小　　结

检测仪表基本知识介绍了测量过程与测量误差，测量误差通常有三种表示方法，即绝对误差、相对误差和引用误差。检测仪表的性能指标反映了检测仪表质量的好坏。主要有检测仪表的精确度、变差、灵敏度与灵敏限、分辨力、线性度和反应时间。工业仪表种类繁多，结构形式各异，根据不同的分类方式，可以进行相应的分类。检测系统中信号的传递形式可分为模拟信号、数字信号和开关信号，各种信号之间借助于转换器可相互转换，以适应控制系统的需要。

压力检测仪表中介绍了压力单位及测压仪表。压力检测仪表按转换原理的不同分为四类，即液柱式压力计、弹性式压力计、电气式压力计和活塞式压力计。重点是弹性式压力计和电气式压力计。弹性式压力计又以弹簧管压力计使用最为广泛。电气式压力计主要介绍了应变式、压阻式压力传感器和电容式压力变送器，并简单介绍了智能压力变送器。压力计的安装主要考虑测压点的选择、导压管的铺设、压力计的安装三个方面；压力计的选用主要考虑仪表类型、仪表测量范围和仪表精度等级的选取。

流量检测仪表中介绍了瞬时流量和总量，体积流量和质量流量的概念；流量检测仪表的分类。重点掌握差压式流量计的组成及测量原理，三阀组的操作及注意问题；了解转子流量计、电磁流量计、涡轮流量计、漩涡流量计、容积式流量计、质量流量计的测量原理、特点及使用注意事项。

物位检测仪表按其工作原理不同可分为直读式、差压式、浮力式、电磁式、核辐射式、声波式和光学式物位仪表，依据各自不同的原理，实现对生产过程中各种物位的检测。差压式液位计在生产实际中应用广泛，存在零点迁移问题，需重点掌握。

温度检测仪表分为接触式和非接触式两大类。接触式温度检测仪表分为膨胀式温度仪表、热电偶、热电阻温度仪表；在化工生产过程中热电偶、热电阻温度仪表广泛应用，应重点掌握。熟悉热电偶温度变送器、热电阻温度变送器、一体化温度变送器、双金属温度计，以及温度检测仪表的选用和安装。

思考题与习题

1. 何谓测量误差？测量误差的表示方法主要有哪几种？

2. 某标尺为0～1 000 ℃的温度计出厂前经校验，其刻度标尺上的各点测量结果分别为：

被校表读数/℃	0	200	400	600	700	800	900	1 000
标准表读数/℃	0	201	402	604	706	805	903	1 001

(1) 求出该温度计的最大绝对误差值；

(2) 确定该温度计的精度等级。

3. 如果有一台压力表，其测量范围为 0～10 MPa，经校验得出下列数据：

被校表读数/MPa	0	2	4	6	8	10
标准表正行程读数/MPa	0	1.98	3.96	5.94	7.97	9.99
标准表反行程读数/MPa	0	2.02	4.03	6.06	8.03	10.01

(1) 求出该压力表的变差；

(2) 问该压力表是否符合 1.0 级精度？

4. 什么叫压力？表压力、绝对压力、负压力(真空度)之间有何关系？

5. 测压仪表有哪几类？各基于什么原理？

6. 作为感受压力的弹性元件有哪几种？各有何特点？

7. 弹簧管压力计的测压原理是什么？试述弹簧管压力计的主要组成及测压过程。

8. 应变片式与压阻式压力计各采用什么测压元件？

9. 电容式压力传感器的工作原理是什么？有何特点？

10. 试简述智能型变送器的组成及特点。

11. 手持通信器在智能型变送器中起什么作用？

12. 某台空压机的缓冲器，其工作压力范围为 1.4～1.9 MPa，工艺要求就地观察罐内压力，并要求测量结果的误差不得大于罐内压力的±5%，试选择一台合适的压力计(类型、测量范围、精度等级)。

13. 某合成氨厂合成塔压力控制指标为 1.4 MPa，要求误差不超过 0.04 MPa，试选用一台就地指示的压力表(类型、测量范围、精度级)。

14. 测压点的选择原则是什么？

15. 什么叫节流现象？什么是节流装置？

16. 试述差压式流量计测量流量的原理。

17. 什么是标准节流装置？常用的标准节流装置有哪几种？

18. 为什么说转子流量计是恒压降式流量计，而差压式流量计是变压降式流量计？

19. 转子流量计由哪几部分组成？简述其工作原理。

20. 椭圆齿轮流量计的工作原理是什么？为什么齿轮旋转一周能排出 4 个半月形容积的液体体积？

21. 椭圆齿轮流量计的特点是什么？在使用中要注意什么问题？

22. 涡轮流量计的工作原理及特点是什么？

23. 电磁流量计的工作原理是什么？它对被测介质有什么要求？

24. 试简述涡街流量计的工作原理及特点。

25. 按工作原理不同，物位测量仪表有哪些主要类型？它们的工作原理各是什么？

26. 差压式液位计的工作原理是什么？当测量有压容器的液位时，差压式液位计的负压室为什么一定要与容器的气相相连接？

27. 什么是零点迁移？怎样进行迁移？其实质是什么？

28. 测量高温液体(指它的蒸汽在常温下要冷凝的情况)时。经常在负压管上装有冷凝罐(见习题 28 图),问这时用差压变送器来测量液位时,要不要迁移?如要迁移,迁移量应如何考虑?

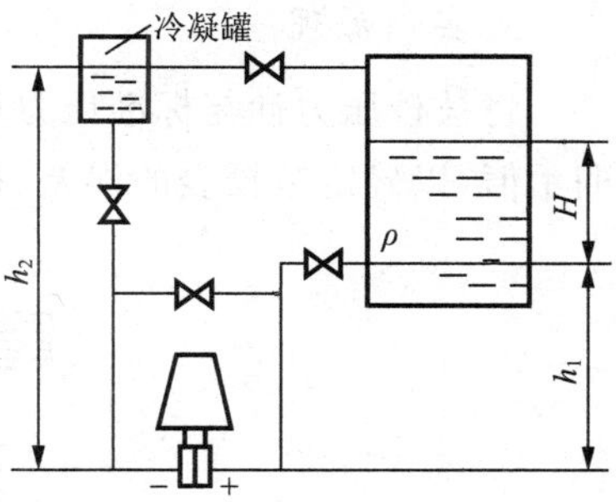

习题 28 图

29. 为什么要用法兰式差压变送器测量液位?

30. 试述电容式物位计的工作原理。

31. 试述核辐射物位计的特点及应用场合。

32. 试述温度测量仪表的种类有哪些?各使用在什么场合?

33. 热电偶一般由哪几部分组成?各部分的作用是什么?

34. 常用的热电偶有哪几种?所配用的补偿导线是什么?为什么要使用补偿导线?

35. 用热电偶测温时,为什么要进行冷端温度补偿?其冷端温度补偿的方法有哪几种?

36. 用 K 型热电偶测某设备的温度时,测得的热电势为 20 mV,冷端(室温)为 25 ℃,求设备实际的温度是多少?如果改用 E 型热电偶来测温,在相同的条件下,E 型热电偶测得的热电势为多少?

37. 现用一支镍铬-铜镍热电偶测某换热器内的温度,其冷端温度为 30 ℃,显示仪表的机械零位在 0 ℃时,这时指示值为 400 ℃,则认为换热器内的温度为 430 ℃对不对?为什么?正确值为多少度?

38. 试述热电阻测温原理?常用热电阻的种类?R_0 各为多少?

39. 说明热电偶温度变送器、热电阻温度变送器的组成及主要异同点。

40. 什么是一体化温度变送器?它有什么优点?

41. 温度检测仪表的安装遵循的原则是什么?

实训课题 1 弹簧管压力表的拆装与校验

1. 实训目的

(1) 熟悉压力表的基本结构和原理。

(2) 掌握零点、量程调整方法。

(3) 学会正确使用活塞式压力计校验压力表。

(4) 掌握相对百分误差、变差、精度等性能计算。

2. 实训设备

(1) 0～6 MPa 标准压力表(0.25 级)一块,1.5 级 0～6 MPa 普通压力表一块。

(2) 活塞式压力计一台(用砝码或标准压力表)。

(3) 取针器一个,螺丝刀。

3. 实训原理

将被校压力计与标准压力计通以相同的压力，用标准表的示值作为真值，比较被校表的示值，以确定被校表的误差、精度、变差等性能。

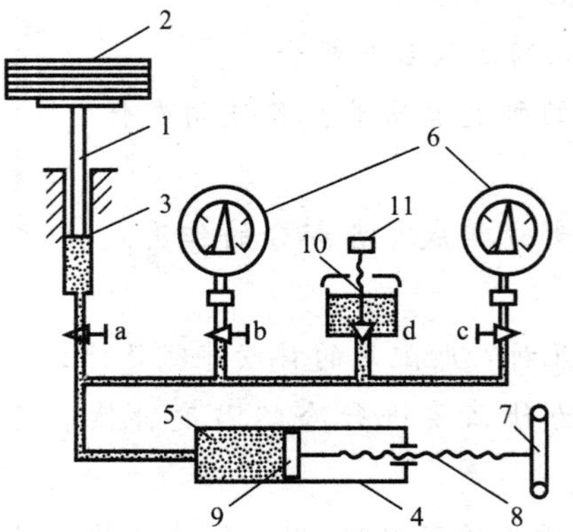

图1 活塞式压力计

1—测量活塞；2—砝码；3—测量活塞筒；4—工作活塞筒；5—工作液；6—压力表；7—手轮；8—丝杠；9—工作活塞；10—油杯；11—进油阀；a、b、c、d—锥阀

所选标准表的允许最大绝对误差起码应小于被校表允许最大绝对误差的1/3。将标准表的读数看作真实压力的数值。

压力计校验仪器：活塞式压力计。

(1) 压力发生部分。

压力发生部分是一种螺旋液压泵。工作液一般用变压器油或蓖麻油。

(2) 测量部分。

测量活塞及砝码将被顶起而稳定在某一平衡位置上时，可由砝码确定压力

$$p=\frac{(M+M_0)g}{A}$$

式中 A——测量活塞的截面积；

p——被测压力；

M,M_0——砝码和测量活塞（包括托盘）的质量。

一般使各个砝码的质量满足 Mg/A 为单位值，如1 kPa、0.1 MPa等，就可以根据平衡时所加砝码的个数方便地确定校验压力。

操作步骤：

① 装好被校压力表。打开油杯阀门d，反旋手轮使工作活塞右移，将油杯内的工作液吸入活塞筒中，关闭油杯阀门。

② 逐步向测量活塞托盘上叠放砝码，同时旋转手轮，缓慢增加压力，直到测量活塞被顶起。轻轻转动测量活塞及砝码，以克服活塞对活塞筒的静摩擦力，同时读出被校压力表指示值。

③ 压力逐渐从零增加到各校验点压力（正行程），记下各校验压力下被校表示值。然

后逐渐减少砝码，降低压力(反行程)，一直降压到零点为止。根据被校表校验数据计算压力表的精度、变差等指标。

4. 实训步骤

(1) 压力表拆卸及校验。

① 观察弹簧管压力表结构，连接压力表到活塞式压力计上，检查各阀门状态是否正常。

② 打开活塞式压力计的进油阀，逆时针转动手轮，把油抽到活塞筒内，然后关闭进油阀。

③ 设计压力表量程范围的校验点(全量程内均取5点以上，如0～6 MPa的压力表可取0、1、2、3、4、5、6 MPa或0、1.5、3.0、4.5、6 MPa)。根据被校压力值，确定所加砝码的数量。

④ 顺时针方向转动手轮，使压力计的压力增加，直到测量活塞升起(到达观测窗口的基准线高度)，油压稳定，记下标准压力和压力表指示值。然后逐渐递增砝码，使压力逐渐升高(正行程)至测量上限压力，记录正行程各校验点数据。

⑤ 逐渐递减砝码，降低校验压力(反行程)，记录反行程各校验点数据。

⑥ 将数据填入记录表1内，并按公式计算各点精度及变差。

⑦ 零点、量程有误差时，调整后再测取数据。重复第④、第⑤步骤，直到得到合适的结果填入表1内。

(2) 被校压力表调整。

当被校压力表误差较大(低于精度要求)时，需对压力表进行校正。其调整步骤如下：

① 打开压力表盖，用取针器小心取下指针，然后拿下刻度表盘。

② 根据校验结果，调节“调整螺钉”，改变拉杆的位置，试调压力表量程。

③ 装上表针、刻度盘重新校验，观察精度是否符合要求，否则，重复上述①、②、③步骤，重新测取数据填入表1中。

(3) 注意事项。

① 实验前先调节水平调整螺钉校正。

② 打开活塞式压力计的进油阀，逆时针转动手轮，把油抽到活塞筒内，然后关闭进油阀。

③ 设计压力表量程范围的校验点(全量程内均取5点以上，如0～6 MPa的压力表可取0、1、2、3、4、5、6 MPa或0、1.5、3.0、4.5、6 MPa)。根据被校压力值，确定所加砝码的数量。

④ 做正、反行程试验时，压力必须保证递增或递减。

⑤ 用取针器取下压力表指针时，不能用力过猛，以防损坏零件，装针时也应小心，不能用力敲打。

⑥ 实验完毕，卸去砝码，打开油杯阀门，将油全部顶回油杯中。

表1　压力表校验数据表

序　号	标准压力/MPa	被校表示值/MPa		绝对误差/ MPa		变　差	引用误差
		正行程	反行程	正行程	反行程		
1	1						
2	2						
3	3						
4	4						
5	5						
6	6						

实训课题2　电容式差压变送器的调校

1. 实训目的

(1) 掌握电容式差压变送器的调校方法。

(2) 熟悉电容式差压变送器的工作原理。

2. 实训设备

(1) 直流电源：规格 0～50 V DC 可调。

(2) 标准电阻箱：规格为 0～500 Ω 分档可调，精度为 0.01%。

(3) 四位半数字电压表(或电流表)，精度为 0.05%。

(4) 活塞式(浮球式)压力计。

(5) 电容式差压变送器。

3. 实训原理

校验时，将被校差压变送器的负压室通大气，正压室接入压力源产生的压力，则被测差压就等于压力源的表压力。用标准压力表的示值作为真值，比较被校差压变送器的示值，即可确定被校表的误差、精度、变差等性能。

校验时，所选标准压力计一般为活塞式压力计。当差压变送器量程较小时，可选用气动浮球式压力计。目前，有多种压力校验仪产品，将便携式压力源、数字压力计组合成一体，方便校验。标准表的选择应能满足最大绝对误差小于被校表允许最大绝对误差的 1/3。

4. 实训步骤

以 1151 系列电容式差压变送器为例，变送器的调校可以按照以下步骤进行。

(1) 准备工作。

按图2连接电路和活塞(浮球)标准压力计。图2中精密电流表和数字电流表选择其中之一。变送器有4个接线端，上部两个标有 Signal 接电源，下部两个标有 Test，用于连接内阻小于 8 Ω 的电流表。请勿将电源接到下部，防止烧坏反极性保护二极管，造成断路。

在连接引压管时，必须缠密封带，必要时可以做密封实验，否则就造成压力不稳。

(2) 调校。

调校记录表如表 2 所示。第一项校验压力为输入压力，不得少于 5 点。由于活塞式、浮球式压力计输出值不是连续的，如果无满量程的合适砝码，也可选接近满量程的压力。第二项标准输出，为理论输出值，可用下式计算，即

$$I=16\times\frac{P_i}{P_m}+4$$

式中 I——输出电流，mA；

P_i——输入调校标准压力；

P_m——调校满量程压力。

计算时必须精确到 0.01 mA。

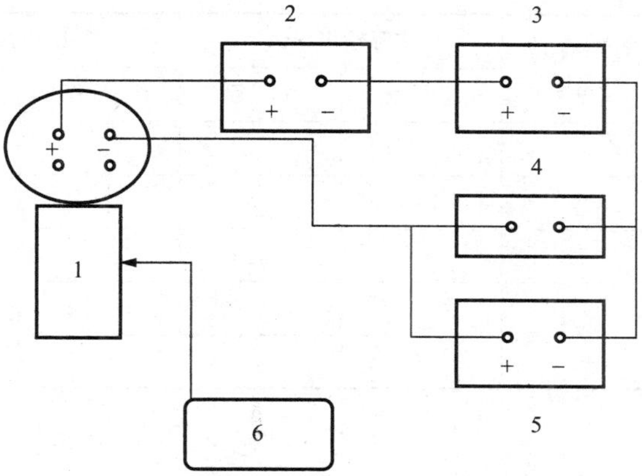

图 2 校验连线图

1—差压变送器；2—精密数字电流表；3—直流电源；4—标准电阻箱；5—数字电压表

① 零点、量程调校。

零点和量程调整螺钉位于变送器表头壳体的铭牌后面，零点螺钉上标有 Z，量程螺钉下标有 R，移开铭牌即可调整。顺时针转动调整螺钉，变送器输出电流信号增大，逆时针调整则输出减少。调校方法：输入压力下限值，调整零点螺钉使变送器输出 4 mA；输入压力上限值，调整量程螺钉使变送器输出 20 mA。由于零点和量程相互影响，需反复调整几次，直到零点和量程都满足要求。

② 线性调整。

零点、量程调整好后，给差压变送器输入其他各点校验压力(如满量程的 25%、50%、75%等)，待压力稳定后，读取变送器实际输出电流，记入校验表 2 中。计算各点引用误差和变差，其最大值不能超过精度值，说明仪表精度、线性、变差合格。

除零点和量程调整外，放大器板的焊接面还有一个线性微调器。一般在出厂时，按产品的量程调到了最佳状态，不在现场调整。如果的确需要调整线性，应按下述步骤进行。

A. 输入所调量程压力的中间压力，记录下输出信号的理论值 12 mA 和实际值 I 之间的偏差 $\Delta=I-12$。

B. 计算：

$$\Delta I = 6 \times \frac{最大量程}{调校量程} \times |\Delta|$$

输入满量程的压力，若偏差 Δ 为负，则调满量程输出，使之增加 ΔI；若偏差 Δ 为正，则将满量程输出减小 ΔI。例如，变送器最大量程为 200 kPa，实际使用量程为 40 kPa。量程中间压力 20 kPa 时，偏差 $\Delta = 11.95 - 12 = -0.05$ mA<0。应调整线性微调器，使满量程输出增加 1.5 mA。

③ 阻尼调整。

阻尼微调器用来抑制由被测压力引起的输出波动。其时间常数在 0.2 s（正常值）和 1.67 s 之间，出厂时，阻尼微调器调整到逆时针极限的位置上，时间常数为 0.2 s。可在现场进行阻尼调整，顺时针转动阻尼微调器阻尼时间增加，时间常数调节不影响变送器。

表 2　压力变送器校验数据表

序号	校验压力/kPa	标准输出/mA	实际输出/mA		引用误差		变差
			上行程	下行程	上行程	下行程	

实训课题 3　浮筒式液位变送器的调校

1. 实训目的

(1) 掌握浮筒式液位变送器的结构和工作原理。

(2) 掌握浮筒式液位变送器的使用及调校方法。

2. 实训设备

(1) YJ-4 可调稳压电源（0～30 V）一台。

(2) UTD 系列浮筒式液位变送器一台。

(3) 0～20 mA 标准电流表一块。

(4) 砝码一盘、托盘一个。

(5) 可调电阻箱一台。

3. 实训原理

UTD 系列浮筒式液位变送器，当浮筒不受外力作用时，浮筒与扭力管通过杠杆保持平衡。浮筒受到的浮力小于浮筒自身重力，使杠杆始终受到向下的作用力。不管是干校法还是水校法，只要保证校验液位下对杠杆的力与实际液位下的力相同即可完成校验。

4. 实训步骤

(1)校验接线图:旋开变送器的前盖,按图 3 接线。稳压电源电压调整为(24±0.1)V;电阻箱模拟负载电阻调整为(250±0.1)Ω。

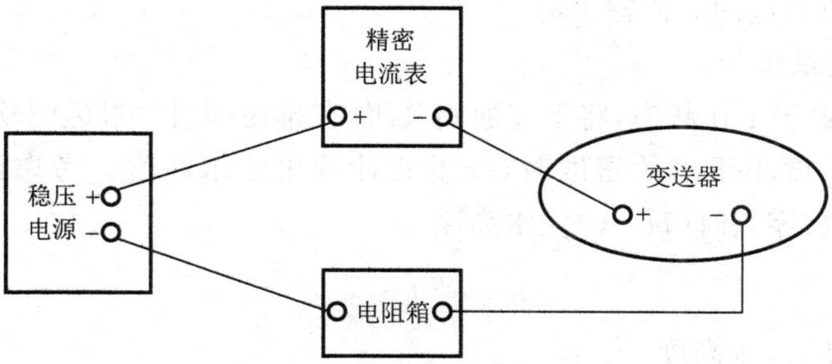

图 3 UTD 浮筒式液位变送器接线图

(2) 干校法调试步骤。

① 计算挂砝码的质量值 m_H。

测界位:零点时($H=0$)砝码质量为

$$m_0=M-\frac{\pi D^2}{4}L\rho_2$$

满度时($H=L$)砝码质量为

$$m_L=M-\frac{\pi D^2}{4}L\rho_1$$

测液位:零点时($H=0$)砝码质量 $m_0=M$,满度时($H=L$)砝码质量为

$$m_L=M-\frac{\pi D^2}{4}L\rho_1$$

式中 ρ_1, ρ_2——重相、轻相液体的密度;

M, L, D——浮筒质量、长度与直径。

② 零点调试:在杠杆的下端挂上零点值砝码 m_0,调零点调整螺钉使输出为 4 mA。

③ 满度调试:在杠杆的下端挂上满度值砝码 m_L,调量程调整螺钉使输出为 20 mA。由于量程、零点会相互影响,需反复调整零点、量程,使零点和量程分别稳定在 4 mA 和 20 mA。

④ 线性调试:将量程范围内所需挂重的砝码值平均分成 4 份,按下式分别计算出每份砝码值,即

$$\Delta m=\frac{m_0-m_L}{4}$$

每个调试点输出电流与挂重砝码对应关系如表 3 所示。

表 3 每个调试点输出电流与挂重砝码对应关系

输出电流/mA	4	8	12	16	20
砝码质量/m_n	m_0	$m_0-\Delta m$	$m_0-2\Delta m$	$m_0-3\Delta m$	m_L

有时计算出的砝码质量不是整数,为了校验方便,应取砝码的整数值代入下面的计算

公式内，而让输出的电流值为小数，即

$$I_n=\frac{16}{m_0-m_L}\times(m_0-m_n)+4$$

式中　m_n——每个调试点砝码质量；

I_n——m_n所对应的电流输出值。

（3）水校法调试步骤。

① 将变送器置于工作状态，将下连通阀关闭，在排污阀引一根透明软管以观察浮筒室的水位。当介质密度小于水的密度时，按下式计算出注水高度。考虑到水的密度 $\rho_w\approx 1\ g/cm^3$，则测界位：零点时（$H=0$）注水高度

$$h_0=\frac{\rho_2}{\rho_w}L\approx\rho_2 L$$

满度时（$H=L$）注水高度

$$h_{100}=\frac{\rho_1}{\rho_w}L\approx\rho_1 L$$

测液位：零点时（$H=0$）注水高度

$$h_0=0$$

满度时（$H=L$）注水高度

$$h_{100}=\frac{\rho_1}{\rho_w}L\approx\rho_1 L$$

式中　ρ_1,ρ_2——重相、轻相液体的密度，g/cm^3；

M,L,D——浮筒质量、长度与直径。

② 零点调试：测液位时，将测量室内的清水排除、调整零点调整螺钉使输出为 4 mA；测界位时，从排污阀向测量室内注入清水至 h_0 处，调零点调整螺钉使输出为 4 mA。

③ 满度调试：零点调整好后，向测量室内注入清水至 h_{100} 处，调整量程调整螺钉使输出为 20 mA，并重新按零点与满度调试步骤反复调整几次，使零点和满度分别稳定在 4 mA 和 20 mA。

④ 中间各点调试：取量程范围的 25%、50%、75%分别做出标记，所对应的输出电流为 8、12、16 mA。

⑤ 当介质密度大于水的密度时，取量程内的某一点作为上限调试点。调试前首先计算出该点对应的水位高度 L（L 应接近 H 且 $L\leqslant H$）和该点在量程内对应的电流值 I，调试时，调量程调整螺钉使输出电流为该点在量程内对应的电流值。

例如，量程为 750 mm，介质密度为 1.2 g/cm³。现取 600 mm 处为上限调试点，则对应灌水高为 $L=600\times1.2=720$ mm，该点对应的电流为

$$I=4+\frac{600}{750}\times16=16.8\ \text{mA}$$

按零点调试方法调试零点，满度调整则在水位为 720 mm 处调量程调整螺钉，使输出为 16.8 mA，反复调整几次使零点和满度分别稳定在 4 mA 和 16.8 mA。

模块3 控制仪表及装置

在化工、炼油等工业生产过程中，对于生产装置中的压力、流量、液位、温度等参数常要求维持在一定的数值上或按一定的规律变化，以满足生产要求。在前边已经介绍了检测这些工艺参数的方法。如果是人工控制，操作者根据参数测量值和规定的参数值（给定值）相比较的结果，决定开大或关小某个阀门，以维持参数在规定的数值上。如果是自动控制，可以在检测的基础上，再应用控制仪表（常称为控制器）和执行器来代替人工操作。所以，自动控制仪表在自动控制系统中的作用是将被控变量的测量值与给定值相比较，产生一定的偏差，控制仪表根据该偏差进行一定的数学运算，并将运算结果以一定的信号形式送往执行器，以实现对被控变量的自动控制。

从控制仪表的发展来看，大体上经历了三个阶段。

1. 基地式控制仪表

这类控制仪表一般是与检测装置、显示装置一起组装成一个整体，同时具有检测、控制与显示的功能，所以它的结构简单、价格低廉、使用方便。但由于它的通用性差，信号不易传递，故一般只应用于一些简单控制系统。在一些中、小工厂中的特定生产岗位，这种控制装置仍被采用并具有一定的优越性。例如沉筒式的气动液位控制器（UTQ－101 型）可以用来控制某些贮罐或设备内的液位。

2. 单元组合式仪表中的控制单元

单元组合式仪表是将仪表按其功能的不同分成若干单元（例如变送单元、定值单元、控制单元、显示单元等），每个单元只完成其中的一种功能。各个单元之间以统一的标准信号相互联系。单元组合式仪表中的控制单元能够接受测量值与给定值信号，然后根据它们的偏差发出与之有一定关系的控制作用信号。目前电动控制仪表主要是 DDZ-Ⅲ型，采用的是 4～20 mA 信号。

3. 以微处理器为基元的控制装置

微处理器自从 20 世纪 70 年代初出现以来，由于它灵敏、可靠、价廉、性能好，很快在自动控制领域得到广泛的应用。以微处理器为基元的控制装置控制功能丰富、操作方便，很容易构成各种复杂控制系统。目前，在自动控制系统中应用的以微处理器为基元的控制装置主要有分散控制装置（DCS）、单回路数字控制器、可编程数字控制器（PLC）和微型计算机系统等。

3.1 模拟式控制器

控制器的作用是将被控变量的测量值与给定值进行比较，得到偏差，然后对偏差进行比例、积分、微分等运算，并将运算结果以一定的信号形式送往执行器，以实现对被控变量的自动控制。

在模拟式控制器中，所传送的信号形式为连续的模拟信号。目前应用的模拟式控制器主要是电动控制器。

3.1.1 基本构成原理及部件

电动控制器，尽管它们的构成元件与工作方式有很大的差别。但基本上都是由三大部分组成，如图 3-1-1 所示。

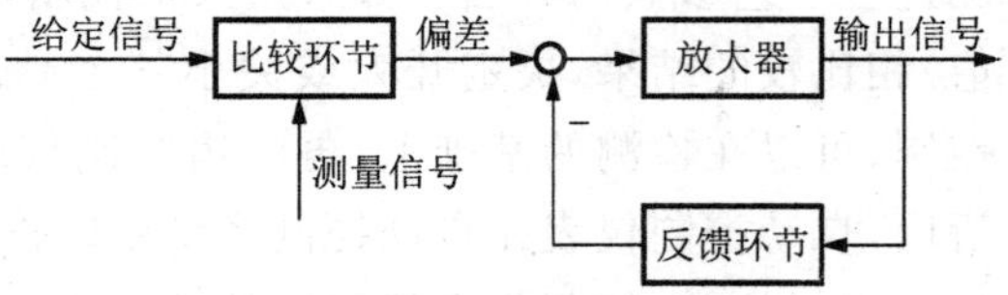

图 3-1-1 控制器基本构成

1. 比较环节

比较环节的作用是将给定信号与测量信号进行比较，得到偏差信号。

在电动控制器中，给定信号与测量信号都是以电信号出现的，因此比较环节都是在输入电路中进行电压或电流信号的比较。

2. 放大器

放大器实质上是一个稳态增益很大的比例环节。电动控制器中采用高增益的运算放大器。

3. 反馈环节

反馈环节的作用是通过正、负反馈来实现比例、积分、微分等控制规律的。在电动控制器中，输出的电信号通过由电阻和电容构成的无源网络反馈到输入端。

3.1.2 DDZ-Ⅲ型电动控制器

在模拟式控制器中，目前较常见的是 DDZ-Ⅲ型电动控制器，下面以它为例简单介绍其特点及基本工作原理。

1. DDZ-Ⅲ型仪表的特点

DDZ-Ⅲ型仪表在品种及系统中的作用上和 DDZ-Ⅱ型仪表基本相同，但是Ⅲ型仪表采用了集成电路和安全火花型防爆结构，提高了防爆等级、稳定性和可靠性，适应了大型化工厂、炼油厂的要求。Ⅲ型仪表具有以下特点。

(1) 采用国际电工委员会(IEC)推荐的统一标准信号，现场传输信号为 4～20 mA DC，控制室联络信号为 1～5 V DC，信号电流与电压的转换电阻为 250 Ω，这种信号制的优点如下：

① 电气零点不是从零开始，且不与机械零点重合，这不仅利用了晶体管的线性段，而且容易识别断电、断线等故障。

② 只要改变转换电阻阻值，控制室仪表便可接收其他 1∶5的电流信号，例如将 1～5 mA 或 10～50 mA 等直流电流信号转换为 1～5 V DC 电压信号。

③ 因为最小信号电流不为零，为现场变送器实现两线制创造了条件。现场变送器与控制室仪表仅用两根导线联系，既节省了电缆线和安装费用，还有利于安全防爆。

(2) 广泛采用集成电路，可靠性提高，维修工作量减少，为仪表带来了如下优点：

① 由于集成运算放大器均为差分放大器，且输入对称性好、漂移小，仪表的稳定性得到提高。

② 由于集成运算放大器有高增益，因而开环放大倍数很高，这使仪表的精度得到提高。

③ 由于采用了集成电路，焊点少、强度高，大大提高了仪表的可靠性。

(3) Ⅲ型仪表统一由电源箱供给 24 V DC 电源，并有蓄电池作为备用电源，这种供电方式的优点如下：

① 各单元省掉了电源变压器，没有工频电源进入单元仪表，既解决了仪表发热问题，又为仪表的防爆提供了有利条件。

② 在工频电源停电时备用电源投入，整套仪表在一定时间内仍可正常工作，继续进行监视控制，有利于安全停车。

(4) 结构合理，比之Ⅱ型仪表有许多先进之处，主要表现在以下方面：

① 基型控制器有全刻度指示控制器和偏差指示控制器两个品种，指示表头为 100 mm 刻度纵形大表头，指示醒目，便于监视操作。

② 自动、手动的切换以无平衡、无扰动的方式进行，并有硬手动和软手动两种方式。面板上设有手动操作插孔，可和便携式手动操作器配合使用。

③ 结构形式适于单独安装和高密度安装。

④ 有内给定和外给定两种给定方式，并设有外给定指示灯，能与计算机配套使用，可组成 SPC 系统实现计算机监督控制，也可组成 DDC 控制的备用系统。

(5) 整套仪表可构成安全火花型防爆系统。Ⅲ型仪表是按照国家防爆规程进行设计，在工艺上对容易脱落的元件部件都进行了胶封，而且增加了安全单元——安全栅，实现了控制室与危险场所之间能量的限制与隔离，使仪表不会被引爆，使电动仪表在石油化工企业中应用的安全可靠性有了显著提高。

2. DDZ-Ⅲ型电动控制器的组成与操作

DDZ-Ⅲ型控制器有全刻度指示和偏差指示两个基型品种。为满足各种复杂控制系统的要求，还有各种特殊控制器，例如断续控制器、自整定控制器、前馈控制器、非线性控制器等。特殊控制器是在基型控制器功能基础上的扩大，是在基型控制器中附加各种单元而构成的变型控制器。下面以全刻度指示的基型控制器为例，来说明Ⅲ型控制器的组成及操作。

DDZ-Ⅲ型控制器主要由输入电路、给定电路、PID 运算电路、自动与手动(包括硬手动和软手动两种)切换电路、输出电路及指示电路等组成，其方框图如图 3-1-2 所示。

在图 3-1-2 中，控制器接收变送器来的测量信号(4～20 mA 或 1～5 V DC)，在输入电路中与给定信号进行比较，得出偏差信号。然后在 PD 电路与 PI 电路中进行 PID 运算，最后由输出电路转换为 4～20 mA 直流电流输出。

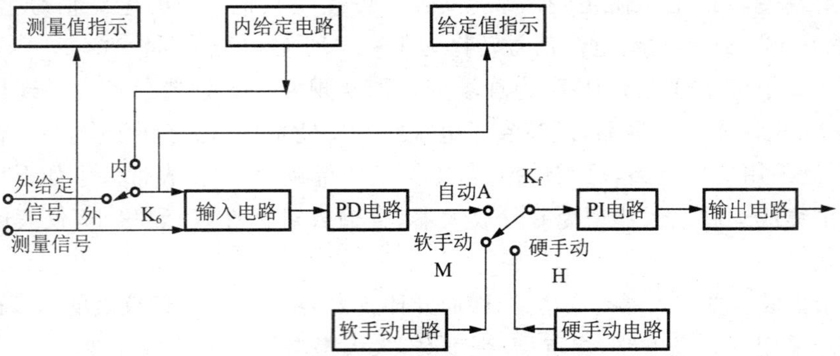

图 3-1-2　DDZ-Ⅲ型控制器结构方框图

控制器的给定值可由“内给定”或“外给定”两种方式取得，用切换开关 K_6 进行选择。当控制器工作于“内给定”方式时，给定电压由控制器内部的高精度稳压电源取得。当控制器需要由计算机或另外的控制器供给给定信号时，开关 K_6 切换到“外给定”位置上，由外来的 4～20 mA 电流流过 250 Ω 精密电阻产生 1～5 V 的给定电压。

图 3-1-3 是一种全刻度指示控制器（DTL-3110 型）的面板图。它的正面表盘上装有两个指示表头。其中一个双针指示表头 2 有两个指针。红针为测量信号指针，黑针为给定信号指针，它们可以分别指示测量信号和给定信号。偏差的大小可以根据两个指示值之差读出。由于双针指示器的有效刻度（纵向）为 100 mm，精度为 1%，因此很容易观察控制结果。当仪表处于“内给定”状态时，给定信号是通过拨动内给定设定轮 3 给出的，其值由黑针显示出来。

当使用外给定时，仪表右上方的外给定指示灯 7 会亮，提醒操作人员以免误用内给定设定轮。

输出指示器 4 可以显示控制器输出信号的大小。输出指示表下面有表示阀门安全开度的输出记录指示 9，X 表示关闭，S 表示打开。11 为输入检测插孔，当控制器发生故障需要把控制器从壳体中卸下时，可把便携式操作器的输出插头插入控制器下部的输出插孔 12 内，可以代替控制器进行手动操作。

控制器面板右侧设有自动-软手动-硬手动切换开关，以实现无平衡、无扰动切换。

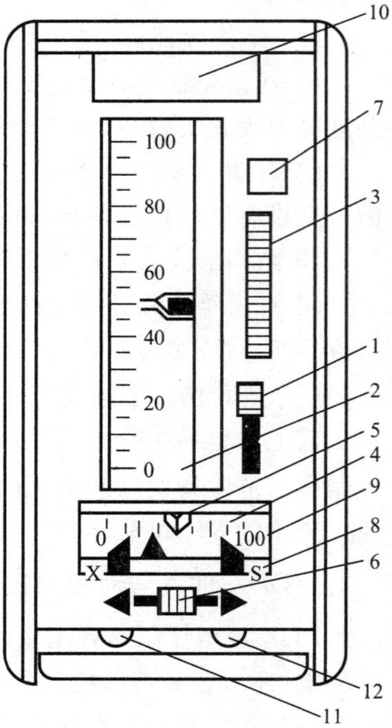

图 3-1-3　DTL-3110 型调节器正面图
1—自动-软手动-硬手动切换开关；
2—双针垂直指示器；3—内给定设定轮；
4—输出指示器；5—硬手动操作杆；
6—软手动操作板键；7—外给定指示灯；
8—阀位指示器；9—输出记录指示；
10—位号牌；11—输入检测插孔；
12—手动输出插孔

在控制系统投运过程中，一般总是先手动遥控，待工况正常后，再切向自动。当系统运行中出现工况异常时，往往又需要从自动切向手动，所以控制器一般都兼有手动和自动两方面的功能，可供切换。但是，在切换的瞬间，应当保持控制器的输出不变，这样才能使执行器的位置在切换过程中不至于突变，不会对生产过程引起附加的扰动，这称为无扰动切换。

在 DTL-3110 型控制器中，手动工作状态安排比较细致，有硬手动和软手动两种情况。若在软手动状态下同时按下软手动操作板健 6，控制器的输出便随时间按一定的速度增大或减小；若手离开操作板键则当时的信号值就被保持，这种“保持”状态特别适宜于处理紧急事故。当切换开关处于硬手动状态时，控制器的输出量大小完全决定于硬手动操作杆 5 的位置，即对应于此操作杆在输出指示器刻度上的位置，就得到相应的输出。通常都是用软手动操作板键进行手动操作，这样控制比较平稳、精细，只有当需要给出恒定不变的操作信号（例如，阀的开度要求长时间不变）或者在紧急时要立刻控制到安全开度等情况下，才使用硬手动操作。

该控制器在进行手动-自动切换时，自动与软手动之间的切换是双向无平衡、无扰动的，由硬手动切换为软手动或由硬手动直接切换为自动也是无平衡、无扰动的，但是由自动或软手动切换为硬手动时，必须预先平衡方可达到无扰动切换，也就是说，在切换到硬手动之前，必须先调整硬手动操作杆，使操作杆与输出对齐，然后才能切换到硬手动。

在控制器中还设有正、反作用切换开关，位于控制器的右侧面，把控制器从壳体中拉出时即可看到。正作用即当控制器的测量信号增大（或给定信号减小）时，其输出信号随之增大；反作用则当控制器的测量信号增大（或给定信号减小）时，其输出信号是随之减小的。控制器正、反作用的选择是根据工艺要求而定的。

3.2 数字式控制器

数字式控制器与模拟式控制器在构成原理和所用器件上有很大的差别。模拟式控制器采用模拟技术，以运算放大器等模拟电子器件为基本部件；而数字式控制器采用数字技术，以微处理机为核心部件。尽管两者具有根本的差别，但从仪表总的功能和输入输出关系来看，由于数字式控制器备有模-数和数-模（A/D 和 D/A）器件，因此两者并无外在的明显差异。数字式控制器在外观、体积、信号制上都与 DDZ-Ⅲ型控制器相似或一致，也可装在仪表盘上使用。数字式控制器经常只用来控制一个回路（包括复杂控制回路），所以数字式控制器常被称为单回路数字控制器。

3.2.1 数字式控制器的主要特点

数字式控制器在构成与工作方式上都不同于模拟式控制器，具有以下特点。

1. 实现了模拟仪表与计算机一体化

将微处理机引入控制器，充分发挥了计算机的优越性，使控制器电路简化，功能增强，提高了性价比。同时考虑到人们长期以来习惯使用模拟式控制器的情况，数字式控制器的外形结构、面板布置保留了模拟式控制器的特征，操作方式也与模拟式控制器相似。

2. 具有丰富的运算控制功能

数字式控制器有许多运算模块和控制模块。用户根据需要选用部分模块进行组态，可以实现各种运算处理和复杂控制。除了具有模拟式控制器PID运算等一切控制功能外，还可以实现串级控制、比值控制、前馈控制、选择性控制、自适应控制、非线性控制等。因此数字式控制器的运算控制功能大大高于常规的模拟控制器。

3. 使用灵活方便，通用性强

数字式控制器的模拟量输入输出均采用国际统一标准信号(4～20 mA直流电流，1～5 V直流电压)，可以方便地与DDZ-Ⅲ型仪表相连。同时数字式控制器还有数字量输入输出，可以进行开关量控制。用户程序采用面向过程语言(POL)编写，易学易用。

4. 具有通信功能，便于系统扩展

通过数字式控制器标准的通信接口，可以挂在数据通道上与其他计算机、操作站等进行通信，也可以作为集散控制系统的过程控制单元。

5. 可靠性高，维护方便

在硬件方面，一台数字式控制器可以替代数台模拟仪表，减少了硬件连接；同时控制器所用元件高度集成化，可靠性高。

在软件方面，数字式控制器具有一定的自诊断功能，能及时发现故障，采取保护措施；另外，复杂回路采用模块软件组态来实现，使硬件电路简化。

3.2.2 数字式控制器的基本构成

模拟式控制器只是由模拟元器件构成，它的功能也完全由硬件构成形式所决定，因此其控制功能比较单一；而数字式控制器由硬件电路和软件两大部分组成，其控制功能主要是由软件所决定。

1. 数字式控制器的硬件电路

数字式控制器的硬件电路由主机电路、过程输入通道、过程输出通道、人机接口电路以及通信接口电路等部分组成，其构成框图如图3-2-1所示。

(1) 主机电路。

主机电路是数字式控制器的核心，用于实现仪表数据运算处理及各组成部分之间的管理。主机电路由微处理器(CPU)、只读存贮器(ROM、EPROM)、随机存贮器(RAM)、定时/计数器(CTC)以及输入/输出接口(I/O接口)等组成。

(2) 过程输入通道。

过程输入通道包括模拟量输入通道和开关量输入通道，模拟量输入通道用于连接模拟量输入信号，开关量输入通道用于连接开关量输入信号。通常，数字式控制器都可以接收几个模拟量输入信号和几个开关量输入信号。

① 模拟量输入通道。模拟量输入通道将多个模拟量输入信号分别转换为CPU所接受的数字量。它包括多路模拟开关、采样/保持器和A/D转换器。多路模拟开关将多个模拟量输入信号逐个连接到采样/保持器，采样/保持器暂时存贮模拟输入信号，并把该值保

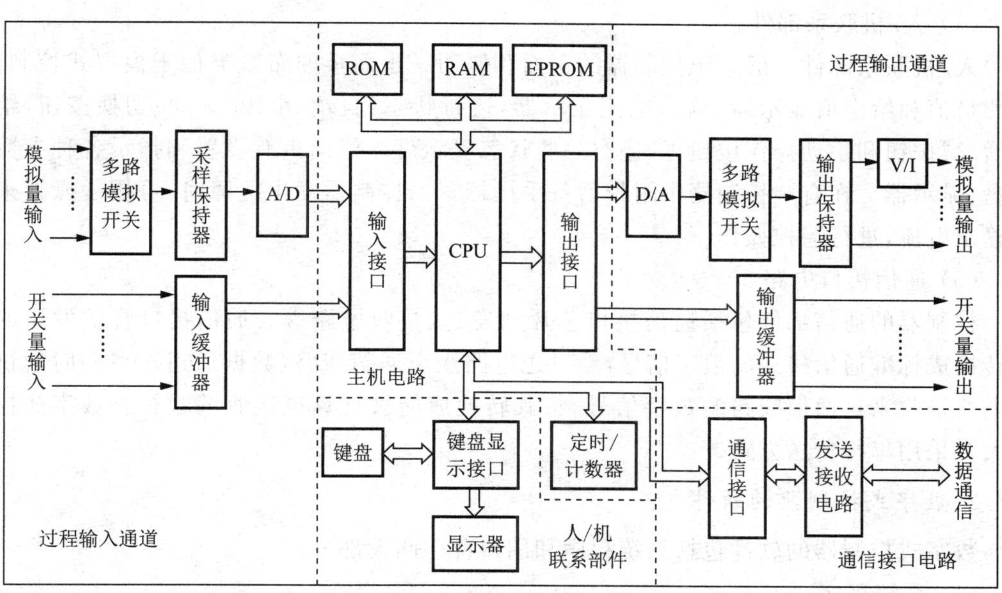

图 3-2-1 数字式控制器的硬件电路

持一段时间，以供 A/D 转换器转换。A/D 转换器的作用是将模拟信号转换为相应的数字量。常用的 A/D 转换器有逐位比较型、双积分型和 V/F 转换型等几种。逐位比较型 A/D 转换器的转换速度最快，一般在 10^4 次/s 以上，缺点是抗干扰能力差；其余两种 A/D 转换器的转换速度较慢，通常在 100 次/s 以下，但它们的抗干扰能力较强。

② 开关量输入通道。开关量指的是在控制系统中电接点的通与断，或者逻辑电平为"1"与"0"这类两种状态的信号。例如各种按钮开关、接近开关、液(料)位开关、继电器触点的接通与断开以及逻辑部件输出的高电平与低电平等。开关量输入通道将多个开关输入信号转换成能被计算机识别的数字信号。为了抑制来自现场的干扰，开关量输入通道常采用光电耦合器件为输入电路进行隔离传输。

(3) 过程输出通道。

过程输出通道包括模拟量输出通道和开关量输出通道，模拟量输出通道用于输出模拟量信号，开关量输出通道用于输出开关量信号。通常，数字式控制器可以具有多个模拟量输出信号和多个开关量输出信号。

① 模拟量输出通道。模拟量输出通道依次将多个运算处理后的数字信号进行数/模转换，并经多路模拟开关送入输出保持电路暂存，以便分别输出模拟电压(1～5 V)或电流(4～20 mA)信号。该通道包括 D/A 转换器、多路模拟开关、输出保持电路和 V/I 转换器。D/A 转换器起数/模转换作用，D/A 转换芯片有 8 位、10 位、12 位等品种可供选用。V/I 转换器将 1～5 V 的模拟电压信号转换成 4～20 mA 的电流信号，其作用与 DDZ-Ⅲ型控制器或运算器的输出电路类似。多路模拟开关与模拟量输入通道中的相同。

② 开关量输出通道。开关量输出通道通过锁存器输出开关量(包括数字、脉冲量)信号，以便控制继电器触点和无触点开关的接通与释放，也可控制步进电机的运转。同开关量输入通道一样，开关量输出通道也常采用光电耦合器件作为输出电路进行隔离传输。

(4) 人/机联系部件。

人/机联系部件一般置于控制器的正面和侧面。正面板的布置类似于模拟式控制器，有测量值和给定值显示器，输出电流显示器，运行状态(自动/串级/手动)切换按钮，给定值增/减按钮和手动操作按钮等，还有一些状态显示灯。侧面板有设置和指示各种参数的键盘、显示器。在有些控制器中附带后备手操器。当控制器发生故障时，可用手操器来改变输出电流，进行遥控操作。

(5) 通信接口电路。

控制器的通信部件包括通信接口芯片和发送、接收电路等。通信接口将欲发送的数据转换成标准通信格式的数字信号，经发送电路送至通信线路(数据通道)上；同时通过接收电路接收来自通信线路的数字信号，将其转换成能被计算机接收的数据。数字式控制器大多采用串行传送方式。

2. 数字式控制器的软件

数字式控制器的软件包括系统程序和用户程序两大部分。

(1) 系统程序。

系统程序是控制器软件的主体部分，通常由监控程序和功能模块两部分组成。

监控程序使控制器各硬件电路能正常工作并实现所规定的功能，同时完成各组成部分之间的管理。

功能模块提供了各种功能，用户可以选择所需要的功能模块以构成用户程序，使控制器实现用户所规定的功能。

(2) 用户程序。

用户程序是用户根据控制系统的要求，在系统程序中选择所需要的功能模块，并将它们按一定的规则连接起来的结果，其作用是使控制器完成预定的控制与运算功能。使用者编制程序实际上是完成功能模块的连接，也即组态工作。

用户程序通常采用面向过程 POL 语言，这是一种为了定义和解决某些问题而设计的专用程序语言，程序设计简单，操作方便，容易掌握和调试，通常有组态式和空栏式语言两种，组态式又有表格式和助记符式之分。控制器的编程工作是通过专用的编程器进行的，有“在线”和“离线”两种编程方法。

由于这类控制器的控制规律可根据需要由用户自己编程，而且可以擦除并改写，所以实际上是一台可编程序的数字控制器。

3.3 可编程序控制器

3.3.1 概述

可编程序控制器(Programmable Controller)通常也称为可编程控制器，由于在早期可编程序控制器主要应用于逻辑控制，因此习惯上称之为可编程逻辑控制器(Programmable

Logic Controller)，简称 PLC。当然现代的 PLC 绝不意味着只有逻辑控制功能，而是一种以微处理器为核心，综合了计算机技术、自动控制技术和通信技术而发展起来的一种通用工业自动控制装置，具有体积小、功能强、程序设计简单、灵活通用、维护方便等一系列的优点，特别是它的高可靠性和较强的适应恶劣环境的能力，使其广泛应用于各种工业领域。

自 DEC 公司研制成功第一台 PLC 以来，PLC 已发展成为一个巨大的产业，据不完全统计，现在全世界约有 400 多个 PLC 产品，PLC 产销量已位居所有工业控制装置的首位。

按结构形式可以把 PLC 分为两大类：一类是 CPU、电源、I/O 接口、通信接口等都集成在一个机壳内的一体化结构，如图 3-3-1 所示；另一类是各种模块在结构上是相互独立的，在实际使用的过程中可根据具体的应用要求选择合适的模块，安装在固定的机架或导轨上，构成一个完整的 PLC 应用系统，如图 3-3-2 所示。

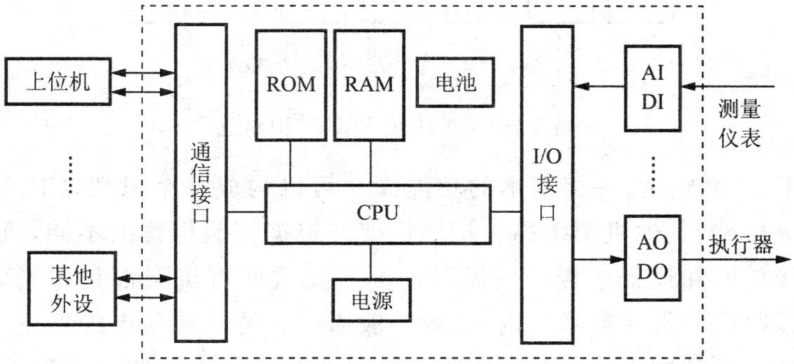

图 3-3-1 一体化 PLC 示意图

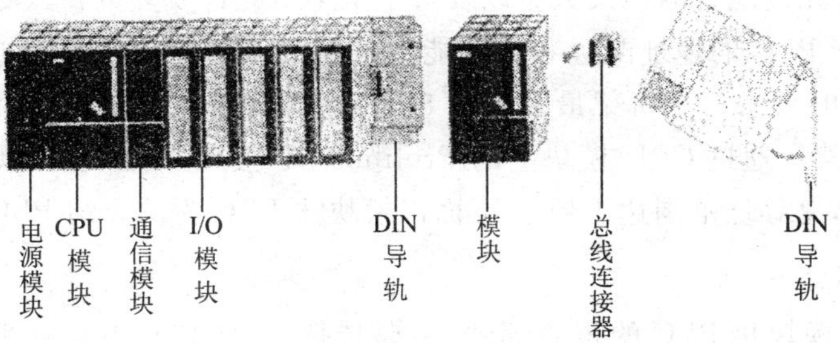

图 3-3-2 模块化 PLC 结构示意图

小型及超小型 PLC 在结构上一般是一体化形式，主要用于单机自动化；大、中型 PLC 一般采用模块化形式，它除具有小型、超小型 PLC 的功能外，还增强了数据处理能力和网络通信能力，可构成大规模的自动化控制系统，主要用于复杂程度较高的自动控制，并在相当程度上可以替代 DCS 以实现更广泛的自动化功能。

随着计算机综合技术的发展和工业自动化内涵的不断延伸，PLC 的结构和功能也在不断地完善和扩充。实现控制功能和管理功能的结合，以不同生产厂家的产品构成开放型的控制系统是自动化系统主要的发展理念之一。长期以来 PLC 走的是专有化的道路，这使得其成功的同时也带来了许多制约因素。由于目前绝大多数 PLC 不属于开放系统，寻求开放型的硬件或软件平台成了当今 PLC 的主要发展目标。

3.3.2 PLC 基本组成

PLC 的产品很多,不同型号、不同厂家的 PLC 在结构特点上各不相同,但绝大多数 PLC 的工作原理都基本相同。

PLC 的基本组成与一般的微机系统相类似,主要包括:CPU、通信接口、外设接口、I/O 接口等,分为一体化和模块化两种结构形式。当然模块化 PLC 的应用范围更广泛,如图 3-3-3 所示,它在系统配置上表现得更为方便灵活,用户可以根据系统规模和设计要求进行配置,模块与模块之间通过外部总线连接。

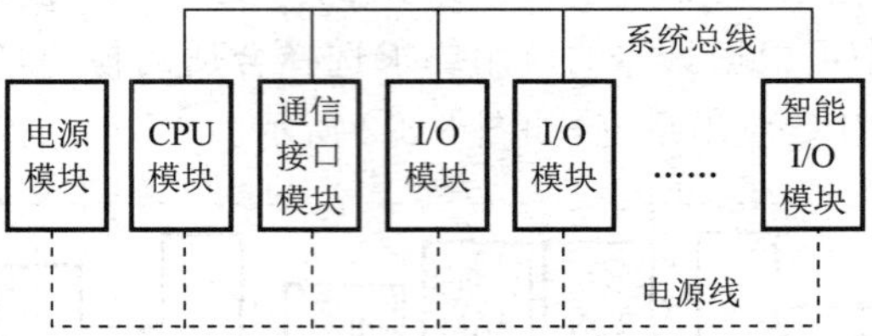

图 3-3-3 模块化 PLC 结构示意

在模块化 PLC 系统中,一组基本的功能模块可以构成一个机架,CPU 模块所在的机架通常称为中央机架,其他机架统称为扩展机架。根据安装位置的不同,机架的扩展方式又分为本地连接扩展和远程连接扩展两种。前者要求所有机架都集中安装在一起,机架与机架间的连接距离通常在数米之内;后者一般通过光缆或通信电缆实现机架间的连接,连接距离可达几百米到数千米,通过中继环节还可以进一步延伸。远程扩展机架也称为分布式 I/O 站点,这是一种介于模拟信号传输技术和现场总线技术的中间产品。

一个 PLC 所允许配置的机架数量以及每个机架所允许安装的模块数量一般是有限制的,这主要取决于 PLC 的地址配置和寻址能力以及机架的结构和负载能力。例如,S7 系列的 CPU315-2DP 要求每个机架最多安装 8 个 I/O 模块,允许配置 1 个中央机架和 3 个本地连接扩展机架。通过 CPU 模块上的 Profibus-DP 接口,用户还可以配置若干个远程连接的扩展机架,总寻址范围达 1 kB。下面以模块化 PLC 为例介绍 PLC 的基本组成。

1. CPU 模块

CPU 模块是模块化 PLC 的核心部件,主要包括三个部分:中央处理单元 CPU、存贮器和通信部件。

小型 PLC 的 CPU 单元通常采用价格低、通用性好的 8 位微处理器或单片机;中型 PLC 采用 16 位微处理器或单片机;对于大型 PLC,通常采用位片式微处理器,它将多个位片式微处理器级联,并行处理多个任务,具有灵活性好、速度快、效率高等特点。另外,大、中型的 PLC 很多采用双 CPU 或多 CPU 结构,以加快 PLC 的处理速度。

常用的存贮器主要有 ROM、EPROM、EEPROM、RAM 等几种,用于存放系统程序、用户程序和工作数据。对于不同的 PLC,存贮器的配置形式是一样的,但存贮器的容量随 PLC 规模的不同而有较大的差别。

通信部件的作用是建立 CPU 模块与其他模块或外部设备的数据交换。例如,S7 系列 PLC 的 CPU 模块集成了 MPI 通信接口,方便用户建立 MPI 网络;部分 CPU 模块还配置了 Profibus-DP 总线接口，便于建立一个传输速率更高、规模更大的分布式自动化系统。

2. I/O 模块

PLC 通过 I/O 接口与现场仪表相连接，PLC 最常用的 I/O 模块主要包括模拟量输入、模拟量输出、开关量输入和开关量输出模块。

模拟量输入模块用来把变送器输出的模拟信号(如 4～20 mA)转换成 CPU 内部的数字信号。模拟量输出模块的作用刚好与模拟量输入模块相反，它利用 DAC 转换接口，把用二进制表示的信号转换成相应的模拟电压或电流信号。现场过程来的数字量信号主要有交流电压、直流电压等信号类型，而 PLC 内部所能接收和处理的是基于 TTL 标准电平的二进制信号，所以开关量输入模块的作用是将现场过程来的数字量信号(I/O)转换成 PLC 内部的电平信号。开关量输出模块是将 CPU 内部电平信号转换成过程所需要的外部信号，驱动电磁阀、继电器、接触器、指示灯、电机等各种负载设备。

3. 智能模块

智能模块通常是一个较独立的计算机系统，自身具有 CPU、数据存贮器、应用程序、I/O 接口、系统总线接口等，可以独立地完成某些具体的工作。但从整个 PLC 系统来看，它还只能是系统中的一个单元，需要通过系统总线与 CPU 模块进行数据交换。智能模块一般不参与 PLC 的循环扫描过程，而是在 CPU 模块的协调管理下，按照自身的应用程序独立地参与系统工作，例如高速计数模块、通信处理器等一般属于智能模块。

4. 接口模块

采用模块化结构的系统是通过机架把各种 PLC 的模块组织起来的，根据应用对象的规模和要求，整套 PLC 系统有可能包含若干个机架，接口模块就是用来把所有机架组织起来，构成一个完整的 PLC 系统。

5. 电源模块

PLC 一般配有工业用的开关式稳压电源供内部电路使用。与普通电源相比，一般要求电源模块的输入电压范围宽、稳定性好、体积小、质量小、抗干扰能力强。

6. 编程工具

编程工具的作用是编制和调试 PLC 的用户程序、设置 PLC 系统的运行环境、在线监视或修改运行状态和参数，主要有专用编程器和专用编程软件两类。

专用编程器一般由 PLC 生产厂家提供，只能适用于特定 PLC 的软件编程装置。

除了专用编程器以外，主要 PLC 生产厂家一般都提供在 PC 机上运行的专用编程软件，借助于相应的通信接口装置，用户可以在 PC 机上通过专用编程软件来编辑和调试用户程序，而且专用编程软件一般可适用于一系列的 PLC。由于专用编程软件具有功能强大、通用性强、升级方便等特点，往往是多数用户首选的编程装置。

3.3.3 PLC 的基本工作原理

PLC 的 CPU 采用分时操作的原理，其工作方式是一个不断循环的顺序扫描过程，它从用户程序的第一条指令开始顺序逐条执行，直到用户程序结束，然后开始新一轮的扫描。如图 3-3-4 所示，PLC 的整个扫描过程可以概括地归纳为上电初始化、一般处理扫描、数据 I/O 操作、扫描用户程序、外设端口服务五个阶段。每一次扫描所用的时间称为一个工作周期或扫描周期，PLC 的扫描周期与 PLC 的硬件特性和用户程序的长短有关，典型值一般为几十毫秒。

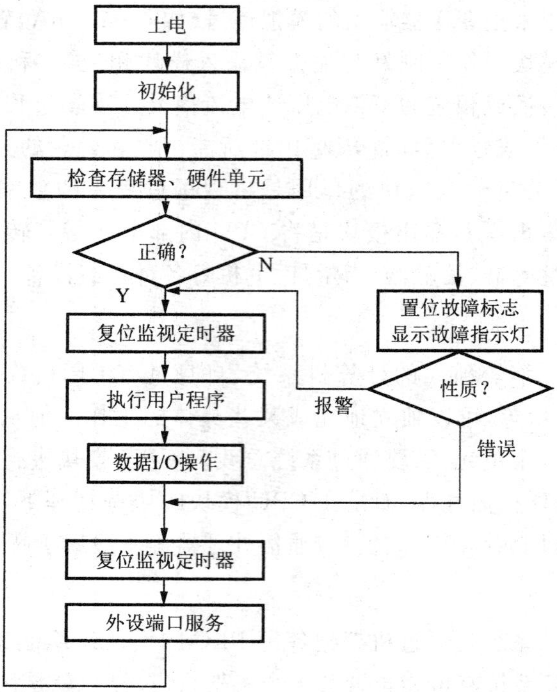

图 3-3-4　PLC 扫描过程示意

1. 上电初始化

当 PLC 系统接通电源后，CPU 首先对 I/O、继电器、定时器进行清零或复位处理，消除各元件状态的随机性，检查 I/O 单元的连接，这个过程也就是上电初始化，它只在 PLC 刚刚上电运行时执行一次。

2. 一般处理扫描

一般处理扫描是在每个扫描周期前 PLC 进行的自检，如监视定时器的复位、I/O 总线和用户存贮器的检查，正常以后转入下一阶段的操作，否则 PLC 将根据错误的严重程度发出警告指示或停止 PLC 的运行。对于一般性故障，PLC 只报警不停机，等待处理；若出现严重故障，PLC 将停止运行用户程序，并切断一切输出联系。

3. 数据 I/O 操作

数据 I/O 操作实际上包括输入信号采样和输出信号更新两种操作，在每一个循环扫描周期刷新一次。

4. 扫描用户程序

基于用户程序指令，PLC 读入外部输入的数据和状态，结合软元件(中间变量)状态进行逻辑运算或数值计算，运算产生的软元件状态和输出结果，这就是 PLC 扫描用户程序的基本机制。PLC 对用户程序指令根据先左后右、先上后下的顺序扫描执行，也可以有条件地利用各种跳转指令来决定程序的走向。

PLC 内部设置了一个俗称“看门狗”的监视定时器 WDT，用来监视程序执行是否正常。WDT 的定时时间由用户设置，它将在每个扫描周期的一般处理扫描过程中被复位。在正常情况下，扫描周期小于 WDT 的时间间隔，WDT 不会动作。如果由于 PLC 程序进入死循环，或因某种干扰导致用户程序失控，扫描时间超过 WDT 的时间间隔，这时 WDT 将发出超时报警信号，使程序重新运行。对于因不可恢复的故障造成的超时，系统则会自动切断外部负载、发出故障信号、停止执行用户程序，并等待处理。

5. 外设端口服务

每次执行完用户程序后，开始外设操作请求服务，这一步主要完成与外设端口连接的外部设备(编程器、通信适配器等)的通信。如果没有外设请求，系统自动进入下一个周期的循环扫描。

3.4 集散控制系统

3.4.1 概述

集散控制系统(DCS)是随着现代大型工业生产自动化的不断兴起和过程控制要求的日益复杂应运而生的综合控制系统。DCS(Distributed Control System)可直译为“分布式控制系统”，“集散控制系统”是按中国人习惯理解而称谓的。集散控制系统的主要特征是它的集中管理和分散控制。它采用危险分散、控制分散，而操作和管理集中的基本设计思想，多层分级、合作自治的结构形式，同时也为正在发展的先进过程控制系统提供了必要的工具和手段。目前，DCS 在电力、冶金、石油、化工、制药等各种领域都得到了极其广泛的应用。

根据管理集中和控制分散的设计思想而设计的 DCS 的特点表现在以下几个方面。

1. 分级递阶结构

这种结构方案是从系统工程出发，考虑功能分散、危险分散、提高可靠性、强化系统应用灵活性、减少设备的复杂性与投资成本，并且便于维修和技术更新等优化选择而得出的。分级递阶结构通常为四级，如图 3-4-1 所示，每一级由若干子系统组成，形成金字塔结构。同一级的各决策子系统可同时对下级施加作用，同时又受上级的干预，子系统可通过上级互相交换信息。第一级为过程控制级，根据上层决策直接控制生产过程，具体承担信号的变换、输入、运算和输出的分散控制任务；第二级为控制管理级，对生产过程实现集中操作和统一管理；第三级为生产管理级，承担全厂或全公司的最优化；第四级为经营管理级，根据市场需求以及各种与经营有关的信息因素和生产管理的信息，做出全面的综合性经营管理决策。

2. 采用微机智能技术

DCS 采用了以微处理器为基础的“智能技术”，成为计算机应用最完善、最丰富的领域。DCS 的现场控制单元、过程输入输出接口、数据通信装置等均采用微处理器，可以实现自适应、自诊断和自检测等“智能”控制过程。

3. 采用局部网络通信技术

DCS 的数据通信网络采用工业局部网络技术进行通信，传输实时控制信息，进行全系统信息综合管理，并对分散的现场控制单元、人机接口进行控制和操作管理。大多采用光纤传输媒质，通信的可靠性和安全性大为提高。通信协议已开始向标准化前进，如采用 IEEE802.3、IEEE802.4、IEEE802.5 和 MAP3.0 等。

4. 丰富的功能软件包

DCS 具有丰富的功能软件包，它能提供控制运算、过程监视、组态、报表打印和信息检索等功能。

5. 采用高可靠性技术

高可靠性是 DCS 发展的生命，当今大多数 DCS 的 MTBF 达 10 万小时以上，MTTR 一般只有 5 min 左右。除了硬件工艺以外，广泛采用冗余、容错等技术也是保证 DCS 高可靠性的主要措施。在硬件设计上，各级人机接口、控制单元、过程接口、电源、通信接口、内部通信总线和系统通信网络等均可采用冗余化配置；在软件设计上，广泛采用了容错技术、故障的智能化自检和自诊断等技术，以提高系统的整体可靠性。

3.4.2 DCS 的硬件体系结构

从 DCS 的层次结构考察硬件构成，最低级是与生产过程直接相连的过程控制级，如图 3-4-1 所示。在不同的 DCS 中，过程控制级所采用的装置结构形式大致相同，但名称各异，如过程控制单元、现场控制站、过程监测站、基本控制器、过程接口单元等，在这里统称现场控制单元 FCU。这一级实现了 DCS 的分散控制功能，是 DCS 的核心部分。生产过程的各种参量由传感器接收并转换送给现场控制单元作为控制和监测的依据，而各种操作通过现场控制单元送到各执行机构。有关信号的转换、各类基本控制算法都在现场控制单元中完成。控制管理级由工程师站、操作员站、管理计算机和显示装置组成，直接完成对过程控制级的集中监视和管理，通常称为操作站。而 DCS 的生产管理级、经营管理级是由功能强大的计算机来实现，没有更多的硬件构成，这里不再详细阐述。

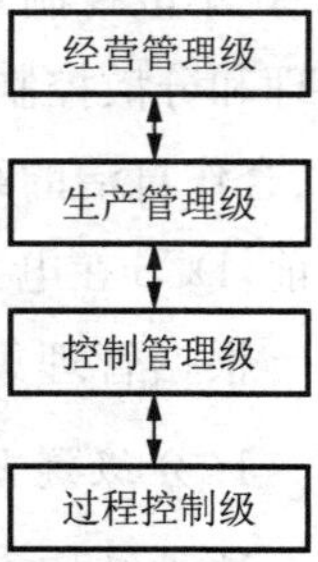

图 3-4-1　DCS 的结构层次

DCS 的硬件和软件，都是按模块化结构设计的，所以 DCS 的开发实际上就是将系统提供的各种基本模块按实际的需要组合为一个系统，这个过程称为系统的组态。DCS 的硬件组态就是根据实际系统的规模对计算机及其网络系统进行配置，选择适当的工程师站、操作员站和现场控制单元。下面以典型的中、小型集散控制系统 CENTUM-μXL 为例，论述现场控制单元和操作站的硬件构成，如图 3-4-2 所示。

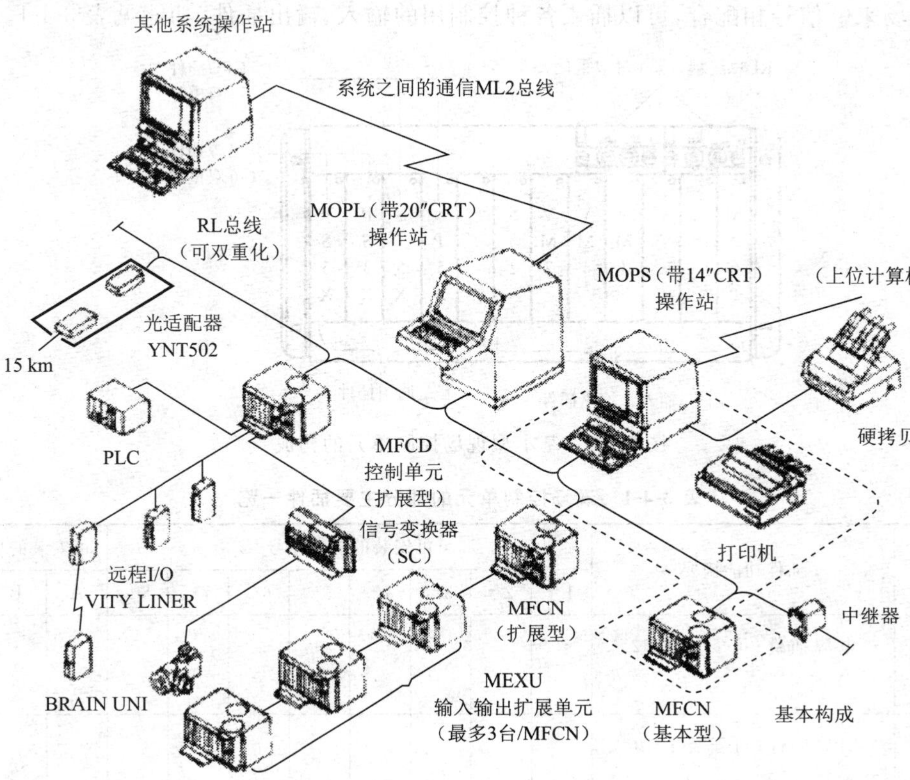

图 3-4-2 CENTUM-μXL 系统结构

1. 现场控制单元

现场控制单元一般远离控制中心，安装在靠近现场的地方，以消除长距离传输的干扰。其高度模块化的结构可以根据过程监测和控制的需要配置成测控规模不等的过程控制单元。

(1) 现场控制单元的功能。

在 DCS 中，现场控制单元具有如下功能。

① 完成来自变送器信号的数据采集，必要时要对采集的信号进行校正、非线性补偿、单位换算、上下限报警以及累计量的计算等。

② 将采集和通过运算得到的中间数据通过网络传送给操作站。

③ 通过其中的软件组态，对现场设备实施各种控制，包括反馈控制和顺序控制。

④ 一般现场控制单元还设置手动功能，以实施对生产过程的直接操作和控制。现场控制单元通常不配备 CRT 显示器和操作键盘，但可备有袖珍型现场操作器，或在前面板上装备小型开关和数字显示设备。

⑤ 现场控制单元具有很强的自治能力，可单独运行。

(2) 现场控制单元的结构。

① 基本型现场控制单元的构成。基本型现场控制单元与过程输入、输出设备连接方式如图 3-4-3 所示。在基本型控制单元上，可插入 12 块功能插件。其中右边的 4 块是通用插件，从右边起，有电源插件、双重化时的电源插件（在非双重化时此槽为空槽）、基本型

CPU 存贮插件、双重化时的 CPU 存贮插件。左侧的 1# ～8# 插槽可安装 8 个输入、输出插件，和现场来的信号相配合，可以插入各种控制用的输入、输出插件，功能见表 3-4-1。

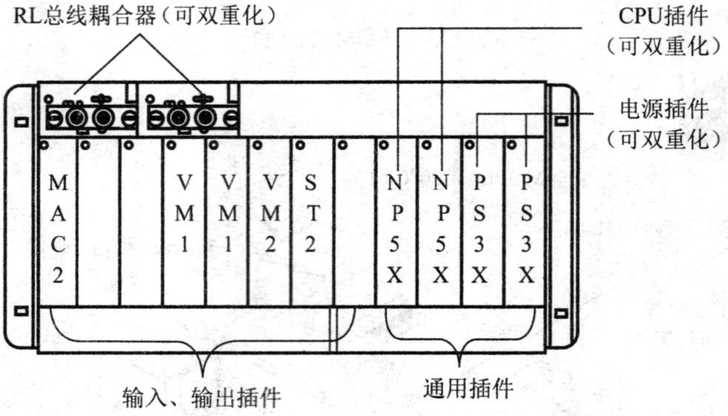

图 3-4-3　基本型现场控制单元的构成

表 3-4-1　现场控制单元的部分主要插件一览

型号	插件功能摘要	可安装的插槽序号								可安装的单元[1]		
		1#	2#	3#	4#	5#	6#	7#	8#	A	B	C
PS31/32/35	电源插件（可安装于 12#、11#）									√	√	√
NP53/54	CPU 插件（可安装于 10#、9#）									√	√	
NE53	NE 总线通信插件											
MAC2	控制用模拟量 I/O 插件（8 路 AI、8 路 AO）	○	○[2]	○	○[2]					√	√	
PAC	8 路脉冲量输入，8 路 AO：4～20 mA	○	○[2]									
ST2	16 路 DI、16 路 DO	○	○	○	○	○	○	○	○	√	√	√
ST3	32 路 DI	○	○	○	○	○	○	○	○	√	√	√
ST4	32 路 DO	○	○	○	○	○	○	○	○	√	√	√
ST5	32 路 DI、32 路 DO	○	○	○	○	○	○	○	○	√	√	√
ST6	64 路 DI	○	○	○	○	○	○	○	○	√	√	√
ST7	64 路 DO	○	○	○	○	○	○	○	○	√	√	√
VM1	16 路模拟量输入：1～5 V DC	○	○	○	○	○	○	○	○	√	√	√
VM2	8 路 AI：1～5 V DC，8 路 AO：1～5 V DC	○	○	○	○	○	○	○	○	√	√	√

续表 3-4-1

型号	插件功能摘要	可安装的插槽序号								可安装的单元①		
		1#	2#	3#	4#	5#	6#	7#	8#	A	B	C
VM4	16 路 AO:1～5 V DC	○	○	○	○	○	○	○	○	√	√	
PM1	16 路脉冲量输入:0～6 kHz	○	○	○	○	○	○	○	○	√	√	
RS2③	RS-232-C 接口插件,可接 4 个设备	○	○	○	○	○	○	○	○		√	√
PX1③	PLC 接口插件	○	○	○	○	○	○	○	○		√	√
RS3③	通用串行接口插件	○	○	○	○	○	○	○	○		√	√
MF1③	远程 I/O 接口插件	○	○	○	○	○	○	○	○		√	√

注:① A 表示基本型现场控制单元,B 表示扩展型控制单元,C 表示输入、输出扩展单元;② 当配置一个插件时(无双重化),该插槽为空槽;③ 一台输入、输出扩展单元之中只能插入 1 块。

② 扩展型现场控制单元的构成。如图 3-4-4 所示,扩展型现场控制单元外形、尺寸、插入插件的块数、插入插件的插槽构成等和基本型现场控制单元一样,左边 8 个是输入、输出插槽,右边 4 个是通用插槽。但是,扩展型现场控制单元还可以通过 NE 总线连接不超过 3 个输入、输出扩展单元,此时从右边数起第 5 个插槽内要插入 NE 总线通信插件 NE53,因而这时输入、输出插件的实际可插入数为 7 块。输入、输出扩展单元的外形也和基本型现场控制单元相同,左起前 8 个插槽可安装输入、输出插件,第 9 块插件为 NE 总线通信插件,第 10、11 槽为空槽,第 12 块插件为电源插件。除了可用于基本型控制单元的插件之外,还增加了若干专门用于扩展型控制单元的输入、输出插件,参见表 3-4-1。

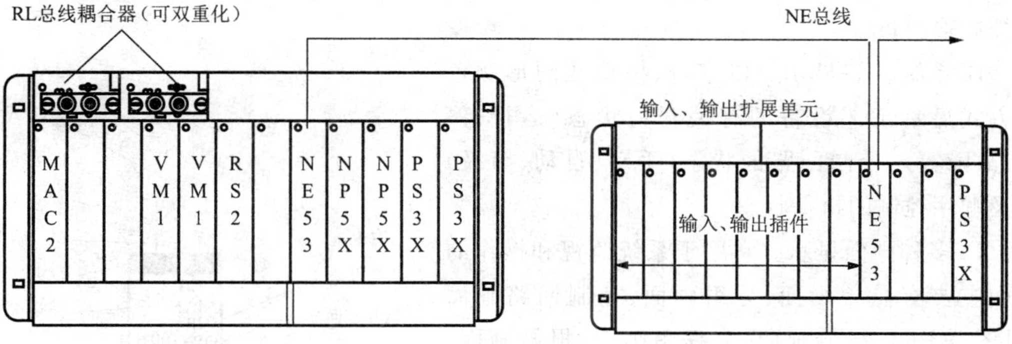

图 3-4-4 扩展型现场控制单元的构成

(3) 现场控制单元的部件。

现场控制单元的部件插卡大致可分为通用插件和输入、输出插件两类,详见表 3-4-1。

① 通用插件。通用插件主要包括电源插件和 CPU 插件两种。电源插件共有 PS31、PS32 和 PS35 三种,它们分别对应于 24V DC、110V AC 和 220V AC 输入,24V DC 和 5V DC 输出。CPU 插件是现场控制单元的核心,它与其他计算机控制装置中 CPU 单元的组成和作用相类似,在此不再赘述。

② 输入、输出插件。DCS 中数量最大、种类最多的就是 I/O 插件，各插件功能如表 3-4-1 所示，各插件可以安装的插槽序号左起顺序编为 1# ～12#。

2. 操作站

操作站(MOPS/MOIPL)显示并记录来自各控制单元的过程数据，是人与生产过程的操作接口。通过操作人/机接口，实现适当的信息处理和生产过程操作的集中化。

(1) 操作站结构组成。

典型的操作站包括主机系统、显示设备、键盘输入设备和打印输出设备等。

① 主机系统。操作站的主机系统主要实现集中监视、对现场直接操作、系统生成和诊断等功能，在同一系统中最多可连接 5 台操作站。有的 DCS 配备一个工程师站，用来生成目标系统的参数等。多数系统的工程师站和操作员站合在一起，仅用一个工程师键盘，起到工程师站的作用。

② 显示设备。主要显示设备是彩色 CRT 或者是触摸屏。

③ 键盘输入设备。键盘分为操作员键盘和工程师键盘两种。操作和监视用的操作员键盘，采用防水、防尘结构的专用键盘；工程师键盘用于系统工程师的编程和组态，类似于 PC 机键盘。

④ 打印输出设备。打印输出设备就是指打印机，主要用于打印生产记录报表、报警列表和拷贝流程画面。

(2) 操作站的主要功能。

① 显示功能。操作站的 CRT 是 DCS 和现场操作人员的主要界面，它有强大、丰富的显示功能，主要包括：

A. 模拟参数显示。以模拟方式(棒图)、数字方式和趋势曲线方式显示过程量、给定值和控制输出量。

B. 系统状态显示。以字符、模拟或图形颜色等方式显示工艺设备的有关开关状态(运行、停止、故障等)、控制回路的状态(手动、自动、串级)以及顺序控制的执行状态。

C. 多种画面显示。常用于系统监视和操作的画面主要有总貌画面、分组画面、控制回路画面(见图 3-4-5)、趋势画面、流程图画面、报警画面、DCS 本身状态画面以及各类变量目录画面、操作指导画面、故障诊断画面、工程师维护画面和系统组态画面等。

② 报警功能。DCS 可以对操作站、现场控制单元等进行自诊断，发生异常时，还可以提供多种形式的报警功能，如利用画面灯光和模拟音响等方式实现报警。

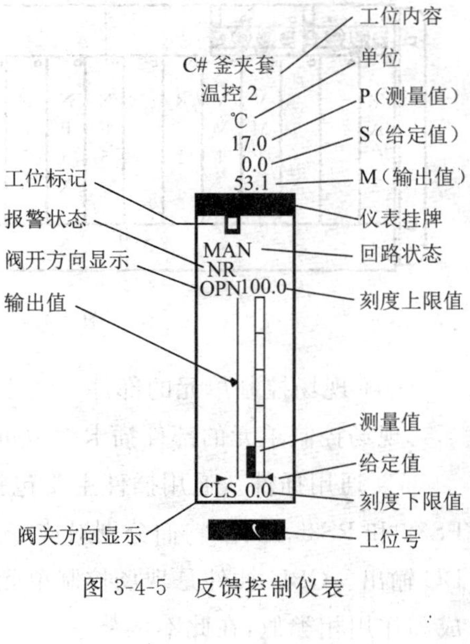

图 3-4-5 反馈控制仪表

③ 操作功能。DCS 的操作功能依靠操作员站实现，这些功能如下：对系统中控制回路进行操作管理，包括给定值和 PID 控制器参数设定、控制回路切换（手动、自动、串级）和手动调节回路输出等；调节报警越限值，设定和改变过程参数的报警限及报警方式；紧急操作处理，以便在紧急状态时进行操作处理。

④ 组态和编程功能。系统的组态以及有关的程序编制也是在操作站完成的，这些工作包括数据库的生成、历史记录的创建、流程画面的生成、记录报表的生成、各种控制回路的组态以及对已有组态进行修改等。

3.4.3 DCS 的软件系统

DCS 的软件系统如图 3-4-6 所示。DCS 的系统软件为用户提供高可靠性的实时运行环境和功能强大的开发工具。控制工程师只要利用 DCS 提供的组态软件，将各种功能软件进行适当的“组装连接”（即组态），可方便地生成满足控制系统要求的各种应用软件。

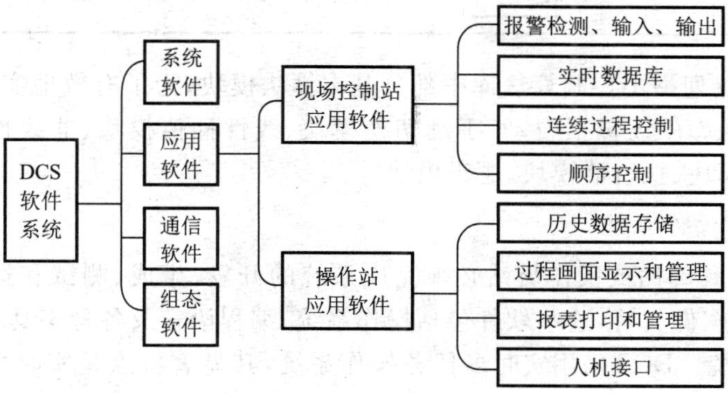

图 3-4-6 DCS 软件系统

1. 现场控制单元的软件系统

现场控制单元的软件结构主要包括数据巡检模块、控制算法模块、控制输出模块、网络通信模块以及实时数据库五部分。现场控制单元的 RAM 是一个实时数据库，起到中心环节的作用，在这里进行数据共享，各执行代码都与它交换数据，用来存贮现场采集的数据、控制输出以及某些计算的中间结果和控制算法结构等方面的信息。

DCS 的控制功能用组态软件生成，由现场控制单元实施。现场控制单元提供的部分基本的控制算法模块如表 3-4-2 所示。

表 3-4-2 部分基本的控制算法模块

算 法	模块图	功 能
加 法	A、B — ADD — C	$C=A+B$
减 法	A、B — SUB — C	$C=A-B$
乘 法	A、B — MUL — C	$C=AB$

续表 3-4-2

算　法	模块图	功　能
除　法	A, B → DIV → C	$C=A/B$
开　方	A, B → SQRT → C	$C=\sqrt{A}$
比例调节器	A, B → P → C	$C=K_P(A-B)$
比例积分调节器	A, B → PI → C	$C=K_P(A-B)+K_I\int_0^t(A-B)dt$
比例积分微分调节器	A, B → PID → C	$C=K_P(A-B)+K_I\int_0^t(A-B)dt+K_D\frac{d(A-B)}{dt}$
高选通 HISEL	A, B → HS → C	IF $A\geqslant B$, Then $C=A$; Else $C=B$
低选通 LOSEL	A, B → LS → C	IF $A\leqslant B$, Then $C=A$; Else $C=B$

表 3-4-2 中仅列举了控制算法库中部分基本算法模块，为了有效地实现各类工业对象的控制，控制算法库中还包括自动/手动切换模块、线性插值模块、非线性模块、变型 PID 模块、平衡输出模块、执行器模块、逻辑模块等。

2. 操作站的软件系统

DCS 中的工程师站或操作员站必须完成系统的开发、生成、测试和运行等任务，这就需要相应的系统软件支持，这些软件包括操作系统、编程语言及各种工具软件等。

(1) 操作系统。DCS 采用实时多任务操作系统，其显著特点是实时性和并行处理性。所谓实时性是指高速处理信号的能力，这是工业控制所必需的；而并行处理特性是指能够同时处理多种信息，它也是 DCS 中多种传感器信息、控制系统信息需同时处理的要求。此外，用于 DCS 的操作系统还应具有如下功能：按优先级占有处理机的任务调度方式、事件驱动、多级中断服务、任务之间的同步和信息交换、资源共享、设备管理、文件管理和网络通信等。

(2) 操作站配置的应用软件。在实时多任务操作系统的支持下，DCS 系统配备的应用软件有：编程语言，包括汇编、宏汇编以及 FORTRAN、COBOL、BASIC 等高级语言；工具软件，包括加载程序、仿真器、编辑器、DEBUGER 和 LINKER 等；诊断软件，包括在线测试、离线测试和软件维护等。

(3) 操作站上运行的应用软件。一套完善的 DCS，其操作站上运行的应用软件应完成如下功能：实时/历史数据库管理、网络管理、图形管理、历史数据趋势管理、记录报表生成与打印、人机接口控制、控制回路调节、参数列表、串行通信和各种组态等。

3.4.4 DCS 的组态内容

DCS 的开发过程主要是采用系统组态软件依据控制系统的实际需要生成各类应用软件的过程。一个强大的组态软件，能够提供一个友好的用户界面，并已汉化，使用户只需用最简单的编程语言或图表作业方法而不需要编写代码程序便可生成自己需要的应用软件。下面对应用软件的主要内容进行简要说明。

1. 控制回路的组态

如前所述，控制回路的组态就是利用各种控制算法模块，依靠软件组态构成各种各样的实际控制系统。要实现一个满足实际需要的控制系统，需分两步进行：首先对实际控制系统按照组态的要求进行分析，找出其输入量、输出量以及需要用到的模块，确定各模块间的关系；然后生成需要的控制方案，利用 DCS 提供的组态软件，从模块库中取出需要的模块，按照组态软件规定的方式，把它们连接成符合实际需要的控制系统，并赋予各模块需要的参数。目前，各种不同的 DCS 提供的组态方法各不相同，下面给出以流量控制系统为例的几种常用组态方式。

(1) 指定运算模块连接方式。这是在工程师操作键盘上，通过触摸屏幕、鼠标或键盘等操作，调用各种独立的标准运算模块，用线条连接成多种多样的控制回路，然后由计算机读取屏幕组态图形中的信息后自动生成软件，如图 3-4-7 所示。

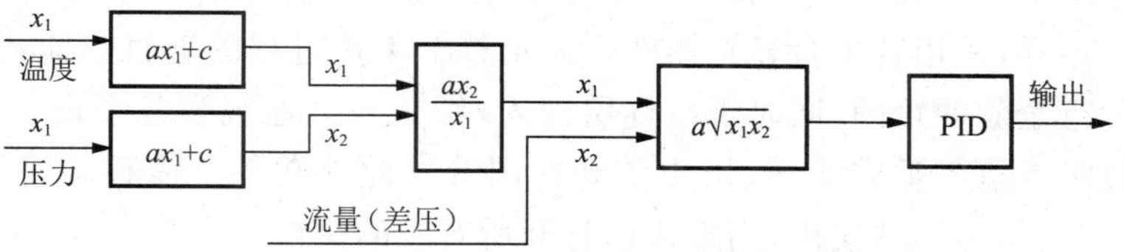

图 3-4-7 指定运算模块连接示意

(2) 判定表方式。这是纯粹的填表形式，只要按照 CRT 画面上组态表格的要求，用工程师键盘逐项填入内容或回答问题即可。这种方式更有利于用户的组态操作，如表 3-4-3 所示。

表 3-4-3 判定表方式示例

控制站编号 =01 回路编号 =23			
工位号	=F120	补偿计算	=YES
功能指定	=PID	温度输入	=T130
输入处理		温度设计值	=15(℃)
量程上限	=100.0	压力输入	=P540
量程下限	=0	压力设计值	=1.0(kgf/cm²)
工业单位	=m³/h	控制运算	
线性化	=$\sqrt{\ }$	控制周期	=1 s
积算指定	=YES	给定值跟踪	=YES
报警处理		输入/输出补偿	=NO
上/下限报警	=YES	输出处理	
上/下限报警灯输出	=NO	正/反动作	=R(反作用)
变化限报警	=YES	输出跟踪	=YES
变化限报警灯输出	=NO	输出变化限幅值	=5%/次
偏差报警	=YES	备用操作器	=NO
偏差报警灯输出	=NO		

(3) 步骤记入方式。这是一种面向过程的 POL 语言指令的编写方式，其编程自由度大，各种复杂功能都可通过一些技巧实现。但由于系统生成效率低，不适用大规模 DCS。步骤记入方式首先编制程序，然后用相应的组态键盘输入。

2. 实时数据库生成

实时数据库是 DCS 最基本的信息资源，这些实时数据由实时数据库存贮和管理。在 DCS 中，建立和修改实时数据库记录的方法有多种，常用的方法是用通用数据库工具软件生成数据库文件，系统直接利用这种数据格式进行管理或采用某种方法将生成的数据文件转换为 DCS 所要求的格式。

3. 工业流程画面的生成

DCS 是一种综合控制系统，具有丰富的控制系统和检测系统画面显示功能。利用工业流程画面技术不仅可以实现模拟屏的显示功能，而且可使多种仪表的显示功能集成于一个显示器。这样，采用若干台显示器即可显示整个工业过程的上百幅流程画面，达到纵览工业设备运行全貌的目的，同时可以逐层深入，细致入微地观察各个设备的细节。DCS 的流程画面技术支持各种趋势图、历史图和棒图等。此外在各个流程画面上一般还设置一些激励点，它们作为热键使用，用来快速打开所对应的窗口。

4. 历史数据库的生成

所有 DCS 都支持历史数据存贮和趋势显示功能，历史数据库的建立有多种方式，而较为先进的方式是采用生成方式。由用户在不需要编程的条件下，通过屏幕编辑编译技术生成一个数据文件，该文件定义了各历史数据记录的结构和范围。多数 DCS 提供方便的历史数据库生成手段，以实现历史数据库配置。生成时，可以一步生成目标记录，再下载到操作员站、现场控制单元或历史数据库管理站；也可以分为两步实现，首先编辑一个记录源文件，然后再对源文件进行编译，形成目标文件下载到目标站。与实时数据库的生成一样，无论采用何种方式，历史数据库的生成都是离线进行的。在线运行时，用户还可对个别参数进行适当修改。

5. 报表生成

DCS 操作员站的报表打印功能通过组态软件中的报表生成部分进行组态，不同的 DCS 在报表打印功能方面存在较大的差异。某些 DCS 具有很强的报表打印功能，但某些 DCS 仅提供基本的报表打印功能。一般来说，DCS 支持如下两类报表打印功能。

(1) 周期性报表打印。这种报表打印功能用来代替操作员的手工报表，打印生产过程中的操作记录和一般统计记录。

(2) 触发性报表打印。这类报表打印由某些特定事件触发，一旦事件发生，即打印事件发生前后的一段时间内的相关数据。

3.5 现场总线控制系统

现场总线(Fieldbus)是顺应智能现场仪表而发展起来的一种开放型的数字通信技术，

其发展的初衷是用数字通信代替 4～20 mA 模拟传输技术，把数字通信网络延伸到工业过程现场。随着现场总线技术与智能仪表管控一体化（仪表调校、控制组态、诊断、报警、记录）的发展，这种开放型的工厂底层控制网络构造了新一代的网络集成式全分布计算机控制系统，即现场总线控制系统（Fieldbus Control System，简称 FCS）。需要说明的是，DCS 以其成熟的发展、完备的功能及广泛的应用，在目前的工业控制领域仍然扮演着极其重要的角色。

3.5.1 现场总线概述

1. 现场总线

在传统的计算机控制系统中，现场设备与控制器之间采用一对一（一个 I/O 点对应于设备的一个测控点）的 I/O 连接方式，传输信号采用 4～20 mA 等模拟量信号或 24 V DC 等开关量信号。从 20 世纪 80 年代开始，由于大规模集成电路的发展，导致含有微处理器的智能变送器、数字控制器等智能现场设备的普遍应用。这些智能化的现场设备可以直接完成许多控制功能，也具备了直接进行数字通信的能力。例如，智能化变送器除了具有常规意义上的信号测量和变送功能以外，还具有自诊断、报警、在线标定甚至 PID 运算等功能，因此，智能现场设备与主机系统间待传输的信息量急剧增加，原有的 4～20 mA 模拟传输技术已成为当前控制系统发展的主要瓶颈。设想全部或大部分现场设备都具有直接通信的能力并具有统一的通信协议，只需一根通信电缆就可将分散的现场设备连接起来，完成对现场设备的监控——这就是现场总线技术的初始想法。

2. 现场总线的结构特点和技术特征

现场总线控制系统打破了传统计算机控制系统的结构形式。在如图 3-5-1 所示的传统计算机控制系统中，广泛使用了模拟仪表系统中的传感器、变送器和执行机构等现场仪表设备，现场仪表和位于控制室的控制器之间均采用一对一的物理连接，一只现场仪表需要由一对传输线来单向传送一个模拟信号，所有这些输入或输出的模拟量信号都要通过 I/O 组件进行信号转换。一方面，这种传输方法要使用大量的信号线缆，给现场安装、调试及维护带来困难；另一方面，模拟信号的传输精度和抗干扰能力较低，而且不能对现场仪表进行在线参数整定和故障诊断，主控室的工作人员无法实时掌握现场仪表的实际情况，使得处于最底层的模拟变送器和执行器成了计算机控制系统中最薄弱的环节。

现场总线系统的拓扑结构则更为简单，如图 3-5-2 所示。由于采用数字信号传输取代模拟信号传输，现场总线允许在一条通信线缆上挂接多个现场设备，而不再需要 A/D、D/A 等 I/O 组件。当需要增加现场控制设备时，现场仪表可就近连接在原有的通信线上，无须增设其他任何组件。

从结构上看，DCS 实际上是“半分散”“半数字”的系统，而 FCS 采用的是一个完全分散的控制方式。在一般的 FCS 系统中，遵循特定现场总线协议的现场仪表可以组成控制回路，使控制站的部分控制功能下移分散到各个现场仪表中，各种控制设备本身能够进行相互通信，从而减轻了控制站负担，使得控制站可以专职于执行复杂的、高层次的控制算法。

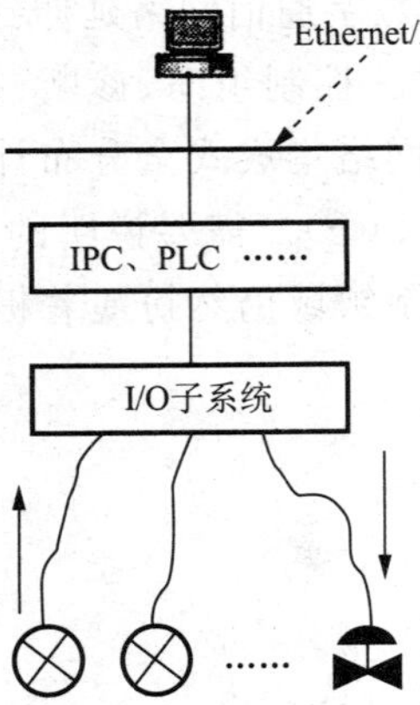

图 3-5-1　传统计算机控制系统结构示意

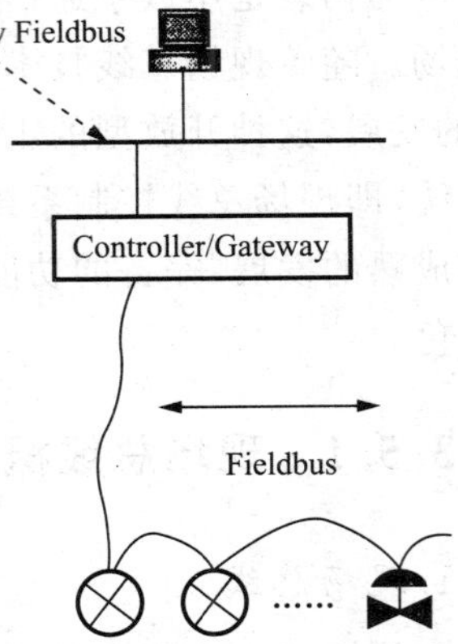

图 3-5-2　FCS 结构示意

现场总线的技术特征可以归纳为以下几个方面。

(1) 全数字化通信。传统 DCS 的通信网络截止于控制站或输入输出单元，现场仪表仍然是一对一模拟信号传输。在 FCS 中，现场信号都保持着数字特性，所有现场控制设备采用全数字化通信。许多总线在通信介质、信息检验、信息纠错、重复地址检测等方面都有严格的规定，从而确保总线通信快速、完全、可靠地进行。

(2) 开放型的互联网络。开放主要是指通信协议公开，也就是指对相关标准的一致性、公开性，强调对标准的共识与遵从。一个开放系统，它可以与任何遵守相同标准的其他设备或系统相连。现场总线就是要致力于建立一个开放型的工厂底层网络。

(3) 互操作性与互用性。互操作性的含义是指来自不同制造厂的现场设备可以互相通信、统一组态，构成所需的控制系统；而互用性则意味着不同生产厂家的性能类似的设备可进行互换而实现互用。由于现场总线强调遵循公开统一的技术标准，因而有条件实现设备的互操作性和互用性，用户就可以根据产品的性能、价格选用不同厂商的产品，通过网络对现场设备统一组态，把不同厂家、不同品牌的产品集成在同一个系统内，并可在同功能的产品之间进行相互替换，使用户具有了自控设备选择、集成的主动权。

(4) 现场设备的智能化。现场总线仪表本身具有自诊断功能，它可以处理各种参数、运行状态信息及故障信息，系统可随时诊断设备的运行状态，这在模拟仪表中是做不到的。

(5) 系统结构的高度分散性。数字、双向传输方式使得现场总线仪表可以摆脱传统仪表功能单一的制约，可以在一块仪表中集成多种功能，甚至做成集检测、运算、控制于一体的变送控制器。FCS 可以废弃 DCS 的输入/输出单元和控制站，把 DCS 控制站的功能块分散地分配给现场仪表，构成一种全分布式控制系统的体系结构。

(6) 对现场环境的适应性。作为工厂网络底层的现场总线，工作在现场设备前端，是专为在现场环境下工作而设计的，它可支持双绞线、同轴电缆、光缆等多种途径传送数字信号。另外，现场总线还支持总线供电，即两根导线在为多个自控设备传送数字信号的同时，还为这些设备传送工作电源，可满足本质安全防爆要求。

总之，开放性、分散性与数字通信是现场总线系统最显著的特征，FCS 更好地体现了

“信息集中,控制分散”的思想。首先,FCS系统具有高度的分散性,它可以由现场设备组成自治的控制回路,现场仪表或设备具有高度的智能化与功能自主性,可完成控制的基本功能,也使其可靠性得到提高。其次,FCS具有开放性,而开放性又决定了它具有互操作性和互用性。另外,由于结构上的改变,使用FCS可以减少大量的隔离器、端子柜、I/O接口和信号传输电缆,这可以简化系统安装、维护和管理,降低系统的投资和运行成本。

3.5.2 基金会现场总线

基金会现场总线简称FF总线。按照基金会总线组织的定义,FF总线是一种全数字的、串行的、双向传输的通信系统,是一种能连接现场各种传感器、控制器、执行单元的信号传输系统。FF总线最根本的特点是专门针对工业过程自动化而开发的,在满足要求苛刻的使用环境、本质安全、总线供电等方面都有完善的措施。FF采用了标准功能块和DDL设备描述技术,确保不同厂家的产品有良好的互用性和互操作性。为此,有人称FF总线是专门为过程控制设计的现场总线。

在FF协议标准中,FF分为低速H_1总线和高速H_2总线。低速H_1总线协议主要用于过程控制系统。

3.5.3 网络拓扑和设备连接

FF现场总线的网络拓扑比较灵活,通常包括点到点型拓扑、总线型拓扑、菊花链型拓扑、树型拓扑以及这几种拓扑组合在一起构成的混合型结构。其中,总线型和树型拓扑在工程中使用较多,如图3-5-3所示。在总线型结构中,现场总线设备通过一段称为支线的电缆连接到总线段上,支线长度一般小于120 m,它适用于现场设备物理分布比较分散、设备密度较低的应用场合。在树型结构中,现场总线上的设备都是被独立连接到公共的接线盒、端子、仪表板或I/O卡,它适用于现场设备局部比较集中的应用场合;树型结构还必须考虑支线的最大长度。

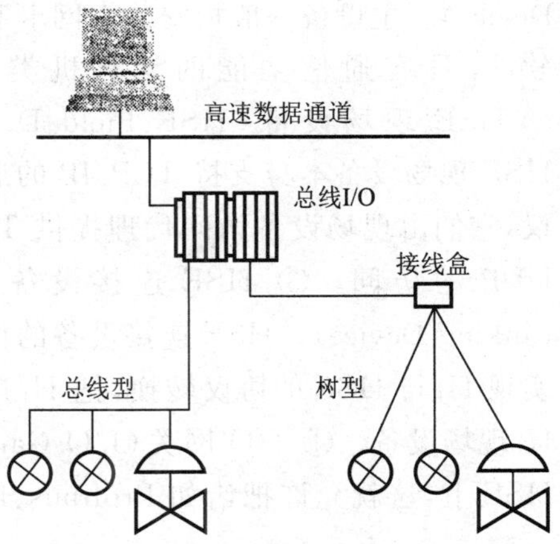

图3-5-3 基金会现场总线常见的网络拓扑

1. H_1总线的连接

图3-5-4表示H_1现场设备与H_1总线连接的基本结构,图中的FF接口可以是PLC、IPC、网桥等链路主设备。现场设备与H_1总线的连接需要注意以下三个方面的问题。① 在H_1主干总线的两端要各安装一个终端器,每个终端器由一个100 Ω的电阻和一个电容串联组成,形成对31.25 kHz信号的通带。② 每一个H_1总线段上最多允许安装32个H_1现场设备(非总线供电)。③ 总线长度等于主干总线的长度加上所有分支总线的长度,它不能超过H_1总线所允许的最大长度。如果实际的H_1总线长度超过规定的长度范围,用户可以采用中继器进行扩展,一个总线段最多允许连接4个中继器。例如,H_1总线采用带

屏蔽的双绞线作为通信电缆，不加中继器的最大允许长度是 1 900 m，如果连接 4 个中继器，则总线长度可扩展到 9 500 m。

通信速度不同或传输介质不同的网段之间需要采用网桥连接，如图 3-5-5 所示。每个网桥包含一个上位端口(Root Port)、一个或几个下位端口(Downstream Port)，每个端口可以连接一个网段。上位端口连向主网段，下位端口则相反。

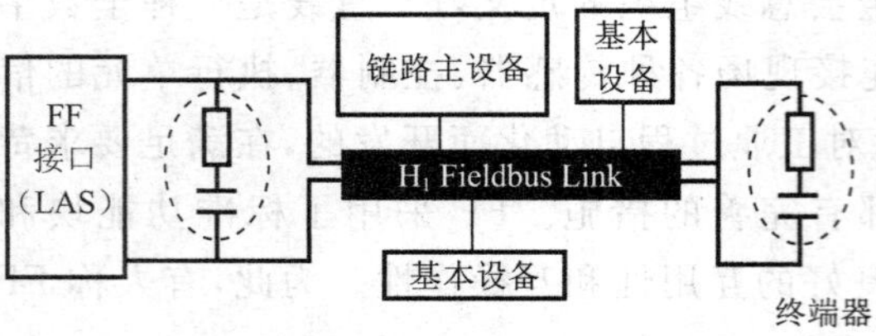

图 3-5-4　H_1 总线上的设备连接

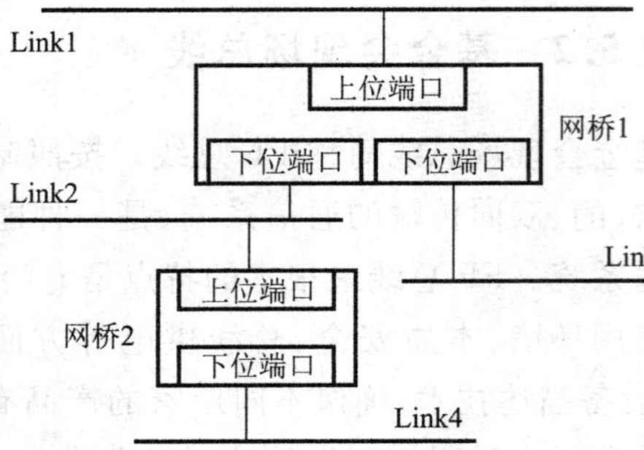

3-5-5　网络连接的 H_1 拓扑

2. HSE 的网络拓扑

图 3-5-6 是 HSE 的网络拓扑，图中共有 4 种典型的 HSE 设备：① 主设备(Host Device)。主设备一般指安装有网卡和组态软件，具有通信功能的计算机类设备。② HSE 现场设备(HSE Field Device)。HSE 现场设备本身支持 TCP/IP 的通信协议，它们由现场设备访问代理提供 TCP 和 UDP 的访问。③ HSE 连接设备(HSE Linking Device)。HSE 连接设备的作用是实现 H_1 与 HSE 的协议转换，把 H_1 连接到 HSE 上，提供 UDP/TCP 的协议方式来访问 H_1 现场设备。④ I/O 网关(I/O Gateway)。I/O 网关用于把非 FF 的 I/O 装置连接到 HSE 上，这就允许把诸如 Profibus、DeviceNet 等其他标准网络系统与 HSE 网络连接在一起。

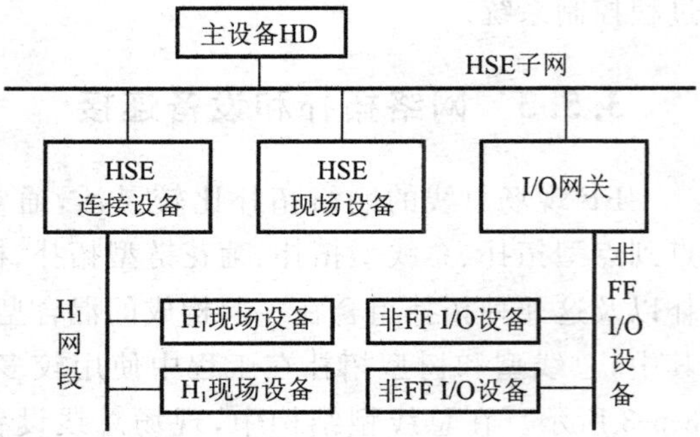

图 3-5-6　HSE 设备连接示意

从 HSE 设备连接示意图上可以看出，基于以太网的高速总线可以把各种控制设备连接在一起。但在实际应用中往往不宜过分的复杂，一般以比较清晰的 1～2 个层次为宜。

3.6 执 行 器

执行器是自动控制系统中的一个重要组成部分。它的作用是接收控制器送来的控制信号，改变被控介质的流量，从而将被控变量维持在所要求的数值上或一定的范围内。

执行器按其能源形式可分为气动、电动、液动三大类。气动执行器以压缩空气作为能源，其特点是结构简单、动作可靠、平稳、输出推力较大、维修方便、防火防爆，而且价格较低，因此广泛地应用于化工、炼油等生产过程中。它可以方便地与气动仪表配套使用。即使是采用电动仪表或计算机控制时，只要经过电-气转换器或电-气阀门定位器将电信号转换为 0.02～0.1 MPa 的标准气压信号，仍然可用气动执行器。电动执行器的能源取用方便，信号传递迅速，但由于它结构复杂、防爆性能差，故较少应用。液动执行器在化工、炼油等生产过程中基本不使用。

3.6.1 气动执行器

气动执行器由执行机构和控制机构（阀）两部分组成。执行机构是执行器的推动装置，它按控制信号压力的大小产生相应的推力，推动控制机构动作，所以它是将信号压力转换为阀杆位移的装置。控制机构是执行器的控制部分，它直接与被控介质接触，控制流体的流量，所以它是将阀杆的位移转换为流过阀的流量的装置。

图 3-6-1 是一种常用气动执行器的示意图。气压信号由上部引入，作用在薄膜上，推动阀杆产生位移，改变了阀芯与阀座之间的流通面积，从而达到了控制流量的目的。图中上半部为执行机构，下半部为控制机构。

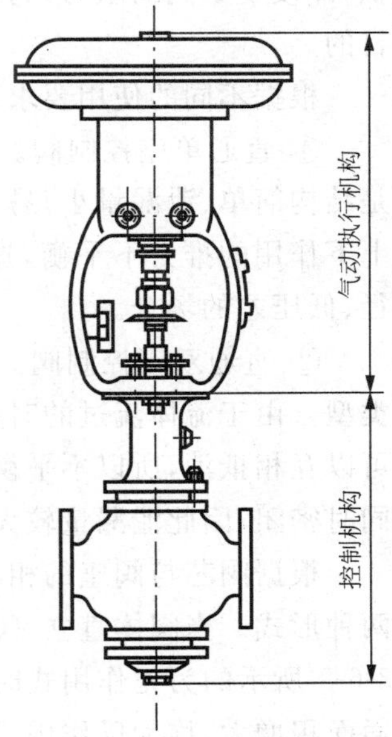

图 3-6-1 气动执行器示意图

气动执行器有时还配备一定的辅助装置。常用的有阀门定位器和手轮机构。阀门定位器的作用是利用反馈原理来改善执行器的性能，使执行器能按控制器的控制信号实现准确的定位。手轮机构的作用是当控制系统因停电、停气、控制器无输出或执行机构失灵时，利用它可以直接操纵控制阀，以维持生产的正常进行。

1. 气动执行器的结构与分类

前面已经提到，气动执行器主要由执行机构与控制机构两大部分组成。根据不同的使用要求，它们又可分为许多不同的形式，下面分别加以叙述。

(1) 执行机构。

气动执行机构主要分为薄膜式和活塞式两种。其中薄膜式执行机构最为常用，它可以用作一般控制阀的推动装置，组成气动薄膜式执行器，习惯上称为气动薄膜控制阀。它的结构简单、价格便宜、维修方便、应用广泛。

气动活塞式执行机构的推力较大，主要适用于大口径、高压降控制阀或蝶阀的推动装置。

除薄膜式和活塞式之外，还有长行程执行机构。它的行程长、转矩大，适于输出转角（0～90°）和力矩，如用于蝶阀或风门的推动装置。

气动薄膜式执行机构有正作用和反作用两种形式。当来自控制器或阀门定位器的信号压力增大时阀杆向下动作的叫正作用执行机构（ZMA 型），当信号压力增大时阀杆向上动作的叫反作用执行机构（ZMB 型）。正作用执行机构的信号压力是通入波纹膜片上方的薄膜气室;反作用执行机构的信号压力是通入波纹膜片下方的薄膜气室。通过更换个别零件,两者便能互相改装。

根据有无弹簧执行机构可分为有弹簧的及无弹簧的,有弹簧的薄膜式执行机构最为常用,无弹簧的薄膜式执行机构常用于双位式控制。

有弹簧的薄膜式执行机构的输出位移与输入气压信号成比例关系。当信号压力(通常为 0.02~0.1 MPa)通入薄膜气室时,在薄膜上产生一个推力,使阀杆移动并压缩弹簧,直至弹簧的反作用力与推力相平衡,阀杆稳定在一个新的位置。信号压力越大,阀杆的位移量也越大。阀杆的位移即为执行机构的直线输出位移,也称行程。行程规格有 10 mm、16 mm、25 mm、40 mm、60 mm、100 mm 等。

(2) 控制机构。

控制机构即控制阀,实际上是一个局部阻力可以改变的节流元件。阀杆上部与执行机构相连,下部与阀芯相连。由于阀芯在阀体内移动,改变了阀芯与阀座之间的流通面积,即改变了阀的阻力系数,被控介质的流量也就相应地改变,从而达到控制工艺参数的目的。

根据不同的使用要求,控制阀的结构形式主要有以下几种。

① 直通单座控制阀。这种阀的阀体内只有一个阀芯与阀座,如图 3-6-2 所示。其特点是结构简单、泄漏量小,易于保证关闭,甚至完全切断。但是在压差大的时候,流体对阀芯上下作用的推力不平衡,这种不平衡力会影响阀芯的移动,因此这种阀一般应用在小口径、低压差的场合。

② 直通双座控制阀。阀体内有两个阀芯和阀座,如图 3-6-3 所示,这是最常用的一种类型。由于流体流过的时候,作用在上、下两个阀芯上的推力方向相反而大小近于相等,可以互相抵消,所以不平衡力小。但是,由于加工的限制,上下两个阀芯和阀座不易保证同时密闭,因此泄漏量较大。

根据阀芯与阀座的相对位置,这种阀可分为正作用式与反作用式(或称正装与反装)两种形式。当阀体直立、阀秆下移时,阀芯与阀座间的流通面积减小的称为正作用式,图 3-6-3 所示的为正作用式时的情况。如果将阀芯倒装,则当阀杆下移时,阀芯与阀座间流通面积增大,称为反作用式。

③ 角形控制阀。角形阀的两个接管呈直角形,一般为底进侧出,如图 3-6-4 所示。这种阀的流路简单、阻力较小,适用于现场管道要求直角连接,介质为高黏度、高压差和含有少量悬浮物和固体颗粒状的场合。

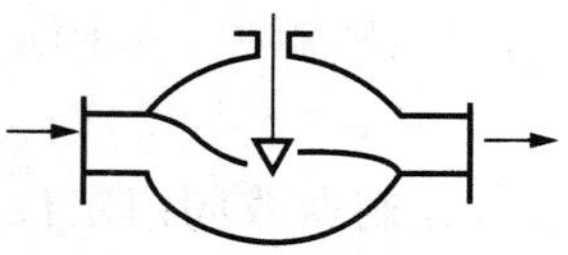

图 3-6-2　直通单座阀

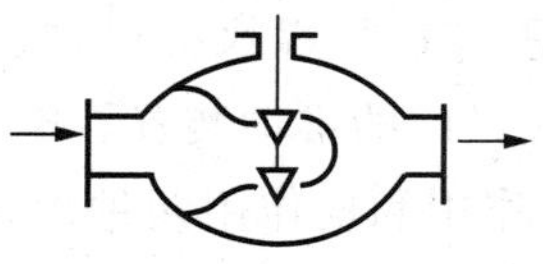

图 3-6-3　直通双座阀

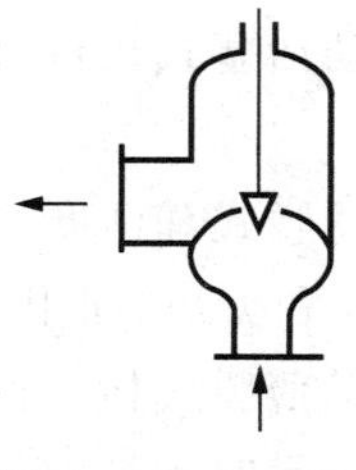

图 3-6-4　角形阀

④ 三通控制阀。三通阀共有三个出入口与工艺管道连接。其流通方式有合流(两种

介质混合成一路)型和分流(一种介质分成两路)型两种,分别如图 3-6-5(a)、(b)所示。这种阀可以用来代替两个直通阀,适用于配比控制与旁路控制。与直通阀相比,组成同样的系统时,可省掉一个二通阀和一个三通接管。

⑤ 隔膜控制阀。它采用耐腐蚀衬里的阀体和隔膜，如图 3-6-6 所示。隔膜阀结构简单、流阻小、流通能力比同口径的其他种类的阀要大。由于介质用隔膜与外界隔离,故无填料介质也不会泄漏。这种阀耐腐蚀性强,适用于强酸、强碱、强腐蚀性介质的控制,也能用于高黏度及悬浮颗粒状介质的控制。

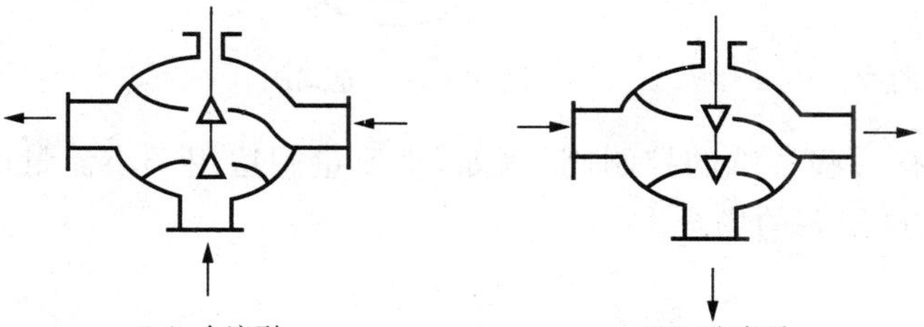

(a) 合流型　　(b) 分流型

图 3-6-5　三通阀

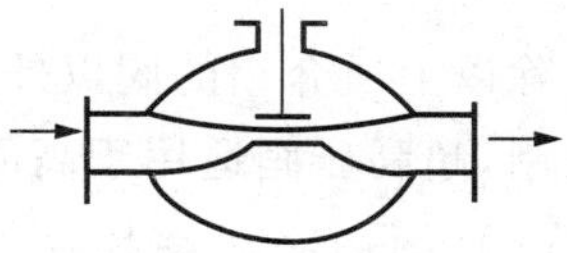

图 3-6-6　隔膜阀

选用隔膜阀时,应注意执行机构须有足够的推力。一般隔膜阀直径大于 100 mm 时,均采用活塞式执行机构。由于受衬里材料性质的限制,这种阀的使用温度宜在 150 ℃以下,压力在 1 MPa 以下。

⑥ 蝶阀。又名翻板阀,如图 3-6-7 所示。蝶阀具有结构简单、质量小、价格便宜、流阻极小的优点,但泄漏量大,适用于大口径、大流量、低压差的场合,也可以用于含少量纤维或悬浮颗粒状介质的控制。

⑦ 球阀。球阀的阀芯与阀体都呈球形,转动阀芯使之与阀体处于不同的相对位置时,就具有不同的流通面积,从而达到控制流量的目的,如图 3-6-8 所示。

球阀阀芯有"V"形和"O"形两种开口形式,分别如图 3-6-9(a)、(b)所示。O 形球阀的节流元件是带圆孔的球体,转动球体可起控制和切断的作用,常用于双位式控制。V 形球阀的节流元件是 V 形缺口球体,转动球心使 V 形缺口起节流和剪切的作用,适用于高黏度和污秽介质的控制。

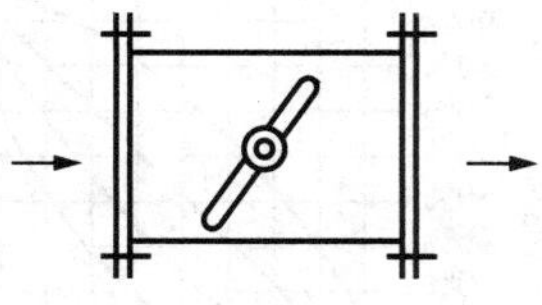

图 3-6-7　蝶阀

图 3-6-8　球阀

(a)　　(b)

图 3-6-9　球阀阀芯的形状

⑧ 凸轮挠曲阀。又名偏心旋转阀,它的阀芯呈扇形球面状,与挠曲臂及轴套一起铸成,固定在转动轴上,如图 3-6-10 所示。凸轮挠曲阀的挠曲臂在压力作用下能产生挠曲变形,使阀芯球面与阀座密封圈紧密接触,密封性好。同时,它的质量小、体积小、安装方便,适用于高黏度或带有悬浮物的介质流量控制。

⑨ 笼式阀。又名套筒型控制阀,它的阀体与一般的直通单座阀相似,如图 3-6-11 所示。笼式阀内有一个圆柱形套筒(笼子)。套筒壁上有一个或几个不同形状的孔(窗口),

利用套筒导向，阀芯在套筒内上下移动，由于这种移动改变了笼子的节流孔面积，就形成了各种特性并实现流量控制。笼式阀的可调比大、振动小、不平衡力小、结构简单、套筒互换性好，更换不同的套筒（窗口形状不同）即可得到不同的流量特性，阀内部件所受的汽蚀小、噪声小，是一种性能优良的阀，特别适用于要求低噪声及压差较大的场合，但不适用于高温、高黏度及含有固体颗粒的流体。

图 3-6-10　凸轮挠曲阀

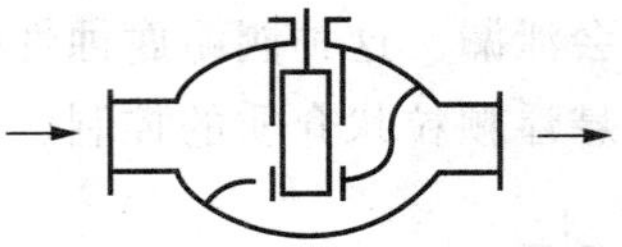

图 3-6-11　笼式阀

除以上所介绍的阀以外，还有一些特殊的控制阀，例如，小流量阀适用于小流量的精密控制，超高压阀适用于高静压、高压差的场合。

2. 控制阀的流量特性

控制阀的流量特性是指被控介质流过阀门的相对流量与阀门的相对开度（相对位移）之间的关系，即

$$\frac{Q}{Q_{\max}} = f\left(\frac{l}{L}\right) \tag{3-6-1}$$

式中，相对流量 $Q/Q_{\max}$ 是控制阀某一开度时流量 Q 与全开时流量 $Q_{\max}$ 之比。相对开度 l/L 是控制阀某一开度行程 l 与全开行程 L 之比。

一般来说，改变控制阀阀芯与阀座间的流通截面积，便可控制流量。但实际上还有多种影响因素，例如在节流面积改变的同时还发生阀前后压差的变化，而这又将引起流量变化。为了便于分析，先假定阀前后压差固定，然后考虑到真实情况，于是有理想流量特性与工作流量特性之分。

（1）控制阀的理想流量特性。

在不考虑控制阀前后压差变化时，介质流过阀门的相对流量与阀门相对开度之间的关系称为控制阀的理想流量特性。它取决于阀芯的形状，主要有直线、等百分比（对数）、抛物线及快开 4 种流量特性（如图 3-6-12 所示）。

① 直线流量特性。直线流量特性是指控制阀的相对流量与相对开度成直线关系，即单位位移变化所引起的流量变化是常数。用数学式表示为

$$\frac{\mathrm{d}(Q/Q_{\max})}{\mathrm{d}(l/L)} = K \tag{3-6-2}$$

式中，K 为常数，即控制阀的放大系数。

将式（3-6-2）积分可得

$$Q/Q_{\max} = K\frac{l}{L} + C \tag{3-6-3}$$

式中，C 为积分常数。

边界条件为：$l = 0$ 时 $Q = Q_{\min}$（$Q_{\min}$ 为控制阀能控制的最小流量）；$l = L$ 时 $Q = Q_{\max}$。把边界条件代入式

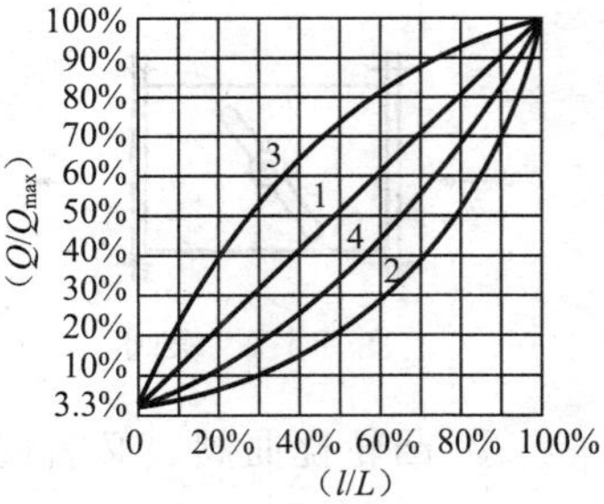

图 3-6-12　理想流量特性

1—直线；2—等百分比；3—快开；4—抛物线

(3-6-3),可分别得

$$C=\frac{Q_{\min}}{Q_{\max}}=\frac{1}{R},K=1-C=1-\frac{1}{R} \tag{3-6-4}$$

式中,R 为控制阀所能控制的最大流量 $Q_{\max}$ 与最小流量 $Q_{\min}$ 的比值,称为控制阀的可调范围或可调比。

值得指出的是,$Q_{\min}$ 并不等于控制阀全关时的泄漏量,一般它是 $Q_{\max}$ 的 2%~4%。国产控制阀理想可调范围 R 为 30(这是对于直通单座、直通双座、角形阀和阀体分离阀而言的,隔膜阀的可调范围为 10)。

将式(3-6-4)代入式(3-6-3),可得

$$Q/Q_{\max}=\frac{1}{R}\left[1+(R-1)\frac{l}{L}\right] \tag{3-6-5}$$

式(3-6-5)表明 $\frac{Q}{Q_{\max}}$ 与 $\frac{l}{L}$ 之间呈线性关系,在直角坐标上是一条直线(如图 3-6-12 中直线 1 所示)。要注意的是当可调比 R 不同时,特性曲线在纵坐标上的起点是不同的。当 $R=30$,$\frac{l}{L}=0$ 时,$\frac{Q}{Q_{\max}}=0.033$。为便于分析和计算,假设 $R=\infty$,即特性曲线以坐标原点为起点,这时当位移变化 10%所引起的流量变化总是 10%,但流量变化的相对值是不同的。以行程的 10%、50%及 80%三点为例,若位移变化量都为 10%,则

在 10%时,流量变化的相对值为 $\frac{20-10}{10}\times 100\%=100\%$

在 50%时,流量变化的相对值为 $\frac{60-50}{50}\times 100\%=20\%$

在 80%时,流量变化的相对值为 $\frac{90-80}{80}\times 100\%=12.5\%$

可见,在流量小时,流量变化的相对值大,在流量大时,流量变化的相对值小。也就是说,当阀门在小开度时控制作用太强,而在大开度时控制作用太弱,这是不利于控制系统的正常运行的。从控制系统来讲,当系统处于小负荷时(原始流量较小),要克服外界干扰的影响,希望控制阀动作所引起的流量变化量不要太大,以免控制作用太强产生超调,甚至发生振荡;当系统处于大负荷时,要克服外界干扰的影响,希望控制阀动作所引起的流量变化量要大一些,以免控制作用微弱而使控制不够灵敏。直线流量特性不能满足以上要求。

根据式(3-6-5)可实现对流量变送器和控制阀故障的判断:在直线控制阀确定的情况下,其可调比 R 和全行程 L 已知,$Q_{\max}$ 由工艺条件给出,则 Q 和 l 呈线性关系。

A. 判断流量变送器是否故障。在确定控制阀完好的前提下,则其行程可现场观察得到,根据公式(3-6-5)可求得 Q 值,然后观察流量变送器示值 Q_1,二者比较接近,则表明流量变送器完好,否则,流量变送器故障,可对流量变送器进行检查并排除故障。

B. 判断控制阀是否故障。在确定流量变送器完好的前提下,其示值可现场观察得到,根据公式(3-6-5)可求得控制阀行程 l 值,然后观察控制阀示值 l_1,二者比较接近,则表明控制阀完好,否则,控制阀故障,可对控制阀进行检查并排除故障。

② 等百分比(对数)流量特性。等百分比流量特性是指单位相对行程变化所引起的相对流量变化与此点的相对流量成正比关系，即控制阀的放大系数随相对流量的增加而增大。用数学式表示为

$$\frac{d(Q/Q_{max})}{d(l/L)} = K(Q/Q_{max}) \tag{3-6-6}$$

将式(3-6-6)积分得

$$\ln(Q/Q_{max}) = K\frac{l}{L} + C$$

将前述边界条件代入，可得 $C = \ln\frac{Q_{min}}{Q_{max}} = \ln\frac{1}{R} = -\ln R, K = \ln R$，最后得

$$Q/Q_{max} = R^{\frac{l}{L}-1} \tag{3-6-7}$$

相对开度与相对流量成对数关系。曲线斜率(图 3-6-12 中曲线 2 所示)即放大系数随行程增大而增大。在同样的行程变化值下，流量小时，流量变化小，控制平稳缓和；流量大时，流量变化大，控制灵敏有效。

根据式(3-6-7)可实现对流量变送器和控制阀故障的判断：

在对数控制阀确定的情况下，其可调比 R 和全行程 L 已知，Q_{max} 由工艺条件给出，因此 Q 和 l 呈指数关系。

A. 判断流量变送器是否故障。在确定控制阀完好的前提下，则其行程可现场观察得到，根据公式(3-6-7)可求得 Q 值，然后观察流量变送器示值 Q_1，二者比较接近，则表明流量变送器完好，否则，流量变送器故障，可对流量变送器进行检查并排除故障；

B. 判断控制阀是否故障。在确定流量变送器完好的前提下，则其示值可现场观察得到，根据公式(3-6-7)可求得控制阀行程 l 值，然后观察控制阀示值 l_1，二者比较接近，则表明控制阀完好，否则，控制阀故障，可对控制阀进行检查并排除故障。

③ 快开流量特性。快开流量特性(图 3-6-12 中曲线 3 所示)在开度较小时就有较大流量，随开度的增大，流量很快就达到最大，故称为快开特性。快开特性的阀芯形式是平板形的，适用于迅速启闭的切断阀或双位控制系统。数学表达式为

$$\frac{d(Q/Q_{max})}{d(l/L)} = K(Q/Q_{max})^{-1} \tag{3-6-8}$$

④ 抛物线流量特性。抛物线流量特性(图 3-6-12 中曲线 4 所示)是指单位相对位移的变化所引起的相对流量变化与此点的相对流量值的平方根成正比关系。在直角坐标上为一条抛物线，它介于直线与对数曲线之间。数学表达式为

$$\frac{d(Q/Q_{max})}{d(l/L)} = K(Q/Q_{max})^{1/2}$$

控制阀流量特性的选择实际上主要是直线流量特性和对数流量特性的选择。

(2) 控制阀的工作流量特性。

在实际生产中，控制阀前后压差总是变化的，这时的流量特性称为工作流量特性。

① 串联管道的工作流量特性。以图 3-6-13 所示串联系统为例来讨论，系统总压差 Δp

等于管路系统(除控制阀外的全部设备和管道的各局部阻力之和)的压差 Δp_2 与控制阀的压差 Δp_1 之和(图 3-6-14 所示)。以 s 表示控制阀全开时阀上压差与系统总压差(即系统中最大流量时动力损失总和)之比。以 Q_{max} 表示管道阻力等于零时控制阀的全开流量,此时阀上压差为系统总压差。于是可得串联管道以 Q_{max} 作参比值的工作流量特性,如图 3-6-15 所示。

图中 $s=1$ 时,管道阻力损失为零,系统总压差全降在阀上,工作特性与理想特性一致。随着 s 值的减小,直线特性渐渐趋近于快开特性,等百分比特性渐渐接近于直线特性。所以,在实际使用中,一般希望 s 值不低于 0.3~0.5。

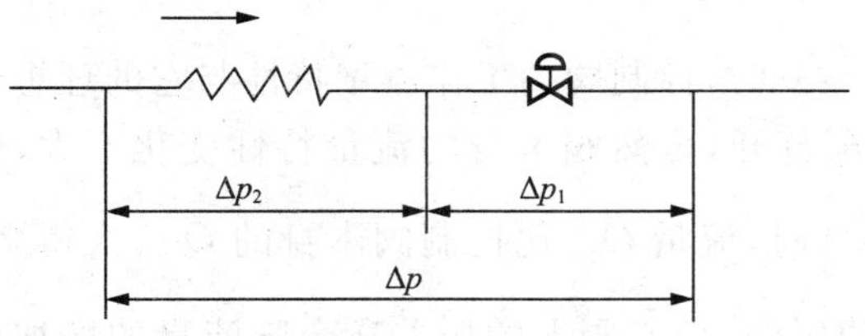

图 3-6-13 串联管道的情形

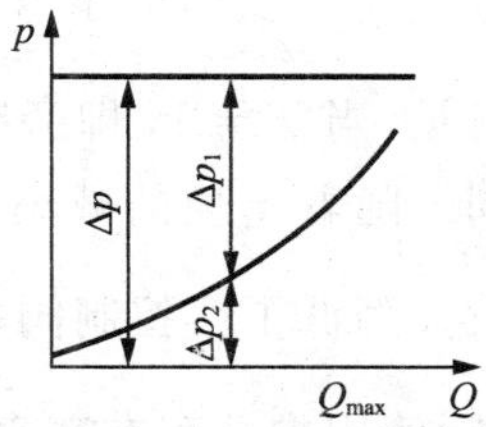

图 3-6-14 管道串联时控制阀压差变化情况

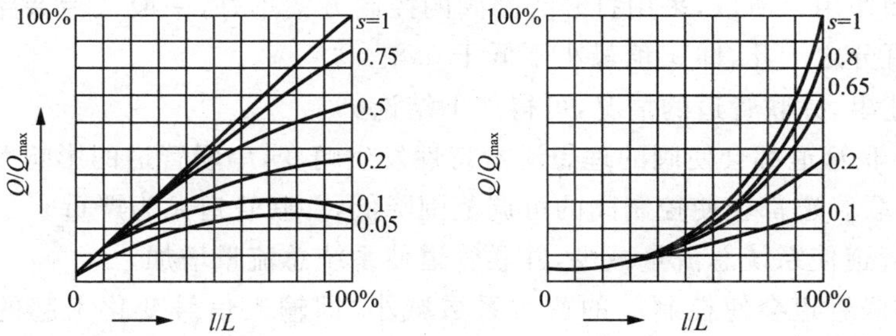

(a) 理想特征为直线型 (b) 理想特征为等百分比型

图 3-6-15 管道串联时控制阀的工作特性

在现场使用中,如控制阀选得过大或生产在低负荷状态,控制阀将工作在小开度。有时,为了使控制阀有一定的开度而把工艺阀门关小一些以增加管道阻力,使流过控制阀的流量降低,这样 s 值下降,使流量特性畸变,控制质量恶化。

② 并联管道的工作流量特性。控制阀一般都装有旁路,以便手动操作和维护。当生产量提高或控制阀选小时,只好将旁路阀打开一些,此时控制阀的理想流量特性就改变成为工作特性。

图 3-6-16 表示并联管道时的情况。显然这时管路的总流量 Q 是控制阀流量 Q_1 与旁路流量 Q_2 之和,即 $Q=Q_1+Q_2$。

若以 x 代表并联管道控制阀全开时的流量 Q_{1max} 与总管最大流量 Q_{max} 之比,可以得到在压差 Δp 一定而 x 为不同数值时的工作流量特性,如图 3-6-17 所示。图中纵坐标流量以总管最大流量 Q_{max} 为参比值。

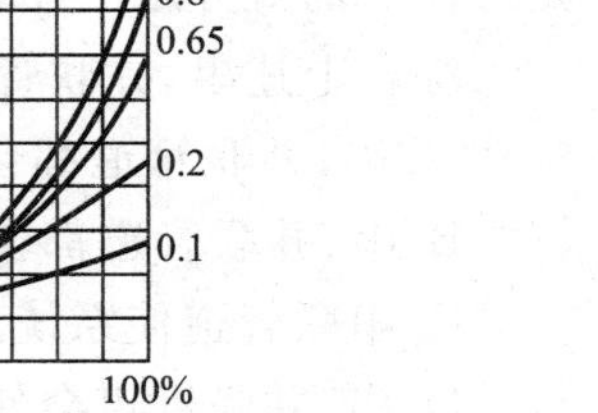

图 3-6-16 并联管道的情况

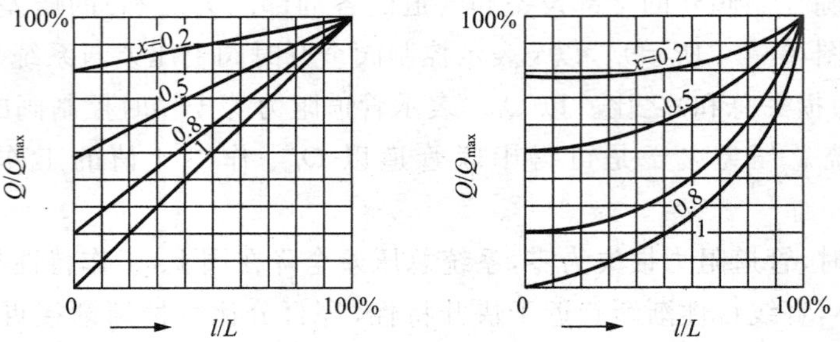

(a) 直线理想特征　　(b) 等百分比理想特征

图 3-6-17　并联管道时控制阀的工作特性

由图可见，当 $x=1$，即旁路阀关闭、$Q_2=0$ 时，控制阀的工作流量特性与它的理想流量特性相同。随着 x 值的减小，即旁路阀逐渐打开，虽然阀本身的流量特性变化不大，但可调范围大大降低了。控制阀关闭，即 $\frac{l}{L}=0$ 时，流量 Q_{min} 比控制阀本身的 Q_{1min} 大得多。同时，在实际使用中总存在着串联管道阻力的影响，控制阀上的压差还会随流量的增加而降低，使可调范围下降得更多一些，控制阀在工作过程中所能控制的流量变化范围更小，甚至不起控制作用。所以，采用打开旁路阀的控制方案不好，一般认为旁路流量最多只能是总流量的百分之十几，即 x 值最小不低于 0.8。

综合上述串、并联管道的情况，可得如下结论。

A. 串、并联管道都会使阀的理想流量特性发生畸变，串联管道的影响尤为严重。

B. 串、并联管道都会使控制阀的可调范围降低，并联管道尤为严重。

C. 串联管道使系统总流量减少，并联管道使系统总流量增加。

D. 串、并联管道会使控制阀的放大系数减小，即输入信号变化引起的流量变化值减小。串联管道时控制阀若处于大开度，则 s 值降低对放大系数影响更为严重；并联管道时控制阀若处于小开度，则 x 值降低对放大系数影响更为严重。

3. 控制阀的选择

气动薄膜控制阀选用得正确与否是很重要的。选用控制阀时，一般要根据被控介质的特点（温度、压力、腐蚀性、黏度等）、控制要求、安装地点等因素，参考各种类型控制阀的特点合理地选用。在具体选用时，一般应考虑下列几个主要方面的问题。

(1) 控制阀结构与特性的选择。

控制阀的结构形式主要根据工艺条件，如温度、压力及介质的物理、化学特性（如腐蚀性、黏度等）来选择。例如强腐蚀介质可采用隔膜阀、高温介质可选用带翅形散热片的结构形式。

控制阀的结构形式确定以后，还需确定控制阀的流量特性（即阀芯的形状）。一般是先按控制系统的特点来选择阀的希望流量特性，然后再考虑工艺配管情况来选择相应的理想流量特性。使控制阀安装在具体的管道系统中，畸变后的工作流量特性能满足控制系统对它的要求。目前使用比较多的是等百分比流量特性。

(2) 气开式与气关式的选择（不带保位阀的控制阀）。

气动执行器有气开式与气关式两种形式。输入气压信号增大时，阀门关小的为气关式；输入气压信号增大时，阀门开大的为气开式。由于执行机构有正、反作用，控制阀（具有双导向阀芯的）有正、反安装。因此气动执行器的气关或气开即由此组合而成。如图 3-6-18 和表 3-6-1 所示。

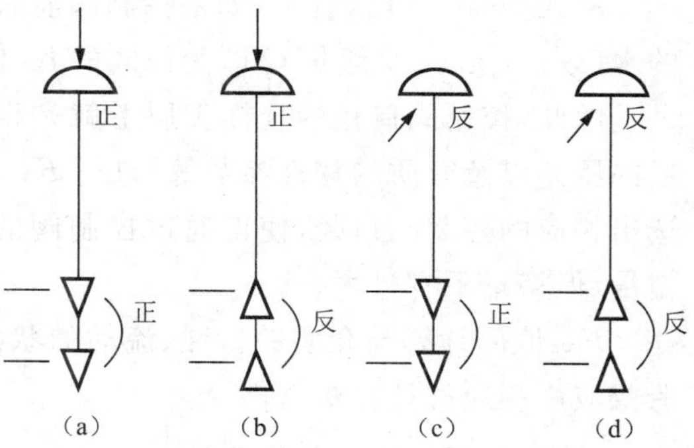

图 3-6-18 组合方式图

气开、气关的选择主要取决于工艺生产的安全要求。考虑原则是：信号压力中断时，应保证设备和操作人员的安全。如果阀处于打开位置时危害性小，则应选用气关式，以使气源系统发生故障、气源中断时，阀门能自动打开，保证安全。反之若阀处于关闭时危害性小，则应选用气开阀。例如，加热炉的燃料气或燃料油应采用气开式控制阀，即当信号中断时应切断进炉燃料，以免炉温过高造成事故。又如，控制进入设备易燃气体的控制阀应选用气开式，以防爆炸，若介质为易结晶物料则选用气关式，以防堵塞。

表 3-6-1 组合方式表

序号	执行机构	控制阀	气动执行器	序号	执行机构	控制阀	气动执行器
(a)	正作用	正装	气关	(c)	反作用	正装	气开
(b)	正作用	反装	气开	(d)	反作用	反装	气关

（3）控制阀口径的选择。

控制阀口径选择得合适与否将会直接影响控制效果。口径选择得过小，会使流经控制阀的介质达不到所需要的最大流量。在大的干扰情况下，系统会因介质流量（即操纵变量的数值）的不足而失控，因而使控制效果变差，此时若企图通过开大旁路阀来弥补介质流量的不足，则会使阀的流量特性产生畸变；口径选择得过大，不仅会浪费设备投资，而且会使控制阀经常处于小开度工作，控制性能也会变差，容易使控制系统变得不稳定。

控制阀的口径选择是由控制阀流量系数 K_V 值决定的。流量系数 K_V 的定义为：当阀两端压差为 100 kPa，流体密度为 1 g/cm^3，阀全开时，流经控制阀的流体流量（以 m^3/h 表示）。例如，某一控制阀在全开时，当阀两端压差为 100 kPa 时，如果流经阀的水流量为 40 m^3/h，则该控制阀的流量系数 K_V 值为 40。

控制阀的流量系数 K_V 表示控制阀容量的大小，是表示控制阀流通能力的参数。因此，控制阀流量系数 K_V 也称作控制阀的流通能力。

对于不可压缩的流体，且阀前后压差 p_1-p_2 不太大（即流体为非阻塞流）时，其流量系数 K_V的计算公式为

$$K_V = 10Q\sqrt{\frac{\rho}{p_1-p_2}} \tag{3-6-9}$$

式中 ρ——流体密度，g/cm^3；

p_1-p_2——阀前后的压差，kPa；

Q——流经阀的流量，m^3/h。

从式(3-6-9)可以看出,如果控制阀前后压差 p_1-p_2 保持为 100 kPa,阀全开时流经阀的水($\rho=1\ g/cm^3$)流量 Q 即为该阀的 K_V 值。

因此,控制阀口径的选择实质上就是根据特定的工艺条件(即给定的介质流量、阀前后的压差以及介质的物性参数等)进行 K_V 值的计算,然后按控制阀生产厂家的产品目录,选出相应的控制阀口径,使得通过控制阀的流量满足工艺要求的最大流量且留有一定的裕量,但裕量不宜过大。

K_V 值的计算与介质的特性、流动的状态等因素有关,具体计算时请参考有关计算手册或应用相应的计算机软件。

4. 气动执行器的安装和维护

气动执行器的正确安装和维护,是保证它能发挥应有效用的重要一环。对气动执行器的安装和维护,一般应注意下列几个问题。

(1) 为便于维护检修,气动执行器应安装在靠近地面或楼板的地方。当装有阀门定位器或手轮机构时,更应保证观察、调整和操作的方便。手轮机构的作用是:在开停车或事故情况下,可以用它来直接人工操作控制阀,而不用气压驱动。

(2) 气动执行器应安装在环境温度不高于+60 ℃且不低于−40 ℃的地方,并应远离振动较大的设备。为了避免膜片受热老化,控制阀的上膜盖与载热管道或设备之间的距离应大于 200 mm。

(3) 阀的公称通径与管道公称通径不同时,两者之间应加一段异径管。

(4) 气动执行器应该是正立垂直安装于水平管道上。特殊情况下需要水平或倾斜安装时,除小口径阀外,一般应加支撑。即使正立垂直安装,当阀的自重较大和有振动场合时,也应加支撑。

(5)通过控制阀的流体方向在阀体上有箭头标明,不能装反,正如孔板不能反装一样。

(6)控制阀前后一般要各装一只切断阀,以便修理时拆下控制阀。考虑到控制阀发生故障或维修时,不影响工艺生产的继续进行,一般应装旁路阀,如图 3-6-19 所示。

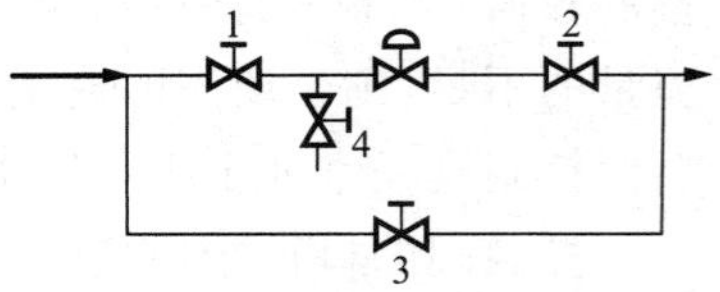

图 3-6-19 控制阀在管道中的安装

1—调节阀;2—切断阀;3—旁路阀;4—排污阀

对于含有杂质颗粒的介质,一般在控制阀与上游切断阀之间安装排污阀。利用排污阀可在线判断控制阀是否堵塞。具体步骤是:慢慢关闭上游切断阀 1 的同时,慢慢打开旁路阀 3,尽量保持同样的圈数,使管路总量保持不变,至打开旁路阀 3,关闭上游切断阀 1,然后打开排污阀 4,观察是否有介质畅通的排出来。如果介质排出量很少,或者无介质排出,表明控制阀堵塞,需要关闭控制阀下游的切断阀 2,拆下控制阀进行清洗处理,处理完毕,再恢复控制阀工作的状态;如果有介质畅通的排出来,表明控制阀没有堵塞,再由旁路阀切换到控制阀工作即可。

(7) 控制阀安装前,应对管路进行清洗,排去污物和焊渣。安装后还应再次对管路和阀门进行清洗,并检查阀门与管道连接处的密封性能。当初次通入介质时,应使阀门处于全开位置以免杂质卡住。

(8) 在日常使用中,要对控制阀经常维护和定期检修。应注意填料的密封情况和阀杆上下移动的情况是否良好，气路接头及膜片有否漏气等。检修时重点检查部位有阀体内壁、阀座、阀芯、膜片及密封圈、密封填料等。

3.6.2 电动执行器

电动执行器与气动执行器一样，是控制系统中的一个重要部分。它接收来自控制器的 0～10 mA 或 4～20 mA 的直流电流信号，并将其转换成相应的角位移或直行程位移，去操纵阀门、挡板等控制机构，以实现自动控制。

电动执行器有角行程、直行程和多转式等类型。角行程电动执行机构以电动机为动力元件，将输入的直流电流信号转换为相应的角位移(0～90°)，这种执行机构适用于操纵蝶阀、挡板之类的旋转式控制阀。直行程执行机构接收输入的直流电流信号后，使电动机转动，然后经减速器减速并转换为直线位移输出，去操纵单座、双座、三通等各种控制阀和其他直线式控制机构。多转式电动执行机构主要用来开启和关闭闸阀、截止阀等多转式阀门，由于它的电机功率比较大，最大的有几十千瓦，一般多用作就地操作和遥控。

几种类型的电动执行机构在电气原理上基本上是相同的，只是减速器不一样。以下简单介绍一下角行程的电动执行机构。

角行程电动执行机构主要由伺服放大器、伺服电动机、减速器、位置发送器和操纵器组成，如图 3-6-20 所示。其工作过程大致如下：伺服放大器将由控制器来的输入信号与位置反馈信号进行比较，当无信号输入时，由于位置反馈信号也为零，放大器无输出，电机不转；如有信号输入，且与反馈信号比较产生偏差，使放大器有足够的输出功率驱动伺服电动机，经减速后使减速器的输出轴转动，直到与输出轴相连的位置发送器的输出电流与输入信号相等为止。此时输出轴就稳定在与该输入信号相对应的转角位置上，实现了输入电流信号与输出转角的转换。

位置发送器是能将执行机构输出轴的位移转变为 0～10 mA DC(或 4～20 mA DC)反馈信号的装置，它的主要部分是差动变压器，其原理如图 3-6-21 所示。

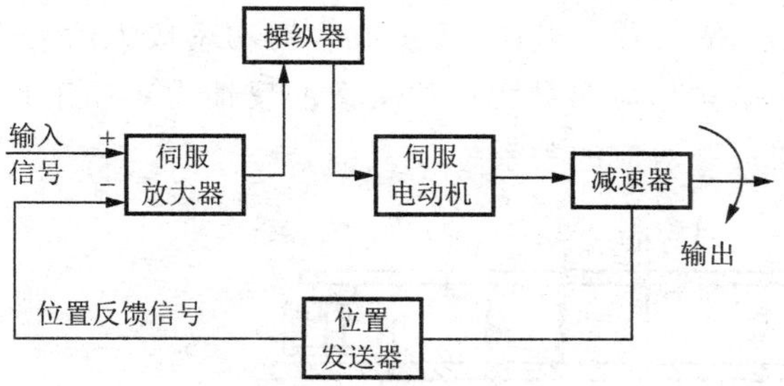

图 3-6-20 角行程执行机构组成示意图

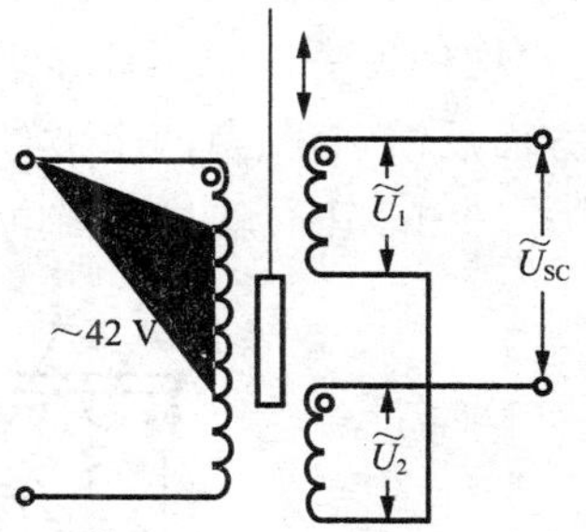

图3-6-21 差动变压器原理图

在差动变压器的原边加一交流稳压电源后，其副边分别会感应出交流电压 $\tilde{U}_1$、$\tilde{U}_2$，由于两副边绕组匝数相等，故感应电压 $\tilde{U}_{SC}$ 的大小将取决于铁芯的位置。

铁芯的位置是与执行机构输出轴的位置相对应的。当铁芯在中间位置时，因两副边绕组的磁路对称，故在任一瞬间穿过两副边绕组的磁通都相等，因而感应电压 $\tilde{U}_1 = \tilde{U}_2$。

但因两绕组反向串联，它们所产生的电压互相抵消，因而输出电压 $\tilde{U}_{SC}$ 等于零。

当铁芯自中间位置有一向上的位移时，使磁路对两绕组不对称，这时上边绕组中交变磁通的幅值将大于下面绕组中交变磁通的幅值，两绕组中的感应电压将是 $\tilde{U}_1 > \tilde{U}_2$，因而有输出电压 $\tilde{U}_{SC} = \tilde{U}_1 - \tilde{U}_2$ 产生。

反之，当铁芯下移时，两电压的关系将是 $\tilde{U}_2 > \tilde{U}_1$，此时输出电压的相位与上述相反，其大小为 $\tilde{U}_{SC} = \tilde{U}_2 - \tilde{U}_1$。

信号 $\tilde{U}_{SC}$ 经过整流、滤波电路可以得到 0～10 mA 的直流电流信号，它的大小与执行机构输出位移相对应。这个信号被反馈到伺服放大器的输入端，以与输入信号相比较。

电动执行机构不仅可与控制器配合实现自动控制，还可通过操纵器实现控制系统的自动控制和手动控制的相互切换。当操纵器的切换开关置于手动操作位置时，由正、反操作按钮直接控制电机的电源，以实现执行机构输出轴的正转或反转，进行遥控手动操作。

3.6.3 电-气转换器及电-气阀门定位器

在实际系统中，电与气两种信号常是混合使用的，这样可以取长补短。因而有各种电-气转换器及气-电转换器把电信号（0～10 mA DC 或 4～20 mA DC）与气信号（0.02～0.1 MPa）进行转换。电-气转换器可以把电动变送器输出的电信号变为气信号，送到气动控制器或气动显示仪表；也可把电动控制器的输出信号变为气信号去驱动气动控制阀，此时常用电-气阀门定位器，它具有电-气转换器和气动阀门定位器两种作用。

1. 电-气转换器

电-气转换器的结构原理如图 3-6-22 所示，它按力矩平衡原理工作。当直流电流信号通入置于恒定磁场里的测量线圈中时，所产生的磁通与磁钢在空气隙中的磁通相互作用而产生一个向上的电磁力（即测量力）。由于线圈固定在杠杆上，使杠杆绕十字簧片偏转，于是装在杠杆另一端的挡板靠近喷嘴，使其背压升高，经过放大器功率放大后，一方面输出，一方面反馈到正、负两个波纹管，建立起与测量力矩相平衡的反馈力矩。于是输出信号（0.02～0.1 MPa）就与线圈电流成一一对应的关系。

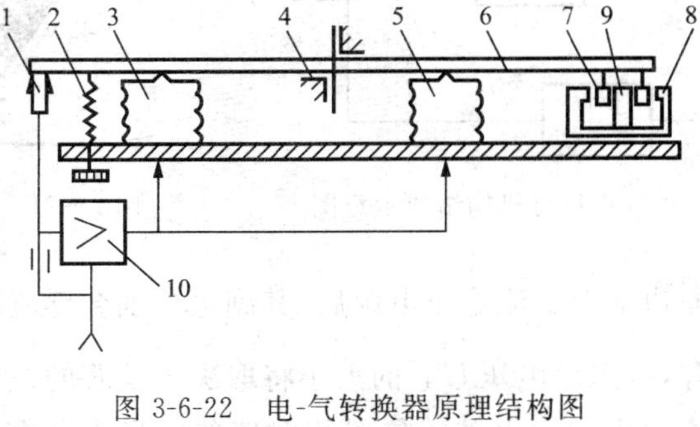

图 3-6-22 电-气转换器原理结构图

1—喷嘴挡板；2—调零弹簧；3—负反馈波纹管；4—十字弹簧；5—正反馈波纹管；6—杠杆；7—测量线圈；8—磁钢；9—铁芯；10—放大器

由于负反馈力矩比线圈产生的测量力矩大得多,因而设置了正反馈波纹管,负反馈力矩减去正反馈力矩后的差就是反馈力矩。调零弹簧用来调节输出气压的初始值。如果输出气压变化的范围不对,可调永久磁钢的分磁螺钉。

2. 电-气阀门定位器

电-气阀门定位器一方面具有电-气转换器的作用,可用电动控制器输出的 0～10 mA DC 或 4～20 mA DC 信号去操纵气动执行机构;另一方面还具有气动阀门定位器的作用,可以使阀门位置按控制器送来的信号准确定位(即输入信号与阀门位置成一一对应关系)。同时,改变图 3-6-23 中反馈凸轮 5 的形状或安装位置,还可以改变控制阀的流量特性和实现正、反作用(即输出信号可以随输入信号的增加而增加,也可以随输入信号的增加而减少)。

配有薄膜执行机构的电-气阀门定位器的动作原理如图 3-6-23 所示,它是按力矩平衡原理工作的。当信号电流通入力矩马达 1 的线圈时,它与永久磁钢作用后,对主杠杆产生一个力矩,于是挡板靠近喷嘴,经放大器放大后,送入薄膜气室使杠杆向下移动,并带动反馈杆绕其支点 4 转动,连在同一轴上的反馈凸轮也做逆时针方向转动,通过滚轮使副杠杆绕其支点偏转,拉伸反馈弹簧。当反馈弹簧对主杠杆的拉力与力矩马达作用在主杠杆上的力两者力矩平衡时,仪表达到平衡状态,此时,一定的信号电流就对应于一定的阀门位置。

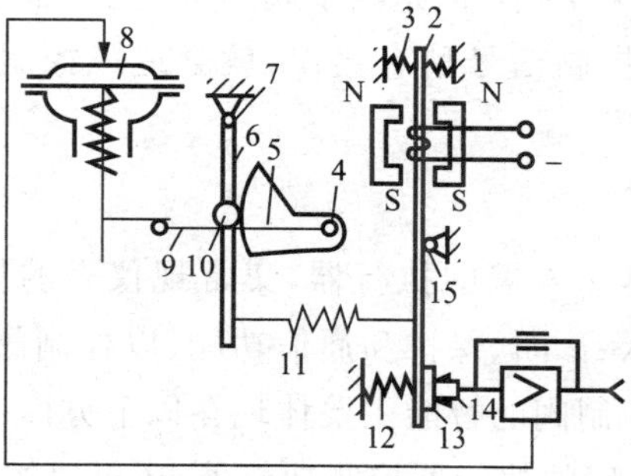

图 3-6-23 电-气阀门定位器

1—马达;2—主杠杆;3—平衡弹簧;4—反馈凸轮支点;
5—反馈凸轮;6—副杠杆;7—副杠杆支点;8—薄膜执行机构;9—反馈杆;
10—滚轮;11—反馈弹簧;12—调零弹簧;13—挡板;14—喷嘴;15—主杠杆支点

3.6.4 数字阀与智能控制阀

随着计算机控制系统的发展,为了能够直接接收数字信号,执行器出现了与之适应的新品种,数字阀和智能控制阀就是其中两例,下面简单介绍一下它们的功能与特点。

1. 数字阀

数字阀是一种位式的数字执行器,由一系列并联安装而且按二进制排列的阀门所组成。如图 3-6-24 所示为 8 位二进制数字阀的控制原理。数字阀体内有一系列开闭式的流孔,它们按照二进制顺序排列。例如对这个数字阀,每个流孔的流量按 2^0,2^1,2^2,2^3,2^4,2^5,2^6,2^7 来设计,如果所有流孔关闭,则流量为 0,如果流孔全部开启,则流量为 255(流量单位)，分辨率为1(流量单位)，因此数字阀能在很大的范围内(如8位数字阀调节范围为1～255)精密控制流量。数字阀的开度按步进式变化，每步大小随位数的增加而减小。

数字阀主要由流孔、阀体和执行机构三部分组成。每一个流孔都有自己的阀芯和阀座。执行机构可以用电磁线圈，也可以用装有弹簧的活塞执行机构。

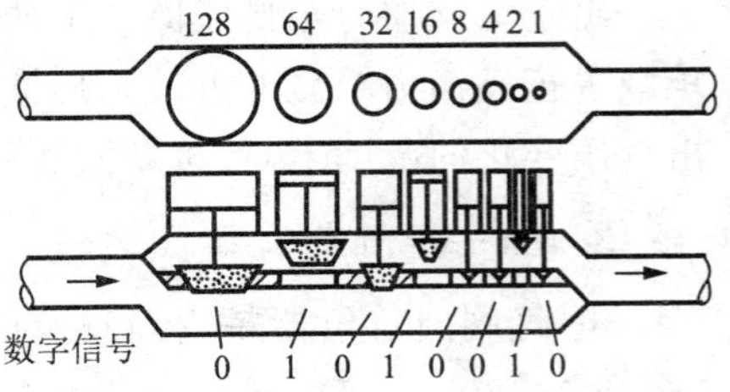

图 3-6-24　8位二进制数字阀原理图

数字阀有以下特点。

(1) 高分辨率。数字阀位数越高，分辨率越高。8位、10位的分辨率比模拟式控制阀高得多。

(2) 高精度。每个流孔都装有预先校正流量特性的喷管和文丘里管，精度很高，尤其适合小流量控制。

(3) 反应速度快，关闭特性好。

(4) 直接与计算机相连。数字阀能直接接收计算机的并行二进制数码信号，有直接将数字信号转换成阀开度的功能，因此数字阀能用于直接由计算机控制的系统中。

(5) 没有滞后、线性好、噪声小，但是数字阀结构复杂、部件多、价格贵。此外由于过于敏感，导致输送给数字阀的控制信号稍有错误，就会造成控制错误，使被控流量大大高于或低于所要求的量。

2. 智能控制阀

智能控制阀是近年来迅速发展的执行器，集常规仪表的检测、控制、执行等作用于一身，具有智能化的控制、显示、诊断、保护和通信功能，以控制阀为主体，将许多部件组装在一起的一体化结构。智能控制阀的智能主要体现在以下方面：

(1) 控制智能。除了一般的执行器控制功能外，还可以按照一定的控制规律动作。此外还配有压力、温度和位置参数的传感器，可对流量、压力、温度、位置等参数进行控制。

(2) 通信智能。智能控制阀采用数字通信方式与主控制室保持联络，主计算机可以直接对执行器发出动作指令。智能控制阀还允许远程检测、整定、修改参数或算法等。

(3) 诊断智能。智能控制阀安装在现场，但都有自诊断功能，能根据配合使用的各种传感器通过微机分析判断故障情况，及时采取措施并报警。

目前智能控制阀已经用于现场总线控制系统中。

3.7　显示记录仪表

3.7.1　数字显示仪表

测量仪表都是把被测定的物理、化学量变换为另一物理量，变换后的物理量仍然随被测量做相应的变化，这种变化是对被测量的模拟(如热电偶把温度模拟为热电势值，则热电势值是温度量的模拟量)，与此相配套的显示仪表是模拟式显示仪表，用标尺、指针等方法显示被测量。而数字式显示仪表和模拟式显示仪表一样，与各种检测元件、传感器、变送器配合使用，可以对压力、物位、流量、温度等进行测量，并直接以数字形式显示被测结果。

1. 数字式显示仪表的特点及分类

数字式显示仪表简称为数显仪表，由于它的显示方式与结构上都与模拟式显示仪表有很大的差异，因此相比来说，具有它的许多优点及特点。

数显仪表直接用数字量来显示测量值或偏差值，清晰直观、读数方便、不会产生视差。数显仪表普遍采用中、大规模集成电路，线路简单、可靠性好、耐振性好。由于仪表采用模块化设计方法，即不同品种的数显仪表都是由为数不多的、功能分离的模块化电路组合而成，因此有利于制造、调试和维修，降低生产成本。

数字式显示仪表的分类方法较多，按输入信号的形式来分，有电压型和频率型两类：电压型的输入信号是电压或电流；频率型的输入信号是频率、脉冲及开关信号。如按被测信号的点数来分，它又可分成单点和多点两种。在单点和多点中，根据仪表所具有的功能，又可分为数字显示仪、数字显示报警仪、数字显示输出仪、数字显示记录仪以及具有复合功能的数字显示报警输出记录仪等，其分类如图 3-7-1 所示。

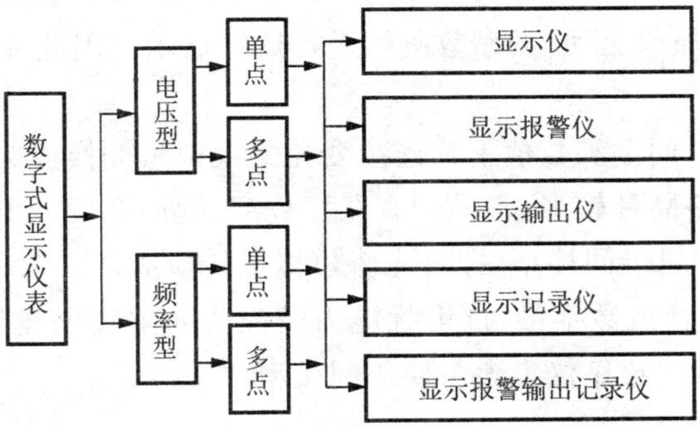

图 3-7-1 数字式显示仪表分类图

2. 数字式显示仪表的基本组成

尽管数显仪表品种繁多，结构各不相同，但基本组成相似。数显仪表通常包括信号变换、前置放大、非线性校正或开方运算、模/数(A/D)转换、标度变换、数字显示、电压/电流(V/I)转换及各种控制电路等部分，其构成原理如图 3-7-2 所示。

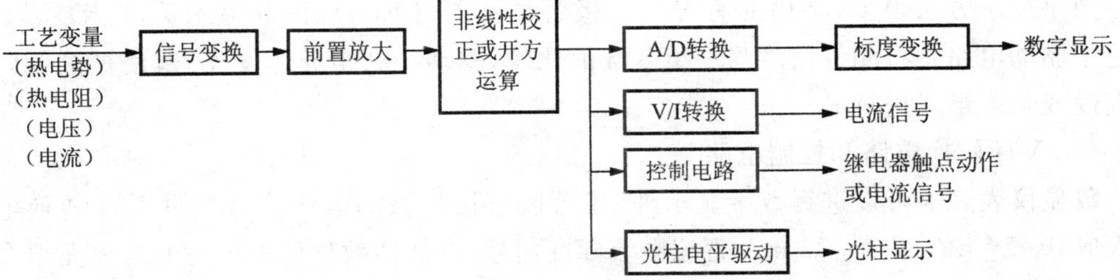

图 3-7-2 数显仪表组成结构

(1) 信号变换电路。

将生产过程中的工艺变量经过检测变送后的信号，转换成相应的电压或电流值。由于输入信号不同，可能是热电偶的热电势信号，也可能是热电阻信号等等，因此数显仪表有多种信号变换电路模块供选择，以便与不同类型的输入信号配接。在配接热电偶时还有参比端温度自动补偿功能。

(2) 前置放大电路。

输入信号往往很小(如热电势信号是毫伏信号)，必须经前置放大电路放大至伏级电压幅度，才能供线性化电路或 A/D 转换电路工作。有时输入信号夹带测量噪声(干扰信号)，因此也可以在前置放大电路中加上一些滤波电路，抑制干扰影响。

(3) 非线性校正或开方运算电路。

许多检测元件(如热电偶、热电阻)具有非线性特性，需将信号经过非线性校正电路的处理后成线性特性，以提高仪表测量精度。

例如在与热电偶配套测温时，热电势与温度是非线性关系，通过非线性校正，使得温度与显示值变化成线性关系。

开方运算电路的作用是将来自差压变送器的差压信号转换成流量值。

(4) 模数转换电路(A/D 转换)。

数显仪表的输入信号多数为连续变化的模拟量，需经 A/D 转换电路将模拟量转换成断续变化的数字量，再加以驱动，点燃数码管进行数字显示。因此 A/D 转换是数显仪表的核心。

A/D 转换是把在时间上和数值上均连续变化的模拟量变换成为一种断续变化的脉冲数字量。A/D 转换电路品种较多，常见的有双积分型、脉冲宽度调制型、电压/频率转换型和逐次比较型。前三种属于间接型，即首先将模拟量转换成某一个中间量(时间间隔 T 或频率 f)，再将中间量转换成数字量，抗干扰能力较强。而逐次比较型属于直接型，即直接将模拟量转换成数字量。数显仪表大多使用间接型。

(5) 标度变换电路。

模拟信号经过模-数转换器，转换成与之对应的数字量输出，但是数字显示怎样和被测原始参数统一起来呢? 例如，当被测温度为 65 ℃时，模-数转换计数器输出 1 000 个脉冲，如果直接显示 1 000，操作人员还需要经过换算才能得到确切的值，这是不符合测量要求的。为了解决这个问题，所以还必须设置一个标度变换环节，将数显仪表的显示值和被测原始参数值统一起来，使仪表能以工程量值形式显示被测参数的大小。

(6) 数字显示电路及光柱电平驱动电路。

数字显示方法很多，常用的有发光二极管显示器(LED)和液晶显示器(LCD)等。光柱电平驱动电路是将测量信号与一组基准值比较，驱动一列半导体发光管，使被测值以光柱高度或长度形式进行显示。

(7) V/I 转换电路和控制电路。

数显仪表除了可以进行数字显示外，还可以直接将被测电压信号通过 V/I 转换电路转换成 0～10 mA 或 4～20 mA 直流电流标准信号，以便使数显仪表可与电动单元组合仪表、可编程序控制器或计算机连用。数显仪表还可以具有控制功能，它的控制电路可以根据偏差信号按 PID 控制规律或其他控制规律进行运算，输出控制信号，直接对生产过程加以控制。

图 3-7-2 所示为一般数显仪表的结构组成。对于具体仪表，其组成部分可以是上述电路模块的全部或部分组合，且有些位置可以互换。正因为如此，才组成了功能、型号各不相同、种类繁多的数显仪表。有些数显仪表，除了一般的数字显示和控制功能外，还可以具有笔式和打点式模拟记录、数字量打印记录、多路显示、越限报警等功能。

3.7.2 无笔、无纸记录仪

1. 概述

以 CPU 为核心采用液晶显示的记录仪，完全摒弃传统记录仪的机械传动、纸张和笔。直接把记录信号转化成数字信号后，送到随机存贮器加以保存，并在大屏液晶显示屏上加以显示。由于记录信号是由工业专用微型处理器 CPU 来进行转化保存显示的，因此记录信号可以随意放大、缩小地显示在显示屏上，为观察记录信号状态带来极大的方便。必要时可把记录曲线或数据送往打印机进行打印或送往个人计算机加以保存和进一步处理。

该仪表输入信号多样化，可与热电偶、热电阻、辐射感温器或其他产生直流电压、直流电流的变送器配合使用，对温度、压力、流量、液位等工艺参数进行数字显示、数字记录；对输入信号可以组态或编程，直观地显示当前测量值，并有报警功能。

2. 无笔、无纸记录仪的原理和组成

该记录仪采用工业专用微处理器，可实现全数字采样、存贮和显示等。其原理方框图如图 3-7-3 所示。

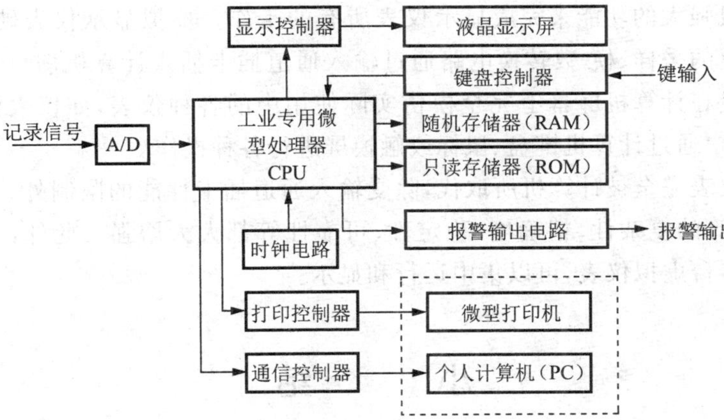

图 3-7-3 无笔、无纸记录仪的原理方框图

图中的 CPU 为工业专用微处理器，用来进行对各种数据采集处理，并对其进行放大与缩小，还可送至液晶显示屏上显示，也可送至随机存贮器(RAM)存贮，并可与设定的上、下限信号比较，如越限即发出报警信号。总之，CPU 为该记录仪的核心，一切有关数据计算与逻辑处理的功能均由它来承担。

A/D 转换器：将来自被记录信号的模拟量转换为数字量以便 CPU 进行运算处理。该记录仪可接 1～8 个模拟量。

只读存贮器(ROM):用来固化程序。该程序是用来指挥 CPU 完成各种功能操作的软件,只要该记录仪供电,ROM 的程序就让 CPU 开始工作。

随机存贮器(RAM):用来存贮 CPU 处理后的历史数据。根据采样时间的不同,可保存 3～170 天时间的数据。记录仪掉电时由备用电池供电,保证所有记录数据和组态信号不会因掉电而丢失。

显示控制器:用来将 CPU 内的数据显示在点阵液晶显示屏上。

液晶显示屏:可显示 160×128 点阵。

键盘控制器:操作人员操作按键的信号,通过键盘控制器输入至 CPU,使 CPU 按照按键的要求工作。

报警输出电路:当被记录的数据越限(越过上限或低于下限)时,CPU 就及时发出信号给报警电路,产生报警输出。

时钟电路:该记录仪的记录时间间隔、时标或日期均由时钟电路产生,送到 CPU。

该记录仪内另配有打印控制器和通信控制器,CPU 内的数据可通过它们与微型打印机、个人计算机(PC)连接,实现数据的打印和通信。

记录仪有组态界面,通过 6 种组态方式组态各个功能,包括日期、时钟、采样周期、记录点数、页面设置、记录间隔;各个输入通道量程上下限、报警上下限、开方运算设置;流量、温度、压力补偿,如果想带 PID 控制模块,可以实现 4 个 PID 控制回路;通信方式设置;显示画面选择;报警信息设置。

3.7.3 虚拟显示仪表简介

利用计算机强大的功能来完成显示仪表所有的工作。虚拟显示仪表硬件结构简单,仅由原有意义上的采样、模-数转换电路通过输入通道插卡插入计算机即可。虚拟显示仪表的显著特点是在计算机屏幕上完全模仿实际使用中的各种仪表,如仪表面盘、操作盘、接线端子等,用户通过计算机键盘、鼠标或触摸屏进行各种操作。

由于显示仪表完全被计算机所取代,除受输入通道插卡性能的限制外,其他各种性能如计算速度、计算的复杂性、精确度、稳定性、可靠性等都大大增强。此外,一台计算机中可以同时实现多台虚拟仪表,可以集中运行和显示。

小　　结

模拟式控制器所传送的信号形式为连续的模拟信号。它将被控变量的测量值与给定值比较,得到偏差,然后对偏差进行 P、I、D 等运算,并将运算结果以一定的信号形式送给执行器,以实现对被控变量的自动控制。数字式控制器采用数字技术,以微处理器为核心部件,具有 A/D 和 D/A 转换功能,实现信号变换,具有一定的自诊断功能,能及时发现故障,采取保护措施。可编程序控制器(PLC)早期主要应用于逻辑控制,它是一种以微处理器为核心,综合了计算机技术、自动控制技术和通信技术而发展起来的一种通用工业自动控制装置，广泛应用于各种工业领域。

集散控制系统 DCS(Distributed Control System)又名分散控制系统，简称集散控制系统，是一种集计算机技术、控制技术、通信技术和 CRT 技术为一体的新型控制系统。集散控制系统通过控制站对工艺过程各部分进行分散控制，通过操作站对整个工艺过程进行集中监视、操作和管理。它采用了分层多级、合作自治的结构形式，体现了其控制分散、危险分散，而操作、管理集中的基本设计思想，目前在石油、化工、冶金、电力、制药等行业获得广泛应用。集散控制系统采用层次化体系结构，集散控制系统的体系结构分为四个层次：(1) 过程控制级。过程控制级直接与现场各类设备(如变送器、执行器等)相连，对所连接的装置实施监测和控制；同时它还向上传递装置的特性数据和采集到的实时数据，并接收上一层发来的管理信息。(2) 过程管理级。这一级主要有操作站、工程师站和监控计算机。过程管理级监视各站的所有信息，进行集中显示和操作、控制回路组态、参数修改和优化过程处理等。(3) 生产管理级，也称为产品管理级。这一级上的管理计算机根据各单元产品的特点以及库存、销售等情况，实现生产的总体协调和控制。(4) 经营管理级。这是集散控制系统的最高级，与办公自动化系统相连接，可实施全厂的综合性经营管理和决策。

现场总线(Fieldbus)是顺应智能现场仪表而发展起来的一种开放型的数字通信技术，其发展的初衷是用数字通信代替一对一的 I/O 连接方式，把数字通信网络延伸到工业过程现场。根据 IEC 和美国仪表协会 ISA 的定义，现场总线是连接智能现场设备和自动化系统的数字式、双向传输、多分支结构的通信网络，它的关键标志是能支持双向、多节点、总线式的全数字通信。

从结构上看，DCS 实际上是“半分散”“半数字”的系统，而 FCS 采用的是一个“全分散”“全数字”的系统架构。FCS 的技术特征可以归纳为以下方面：① 全数字化通信——现场信号都保持着数字特性，现场控制设备采用全数字化通信。② 开放型的互联网络——可以与任何遵守相同标准的其他设备或系统相连。③ 互可操作性与互用性——互操作性的含义是指来自不同制造厂的现场设备可以互相通信、统一组态；而互用性则意味着不同生产厂家的性能类似的设备可进行互换而实现互用。④ 现场设备的智能化——总线仪表除了能实现基本功能之外，往往还具有很强的数据处理、状态分析及故障自诊断功能，系统可以随时诊断设备的运行状态。⑤ 系统架构的高度分散性——它可以把传统控制站的功能块分散地分配给现场仪表，构成一种全分布式控制系统的体系结构。

按照基金会总线组织的定义，FF 总线是一种全数字、串行、双向传输的通信系统，是一种能连接现场各种现场仪表的信号传输系统，其最根本的特点是专门针对工业过程自动化而开发的，在满足要求苛刻的使用环境、本质安全、总线供电等方面都有完善的措施。为此，有人称 FF 总线为专门为过程控制设计的现场总线。

工业生产上实际使用的多为气动控制阀。对气动控制阀的选择一般要从以下几方面进行考虑。

(1) 根据工艺条件，选择合适的控制阀结构类型和材质。

(2) 根据生产安全和产品质量等项要求，选择控制阀的气开、气关作用方式(不带保位阀的控制阀)。选择原则如下。

① 首先要从生产安全出发，当气源供气中断或控制系统出现故障时，控制阀所处的状态应能确保生产工艺设备的安全，不致发生事故。

② 从保证产品质量出发，当气源供气中断或控制系统出现故障时，控制阀所处的状态不应降低产品的质量。

③ 当气源供气中断或控制系统出现故障时，控制阀所处的状态应尽可能降低原料、成品和动力的损耗；

④ 选择控制阀的气开、气关作用方式时应充分考虑工艺介质的特点。

(3) 根据被控过程的特性，选择控制阀的流量特性。选择步骤如下。

① 根据过程特性，按照使广义过程具有线性特性的原则，选择阀的工作流量特性。

② 根据工艺上的配管情况，从所需的工作流量特性出发，推断出控制阀的理想流量特性。

(4) 根据工艺参数，计算控制阀的流通能力，选择阀的口径。

(5) 根据工艺要求，选择与控制阀配用的阀门定位器。

显示记录仪表简单介绍了数字显示仪表、无笔记录仪和虚拟显示仪表。

思考题与习题

1. DDZ-Ⅲ型电动控制器有何特点？
2. DDZ-Ⅲ型控制器由哪几部分组成？各组成部分的作用是什么？
3. DDZ-Ⅲ型控制器的软手动和硬手动有什么区别？各用在什么条件下？
4. 什么叫控制器的无扰动切换？
5. 数字式控制器的主要特点是什么？
6. 简述数字式控制器的基本构成及各部分的主要功能。
7. 试述可编程序控制器(PLC)的功能与特点。
8. 试简述 PLC 的分类.
9. PLC 主要由哪几部分组成？
10. PLC 的定义是什么？一体化 PLC 和模块化 PLC 各有什么特点？
11. PLC 目前常用的编程语言主要有哪些？
12. 什么是 PLC 的扫描周期？它与哪些因素有关？
13. PLC 的工作过程分为哪几个部分？各部分的作用分别是什么？
14. 简述 DCS 的特点及其发展趋势。
15. DCS 的硬件体系主要包括哪几部分？
16. DCS 的现场控制单元一般应具备哪些功能？
17. DCS 操作站的典型功能一般包括哪些方面？
18. DCS 软件系统包括哪些部分？各部分的主要功能是什么？
19. DCS 的组态主要包括哪些内容？
20. 什么是现场总线和现场总线控制系统？

21. 现场总线的技术特征主要有哪些？试阐述 FCS“全数字”“全分散”的特点。

22. 什么是 H_1 总线？它主要适用于什么场合？

23. 什么是 HSE 总线？它适用于什么场合？

24. 现场总线终端器的作用是什么？

25. 简述 FF 现场总线的网络拓扑。

26. 气动执行器主要由哪两部分组成？各起什么作用？

27. 控制阀的结构有哪些主要类型？各使用在什么场合？

28. 为什么说双座阀产生的不平衡力比单座阀的小？

29. 试分别说明什么叫控制阀的流量特性和理想流量特性？常用的控制阀理想流量特性有哪些？

30. 为什么说等百分比特性又叫对数特性？与线性特性比较起来它有什么优点？

31. 什么叫控制阀的工作流量特性？

32. 什么叫控制阀的可调范围？在串、并联管道中可调范围为什么会变化？

33. 什么叫气动执行器的气开式与气关式？其选择原则是什么？

34. 什么是控制阀的流量系数 K_V？如何选择控制阀的口径？

35. 试述电-气转换器的用途与工作原理。

36. 试述电-气阀门定位器的基本原理与工作过程。

37. 电-气阀门定位器有什么用途？

38. 控制阀的日常维护要注意什么？

39. 电动执行器有哪几种类型？各使用在什么场合？

40. 数字阀有哪些特点？

41. 什么是智能控制阀？它的智能主要体现在哪些方面？

42. 显示仪表分为几类？各有什么特点？

43. 数字式显示仪表主要由哪几部分组成？各部分有何作用？

44. 在无笔、无纸记录仪原理方框中，试述每个方框的作用。

45. 简述虚拟显示仪表的特点。

模块4 过程控制系统

随着生产过程自动化水平的日益提高，控制系统的类型越来越多，复杂程度的差异也越来越大。从简单控制系统到复杂控制系统，广泛应用在生产实际中。本模块主要研究简单控制系统的分析设计，串级控制系统的结构组成特点、控制过程分析、主副控制器控制规律和作用方向的选择及控制器参数的工程整定，以及其他复杂控制系统的结构组成和控制方案。

4.1 简单控制系统

在生产装置中简单控制系统是使用最普遍、最广泛、结构最简单的一种自动控制系统，本章主要介绍简单控制系统的结构组成、系统设计，系统投运与参数整定，是研究复杂控制系统的基础。

4.1.1 简单控制系统的结构与组成

从模块1已知，自动控制系统是由被控对象和自动化装置两大部分组成。由于构成自动控制系统的这两大部分（主要是指自动化装置）的数量、连接方式及其目的不同，自动控制系统可以有许多类型。所谓简单控制系统，通常是指由一个测量元件变送器、一个控制器、一个控制阀和一个对象所构成的单闭环控制系统，因此也称为单回路控制系统。

图4-1-1的液位控制系统与图4-1-2的温度控制系统都是简单控制系统的例子。

图4-1-1的液位控制系统中，贮槽是被控对象，液位是被控变量，变送器LT将反映液位高低的信号送往液位控制器LC。控制器的输出信号送往执行器，改变控制阀开度使贮槽输出流量发生变化以维持液位稳定。

图4-1-2所示的温度控制系统，是通过改变进入换热器的载热体流量，以维持换热器出口物料的温度在工艺规定的数值上。

需要说明的是在本系统中绘出了变送器LT及TT这个环节，根据模块1中所介绍的控制流程图，按自控设计规范，测量变送环节是被省略不画的，所以在本书以后的控制系统图中，也将不再画出测量、变送环节，但要注意在实际的系统中总是存在这一环节，只是在画图时被省略罢了。

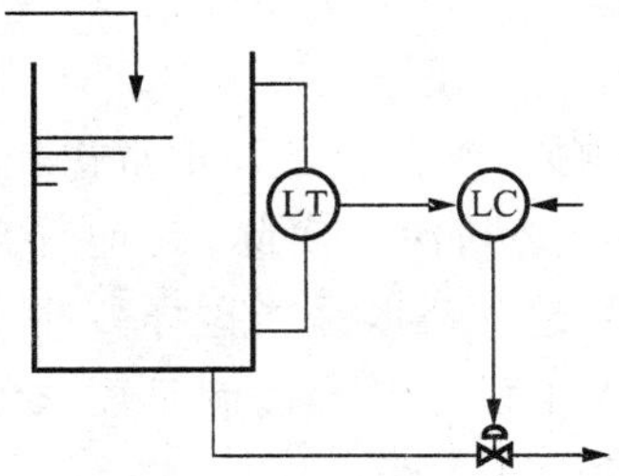

图 4-1-1　液位控制系统

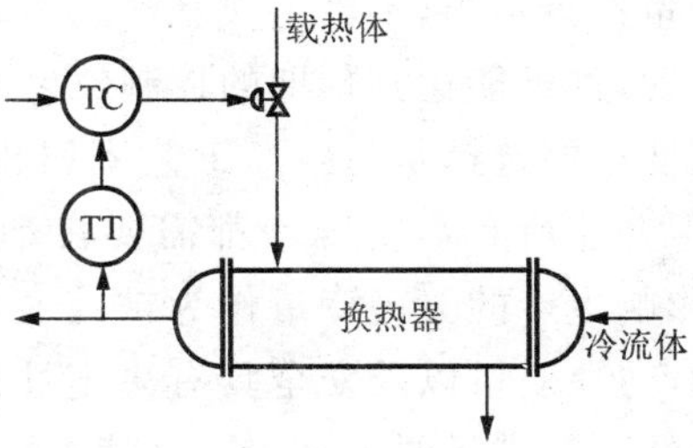

图 4-1-2　温度控制系统

图 4-1-3 是简单控制系统的典型方块图。由图可知，简单控制系统由四个基本环节组成，即被控对象（简称对象）、测量变送装置、控制器和执行器。对于不同对象的简单控制系统（如图 4-1-1 和图 4-1-2 所示的系统），尽管其具体装置与变量不相同，但都可以用相同的方块图来表示，这就便于对它们的共性进行研究。

由图 4-1-3 还可以看出，在该系统中有一条从系统的输出端引向输入端的反馈路线，也就是说该系统中的控制器是根据被控变量的测量值与给定值的偏差来进行控制的，这是简单反馈控制系统的又一特点。

单回路控制系统的结构比较简单，所需的自动化装置数量少，投资低，操作维护也比较方便，而且在一般情况下，都能满足控制质量的要求。因此，这种控制系统在工业生产过程中得到了广泛的应用。据某大型化肥厂统计，简单控制系统约占控制系统总数的 85％左右。

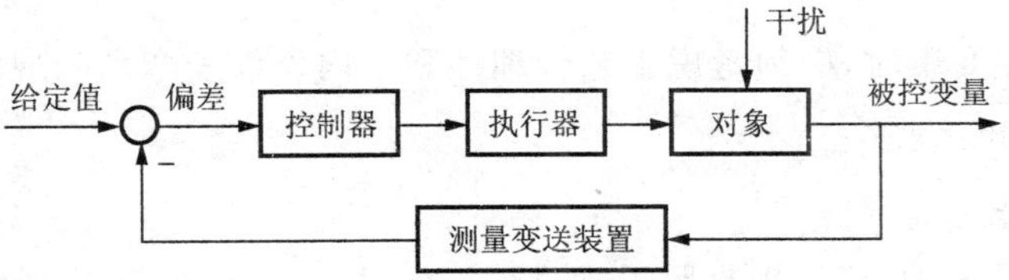

图 4-1-3　简单控制系统的方块图

由于简单控制系统是最基本的、应用最广泛的系统，因此，学习和研究简单控制系统的结构、原理及使用是十分必要的。同时，简单控制系统是复杂控制系统的基础。学会了简单控制系统的分析，将会给复杂控制系统的分析和研究提供很大的方便。

前面已经介绍了简单控制系统的各个组成部分，包括被控对象、测量变送装置、控制器、执行器等。本章将介绍组成简单控制系统的基本原则、被控变量及操纵变量的选择、控制器控制规律的选择及控制器参数的工程整定等。

4.1.2　简单控制系统的设计

1. 被控变量的选择

生产过程中希望借助自动控制保持给定值（或按一定规律变化）的变量称为被控变量。在构成一个自动控制系统时，被控变量的选择十分重要，它关系到系统能否达到稳定操作、增加产量、提高质量、改善劳动条件、保证安全等目的，关系到控制方案的成败。如果被控变量选择不当，不管组成什么形式的控制系统，也不管配上多么精密、先进的工业自动化装置，都不能达到预期的控制效果。

被控变量的选择是与生产工艺密切相关的，而影响一个生产过程正常操作的因素是很多的，但并非所有影响因素都需要自动控制。所以，必须深入实际，调查研究，分析工艺，找出影响生产的关键变量作为被控变量。所谓"关键"变量，是指这样一些变量：它们对产品的产量、质量以及安全具有决定性的作用，而人工操作又难以满足要求的；或者人工操作虽然可以满足要求，但是，这种操作是既紧张而又频繁的。

根据被控变量与生产过程的关系，控制形式有以下两种类型：直接指标控制与间接指标控制。如果被控变量本身就是需要控制的工艺指标（如温度、压力、流量、液位、成分等），则称为直接指标控制；如果工艺是按质量指标进行操作的，理应以产品质量作为被控变量进行控制，但有时缺乏各种合适的获取质量信号的检测手段，或虽能检测但信号很微弱或滞后很大，这时可选取与直接质量指标有单值对应关系而反应又快的另一变量，如温度、压力等作为间接控制指标，进行间接指标控制。

选择被控变量时，一般要遵循下列原则：

(1) 被控变量应能代表一定的工艺操作指标或能反映工艺操作状态，一般都是工艺过程中比较重要的变量。

(2) 应尽量选择那些能直接反映生产过程的产品产量和质量，以及安全运行的直接参数作为被控变量。当无法获得直接参数信号，或其测量信号微弱或滞后很大时，可选择一个与直接参数有单值对应关系且对直接参数的变化有足够灵敏度的间接参数作为被控变量。

(3) 选择被控变量时，必须考虑工艺合理性和国内外仪表产品的现状。

2. 操纵变量的选择

(1) 操纵变量。

在自动控制系统中，把用来克服干扰对被控变量的影响，实现控制作用的变量称为操纵变量。最常见的操纵变量是介质的流量。此外，也有以转速、电压等作为操纵变量的。如图 4-1-1 所示的液位控制系统，其操纵变量是出口流体的流量；图 4-1-2 所示的温度控制系统，其操纵变量是载热体的流量。

当被控变量选定以后，接下来应对工艺进行分析，找出哪些因素会影响被控变量发生变化。一般来说，影响被控变量的外部输入往往有若干个而不是一个，在这些输入中，有些是可控（可以调节）的，有些是不可控的。原则上，是在诸多影响被控变量的输入变量中选择一个对被控变量影响显著而且可控性良好的输入变量作为操纵变量，而其他未被选中的所有输入变量则视为系统的干扰。

(2) 对象特性对选择操纵变量的影响。

前面已经说过，在影响被控变量的诸多因素中，一旦选择了其中一个作为操纵变量，那么其余的影响因素都成了干扰。操纵变量与干扰作用在对象上，都会引起被控变量变化的。图 4-1-4 是其示意图。干扰由干扰通道施加在对象上，起着破坏作用，使被控变量偏离给定值；操纵变量由控制通道施加在对象上，使被控变量回复到给定值，起着校正作用。这是一对相互矛盾的变量，它们对被控变量的影响都与对象特性有密切的关系。因此在选择操纵变量时，要认真分析对象特性，以提高控制系统的控制质量。

① 对象静态特性的影响。

在选择操纵变量构成自动控制系统时，一般希望控制通道的放大系数 K_o 要大些，这是因为 K_o 的大小表征了操纵变量对被控变量的影响程度。K_o 越大，表示控制作用对被控变量影响越显著，使控制作用更为有效。所以从控制的有效性来考虑，K_o 越大越好。当然，有时 K_o 过大，会引起过于灵敏，使控制系统不稳定，这也是要引起注意的。

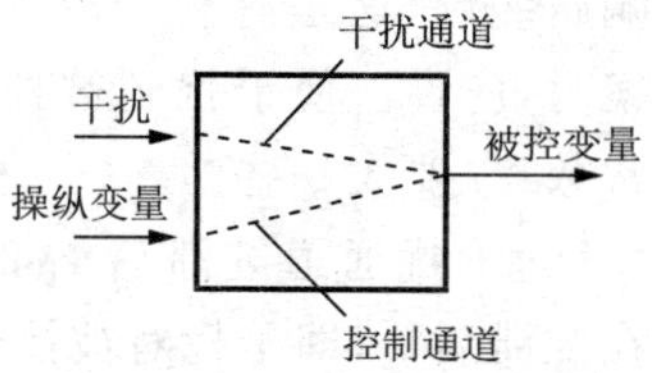

图 4-1-4　干扰通道与控制通道的关系

另一方面，对象干扰通道的放大系数 K_f，则越小越好。K_f 小，表示干扰对被控变量的影响不大，过渡过程的超调量不大。故确定控制系统时，也要考虑干扰通道的静态特性。

总之，在诸多变量都要影响被控变量时，从静态特性考虑，应该选择其中放大系数大的可控变量作为操纵变量。

② 对象动态特性的影响。

A. 控制通道时间常数的影响。控制器的控制作用，是通过控制通道施加于对象去影响被控变量的。所以控制通道的时间常数不能过大，否则会使操纵变量的校正作用迟缓、超调量大、过渡时间长。要求对象控制通道的时间常数 T 小一些，使之反应灵敏、控制及时，从而获得良好的控制质量。例如在精馏塔提馏段温度控制中，由于回流量对提馏段温度影响的通道长、时间常数大，而加热蒸汽量对提馏段温度影响的通道短、时间常数小，因此选择蒸汽量作为操纵变量是合理的。

B. 控制通道纯滞后 τ_0 的影响。控制通道的物料输送或能量传递都需要一定的时间。这样造成的纯滞后 τ_0 对控制质量是有影响的。图 4-1-5 所示为纯滞后对控制质量影响的示意图。

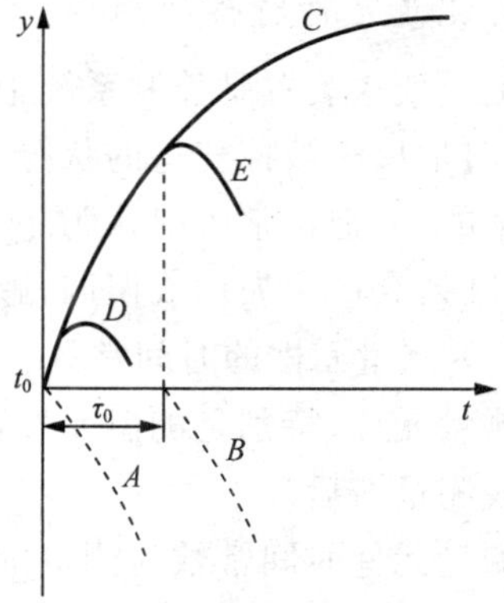

图 4-1-5　纯滞后 τ_0 对控制质量的影响

图中 C 表示被控变量在干扰作用下的变化曲线（这时无校正作用）；A 和 B 分别表示无纯滞后和有纯滞后时操纵变量对被控变量的校正作用；D 和 E 分别表示无纯滞后和有纯滞后情况下被控变量在干扰作用与校正作用同时作用下的变化曲线。

对象控制通道无纯滞后时，当控制器在 τ_0 时间接收正偏差信号而产生校正作用 A，使被控变量从 t_0 以后沿曲线 D 变化；当对象有纯滞后 τ_0 时，控制器虽在 t_0 时间后发出了校正作用，但由于纯滞后的存在，使之对被控变量的影响推迟了 τ_0 时间，即对被控变量的实际校正作用是沿曲线 B 发生变化的。因此被控变量则是沿曲线 E 变化的。比较 E、D 曲线，可见纯滞后使超调量增加；反之，当控制器接收负偏差时所产生的校正作用，由于存在纯滞后，使被控变量继续下降，可能造成过渡过程的振荡加剧，以致时间较长，稳定性变差。所以，在选择操纵变量构成控制系统时，应使对象控制通道的纯滞后时间 τ_0 尽量小。

C. 干扰通道时间常数的影响。干扰通道的时间常数 T_f 越大，表示干扰对被控变量的影响越缓慢，这是有利于控制的。所以，在确定控制方案时，应设法使干扰到被控变量的通道长些，即时间常数 T_f 要大一些。

D. 干扰通道纯滞后 τ_f 的影响。如果干扰通道存在纯滞后 τ_f，即干扰对被控变量的影响推迟了时间 τ_f，因而，控制作用也推迟了时间 τ_f，使整个过渡过程曲线推迟了时间 τ_f，因为干扰什么时候产生，本来就是不可预知的，因此，干扰通道纯滞后 τ_f 的存在通常是不会影响控制质量的，如图 4-1-6 所示。

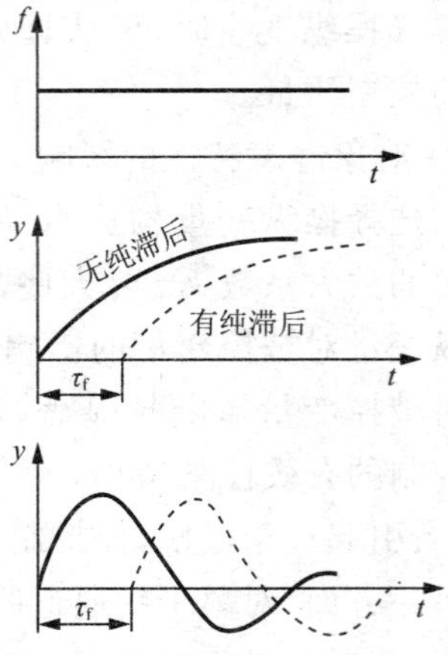

图 4-1-6　干扰通道纯滞后 τ_f 的影响

(3) 操纵变量的选择原则。

根据以上分析，概括来说，操纵变量的选择原则主要有以下几条。

① 操纵变量应是可控的，即工艺上允许调节的变量。

② 操纵变量一般应比其他干扰对被控变量的影响更加灵敏。为此，应通过合理选择操纵变量，使控制通道的放大系数适当大、时间常数适当小(但不宜过小，否则易引起振荡)、纯滞后时间尽量小。为使其他干扰对被控变量的影响减小，应使干扰通道的放大系数尽可能小、时间常数尽可能大，纯滞后无影响。

③ 在选择操纵变量时，除了从自动化角度考虑外，还要考虑工艺的合理性与生产的经济性。一般说来，不宜选择生产负荷作为操纵变量，因为生产负荷直接关系到产品的产量，是不宜经常波动的。另外，从经济性考虑，应尽可能地降低物料与能量的消耗。

3. 测量元件特性的影响

测量变送装置是控制系统中获取信息的装置，也是系统进行控制的依据，所以要能正确、及时地反映被控变量的状况。假如测量不准确，将会使操作人员把不正常工况误认为是正常的，或把正常工况认为不正常，形成混乱，甚至会处理错误造成事故。测量不准确或不及时，会产生失调或误调，影响之大不容忽视。

(1) 测量元件的时间常数。

测量元件，特别是测温元件，由于存在热阻和热容，它本身具有一定的时间常数，因而会造成测量滞后。

测量元件时间常数对测量的影响，如图 4-1-7 所示。若被控变量 y 作阶跃变化时，测量值 z 慢慢靠近 y，如图 4-1-7(a)所示，显然，前一段两者差距很大；若 y 作递增变化，而 z 则一直跟不上去，总存在着偏差，如图 4-1-7(b)所示；若 y 作周期性变化，z 的振荡幅值将比 y 减小，而且落后一个相位，如图 4-1-7(c)所示。

测量元件的时间常数越大，以上现象愈加显著。假如将一个时间常数大的测量元件用于控制系统，那么，当被控变量变化的时候，由于测量值不等于被控变量的真实值，所以控制器接收到的是一个失真信号，它不能发挥正确的校正作用，控制质量无法达到要求。因此，控制系统中的测量元件时间常数不能太大，最好选用惰性小的快速测量元件，例如用快速热电偶代替工业用普通热电偶。必要时也可以在测量元件之后引入微分作用，利用它的超前作用来补偿测量元件引起的动态误差。

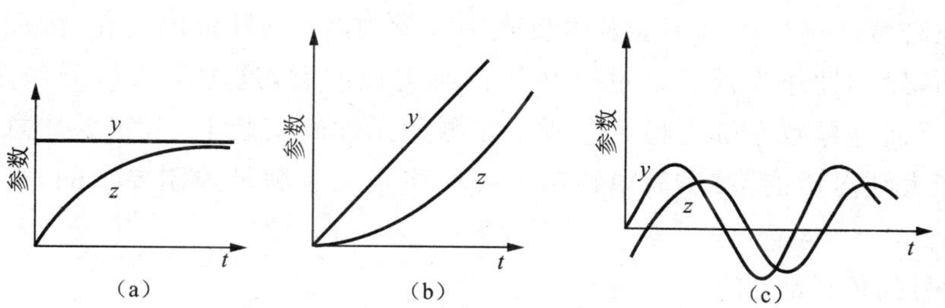

图 4-1-7 测量元件时间常数的影响

当测量元件的时间常数小于对象时间常数的 1/10 时，对系统的控制质量影响不大，这时就没有必要盲目追求小时间常数的测量元件。

有时，测量元件安装是否正确、维护是否得当也会影响测量与控制。特别是流量测量元件和温度测量元件，例如工业用的孔板、热电偶和热电阻元件等，如安装不正确，往往会影响测量精度，不能正确地反映被控变量的变化情况，这种测量失真的情况当然会影响控制质量。同时，在使用过程中要经常注意维护、检查，特别是在使用条件比较恶劣的情况(如介质腐蚀性强、易结晶、易结焦等)下，更应该经常检查，必要时进行清理、维修或更换。例如当用热电偶测量温度时，有时会因使用一段时间后，热电偶表面结晶或结焦，使时间常数大大增加，以致严重地影响控制质量。

(2) 测量元件的纯滞后。

当测量存在纯滞后时，也和对象控制通道存在纯滞后一样，会严重地影响控制质量。

测量的纯滞后有时是由测量元件安装位置引起的。如图 4-1-8 中的 pH 值控制系统，如果被控变量是中和槽内出口溶液的 pH 值，而作为测量元件的测量电极却安装在远离中和槽的出口管道处，并且将电极安装在流量较小、流速很慢的副管道(取样管道)上，那么电极所测得的信号与中和槽内溶液的 pH 值在时间上就延迟了一段时间 τ_o，其大小为

$$\tau_o = \frac{l_1}{v_1} + \frac{l_2}{v_2}$$

式中 l_1, l_2——电极离中和槽主、副管道的长度；

v_1, v_2——主、副管道内流体的流速。

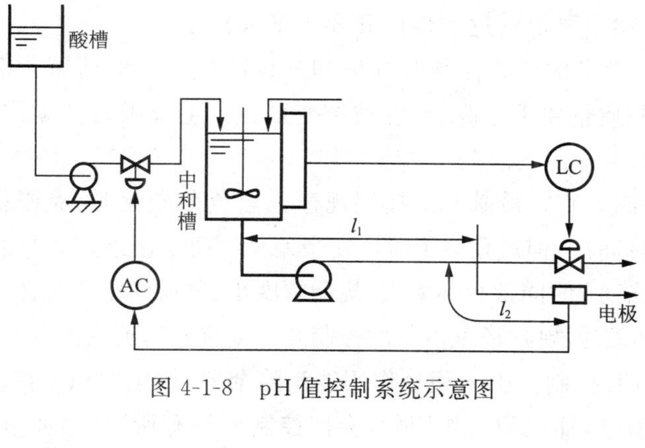

图 4-1-8 pH 值控制系统示意图

这一纯滞后使测量信号不能及时反映中和槽内溶液 pH 值的变化，因而降低了控制质量。目前，以物性作为被控变量时往往都有类似问题，这时引入微分作用是徒劳的，加得不好，反而会导致系统不稳定。所以在测量元件的安装上，一定要注意尽量减小纯滞后。对于大纯滞后的系统，简单控制系统往往是无法满足控制要求的，需采用复杂控制系统。

(3) 信号的传送滞后。

信号传送滞后通常包括测量信号传送滞后和控制信号传送滞后两部分。

测量信号传送滞后是指由现场测量变送装置的信号传送到控制室的控制器所引起的滞后。对于电信号来说，可以忽略不计，但对于气信号来说，由于气动信号管线具有一定的容量，所以，会存在一定的传送滞后。

控制信号传送滞后是指由控制室内控制器的输出控制信号传送到现场执行器所引起的滞后。对于气动薄膜控制阀来说，由于膜头空间具有较大的容量，所以控制器的输出变化到引起控制阀开度变化往往具有较大的容量滞后，这样就会使得控制不及时，控制效果变差。

信号的传送滞后对控制系统的影响基本上与对象控制通道的滞后相同，应尽量减小。所以，一般气压信号管路不能超过 300 m，直径不能小于 6 mm，或者用阀门定位器、气动继动器增大输出功率，以减小传送滞后。在可能的情况下，现场与控制室之间的信号尽量采用电信号传递，必要时可用气-电转换器将气信号转换为电信号，以减小传送滞后。

4. 控制器及控制规律的选择

在控制系统中，仪表选型确定以后，对象的特性是固定的，不好改变的；测量元件及变送器的特性比较简单，一般也是不可以改变的；执行器加上阀门定位器可有一定程度的调整，但灵活性不大；主要可以改变参数的就是控制器。系统设置控制器的目的，也是通过它改变整个控制系统的动态特性，以达到控制的目的。

控制器的控制规律对控制质量影响很大。根据不同过程特性和要求，选择相应的控制规律，以获得较高的控制质量；确定控制器作用方向，以满足控制系统的要求，也是系统设计的一个重要内容。

(1) 控制规律的选择。

控制器控制规律主要根据过程特性和要求来选择。

① 位式控制。常见的位式控制有双位和三位两种。一般适用于滞后较小、负荷变化不大也不剧烈、控制质量要求不高、允许被控变量在一定范围内波动的场合，如恒温箱、电阻炉等的温度控制。

② 比例(P)控制。它是最基本的控制规律。当负荷变化时，克服扰动能力强、控制作用及时、过渡过程时间短，但过程终了时存在余差且负荷变化越大余差也越大。比例控制适用于控制通道滞后较小、时间常数不太大、扰动幅度小、负荷变化不大、控制质量要求不高、允许有余差的场合，如贮罐液位、塔釜液位的控制和不太重要的蒸汽压力的控制等。

③ 比例积分(PI)控制。引入积分作用能消除余差，故比例积分控制是使用最多、应用最广的控制规律，但是，加入积分作用后，会使控制质量有所下降，如最大偏差和振荡周期

相应增大，过渡时间加长等。要保持系统原有的稳定性，必须加大比例度（削弱比例作用）。对于控制通道滞后小、负荷变化不太大、工艺上不允许有余差的场合，如流量或压力的控制采用比例积分控制规律可获得较好的控制质量。

④ 比例微分（PD）控制。引入微分会有超前控制作用，能使系统的稳定性增加，最大偏差和余差减小，加快了控制过程，改善了控制质量，故比例微分控制适用于过程容量滞后较大的场合。对于滞后很小和扰动作用频繁的系统，应尽可能避免使用微分作用。

⑤ 比例积分微分（PID）控制。微分作用对于克服容量滞后有显著效果，对克服纯滞后是无能为力的。在比例作用的基础上加上微分作用能提高系统的稳定性，加上积分作用能消除余差，又有 δ, T_I, T_D 三个可以调整的参数，因而可以使系统获得较高的控制质量，它适用于容量滞后大、负荷变化大、控制质量要求较高的场合，如反应器、聚合釜的温度控制。

综上所述，选择控制规律的原则可归纳为以下几点。

① 当广义过程控制通道的时间常数大，或多容量引起的容量滞后大时，采用微分作用有良好效果，积分作用可以消除余差，因此，可选用 PID 或 PD 控制规律，如温度过程，此时若选用 PI 控制规律则因积分作用有滞后，控制质量差。

② 当广义过程控制通道存在纯滞后时，若用微分作用来改善控制质量是无效的。也就是说，微分作用对克服纯滞后是无能为力的。

③ 当广义过程控制通道的时间常数较小，系统负荷变化也较小时，为了消除余差，可以采用 PI 控制规律，如流量过程。

④ 当广义过程控制通道时间常数较小而负荷变化很大时，这时采用微分作用和积分作用都易引起振荡。如果控制通道时间常数很小时，可采用反微分作用来提高控制质量。

⑤ 当广义过程控制通道的时间常数或时滞很大，而负荷变化又很大时，简单控制系统无法满足要求，可以设计复杂控制系统来提高控制质量。

（2）控制器正、反作用的确定。

前面已经讲到过，自动控制系统是具有被控变量负反馈的闭环系统。也就是说，如果被控变量示值偏高，则控制作用应使之降低；相反，如果被控变量示值偏低，则控制作用应使之升高。控制作用对被控变量的影响应与干扰作用对被控变量的影响相反，才能使被控变量值回复到给定值。这里，就有一个作用方向的问题。控制器的正反作用是关系到控制系统能否正常运行与安全操作的重要问题。

在控制系统中，不仅控制器，还有被控对象、测量元件及变送器和执行器都有各自的作用方向。它们如果组合不当，使总的作用方向构成正反馈，则控制系统不但不能起控制作用，反而破坏了生产过程的稳定。所以，在系统投运前必须注意检查各环节的作用方向，其目的是通过改变控制器的正、反作用，以保证整个控制系统是一个具有负反馈的闭环系统。

所谓作用方向，就是指输入变化后，输出的变化方向。当某个环节的输入增加时，其输出也增加，则称该环节为“正作用”方向；反之，当环节的输入增加时，输出减少的称“反作用”方向。

对于测量元件及变送器，其作用方向一般都是“正”的，因为当被控变量增加时，其输出量一般也是增加的，所以在考虑整个控制系统的作用方向时，可不考虑测量元件及变送器的作用方向（因为它总是“正”的），只需要考虑控制器、执行器和被控对象三个环节的作用方向，使它们组合后能起到负反馈的作用。

对于执行器，它的作用方向取决于是气开阀还是气关阀（注意不要与执行机构和控制阀的“正作用”及“反作用”混淆）。当控制器输出信号（即执行器的输入信号）增加时，气开阀的开度增加，因而流过阀的流体流量也增加，故气开阀是“正”方向；反之，由于当气关阀接收的信号增加时，流过阀的流体流量反而减少，所以是“反”方向。执行器的气开或气关形式主要应从工艺安全角度来确定。

对于被控对象的作用方向，则随具体对象的不同而各不相同。当操纵变量增加时，被控变量也增加的对象属于“正作用”的；反之，被控变量随操纵变量的增加而降低的对象属于“反作用”的。

由于控制器的输出取决于被控变量的测量值与给定值之差，所以被控变量的测量值与给定值变化时，对输出的作用方向是相反的。对于控制器的作用方向是这样规定的：当给定值不变，被控变量测量值增加时，控制器的输出也增加，称为“正作用”方向，或者当测量值不变，给定值减小时，控制器的输出增加的称为“正作用”方向；反之，如果测量值增加（或给定值减小）时，控制器的输出减小的称为“反作用”方向。

在一个安装好的控制系统中，对象的作用方向由工艺机理可以确定，执行器的作用方向由工艺安全条件可以选定，而控制器的作用方向要根据对象特性及执行器的作用方向来确定，以使整个控制系统构成负反馈的闭环系统。为此必须满足：控制器、执行器、对象三者的作用符号相乘为负，即

$$(\text{控制器}\pm)\times(\text{控制阀}\pm)\times(\text{对象}\pm)=\text{“}-\text{”}$$

下面举两个例子加以说明。

图 4-1-9 是一个简单的加热炉出口温度控制系统。在这个系统中，加热炉是对象，燃料气流量是操纵变量，被加热的原料油出口温度是被控变量。由此可知，当操纵变量燃料气流量增加时，被控变量是增加的，故对象是“正”作用方向。如果从工艺安全条件出发选定执行器是气开阀（停气时关闭），以免当气源突然断气时，控制阀大开而烧坏炉子，那么这时执行器便是“正”作用方向。为了保证由对象、执行器与控制器所组成的系统是负反馈的，控制器就应该选为“反”作用。这样当炉温升高时，控制器 TC 的输出减小，从而关小燃料气的阀门（因为是气开阀，当输入信号减小时，阀门是关小的），使炉温下降。

图 4-1-10 是一个简单的液位控制系统。执行器采用气开阀，一旦停止供气时，阀门自动关闭，以免物料全部流走，故执行器是“正”方向。当控制阀开度增加时，液位是下降的，所以对象的作用方向是“反”的。这时控制器的作用方向必须为“正”，才能使液位升高时，LC 输出增加，从而打开出口阀，使液位下降。

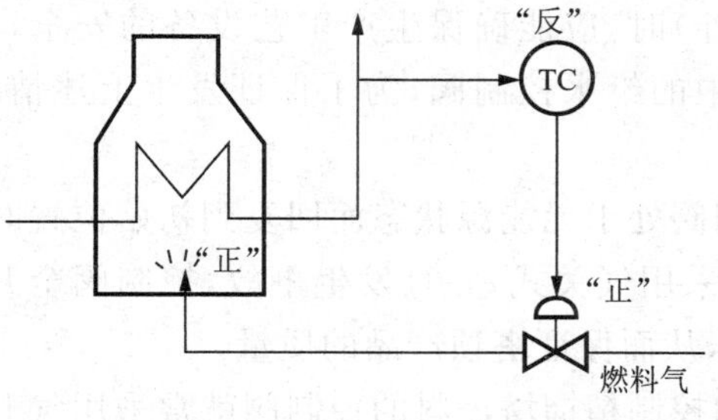

图 4-1-9 加热炉出口温度控制

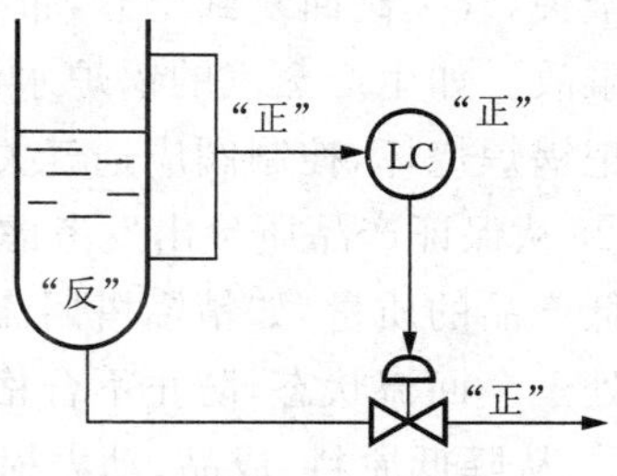

图 4-1-10 液位控制

控制器的正、反作用可以通过改变控制器上的正、反作用开关自行选择，一台正作用的控制器，只要将其测量值与给定值的输入线互换一下，就成了反作用的控制器，其原理如图 4-1-11 所示。

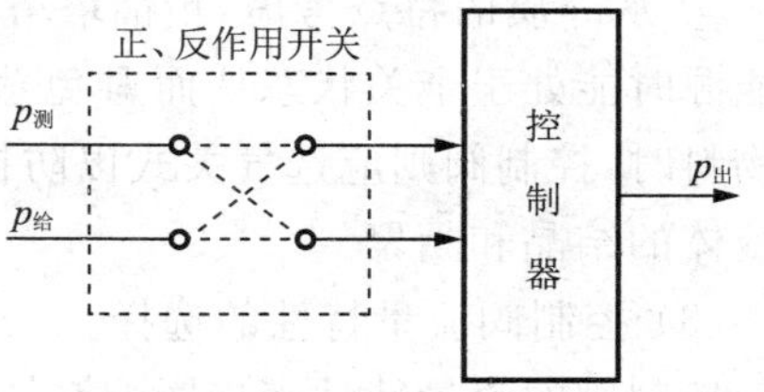

图 4-1-11 控制器正、反使用开关示意图

5. 执行器(气动薄膜控制阀)的选择

气动薄膜控制阀虽结构简单，但在自动控制系统中的作用不容忽视。若选型或使用不当，往往会使控制系统运行不良。

(1) 控制阀结构类型及材质的选择。

气动薄膜控制阀有直通单座阀、直通双座阀、角形阀、隔膜阀、蝶阀和三通阀等不同结构形式，要根据操纵介质的工艺条件(温度、压力、流量等)及其特性(黏度、腐蚀性、毒性、介质状态形式等)和控制系统的不同要求来选用。表 4-1-1 列出了不同结构形式控制阀的特点及其适用场合，以供参考。

表 4-1-1 不同结构形式控制阀特点及适用场合

阀结构形式	特点及适用场合	阀结构形式	特点及适用场合
直通单座阀	只有一个阀芯，阀前后压差小，适用于要求泄漏量小的场合	隔膜阀	适用于有腐蚀性介质的场合
直通双座阀	有两个阀芯，阀前后压差大，适用于允许有较大泄漏量的场合	蝶　阀	适用于有悬浮物的介质、大流量、压差小、允许大泄漏量的场合
角形阀	阀体呈直角，适用于高压差、高黏度、含悬浮物和颗粒状物质的场合	三通阀	适用于分流或合流控制的场合
		高压阀	适且于高压控制的特殊场合

此外，还应根据调节介质的工艺条件和特性选择合适的材质。

(2) 控制阀气开、气关形式的选择。

对于一个具体的控制系统来说，究竟选气开阀还是气关阀，即在阀的气源信号发生故障或控制系统某环节失灵时，阀是处于全开的位置安全，还是处于全关的位置安全，要由具体的生产工艺来决定，一般来说要根据以下原则进行选择。

① 首先要从生产安全出发考虑，即当气源供气中断，或控制器故障而无输出，或控制阀膜片破裂漏气等使控制阀无法正常工作以致阀芯回复到无能源的初始状态(气开阀回

复到全关，气关阀回复到全开，带保位阀的除外）时，应能确保生产工艺设备的安全，不致发生事故。如生产蒸汽的锅炉水位控制系统中的给水控制阀，为了保证发生上述情况时不致把锅炉烧坏，控制阀应选气关式。

② 从保证产品质量出发考虑，当发生控制阀处于无能源状态而回复到初始位置时，不应降低产品的质量，如精馏塔回流量控制阀常采用气关式，一旦发生事故，控制阀全开，使生产处于全回流状态，防止不合格产品的流出，从而保证塔顶产品的质量。

③ 从降低原料、成品、动力损耗来考虑，如控制精馏塔进料的控制阀就常采用气开式，一旦控制阀失去能源即处于气关状态，不再给塔进料，以免造成浪费。

④ 从介质的特点考虑，精馏塔塔釜加热蒸汽控制阀一般选气开式，以保证在控制阀失去能源时能处于全关状态从而避免蒸汽的浪费，但是如果釜液是易冷凝、易结晶、易聚合的物料时，控制阀则应选气关式以防控制阀失去能源时阀门关闭，停止蒸汽进入而导致釜内液体的结晶和凝聚。

（3）控制阀流量特性的选择。

控制阀的流量特性直接影响系统的控制质量和稳定性，需要正确选择。

制造厂提供的控制阀流量特性是理想流量特性，而在实际使用时，控制阀总是安装在工艺管路系统中，控制阀前后的压差是随着管路系统的阻力而变化的。因此，选择控制阀的流量特性时，不但要依据过程特性，还应结合系统的配管情况来考虑。

阀的工作特性应根据过程特性来选择，其目的是使广义过程特性为线性：如变送器特性为线性、过程特性也是线性时，应选用工作特性为线性；如果变送器特性为线性，而过程特性的放大系数 K 随操纵变量的增加而减小时，则应选用对数流量特性。

依据工艺配管情况确定配管系数 S 值后，可以从所选的工作特性出发，确定理想特性。当 $S=1\sim0.6$ 时，理想特性与工作特性几乎相同；当 $S=0.6\sim0.3$ 时，无论是线性或对数工作特性，都应选对数的理想特性；当 $S<0.3$ 时，一般不适宜控制，但也可以根据低 S 阀来选择其理想特性。

（4）控制阀口径大小的选择。

确定控制阀口径大小也是选用控制阀的一个重要内容，其主要依据是阀的流量系数。正常工况下要求控制阀开度处于 15%～85%，因此，不宜将控制阀口径选的太小或过大，否则可能使控制阀运行在全开时的非线性饱和工作状态，系统失控；或使阀门经常处于小开度的工作状态，造成流体对阀芯、阀座严重冲蚀，甚至引起控制阀失灵。

4.1.3 简单控制系统的投运与参数整定

至此，已经讨论了简单控制系统设计中几乎所有的问题。尚未解决的问题有控制器的比例度 δ、积分时间 T_I 和微分时间 T_D 的如何选择及控制系统如何投入运行。

1. 投运步骤

（1）投运前的准备。

① 熟悉被控对象和整个控制系统，检查所有仪表及连接管线、电源、气源等，以保证投运时能及时正确地操作，故障能及时查找到位。

② 现场校验所有的仪表，保证仪表能正常地使用。

③ 根据经验或估算，设置 δ、T_I 和 T_D，或者先将控制器设置为纯比例作用，比例度设置较大的数值。

④ 确认控制阀的气开、气关作用形式。

⑤ 确认控制器的正、反作用。

⑥ 根据前述所有选择，假设被控变量受扰动影响有一个增加，看控制系统能否克服扰动的影响。

(2) 现场的人工操作。

控制阀安装示意图如图 4-1-12 所示，将控制阀前后的截止阀 1 和 2 关闭，打开旁路阀 3，观察测量仪表能否正常工作，待工况稳定。

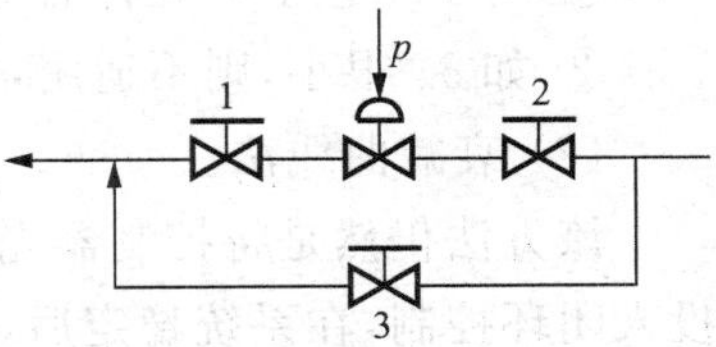

图 4-1-12　控制阀安装示意图

(3) 手动遥控。

用手动定值器或手操器调整作用于控制阀上的信号至一个适当数值，然后，打开上游阀 2，再逐步打开下游阀 1，过渡到遥控，待工况稳定。

(4) 投入自动。

手动遥控使被控变量接近或等于给定值，观察仪表测量值，待工况稳定后，控制器切换到"自动"状态。至此，初步投运过程结束。但控制系统的过渡过程不一定满足要求，这时需要进一步调整 K_P、T_I 和 T_D 三个参数。

2. 控制器参数的整定

所谓控制器参数的整定，即按照一定的控制方案，求取控制质量最好时的控制器参数值。具体来说，就是确定最合适的控制器的比例度 δ、积分时间 T_I 和微分时间 T_D。

控制器参数的整定有两大类方法：理论计算法和工程整定法。

理论计算法，需要较多的控制理论知识，由于实际的情况，理论计算不可能考虑周到，因此，没有得到应用，只能依据理论和工程经验估计一组参数，再在运行过程中优化参数，这和经验法相似。

工程整定法有三种：临界比例度法、衰减曲线法和经验凑试法。

(1) 临界比例度法。

该方法是先将控制器设置为纯比例作用（即把积分时间 T_I 放在"∞"的位置，微分时间 T_D 放在"0"位置，就消除了积分和微分作用）且比例度 δ 放在较大位置，将系统投入闭环控制，然后逐步减小比例度 δ（即增加放大系数 K_P）并施加扰动作用，直至控制系统出现等幅振荡的过渡过程，如图 4-1-13 所示。这时的比例度就称为临界比例度 δ_K，振荡周期就称为临界振荡周期 T_K。根据 δ_K 和 T_K 按表 4-1-2 经验公式计算控制器的参数值，并设置在控制器上，然后观察曲线是否满足要求，否则可进行适当微调。

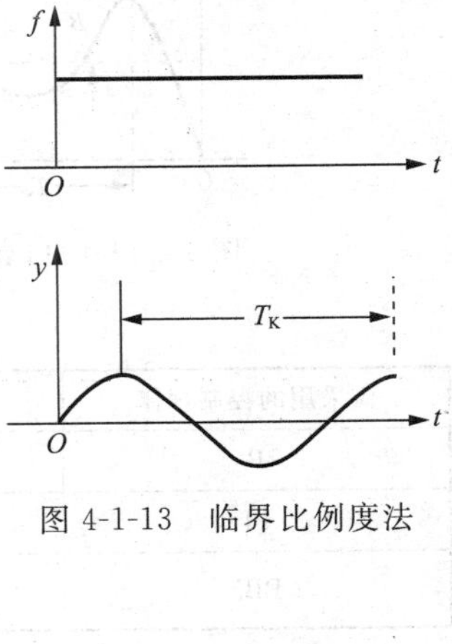

图 4-1-13　临界比例度法

表 4-1-2 临界比例度法控制器参数表

应采用的控制规律	$\delta/\%$	T_I/min	T_D/min
P	$2\delta_K$		
PI	$2.2\delta_K$	$0.85T_K$	
PID	$1.7\delta_K$	$0.5T_K$	$0.125T_K$

临界比例度法目前使用的比较多，它简单易用、适用面较广。但要注意的是：

① 对于工艺上不允许有等幅振荡的，不能使用。

② 如 δ_K 很小，则不适用，因为 δ_K 很小，即 K_P 很大，容易使被控变量超出允许范围。

(2) 衰减曲线法。

该方法仍然是将控制器先设置为纯比例作用并将比例度 δ 放在较大的数值上，将系统投入闭环控制，在系统稳定后，逐步减小比例度，改变给定值以加入阶跃扰动，观察过渡过程的曲线，直至衰减比 n 为 4，见图 4-1-14。这时的比例度为 δ_S，衰减周期为 T_S，最后，按表 4-1-3 计算出控制器相应的参数值，并设置在控制器上。然后观察曲线是否满足要求，可进行适当微调。

表 4-1-3 4:1衰减曲线法控制器参数表

应采用的控制规律	$\delta/\%$	T_I/min	T_D/min
P	δ_S		
PI	$1.2\delta_S$	$0.5T_S$	
PID	$0.8\delta_S$	$0.3T_S$	$0.1T_S$

有时，希望衰减比 n 大于 4，即要求过渡过程更稳定些，振荡减弱些。这时仍先按上述方法找 δ_S，只是衰减比 n 取 10，见图 4-1-15。但此时，T_S 不容易测准，改为测上升时间 T_T，最后，按表 4-1-4 计算出控制器相应的参数值，并设置在控制器上。然后观察曲线是否满足要求，可以进行适当微调。

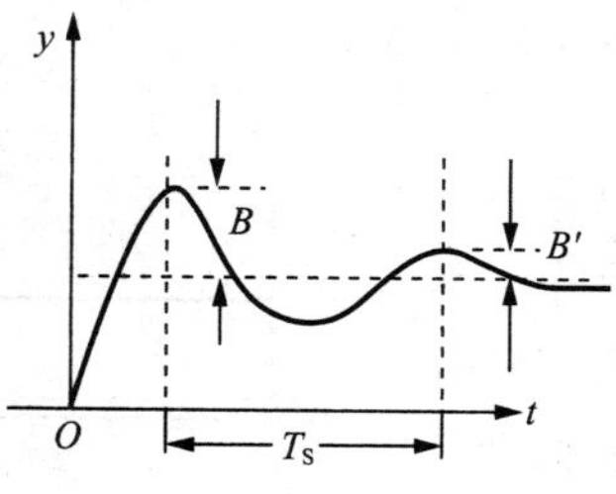

图 4-1-14 4:1衰减曲线法图

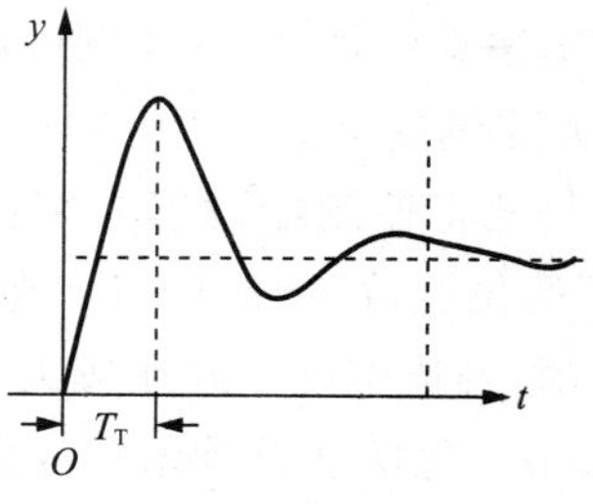

图 4-1-15 10:1衰减曲线法

表 4-1-4 10:1衰减曲线法控制器参数表

应采用的控制规律	$\delta/\%$	T_I/min	T_D/min
P	δ_S		
PI	$1.2\delta_S$	$0.2T_T$	
PID	$0.8\delta_S$	$1.2T_T$	$0.4T_T$

衰减曲线法可以适用于几乎各种应用场合。但在应用中要注意：

① 加扰动前，控制系统必须处于稳定的状态，否则不能得到准确的 δ_S、T_S 和 T_T 值。

② 阶跃扰动的幅值不能太大，一般为给定值的 5%左右，必须与工艺人员共同商定。

③ 如果过渡过程波动频繁，难于记录下准确的比例度、衰减周期或上升时间，则改用其他方法。

(3) 经验凑试法。

实际上，前面所述的临界比例度法和衰减曲线法也是经验法，其表中提供的数据也是根据经验总结出来的，有经验的技术人员不必拘泥于表中的数据。

经验凑试法是根据实际经验，先将控制器参数 δ、T_I 和 T_D 预先设置为一定的数值，等控制系统投入自动后，改变给定值施加阶跃扰动，观察记录曲线，如过渡过程在满意的范围即可。如不满意，依据 δ、T_I 和 T_D 对过渡过程的影响，调整这些参数，直至满意为止。

由于各种被控对象、变送器和执行器的特性差异很大，经验值可能相差较大。因此，一次调整到位的可能性很小。

表 4-1-5 提供了采用经验凑试法的参考数据，成功使用经验凑试法整定控制器参数的关键是“看曲线，调参数”，因此，必须依据曲线正确判断、正确调整。经验凑试法能适用于各种控制系统，但经验不足者会花费很长的时间。另外，同一系统，出现不同组参数的可能性增大。

表 4-1-5　经验凑试法控制器参数值

		δ	T_I/min	T_D/min
P		20%～80%		
PI	流量对象	40%～100%	0.3～1	
	压力对象	30%～70%	0.4～3	
PID		20%～60%	3～10	0.5～3

(4) δ、T_I 和 T_D 对过渡过程曲线的影响。

正确判断过渡过程曲线，不仅经验凑试法需要，临界比例度法和衰减曲线法中，也经常需要根据曲线是否达到临界状态和 4∶1 状态来调整 δ、T_I 和 T_D。这实际上就是要弄清 δ、T_I 和 T_D 分别对过渡过程产生什么样的影响。

① 比例度 δ。比例度越大（放大倍数 K_P 越小），过渡过程越平缓，余差越大；比例度越小（放大倍数 K_p 越大），过渡过程振荡越激烈，余差越小，δ 过小，甚至成为发散振荡的不稳定系统。

② 积分时间 T_I。积分时间越小（积分作用越弱），过渡过程越平缓，消除余差越慢；积分时间越小（积分作用越强），过渡过程振荡越激烈，消除余差越快。

③ 微分时间 T_D。微分时间增大（微分作用越强），过渡过程趋于稳定，最大偏差变小，但微分时间太长（微分作用太强），又会增加过渡过程的波动。

(5) 看曲线调参数。

一般情况下，按照上述规律即可整定控制器的参数。但有时仅从作用方向还难以判断应调整哪一个参数，这时，需要根据曲线形状做进一步的判断。

如过渡过程曲线过度振荡，可能的原因有：比例度过小、积分时间过小和微分时间过大等。这时，优先调整哪一个参数就是一个问题。图 4-1-16 表示了这三种原因引起的振荡的区别：由积分时间过小引起的振荡，周期较长，如图中曲线 a 所示；由比例度过小引起的振荡，周期较短，如图中曲线 b 所示；由微分时间过大引起的振荡周期最短，如图中曲线 c 所示。判明原因后，做相应的调整即可。

再如比例度过大或积分时间过大，都可使过渡过程变化较缓慢，也需正确判断再做调整。图 4-1-17 表示了这两种原因引起的波动曲线。通常，积分时间过大时，曲线呈非周期变化，缓慢地回到给定值，如图中曲线 d 所示；如为比例度过大时，曲线虽不很规则，但波浪的周期性较为明显，如图中曲线 e 所示。

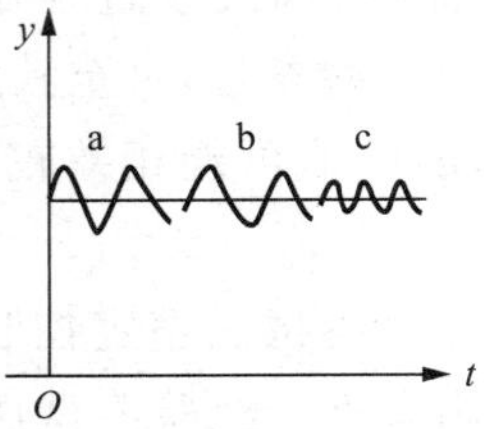

图 4-1-16　三种振荡曲线比较图

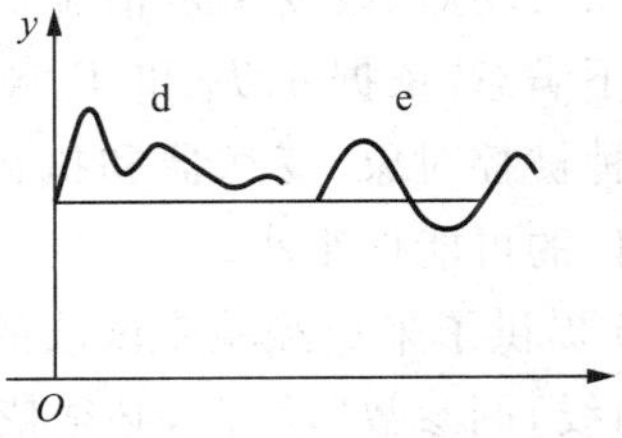

图 4-1-17　比例度过大、积分时间过大时的曲线

4.2　复杂控制系统

在大多数情况下，由于简单控制系统需要的自动化工具少，设备投资少，维修、投运和整定较简单，而且，生产实践证明它能解决大量的生产控制问题，满足定值控制的要求。因此，简单控制系统是生产过程自动控制中最简单、最基本、应用最广的一种形式，在工厂中约占全部自动控制系统的 80%左右。然而，随着工业的发展，生产工艺的革新，生产过程的大型化和复杂化，必然导致对操作条件的要求更加严格，变量之间的关系更加复杂。同时，现代化生产往往对产品的质量提出的要求更高，例如甲醇精馏塔的温度偏离不允许超过 1 ℃，石油裂解气的深冷分离中乙烯纯度要求达到 99.99%。此外，生产过程中的某些特殊要求，如物料配比问题、前后生产工序协调问题、为了生产安全而采取的软保护问题等，这些问题的解决都是简单控制系统所不能胜任的，因此，相应地就出现了一些与简单控制系统不同的其他控制形式，这些控制系统统称为复杂控制系统。

复杂控制系统种类繁多，根据系统的结构和所承担的任务来说，常见的复杂控制系统有串级、均匀、比值、分程、前馈、取代、三冲量等控制系统。

4.2.1　串级控制系统

1. 概述

串级控制系统是在简单控制系统的基础上发展起来的。当对象的滞后较大，干扰比较剧烈、频繁时，采用简单控制系统往往控制质量较差，满足不了工艺上的要求，这时，可考虑采用串级控制系统。

为了说明串级控制系统的结构及其工作原理，下面先举一个例子。

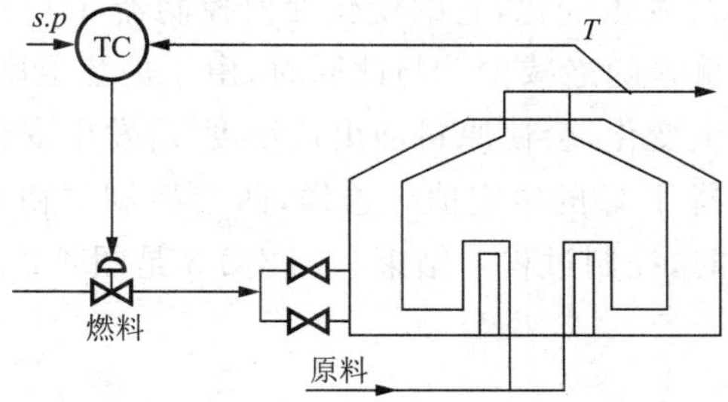

图 4-2-1 管式加热炉出口温度控制系统

管式加热炉是炼油、化工生产中的重要装置之一，无论是原油加热还是重油裂解，对炉出口温度的控制要求都十分严格。将温度控制好，一方面可延长炉子寿命，防止炉管烧坏；另一方面可保证后面精馏分离的质量。为了控制原油出口温度，可以设计图 4-2-1 所示的温度控制系统。根据原油出口温度的变化来控制燃料阀门的开度，即改变燃料量来维持原油出口温度保持在工艺所规定的数值上，这是一个简单控制系统。

乍看起来，上述控制方案是可行的、合理的。但是在实际生产过程中，特别是当加热炉的燃料压力或燃料热值有较大波动时，上述简单控制系统的控制质量往往很差，原料油的出口温度波动较大，难以满足生产上的要求。

为什么会产生上述情况呢？这是因为当燃料压力或燃料本身的热值变化后，先影响炉膛的温度，然后通过传热过程才能逐渐影响原料油的出口温度，这个通道容量滞后很大，时间常数约为 15 min，反应缓慢，而温度控制器 TC 是根据原料油的出口温度与给定值的偏差工作的。所以当干扰作用在对象上后，并不能较快地产生控制作用以克服干扰对被控变量的影响。由于控制不及时，所以控制质量很差。当工艺上对原料油的出口温度要求非常严格时，上述简单控制系统是难以满足要求的。为了解决容量滞后问题，还需对加热炉的工艺做进一步分析。

管式加热炉内是一根很长的受热管道，它的热负荷很大。燃料在炉膛内燃烧后，是通过炉膛与原料油的温差将热量传给原料油的。因此，燃料量的变化或燃料热值的变化，首先会使炉膛的温度发生变化，那么是否能以炉膛温度作为被控变量组成单回路控制系统呢？当然这样做会使控制通道容量滞后减少，时间常数约为 3 min。控制作用比较及时，但是炉膛温度毕竟不能真正代表原料油的出口温度。如果炉膛温度控制好了，其原料油的出口温度并不一定就能满足生产的要求，这是因为即使炉膛温度恒定的话，原料油本身的流量或入口温度变化仍会影响其出口温度。

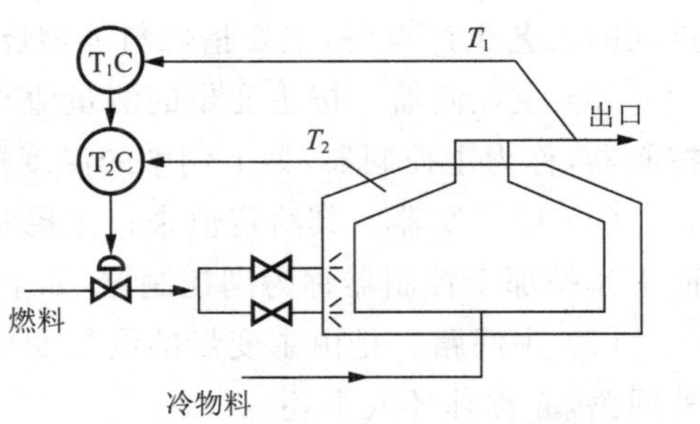

图 4-2-2 管式加热炉出口温度串级控制系统

为了解决管式加热炉的原料油出口温度的控制问题，人们在生产实践中，往往根据炉膛温度的变化，先改变燃料量，然后再根据原料油出口温度与其给定值之差，进一步改变燃料量，以保持原料油出口温度的恒定。模仿这样的人工操作程序就构成了以原料油出口温度为主被控变量的炉出口温度与炉膛温度的串级控制系统，图 4-2-2 是这种系统的示意图。它的工作过程是这样的：在稳定工况下，原料油出口温度和炉膛温度都处于相对稳定状态，控制燃料油的阀门保持在一定的开度。假定在某一时刻，燃料油的压力和或热值（与组分有关）发生变化，这个干扰首先使炉膛温度 T_2 发生变化，它的变化促使控制器 T_2C 进行工作，改变燃料的加入量，从而使炉膛温度的偏差随之减少。与此同时，由于炉膛温度的变化，或由于原料油本身的进口流量或温度发生变化，会使原料油出口温度 T_1 发生变化。T_1 的变化通过控制器 T_1C 不断地去改变控制器 T_2C 的给定值。这样，两个控制器协同工作，直到原料油出口温度重新稳定在给定值时，控制过程才结束。图 4-2-3 是图 4-2-2 的方框图。

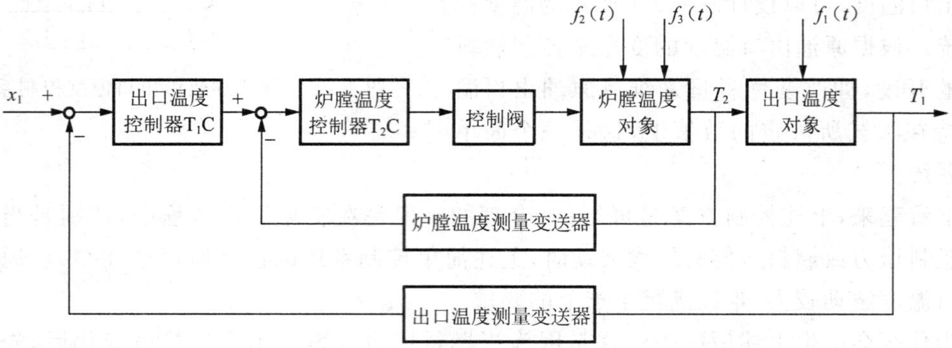

图 4-2-3　管式加热炉出口温度串级控制系统方框图

从图 4-2-2 或图 4-2-3 可以看出，在这个控制系统中，有两个控制器 T_1C 和 T_2C，分别接收来自对象不同部位的测量信号 T_1 和 T_2。其中一个控制器 T_1C 的输出作为另一个控制器 T_2C 的给定值，而后者的输出去控制执行器以改变操纵变量。从系统的结构来看，这两个控制器是串接工作的，因此，这样的系统称为串级控制系统。

为了更好地阐述和研究问题，这里介绍几个串级控制系统中常用的名词。

（1）主变量。是工艺控制指标，在串级控制系统中起主导作用的被控变量，如上例中的原料油出口温度 T_1。

（2）副变量。串级控制系统中为了稳定主变量或因某种需要而引入的辅助变量，如上例中的炉膛温度 T_2。

（3）主对象。为主变量表征其特性的生产设备，如上例中从炉膛温度检测点到炉出口温度检测点间的工艺生产设备，主要是指炉内原料油的受热管道。

（4）副对象。为副变量表征其特性的工艺生产设备，如上例中执行器至炉膛温度检测点间的工艺生产设备，主要指燃料油燃烧装置及炉膛部分。

（5）主控制器。按主变量的测量值与给定值而工作，其输出作为副变量给定值的那个控制器，称为主控制器，如上例中的温度控制器 T_1C。

（6）副控制器。其给定值来自主控制器的输出，并按副变量的测量值与给定值的偏差而工作的那个控制器称为副控制器，如上例中的温度控制器 T_2C。

（7）主回路。是由主变量的测量变送装置，主、副控制器，控制阀和主、副对象构成的外回路，亦称外环或主环。

（8）副回路。是由副变量的测量变送装置，副控制器、控制阀和副对象所构成的内回路，亦称内环或副环。

(9) 主给定值。主给定值是主变量的期望值，由主控制器内部设定。

(10) 副给定值。副给定值是指由主控制器的输出信号提供的、副控制器的给定值。

(11) 主测量值。主测量值是由主测量变送器测得的主变量的值。

(12) 副测量值。副测量值是由副测量变送器测得的副变量的值。

(13) 一次扰动。一次扰动指作用在主对象上、不包含在副回路内的扰动。如上例中被加热物料的流量和初温变化 $f_1(t)$。

(14) 二次扰动。二次扰动指作用在副对象上，即包含在副回路内的扰动。如上例中燃料方面的扰动 $f_2(t)$和烟囱抽力的变化 $f_3(t)$。

根据前面所介绍的串级控制系统的专用名词。各种具体对象的串级控制系统都可以画成典型形式的方块图，如图 4-2-4 所示。图中的主测量变送和副测量变送分别表示主变量和副变量的测量变送装置。

从图 4-2-4 可清楚地看出，该系统中有两个闭合回路，副回路是包含在主回路中的一个小回路，两个回路都是具有负反馈的闭环系统。

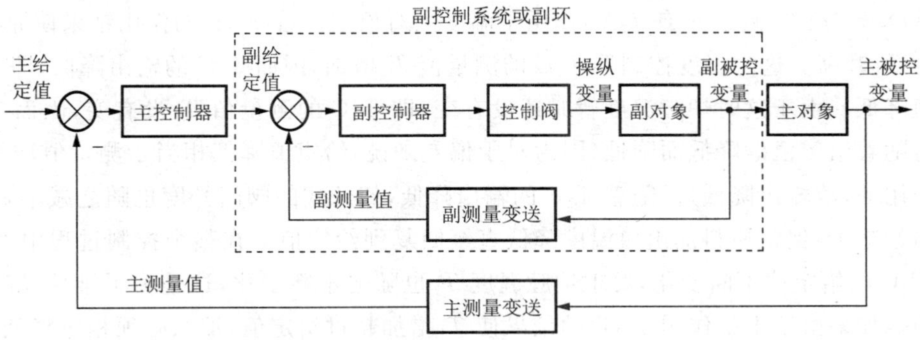

图 4-2-4 串级控制系统典型方框图

2. 串级控制系统的工作过程

下面以管式加热炉为例，来说明串级控制系统是如何有效地克服滞后提高控制质量的。考虑图 4-2-2 所示的炉出口温度-炉膛温度串级控制系统，为了便于分析问题起见，先假定控制阀采用气开形式，断气时关闭控制阀，以防止炉管烧坏而酿成事故(控制阀气开、气关的选择原则与简单控制系统时相同)，温度控制器 T_1C 和 T_2C 都采用反作用方向(串级控制系统中主、副控制器的正、反作用的选择原则留待下面再介绍)。下面针对不同情况来分析该系统的工作过程。

(1) 干扰进入副回路。

当系统的干扰只是燃料油的压力或组分波动时，亦即在图 4-2-3 所示的方块图中，干扰 $f_1(t)$、$f_3(t)$不存在，只有 $f_2(t)$作用在副对象上，这时干扰进入副回路。若采用简单控制系统(见图 4-2-1)，干扰 $f_2(t)$先引起炉膛温度 T_2变化，然后通过管壁传热才能引起原料油出口温度 T_1变化。只有当 T_1变化以后，控制作用才能开始，因此控制迟缓、滞后大。设置了副回路后，干扰 $f_2(t)$引起 T_2变化，温度控制器 T_2C 及时进行控制，使其很快稳定下来，如果干扰量小，经过副回路控制后，此干扰一般影响不到原料油出口温度 T_1；在大幅度的干扰下，其大部分影响为副回路所克服，波及原料油出口温度 T_1已是强弩之末了，再由主回路进一步控制，彻底消除干扰的影响，使被控变量回复到给定值。

假定燃料油压力增加(从而使流量亦增加)或热值增加，使炉膛温度升高。显然，这时温度控制器 T_2C 的测量值是增加的。另外，由于炉膛温度 T_2 升高，会使原料油出口温度 T_1 也升高。因为温度控制器 T_1C 是反作用的，其输出降低，送至温度控制器 T_2C，因而使 T_2C 的给定值降低。由于温度控制器 T_2C 也是反作用的，给定值降低与测量值(T_2)升高，都同时使输出值降低，它们的作用都是使气开式阀门关小。因此，控制作用不仅加快，而且加强了。由于燃料量的减少，从而克服了燃料油压力增加或热值增加的影响，使原料油的出口温度波动减小，并能尽快地回复到给定值。

由于副回路控制通道短、时间常数小，所以当干扰进入回路时，可以获得比单回路控制系统超前的控制作用，有效地克服了燃料油压力或热值变化对原料油出口温度的影响，从而大大提高了控制质量。

(2) 干扰作用于主对象。

假如在某一时刻，由于原料油的进口流量或温度变化，亦即在图 4-2-3 所示的方块图中，$f_2(t)$、$f_3(t)$不存在，只有 $f_1(t)$作用于温度主对象上。若 $f_1(t)$的作用结果使原料油出口温度 T_1 升高。这时温度控制器 T_1C 的测量值 T_1 增加，因而 T_1C 的输出降低，即 T_2C 的给定值降低。由于这时炉膛温度暂时还没有变，即 T_2C 的测量值 T_2 没有变，因而 T_2C 的输出将随着给定值的降低而降低(因为对于偏差来说，给定值降低相当于测量值增加，T_2C 是反作用的，故输出降低)。随着 T_2C 的输出降低，气开式的阀门开度也随之减小，于是燃料供给量减少，促使原料油出口温度降低直至回复到给定值。在整个控制过程中，温度控制器 T_2C 的给定值不断变化，要求炉膛温度 T_2 也随之不断变化，这是为了维持 T_1 不变所必需的。如果由于干扰作用 $f_1(t)$的结果使 T_1 增加超过给定值，那么必须相应降低 T_2，才能使 T_1 回复到给定值。所以，在串级控制系统中，如果干扰作用于主对象，由于副回路的存在，可以及时改变副变量的数值，以达到稳定主变量的目的。

(3) 干扰同时作用于副回路和主对象。

如果除了进入副回路的干扰外，还有其他干扰作用在主对象上。亦即在图 4-2-3 所示的方块图中，$f_1(t)$、$f_2(t)$同时存在，分别作用在主、副对象上。这时可以根据干扰作用下主、副变量变化的方向，分下列两种情况进行讨论。

一种是在干扰作用下，主、副变量的变化方向相同，即同时增加或同时减小。譬如在图 4-2-2 所示的炉出口温度-炉膛温度串级控制系统中，一方面由于燃料油压力增加(或热值增加)使炉膛温度 T_2 增加，同时由于原料油进口温度增加(或流量减少)而使原料油出口温度 T_1 增加。这时主控制器的输出由于 T_1 增加而减小，副控制器由于测量值 T_2 增加，给定值(即 T_1C 输出)减小，这时给定值和炉膛温度 T_2 之间的差值更大，所以副控制器的输出也就大大减小，以使控制阀关得更小些，大大减少了燃料供给量，直至主变量 T_1 回复到给定值为止。由于此时主、副控制器的工作都是使阀门关小的，所以加强了控制作用，加快了控制过程。

另一种情况是主、副变量的变化方向相反，一个增加，另一个减小。譬如在上例中，假定一方面由于燃料油压力升高(或热值增加)而使炉膛温度 T_2 增加，另一方面由于原料油进口温度降低(或流量增加)而使原料油出口温度 T_1 降低。这时主控制器的测量值 T_1 降低,其输出增大,这就使副控制器的给定值也随之增大,而这时副控制器的测量值 T_2 也在增大,如果两者增加量恰好相等,则偏差为零,这时副控制器输出不变,阀门不需动作;如果两者增加量虽不相等但由于能互相抵消掉一部分,因而偏差也不大,只要控制阀稍稍动作一点,即可使系统达到稳定。

通过以上分析可以看出,在串级控制系统中,引入一个闭合的副回路,不仅能迅速克服作用于副回路的干扰,而且对作用于主对象上的干扰也能加速克服过程。副回路具有先调、粗调、快调的特点;主回路具有后调、细调、慢调的特点,并对副回路没有完全克服掉的干扰影响能彻底克服。因此,在串级控制系统中,由于主、副回路相互配合、相互补充,充分发挥了控制作用,大大提高了控制质量。

3. 串级控制系统的特点

由上所述,可以看出串级控制系统有以下特点。

(1) 在系统结构上,串级控制系统有两个闭合回路,即主回路和副回路;有两个控制器,即主控制器和副控制器;有两个测量变送器,分别测量主变量和副变量。

串级控制系统中,主、副控制器是串接工作的。主控制器的输出作为副控制器的给定值,系统通过副控制器的输出去操纵执行器动作,实现对主变量的定值控制。所以在串级控制系统中,主回路是个定值控制系统,而副回路是个随动控制系统。

一般来说,主变量是反映产品质量或生产过程运行情况的主要工艺变量。控制系统设置的目的就在于稳定这一变量,使它等于工艺规定的给定值。所以,主变量的选择原则与简单控制系统中介绍的被控变量选择原则是一样的。关于副变量的选择可参考有关资料。

(2) 在系统特性上,串级控制系统由于副回路的引入,改善了对象的特性,使控制过程加快,具有超前控制的作用,从而有效地克服滞后,提高了控制质量。

(3) 串级控制系统由于增加了副回路,因此具有一定的自适应能力,可用于负荷和操作条件有较大变化的场合。

前面已经讲过,对于一个控制系统来说,控制器参数是在一定的负荷、一定的操作条件下,按一定的质量指标整定得到的。因此,一组控制器参数只能适应一定的负荷和操作条件。如果对象具有非线性,那么,随着负荷和操作条件的改变,对象特性就会发生变化。这样,原先的控制器参数就不再适应了,需要重新整定。如果仍用原先的参数,控制质量就会下降。这一问题,在单回路控制系统中是难于解决的。在串级控制系统中,主回路是一个定值系统,副回路却是一个随动系统。当负荷或操作条件发生变化时,主控制器能够适应这一变化及时地改变副控制器的给定值,使系统运行在新的工作点上,从而保证在新的负荷和操作条件下,控制系统仍然具有较好的控制质量。

由于串级控制系统具有上述特点,所以当对象的滞后和时间常数很大,干扰作用强而频繁,负荷变化大,简单控制系统满足不了控制质量的要求时,采用串级控制系统是适宜的。

4. 主、副控制器控制规律及正、反作用的选择

(1) 控制规律的选择。

串级控制系统中主、副控制器的控制规律是根据控制的要求来进行选择的。

串级控制系统的目的是为了高精度地稳定主变量。主变量是生产工艺的主要控制指标，它直接关系到产品的质量或生产的正常进行，工艺上对它的要求比较严格。一般来说，主变量不允许有余差。所以，主控制器通常都选用比例积分控制规律，以实现主变量的无差控制。有时，对象控制通道容量滞后比较大，例如温度对象或成分对象等，为了克服容量滞后，可以选择比例积分微分控制规律。

在串级控制系统中，稳定副变量并不是目的，设置副变量的目的就在于保证和提高主变量的控制质量。在干扰作用下，为了维持主变量的不变，副变量就要变。副变量的给定值是随主控制器的输出变化而变化的。所以，在控制过程中，对副变量的要求一般都不很严格，允许它有波动。因此，副控制器一般采用比例控制规律。为了能够快速跟踪，最好不带积分作用，因为积分作用会使跟踪变得缓慢。副控制器的微分作用也是不需要的，因为当副控制器有微分作用时，一旦主控制器输出稍有变化，就容易引起控制阀大幅度地变化，这对系统的稳定是不利的。

(2) 控制器正、反作用的选择。

串级控制系统中，必须分别根据各种不同情况，选择主、副控制器的作用方向，选择方法如下。

① 串级控制系统中的副控制器作用方向的选择，是根据工艺安全等要求，选定控制阀的气开、气关形式后，按照使副控制回路成为一个负反馈系统的原则来确定的。因此，副控制器的作用方向与副对象特性、控制阀的气开、气关形式有关，其选择方法与简单控制系统中控制器正、反作用的选择方法相同，这时可不考虑主控制器的作用方向，只是将主控制器的输出作为副控制器的给定值就行了。

为保证副回路为负反馈，必须满足：副控制器、控制阀、副对象三者的作用符号相乘为负，即

$$(\text{副控制器}\pm)\times(\text{控制阀}\pm)\times(\text{副对象}\pm)=\text{“}-\text{”}$$

例如图 4-2-2 所示的管式加热炉出口温度-炉膛温度串级控制系统中的副回路，如果为了在气源中断时，停止供给燃料油，以防烧坏炉子，那么执行器应该选气开阀，是“正”方向。当燃料量加大时，炉膛温度 T_2(副变量)是增加的，因此副对象是“正”方向。为了使副回路构成一个负反馈系统，副控制器 T_2C 应选择“反”作用方向。只有这样，才能当炉膛温度受到干扰作用上升时，T_2C 的输出降低，从而使气开阀关小，减少燃料量，促使炉膛温度下降。

② 串级控制系统中主控制器作用方向的选择，完全由工艺情况确定，与控制阀的气开、气关形式及副控制器的作用方向完全无关，即只需根据主对象的特性，选择与其作用方向相反的主控制器的正、反作用。

选择时，把整个副回路等效为一个环节，该环节的输入信号是主控制器的输出信号，而输出信号就是副变量，且副回路环节的输入信号与输出信号之间总是正作用，即输入增加，输出也增加。这样就可将串级控制系统等效成如图 4-2-5 所示的形式。

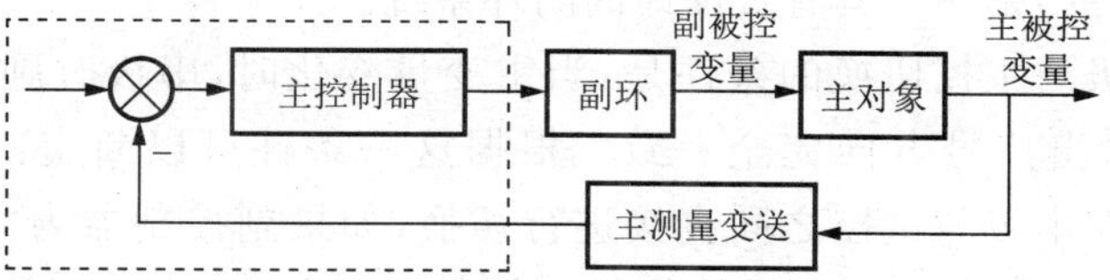

图 4-2-5 串级控制系统等效方框图

由于副回路是一个随动控制系统，因此，整个副回路可视为一个特性（放大系数）为“正”的环节看待，这样，主控制器的正、反作用实际上只取决于主对象的特性。为使主回路构成负反馈控制系统，主控制器的正、反作用方向应满足：

$$（主控制器\pm）\times（主对象\pm）=“-”$$

即主控制器的正、反作用方向与主对象的特性相反。

因此，串级控制系统中主、副控制器的选择可以按先副后主的顺序，即先确定控制阀的气开、气关形式及副控制器的正、反作用，然后确定主控制器的作用方向；也可以按先主后副的顺序，即先按工艺过程特性的要求确定主控制器的作用方向，然后按一般单回路控制系统的方法再选定执行器的开、关形式及副控制器的作用方向。

试确定图 4-2-2 所示的管式加热炉串级控制系统中主、副控制器的作用方向。

① 确定副控制器的正、反作用。

控制阀：从安全角度考虑，选择气开阀，符号为“＋”；

副对象：控制阀开大，燃料流量增加，炉膛温度升高，该环节为“＋”；

副控制器：为保证副回路构成负反馈，应选反作用。

② 确定主控制器正、反作用方向。

主对象：当副变量（炉膛温度）升高时，炉出口温度也随之升高，因此该环节为“＋”；

主控制器：为保证主回路构成负反馈，应选反作用。

③ 当由于工艺过程的需要，控制阀由气开改为气关，或由气关改为气开时，只要改变副控制器的正、反作用而不需改变主控制器的正、反作用。

但是必须指出，在有些生产过程中，要求控制系统既可以进行串级控制，又可以实现主控制器单独工作，即切除副控制器，由主控制器的输出直接控制执行器（称为主控）。这就是说，若系统由串级切换为主控时，是用主控制器的输出代替原来副控制器的输出去控制执行器，而若系统由主控切换为串级时，是用副控制器的输出代替主控制器的输出去控制执行器。无论哪一种切换，都必须保证当主变量变化时，去控制阀的信号完全一致。以图 4-2-2 所示的管式加热炉出口温度串级控制系统为例，当执行器为气开阀时，T_1C 和 T_2C 均为反作用。主变量 T_1 增加时，去执行器的气压信号是要求减小的。这样才能关小阀门，减少燃料供给量，以使 T_1 温度下降，当系统由串级切换为主控时，若 T_1 增加，要求主控制器的输出也减小，因此这时主控制器仍为反作用的，不需改变方向。相反，如果工艺要求执行器改为气关阀，那么 T_1C 为反作用，T_2C 为正作用。这时若系统为串级控制时，T_1 增加，T_2C 的输出即去执行器的信号是增加的，这样才能关小阀门，减少燃料供给量。若这时系统由串级切换为主控，为了保证在 T_1 增加时，主控制器的输出，即去执行器的信号仍是增加的，主控制器就必须是正作用，这样才能保证由串级改为主控后，控制系统（这时实际上是单回路的)是一个具有负反馈的闭环系统。

总之,系统串级与主控切换的条件是:当主变量变化时,串级时副控制器的输出与主控时主控制器的输出信号方向完全一致。根据这一条件可以断定:只有当副控制器为"反"作用时,才能在串级与主控之同直接进行切换,如果副控制器为"正"作用,则在串级与主控之间进行切换的同时,还要改变主控制器的正反作用(主控制器作用方式的变更)。为了能使串级系统在串级与主控之间方便地切换,在控制阀气开、气关形式的选择不受工艺条件限制,可以任选的情况下,应选择能使副控制器为反作用的那种执行器类型,这样就可免除在串级与主控切换时来回改变主控制器的正、反作用。

5. 串级控制系统控制器参数的工程整定

串级控制系统从整体上来看是个定值控制系统,要求主变量有较高的控制精度。但从副回路来看是个随动系统,要求副变量能准确、快速地跟随主控制器输出的变化而变化。只有明确了主、副回路的不同作用和对主、副变量的不同要求后,才能正确地通过参数整定,确定主、副控制器的不同参数,来改善控制系统的特性,获取最佳的控制过程。

串级控制系统主、副控制器的参数整定方法主要有下列两种。

(1) 两步整定法。

按照串级控制系统主、副回路的情况,先整定副控制器,后整定主控制器的方法称为两步整定法,整定过程是:

① 在工况稳定,主、副控制器都在纯比例作用运行的条件下,将主控制器的比例度先固定在100%的刻度上,逐渐减小副控制器的比例度,求取副回路在满足某种衰减比(如4:1)过渡过程下的副控制器比例度和操作周期,分别用δ_{2S}和T_{2S}表示。

② 在副控制器比例度等于δ_{2S}的条件下,逐步减小主控制器的比例度,直至得到同样衰减比下的过渡过程,记下此时主控制器的比例度δ_{1S}和操作周期T_{1S}。

③ 根据上面得到的δ_{1S}、T_{1S}和δ_{2S}、T_{2S},表4-1-3的经验公式计算主、副控制器的比例度、积分时间和微分时间。

④ 按"先副后主""先比例次积分最后加微分"的整定规律,将计算出的控制器参数加到控制器上。

⑤ 观察控制过程,适当调整,直到获得满意的过渡过程。

如果主、副对象时间常数相差不大,动态联系密切,可能会出现"共振"现象,主、副变量长时间地处于大幅度波动情况,控制质量严重恶化。这时可适当减小副控制器比例度或积分时间,以达到减小副回路操作周期的目的。同理,可以加大主控制器的比例度或积分时间,以期增大主回路操作周期,使主、副回路的操作周期之比加大,避免"共振"。这样做的结果会在一定程度上降低原先期望的控制质量。如果主、副对象特性太接近,则说明确定的控制方案欠妥当,副变量的选择不合适,这时就不能完全靠控制器参数的改变来避免"共振"了。

(2) 一步整定法。

两步整定法虽能满足主、副变量的要求,但要分两步进行,需寻求两个4:1的衰减振荡过程,比较烦琐。为了简化步骤,串级控制系统中主、副控制器的参数整定可以采用一步整定法。

所谓一步整定法，就是根据经验先将副控制器参数一次放好，不再变动，然后按一般单回路控制系统的整定方法直接整定主控制器参数。

一步整定法的依据是：在串级控制系统中，一般来说，主变量是工艺的主要操作指标，直接关系到产品的质量或生产过程的正常运行，因此，对它的要求比较严格。而副变量的设置主要是为了提高主变量的控制质量，对副变量本身没有很高的要求，允许它在一定范围内变化。因此，在整定时不必把过多的精力放在副环上。只要把副控制器的参数置于一定数值后，集中精力整定主环，使主变量达到规定的质量指标就行了。虽然按照经验一次设置的副控制器参数不一定合适，但是没有关系，因为副控制器的放大倍数不合适时，可以通过调整主控制器的放大倍数来进行补偿，结果仍然可以使主变量呈现衰减比为 4:1（或 10:1）的衰减振荡过程。

经验证明，这种整定方法，对于对主变量要求较高，而对副变量没有什么要求或要求不严，允许它在一定范围内变化的串级控制系统，是很有效的。

人们经过长期的实践和大量的经验积累，总结得出对于在不同的副变量情况下，副控制器参数可按表 4-2-1 所给出的数据进行设置。

表 4-2-1　采用一步整定法时副控制器参数选择范围

副变量类型	副控制器比例度 δ_{2S}	副控制器比例放大倍数 K_{P2}
温　度	20%～60%	5.0～1.7
压　力	30%～70%	3.0～1.4
流　量	40%～80%	2.5～1.25
液　位	20%～80%	5.0～1.25

一步整定法的整定步骤如下。

① 在生产正常，系统为纯比例运行的条件下，按照表 4-2-1 所列的数据，将副控制器比例度调到某一适当的数值。

② 利用简单控制系统中任一种参数整定方法整定主控制器的参数。

③ 如果出现“共振”现象，可加大主控制器或减小副控制器的参数整定值，一般即能消除。

4.2.2　均匀控制系统

1. 均匀控制的目的

在化工生产中，各生产设备都是前后紧密联系在一起的。前一设备的出料，往往是后一设备的进料，各设备的操作情况也是互相关联、互相影响的。例如图 4-2-6 所示的连续精馏的多塔分离过程就是一个最能说明问题的例子。甲塔的出料为乙塔的进料。对甲塔来说，为了稳定操作需保持塔釜液位稳定，为此必然频繁地改变塔底的排出量，这就使塔釜失去了缓冲作用。而对乙塔来说，从稳定操作要求出发，希望进料量尽量不变或少变。这样甲、乙两塔间的供求关系就出现了矛盾。如果采用图 4-2-6 所示的控制方案，两个控制系统是无法同时正常工作的。如果甲塔的液位上升，则液位控制器 LC 就会开大出料阀

1，而这将引起乙塔进料量增大，于是乙塔的流量控制器FC又要关小阀2，其结果会使甲塔液位升高，出料阀1继续开大，如此下去，顾此失彼，解决不了供求之间的矛盾。

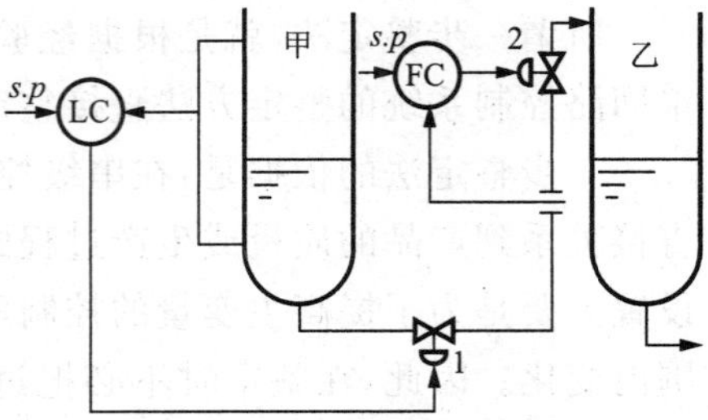

图4-2-6 前后精馏塔的供求关系

解决矛盾的方法，可在两塔之间设置一个中间贮罐，既满足甲塔控制液位的要求，又缓冲了乙塔进料流量的波动。但是由此会增加设备，使流程复杂化。当物料易分解或聚合时，就不宜在贮罐中久存，故此法不能完全解决问题。但是从这个方法可以得到启示，能不能通过自动控制来模拟中间贮罐的缓冲作用呢？

从工艺和设备上进行分析，塔釜有一定的容量。其容量虽不像贮罐那么大，但是液位并不要求保持在定值上，允许在一定的范围内变化。至于乙塔的进料，如不能做到定值控制，但能使其缓慢变化也对乙塔的操作是有益的，较之进料流量剧烈的波动则改善了很多。为了解决前后工序供求矛盾，达到前后兼顾协调操作，使液位和流量均匀变化，为此组成的系统称为均匀控制系统。

均匀控制通常是对液位和流量两个变量同时兼顾，通过均匀控制，使两个互相矛盾的变量达到下列要求。

(1) 两个变量在控制过程中都应该是变化的，且变化是缓慢的。因为均匀控制是指前后设备的物料供求之间的均匀，那么，表征前后供求矛盾的两个变量都不应该稳定在某一固定的数值。图4-2-7(a)中把液位控制成比较平稳的直线，因此下一设备的进料量必然波动很大，这样的控制过程只能看作液位的定值控制，而不能看作均匀控制。反之，图4-2-7(b)中把后一设备的进料量控制成比较平稳的直线，那么，前一设备的液位就必然波动很厉害，所以，它只能被看作是流量的定值控制。只有如图4-2-7(c)所示的液位和流量的控制曲线才符合均匀控制的要求，两者都有一定程度的波动，但波动都比较缓慢。

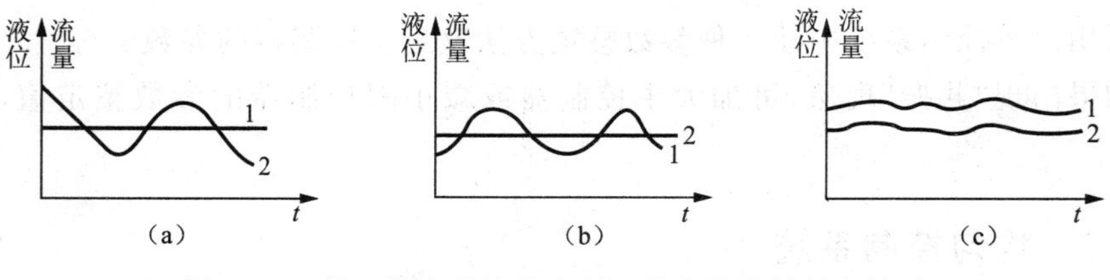

图4-2-7 前一设备的液位和后一设备的进料量之关系

1—液位变化曲线；2—流量变化曲线

(2) 前后互相联系又互相矛盾的两个变量应保持在所允许的范围内波动。如图4-2-6中，甲塔塔釜液位的升降变化不能超过规定的上下限，否则就有没过再沸器蒸汽管或被抽干的危险。同样，乙塔进料流量也不能超越它所能承受的最大负荷或低于最小处理量，否则就不能保证精馏过程的正常进行。为此，均匀控制的设计必须满足这两个限制条件。当然，这里的允许波动范围比定值控制过程的允许偏差要大得多。

明确均匀控制的目的及其特点是十分必要的。因为在实际运行中，有时因不清楚均匀控制的设计意图而变成单一变量的定值控制，或者想把两个变量都控制成很平稳，这样最终都会导致均匀控制系统的失败。

2.均匀控制方案

(1) 简单均匀控制。

图 4-2-8 所示为简单均匀控制系统。外表看起来与简单的液位定值控制系统一样，但系统设计的目的不同。定值控制是通过改变排出流量来保持液位为给定值，而简单均匀控制是为了协调液位与排出流量之间的关系，允许它们都在各自许可的范围内缓慢地变化。

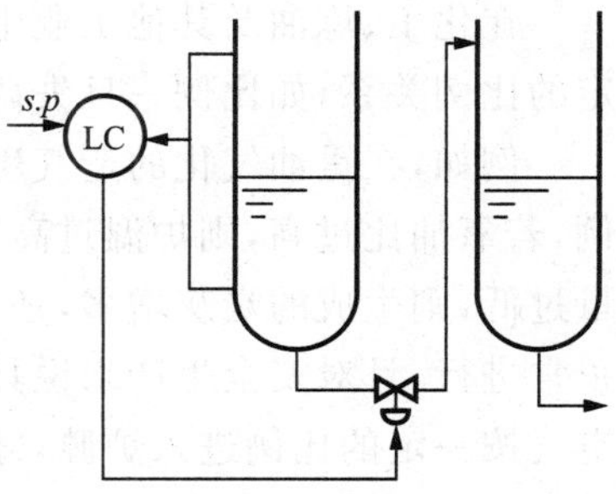

图 4-2-8　简单均匀控制

简单均匀控制系统如何能够满足均匀控制的要求呢？是通过控制器的参数整定来实现的。简单均匀控制系统中的控制器一般都是纯比例作用的，比例度的整定不能按 4:1(或 10:1)衰减振荡过程来整定，而是将比例度整定得很大，以使当液位变化时，控制器的输出变化很小，排出流量只作微小缓慢的变化。有时为了克服连续发生的同一方向干扰所造成的过大偏差，防止液位超出规定范围，则引入积分作用。这时比例度一般大于 100%，积分时间也要放得大一些。至于微分作用，是和均匀控制的目的背道而驰的，故不采用。

(2) 串级均匀控制。

前面讲的简单均匀控制方案，虽然结构简单，但有局限性。当塔内压力或排出端压力变化时，即使控制阀开度不变，流量也会随阀前后压差变化而改变。等到流量改变影响液位变化后，液位控制器才进行控制，显然这是不及时的。为了克服这一缺点，可在原方案基础上增加一个流量副回路，即构成串级均匀控制，图 4-2-9 是其原理图。

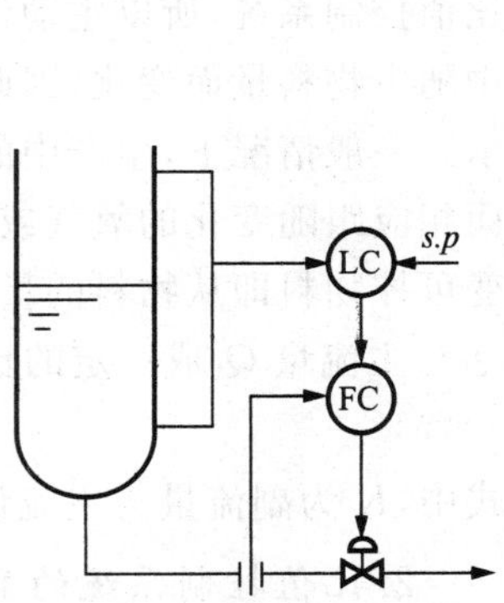

图 4-2-9　串级均匀控制

从图中可以看出，在系统结构上它与串级控制系统是相同的。液位控制器 LC 的输出，作为流量控制器 FC 的给定值，用流量控制器的输出来操纵执行器。由于增加了副回路，可以及时克服由于塔内或排出端压力改变所引起的流量变化。这些都是串级控制系统的特点。但是，由于设计这一系统的目的是为了协调液位和流量两个变量的关系，使之在规定的范围内作缓慢的变化，所以本质上是均匀控制。

串级均匀控制系统之所以能够使两个变量间的关系得到协调，是通过控制器参数整定来实现的。在串级均匀控制系统中，参数整定的目的不是使变量尽快地回到给定值，而是要求变量在允许的范围内作缓慢的变化。参数整定的方法也与一般的不同。一般控制系统的比例度和积分时间是由大到小地进行调整，均匀控制系统却正相反，是由小到大地进行调整。均匀控制系统的控制器参数数值一般都很大。

串级均匀控制系统的主、副控制器一般都采用纯比例作用的。只在要求较高时，为了防止偏差过大而超过允许范围，才引入适当的积分作用。

4.2.3 比值控制系统

1. 概述

在化工、炼油及其他工业生产过程中，工艺上常需要将两种或两种以上的物料保持一定的比例关系，如比例一旦失调，将影响生产或造成事故。

例如，在重油气化的造气生产过程中，进入气化炉的氧气和重油流量应保持一定的比例，若氧油比过高，则炉温过高使喷嘴和耐火砖烧坏，严重时甚至会引起炉子爆炸；如果氧量过低，则生成的炭灰增多，还会发生堵塞现象。所以保持合理的氧油比，不仅使生产能正常进行，且对安全生产来说具有重要意义。再如在锅炉燃烧过程中，需要保持燃料量和空气按一定的比例进入炉膛，才能提高燃烧过程的经济性。这样类似的例子在各种工业生产中是大量存在的。

实现两个或两个以上参数符合一定比例关系的控制系统，称为比值控制系统。通常为流量比值控制系统。

在需要保持比值关系的两种物料中，必有一种物料处于主导地位，这种物料称之为主物料，表征这种物料的参数称之为主动量，用 Q_1 表示。由于在生产过程控制中主要是流量比值控制系统，所以主动量也称为主流量；而另一种物料按主物料进行配比，在控制过程中随主物料量而变化，因此称为从物料，表征其特性的参数称为从动量或副流量，用 Q_2 表示。一般情况下，生产中的主要物料定为主物料，如上例中的重油和燃料油均为主物料，而相应跟随变化的氧气或空气则为从物料。在有些场合，以不可控物料作为主物料，用改变可控物料即从物料的量来实现它们之间的比值关系。比值控制系统就是要实现副流量 Q_2 与主流量 Q_1 成一定的比值关系，满足如下关系式：

$$K = Q_2/Q_1 \tag{4-2-1}$$

式中，K 为副流量与主流量的流量比值。

2. 比值控制系统的类型

比值控制系统主要有以下方案。

(1) 开环比值控制系统。

开环比值控制系统是最简单的比值控制方案，图 4-2-10 是其原理图。图中 Q_1 是主流量，Q_2 是副流量。当 Q_1 变化时，通过控制器 FC 及安装在从物料管道上的执行器来控制 Q_2，以满足 $Q_2 = KQ_1$ 的要求。

图 4-2-11 是该系统的方块图。从图中可以看到，该系统的测量信号取自主物料 Q_1，但控制器的输出却去控制从物料的流量 Q_2，整个系统没有构成闭环，所以是一个开环系统。

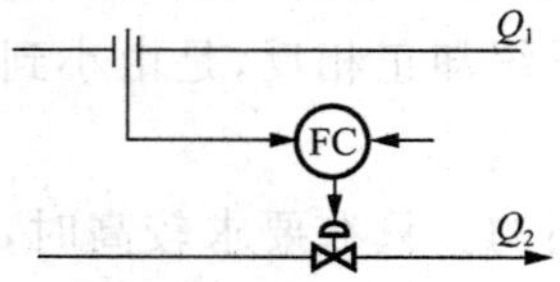

图 4-2-10 开环比值控制

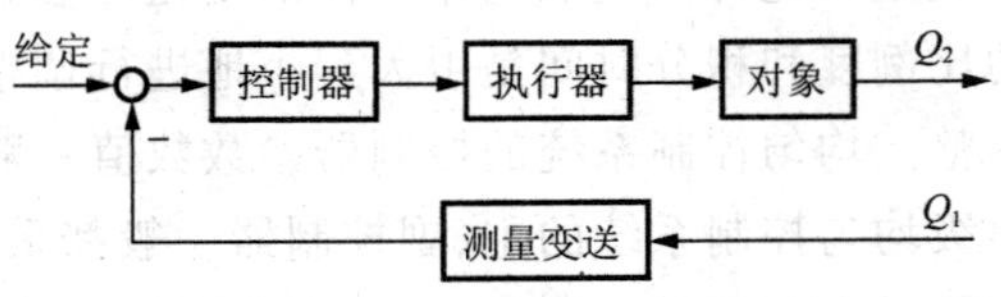

图 4-2-11 开环比值控制方块图

这种方案的优点是结构简单，只需一台纯比例控制器，其比例度可以根据比值要求来设定。但是如果仔细分析一下这种开环比值系统，其实质只能保持执行器的阀门开度与 Q_1 之间成一定比例关系。因此，当 Q_2 因阀门两侧压力差发生变化而波动时，系统不起控制作用，此时就保证不了 Q_2 与 Q_1 的比值关系了。也就是说，这种比值控制方案对副流量 Q_2 本身无抗干扰能力。所以这种系统只能适用于副流量较平稳且比值要求不高的场合。实际生产过程中，Q_2 本身常常要受到干扰，因此生产上很少采用开环比值控制方案。

(2) 单闭环比值控制系统。

单闭环比值控制系统是为了克服开环比值控制方案的不足，在开环比值控制系统的基础上，通过增加一个副流量的闭环控制系统而设计的，如图 4-2-12 所示。图 4-2-13 是该系统的方块图。

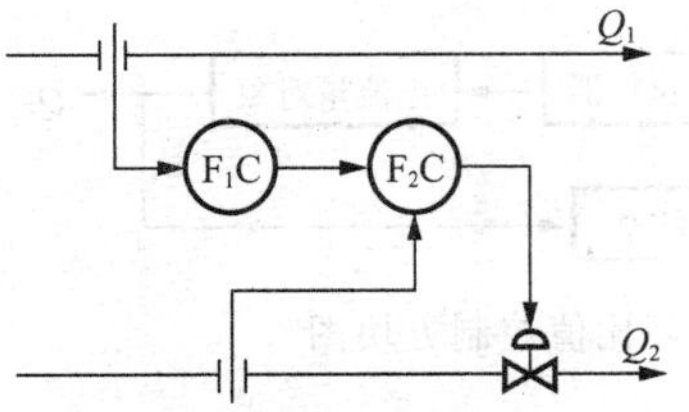

图 4-2-12 单闭环比值控制

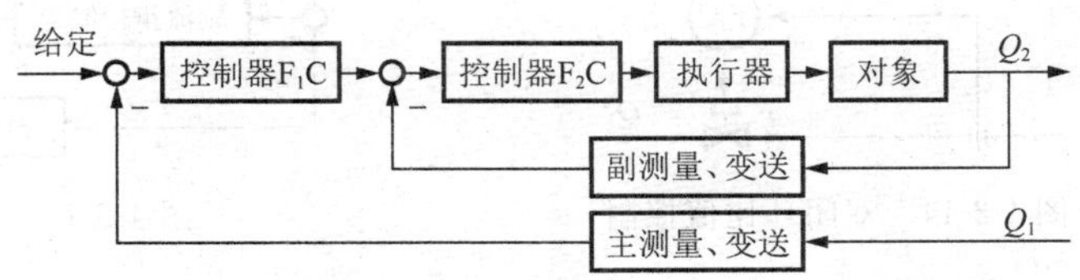

图 4-2-13 单闭环比值控制方块图

从图中可以看出，单闭环比值控制系统与串级控制系统具有相类似的结构形式，但两者是不同的。单闭环比值控制系统的主流量 Q_1 相似于串级控制系统中的主变量，但主流量并没有构成闭环系统，Q_2 的变化并不影响 Q_1。尽管它亦有两个控制器，但只有一个闭合回路，这就是两者的根本区别。

在稳定情况下，主、副流量满足工艺要求的比值，$Q_2/Q_1=K$。当主流量 Q_1 变化时，经变送器送至主控制器 F_1C（或其他计算装置）。F_1C 按预先设置好的比值使输出成比例地变化，也就是成比例地改变副流量控制器 F_2C 的给定值，此时副流量闭环系统为一个随动控制系统，从而 Q_2 跟随 Q_1 变化，使得在新的工况下，流量比值 K 保持不变。当主流量没有变化而副流量由于自身干扰发生变化时，此副流量闭环系统相当于一个定值控制系统，通过控制克服干扰，使工艺要求的流量比值仍保持不变。

单闭环比值控制系统的优点是它不仅能实现副流量跟随主流量的变化而变化，而且还可以克服副流量因本身干扰对比值的影响，因此主、副流量的比值较为精确。另外，这种方案的结构形式较简单，实施起来也比较方便，所以得到广泛的应用，尤其适用于主物料在工艺上不允许进行控制的场合。

单闭环比值控制系统，虽然能保持两物料量比值一定，但由于主流量是不受控制的，所以当主流量变化时，总的物料量就会跟着变化。

(3) 双闭环比值控制系统。

双闭环比值控制系统是为了克服单闭环比值控制系统主流量不受控制、生产负荷（与总物料量有关）在较大范围内波动的不足而设计的。它是在单闭环比值控制的基础上，增加了主流量控制回路而构成的。图 4-2-14 是它的原理图。从图可以看出，当主流量 Q_1 变化时，一方面通过主流量控制器 F_1C 对它进行控制，另一方面通过比值器 K（可以是乘法器）乘以适当的系数后作为副流量控制器 F_2C 的给定值，使副流量跟随主流量的变化而变化。

图 4-2-15 是双闭环比值控制系统的方块图。由图可以看出，该系统具有两个闭合回路，分别对主、副流量进行定值控制。同时，由于比值器 K 的存在，使得主流量由受到干扰作用开始到重新稳定在给定值这段时间内，副流量能跟随主流量的变化而变化。这样不仅实现了比较精确的流量比值，而且也确保了两物料总量基本不变，这是它的一个主要优点。

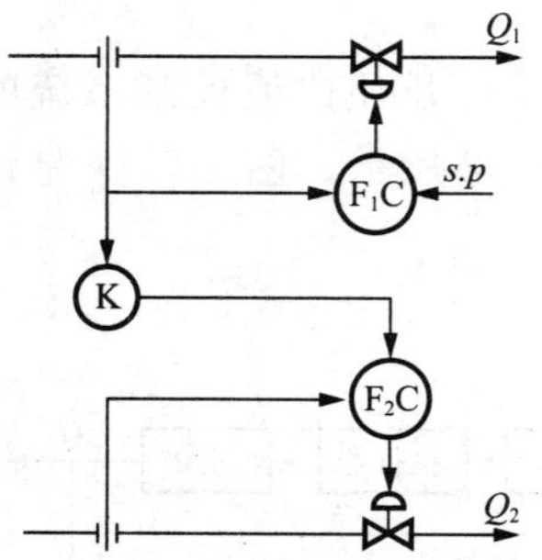

图 4-2-14　双闭环比值控制

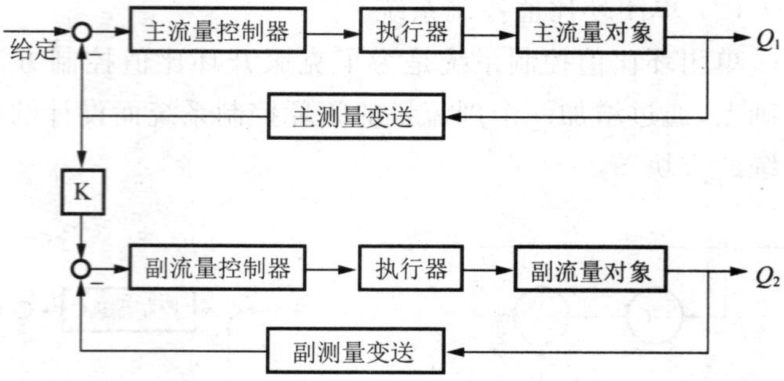

图 4-2-15　双闭环比值控制方块图

双闭环比值控制系统的另一个优点是提降负荷比较方便，只要缓慢地改变主流量控制器的给定值，就可以提降主流量，同时副流量也就自动跟踪提降，并保持两者比值不变。

这种比值控制方案的缺点是结构比较复杂，使用的仪表较多，投资较大，系统调整比较麻烦。

双闭环比值控制系统主要适用于主流量干扰频繁、工艺上不允许负荷有较大波动或工艺上经常需要提降负荷的场合。

(4) 变比值控制系统。

以上介绍的几种控制方案都是属于定比值控制系统。控制过程的目的是要保持主、从物料的比值关系为定值。但有些化学反应过程，要求两种物料的比值能灵活地随第三变量的需要而加以调整，这样就出现一种变比值控制系统。

图 4-2-16 是变换炉的半水煤气与水蒸气的变比值控制系统的示意图。在变换炉生产过程中，半水煤气与水蒸气的量需保持一定的比值，但其比值系数要能随一段触媒层的温度变化而变化，才能在较大负荷变化下保持良好的控制质量。在这里，蒸汽与半水煤气的流量经测量变送后，送往除法器，计算得到它们的实际比值，作为流量控制器 FC 的测量值。而 FC 的给定值来自温度控制器 TC，最后通过调整蒸汽量(实际上是调整了蒸汽与半水煤气的比值)使变换炉触媒层的温度恒定在规定的数值上。图 4-2-17 是该变比值控制系统的方块图。

由图可见，从系统的结构上来看，实际上是变换炉触媒层温度与蒸汽和半水煤气的串级比值控制系统。系统中控制器的选择，温度控制器 TC 按串级控制系统中主控制器要求选择，比值系统按单闭环比值控制系统来确定。

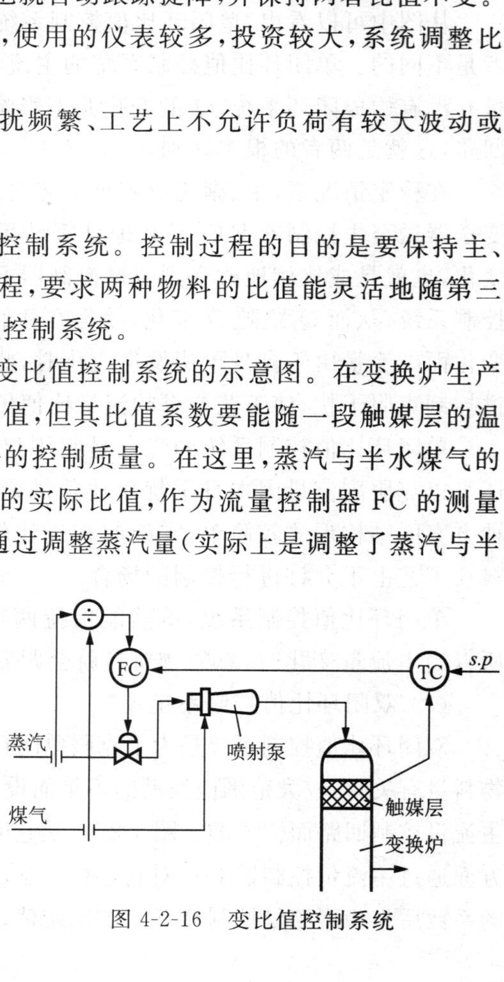

图 4-2-16　变比值控制系统

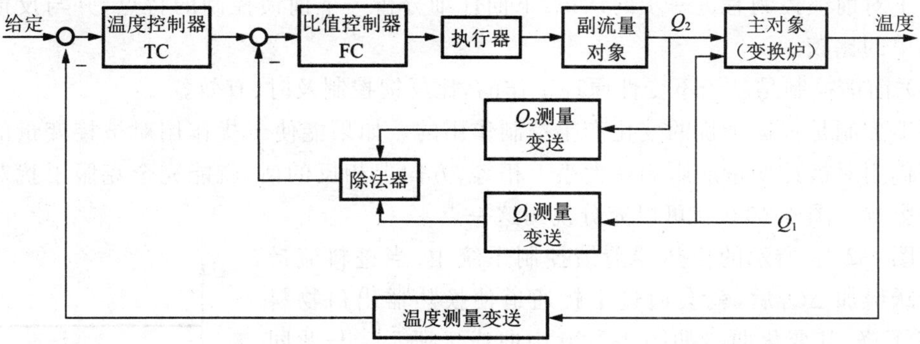

图 4-2-17 变比值控制系统方块图

4.2.4 前馈控制系统

前馈的概念很早就已产生了,由于人们对它认识不足和自动化工具的限制,致使前馈控制发展缓慢。近年来,随着新型仪表和电子计算机的出现和广泛应用,为前馈控制创造了有利条件,前馈控制又重新被重视。目前前馈控制已在锅炉、精馏塔、换热器和化学反应器等设备上获得成功的应用。

1. 前馈控制系统及其特点

在大多数控制系统中,控制器是按照被控变量相对于给定值的偏差而进行工作的。控制作用影响被控变量,而被控变量的变化又反过来影响控制器的输入,使控制作用发生变化。这些控制系统都属于反馈控制。不论什么干扰,只要引起被控变量变化,都可以进行控制,这是反馈控制的优点。例如在图 4-2-18 所示的换热器出口温度的反馈控制中,所有影响被控变量 T 的因素,如进料流量、温度的变化,蒸汽压力的变化等,对出口物料温度 T 的影响都可以通过反馈控制来克服。但是,在这样的系统中,控制信号总是要在干扰已经造成影响,被控变量偏离给定值以后才能产生,控制作用总是不及时的。特别是在干扰频繁,对象有较大滞后时,使控制质量的提高受到很大的限制。

如果已知影响换热器出口物料温度变化的主要干扰是进口物料流量的变化,为了及时克服这一干扰对被控变量 T 的影响,可以测量进料流量,根据进料流量大小的变化直接去改变加热蒸汽量的大小,这就是所谓的“前馈”控制。图 4-2-19 是换热器的前馈控制系统示意图。当进料流量变化时,通过前馈控制器 FC 去开大或关小加热蒸汽阀,以克服进料流量变化对出口物料温度的影响。

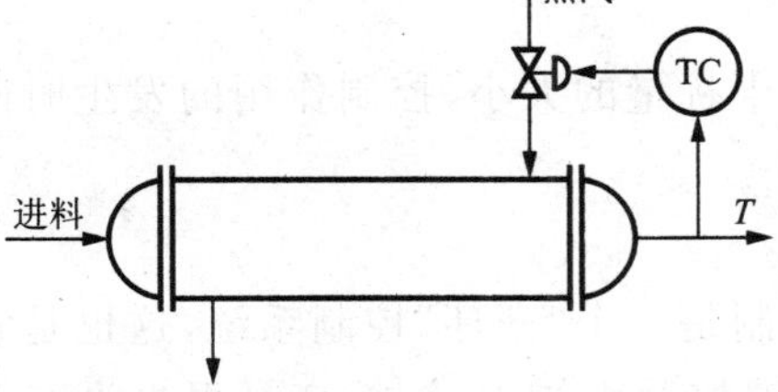

图 4-2-18 换热器出口温度的反馈控制

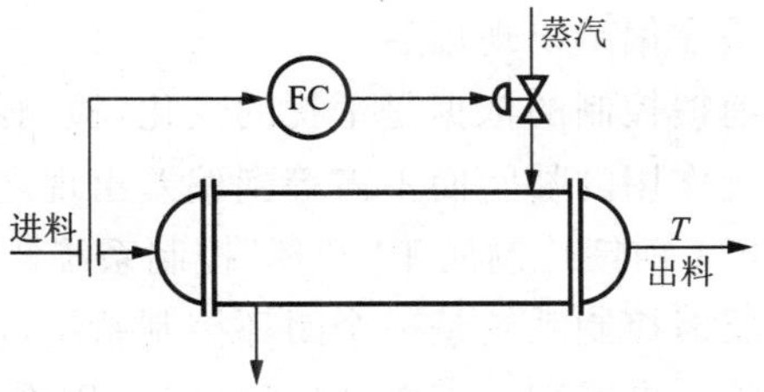

图 4-2-19 换热器的前馈控制

为了对前馈控制有进一步的认识，下面仔细分析一下前馈控制的特点，并与反馈控制作一简单的比较。

(1) 前馈控制是基于不变性原理工作的，比反馈控制及时、有效。

前馈控制是根据干扰的变化产生控制作用的。如果能使干扰作用对被控变量的影响与控制作用对被控变量的影响在大小上相等、方向上相反的话，就能完全克服干扰对被控变量的影响。图 4-2-20 就可以充分说明这一点。

在图 4-2-19 所示的换热器前馈控制系统中，当进料流量突然阶跃增加 ΔQ_1 后，就会通过干扰通道使换热器出口物料温度 T 下降，其变化曲线如图 4-2-20 中曲线 1 所示。与此同时，进料流量的变化经测量变送后，送入前馈控制器 FC，按一定的规律运算后输出去开大蒸汽阀。由于加热蒸汽量增加，通过加热器的控制通道会使出口物料温度 T 上升，如图 4-2-20 中曲线 2 所示。由图可知，干扰作用使温度 T 下降，控制作用使温度 T 上升。如果控制规律选择合适，可以得到完全的补偿。也就是说，当进口物料流量变化时，可以通过前馈控制，使出口物料的温度完全不受进口物料流量变化的影响。显然，前馈控制对于干扰的克服要比反馈控制及时得多。干扰一旦出现，不需等到被控变量受其影响产生变化，就会立即产生控制作用，这个特点是前馈控制的一个主要优点。

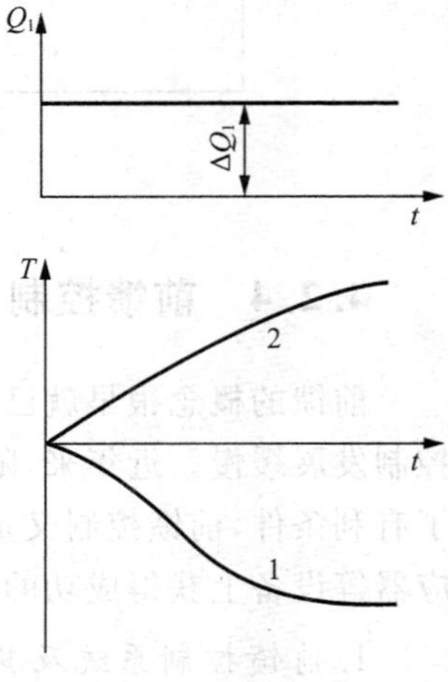

图 4-2-20　前馈控制系统的补偿过程

图 4-2-21(a)、(b) 分别表示反馈控制与前馈控制的方块图。

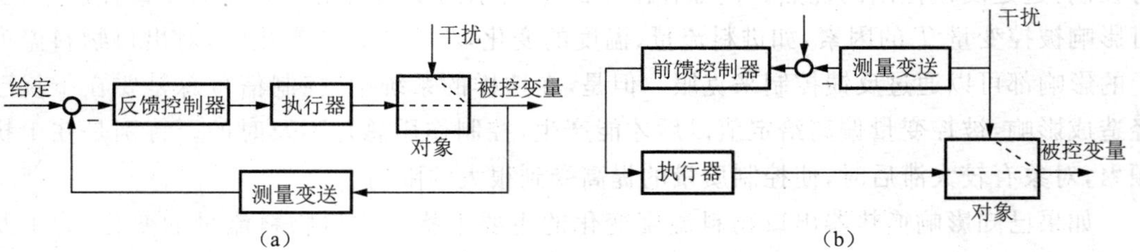

图 4-2-21　反馈控制与前馈控制方块图

由图 4-2-21 可以看出，反馈控制与前馈控制的检测信号与控制信号有如下不同的特点。

反馈控制的依据是被控变量与给定值的偏差，检测的信号是被控变量，控制作用发生时间是在偏差出现以后。

前馈控制的依据是干扰的变化，检测的信号是干扰量的大小，控制作用的发生时间是在干扰作用的瞬间而不需等到偏差出现之后。

(2) 前馈控制属于"开环"控制系统。

反馈控制系统是一个闭环控制系统，而前馈控制是一个"开环"控制系统，这也是它们两者的基本区别。由图 4-2-21(b) 可以看出，在前馈控制系统中，被控变量根本没有被检测。当前馈控制器按扰动量产生控制作用后，对被控变量的影响并不反过来影响控制器的输入信号——扰动量，所以整个系统是一个开环系统。

前馈控制系统是一个开环系统，这一点从某种意义上来说是前馈控制的不足之处。反馈控制由于是闭环系统，控制结果能够通过反馈获得检验，而前馈控制其控制效果并不能通过反馈来加以检验。如上例中，根据进口物料流量变化这一干扰施加前馈控制作用后，出口物料的温度（被控变量）是否达到所希望的温度是不得而知的。因此，要想综合一个合适的前馈控制作用，必须对被控对象的特性做深入的研究和彻底的了解。

（3）前馈控制使用的是视对象特性而定的“专用”控制器。

一般的反馈控制系统均采用通用类型的 PID 控制器，而前馈控制要采用专用前馈控制器（或前馈补偿装置）。对于不同的对象特性，前馈控制器的控制规律将是不同的。为了使干扰完全被克服，干扰通过对象的干扰通道对被控变量的影响，应该与控制作用（也与干扰有关）通过控制通道对被控变量的影响大小相等、方向相反。所以，前馈控制器的控制规律取决于干扰通道的特性与控制通道的特性。对于不同的对象特性，就应该设计具有不同控制规律的控制器。

（4）一种前馈作用只能克服一种干扰。

由于前馈控制作用是按干扰进行工作的，而且整个系统是开环的，因此根据一种干扰设置的前馈控制就只能克服这一干扰对被控变量的影响。而对于其他干扰，由于这个前馈控制器无法感受到，也就无能为力了，而反馈控制只用一个控制回路就可克服多个干扰，所以说这一点也是前馈控制系统的一个弱点。因此前馈控制一般不能单独使用，一般是与反馈控制结合起来，构成前馈-反馈控制。

2. 前馈-反馈控制

前面已经谈到，前馈与反馈控制的优缺点是相对应的。若把其组合起来，取长补短，使前馈控制用来克服主要干扰，反馈控制用来克服其他的多种干扰，两者协同工作，可以获得理想的控制质量。

图 4-2-19 所示的换热器前馈控制系统，仅能克服由于进料量变化对被控变量 T 的影响。如果还同时存在其他干扰，例如进料温度、蒸汽压力的变化等对被控变量 T 的影响，通过这种单纯的前馈控制系统是无法克服的。因此，往往用“前馈”来克服主要干扰，再用“反馈”来克服其他干扰，组成如图 4-2-22 所示的前馈-反馈控制系统。

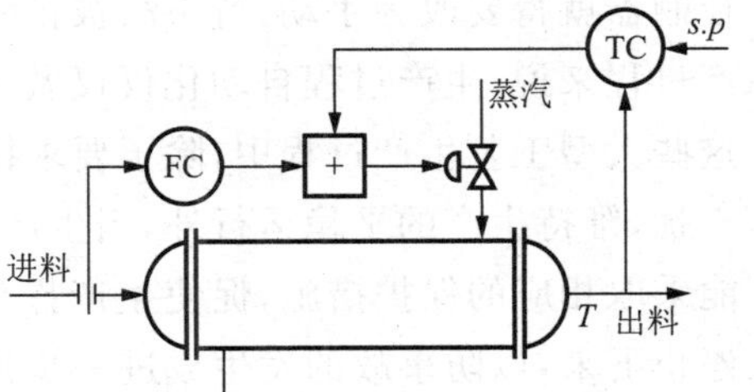

图 4-2-22　换热器的前馈-反馈控制

图中的控制器 FC 起前馈控制作用，用来克服由于进料量波动对被控变量 T 的影响，而温度控制器 TC 起反馈控制作用，用来克服其他干扰对被控变量 T 的影响，前馈和反馈控制作用相叠加，共同改变加热蒸汽量，以使出料温度 T 维持在给定值上。

图 4-2-23 是前馈-反馈控制系统的方块图。从图可以看出，前馈-反馈控制系统虽然也有两个控制器，但在结构上与串级控制系统是完全不同的。串级拉制系统是由内、外（或主、副）两个反馈回路所组成；而前馈-反馈控制系统是由一个反馈回路和另一个开环的补偿回路叠加而成。

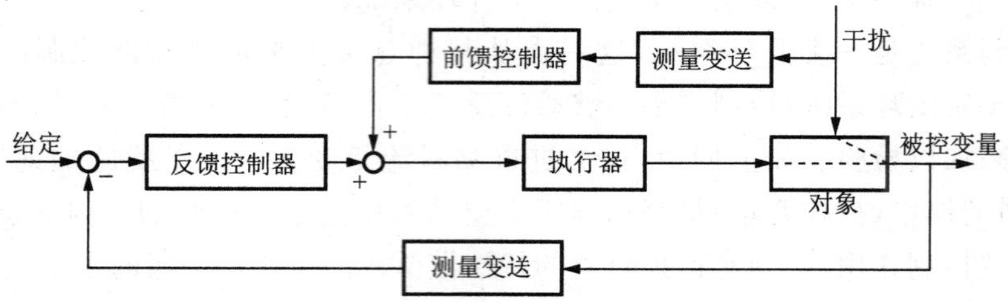

图 4-2-23　前馈-反馈控制系统方块图

3. 前馈控制的应用场合

前馈控制主要的应用场合如下：

(1) 干扰幅值大而频繁，对被控变量影响剧烈，仅采用反馈控制达不到要求的对象。

(2) 主要干扰是可测而不可控的变量。所谓可测，是指干扰量可以运用检测变送装置将其在线转化为标准的电或气的信号。但目前对某些变量，特别是某些成分量还无法实现上述转换，也就无法设计相应的前馈控制系统。所谓不可控，主要是指这些干扰难以通过设置单独的控制系统予以稳定，这类干扰在连续生产过程中是经常遇到的，其中也包括一些虽能控制但生产上不允许控制的变量，如负荷量等。

(3) 当对象的控制通道滞后大、反馈控制不及时、控制质量差时，可采用前馈或前馈-反馈控制系统，以提高控制质量。

4.2.5　选择性控制系统

1. 基本概念

通常自动控制系统只能在生产工艺处于正常情况下进行工作。一旦生产出现事故，控制器就得要改为手动，待事故被排除后，控制系统再重新投入工作。对于现代化大型生产过程来说，生产过程自动化仅仅做到这一步是不够的，是远远不能满足生产要求的。在这些大型工艺生产过程中，除了要求控制系统在生产处于正常运行情况下，能够克服外界干扰，维持生产的平稳运行外，当生产操作达到安全极限时，控制系统应有一种应变能力，能采取相应的保护措施，促使生产操作离开安全极限，返回到正常情况，或者使生产暂时停止下来，以防事故的发生或进一步扩大。像大型压缩机的防喘振措施、精馏塔的防液泛措施等都属于非正常生产过程的保护性措施。

生产保护性措施有两类：一类是硬保护措施；一类是软保护措施。

所谓硬保护措施就是当生产操作达到安全极限时，有声、光报警产生。这时，或是由操作工将控制器切换到手动，进行手动操作、处理；或是通过专门设置的联锁保护线路，实现自动停车，达到生产安全的目的。就人工保护来说，由于大型工厂生产过程的强化，限制条件多而严格，生产安全保护的逻辑关系往往比较复杂，即使编写出详尽的操作规程，人工操作也难免出错。此外，由于生产过程进行的速度往往很快，操作人员的生理反应难于跟上，因此，一旦出现事故状态，情况十分紧急，容易出现手忙脚乱的情况，某个环节处理不当，就会使事故扩大。因此，在遇到这类问题时，常常采用联锁保护的办法进行处理。

当生产达到安全极限时，通过专门设置的联锁保护线路，能自动地使设备停车，达到保护的目的。

通过事先专门设置的联锁保护线路，虽然能在生产操作达到安全极限时起到安全保护的作用，但是，这种硬性保护方法，动辄就使设备停车，这必然会影响到生产。对于大型连续生产过程来说，即使是短暂的设备停车也会造成巨大的经济损失。因此，这种硬保护措施已逐渐不为人们所欢迎，相应情况下就出现了一种生产的软保护措施。

所谓生产的软保护措施，就是通过一个特定设计的自动选择性控制系统，当生产短期内处于不正常情况时，既不使设备停车又起到对生产进行自动保护的目的。在这种自动选择性控制系统中，考虑到了生产工艺过程限制条件的逻辑关系。当生产操作条件趋向限制条件时，一个用于控制不安全情况的控制方案将自动取代正常情况下工作的控制方案。直到生产操作重新回到安全范围时，正常情况下工作的控制方案又自动恢复对生产过程的正常控制。因此，这种选择性控制系统也被称为取代控制系统或自动保护控制系统。某些选择性控制系统甚至可以使开、停车这样的工作都能够由系统控制自动地进行，而无须人工参与。

要构成选择性控制，生产操作必须要具有一定的选择性逻辑关系。而选择性控制的实现则需要靠具有选择功能的自动选择器（高值选择器或低值选择器）或有关的切换装置（切换器、带电接点的控制器或测量仪表）来完成。

2. 选择性控制系统的类型

(1) 开关型选择性控制系统。

在这一类选择性控制系统中，一般有 A、B 两个可供选择的变量。其中一个变量 A 假定是工艺操作的主要技术指标，它直接关系到产品的质量或生产效率；另一个变量 B，工艺上对它只有一个限值要求，只要不超出限值，生产就是安全的，一旦超出这一限值，生产过程就有发生事故的危险。因此，在正常情况下，变量 B 处于限值以内，生产过程就按照变量 A 来进行连续控制。一旦变量 B 达到极限值时，为了防止事故的发生，所设计的选择性控制系统将通过专门的装置（电接点、信号器、切换器等）切断变量 A 控制器的输出，而将控制阀迅速关闭或打开，直到变量 B 回到限值以内系统才自动重新回复到按变量 A 进行连续控制。

开关型选择性控制系统一般都用作系统的限值保护。图 4-2-24 所示的丙烯冷却器的控制可作为一个应用的实例。

在丙烯分离过程中，裂解气经五段压缩后其温度已达 88 ℃。为了进行低温分离，必须将它的温度降下来，工艺要求降到 15 ℃左右。为此，工艺上采用了丙烯冷却器这一设备。在冷却器中，利用液态丙烯低温下蒸发吸热的原理，达到降低裂解气温度的目的。

为了使经冷却器后的裂解气达到一定温度，一般的控制方案是选择经冷却后的裂解气温度为被控变量，以液态丙烯流量为操纵变量，组成如图 4-2-24(a)所示的温度控制系统。

图 4-2-24(a)所示的方案实际上是通过改变换热面积的方法来达到控制温度的目的。当裂解气出口温度偏高时，控制阀开大，液态丙烯流量就随之增大，冷却器内丙烯的液位将会上升，冷却器内列管被液态丙烯淹没的数量则增多，换热面积于是就增大，因而，为丙

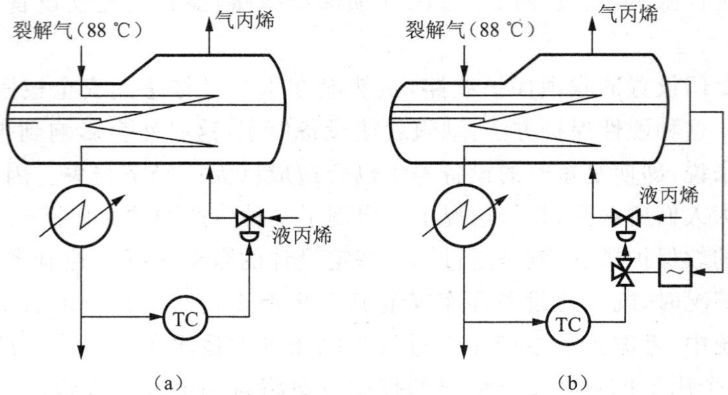

图 4-2-24　丙烯冷却器的两种控制方案

烯气化所带走的热量将会增多,因而裂解气温度就会下降。反过来,当裂解气出口温度偏低时,控制阀关小,丙烯液位则下降,换热面积就减小,丙烯气化带走热量也减小,裂解气温度则上升。因此,通过对液态丙烯流量的控制就可以达到维持裂解气出口温度不变的目的。

然而,有一种情况必须加以考虑。当裂解气温度过高或负荷量过大时,控制阀将要大幅度地被打开。当冷却器中的列管全部为液态丙烯所淹没,而裂解气出口温度仍然降不到希望的温度时,就不能再一味地使控制阀开度继续增大了。因为,一方面,这时液位继续升高已不再能增加换热面积,换热效果也不再能够提高,再增加控制阀的开度,冷剂量液态丙烯将得不到充分的利用;另一方面,液位的继续上升,会使冷却器中的丙烯蒸发空间逐渐减小,甚至会完全没有蒸发空间,以至于使气相丙烯会出现带液现象。气相丙烯带液进入压缩机将会损坏压缩机,这是不允许的。为此,必须对图 4-2-24(a)所示的方案进行改造,即需要考虑到当丙烯液位上升到极限情况时的防护性措施,于是就构成了如图 4-2-24(b)所示的裂解气出口温度与丙烯冷却器液位的开关型选择性控制系统。

方案(b)是在方案(a)的基础上增加了一个带上限接点的液位变送器(或报警器)和一个连接于温度控制器 TC 与执行器之间的三通电磁阀。上限接点一般设定在液位总高度的 75%左右。在正常情况下,液位低于 75%,接点是断开的,电磁阀失电,温度控制器的输出可直通执行器,实现温度自动控制。当液位上升达到 75%时,这时保护压缩机不受损坏已变为主要矛盾。于是液位变送器的上限接点闭合,电磁阀得电而动作,将控制器输出切断,同时使执行器的膜头与大气相通,使膜头压力很快下降为零,控制阀将很快关闭(对气开阀而言),这就终止了液态丙烯继续进入冷却器。待冷却器内液态丙烯逐渐蒸发,液位缓慢下降到低于 75%时,液位变送器的上限接点又断开,电磁阀重新失电,于是温度控制器的输出又直接送往执行器,恢复成温度控制系统。

此开关型选择性控制系统的方块图如图 4-2-25 所示。图中的方块"开关"实际上是一只三通电磁阀,可以根据液位的不同情况分别让执行器接通温度控制器或接通大气。

上述开关型选择性控制系统也可以通过图 4-2-26 所示的方案来实现。在该系统中采用了一台信号器和一台切换器。

信号器的信号关系是:

当液位低于 75%时,输出 $p_2=0$;

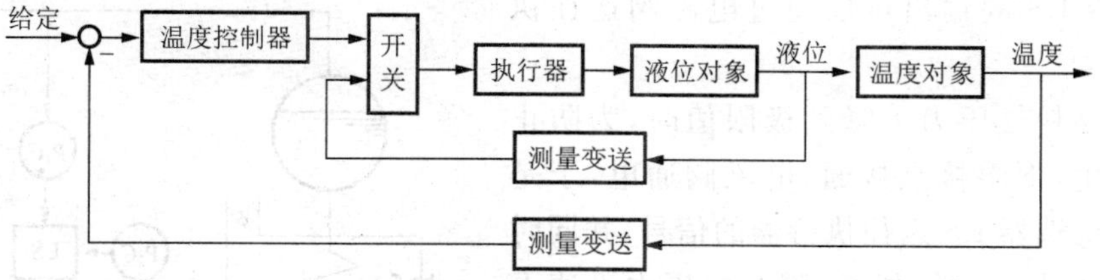

图 4-2-25 开关型选择性控制系统方块图

当液位达到 75%时，$p_2=0.1$ MPa。

切换器的信号关系是：

当 $p_2=0$ 时，$p_y=p_x$；

当 $p_2=0.1$ MPa 时，$p_y=0$。

在信号器与切换器的配合作用下，当液位低于75%时，执行器接收温度控制器来的控制信号，实现温度的连续控制；当液位达到75%时，执行器接收的信号为零，于是控制阀全关，液位则停止上升并缓慢下降，这就防止了气丙烯带液现象的发生，对后续的压缩机起着保护作用。

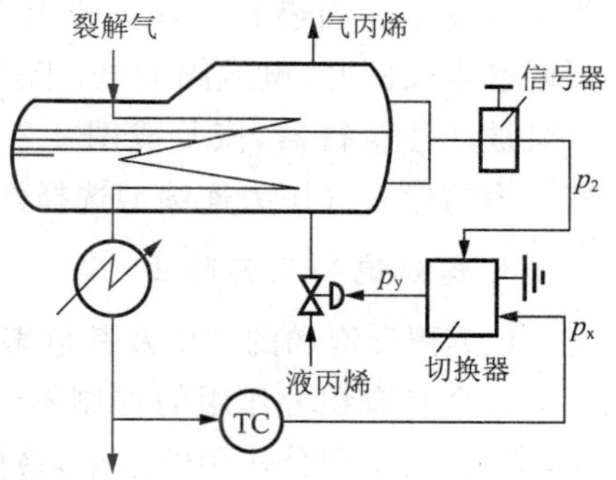

图 4-2-26 开关型选择性控制系统

(2) 连续型选择性控制系统。

连续型选择性控制系统与开关型选择性控制系统的不同之处就在于：当取代作用发生后，控制阀不是立即全开或全关，而是在阀门原来的开度基础上继续进行连续控制。因此，对执行器来说，控制作用是连续的。

在连续型选择性控制系统中，一般具有两台控制器，它们的输出通过一台选择器（高选器或低选器）后，送往执行器。这两台控制器，一台在正常情况下工作（称为正常控制器），另一台在非正常情况下工作（称为取代控制器）。在生产处于正常情况下，系统由正常控制器进行控制；一旦生产出现不正常情况时，取代控制器将自动取代正常控制器对生产过程进行控制；直到生产恢复到正常情况，正常控制器又替代取代控制器，恢复对生产过程的控制。

(3) 混合型选择性控制系筑。

在这种混合型选择性控制系统中，既包含有开关型选择的内容，又包含有连续型选择的内容。例如锅炉燃烧系统既考虑脱火又考虑回火的保护问题就可以通过设计一个混合型选择性控制系统来解决。

当燃料气管线压力过高时，会产生脱火的问题；当燃料气管线压力过低时，有可能低于燃烧室压力，这样就会出现危险的回火现象，危及燃料气罐使之发生燃烧和爆炸。因此，回火现象和脱火现象一样，也必须设法加以防止。为此，可在图 4-2-27 所示的蒸汽压力与燃料气压力连续型选择性控制系统的基础上增加一个防止燃料气压力过低的开关型选择的内容，如图 4-2-27 所示。

在本方案中增加了一个带下限接点的压力控制器 P_3C 和一台三通电磁阀。当燃料气压力正常时，下限接点是断开的，电磁阀失电。此时系统的工作与图 4-2-27 没有什么两

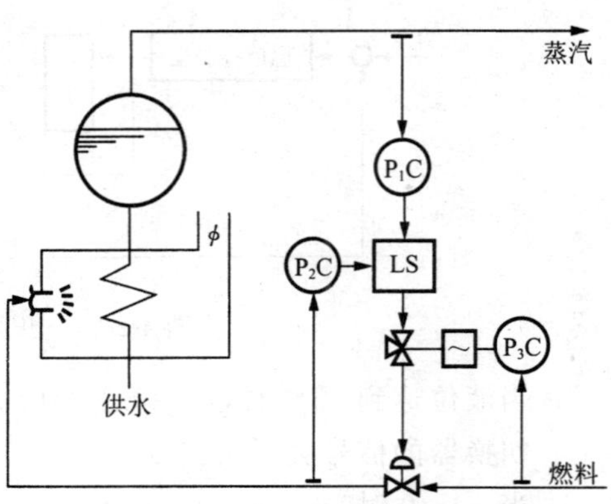

图 4-2-27 混合型选择性控制方案

样，低选器 LS 的输出可以通过电磁阀送往执行器。

一旦燃料气压力下降到极限值时，为防止回火的产生，下限接点接通，电磁阀通电，于是便切断了低选器 LS 送往执行器的信号，并同时使控制阀膜头与大气相通，膜头内压力迅速下降到零，于是控制阀将关闭(气开阀)，回火事故将不致发生。当燃料气压力上升到正常值时，下限接点又断开，电磁阀失电，于是低选器的输出又被送往执行器，恢复成图 4-2-26 所示的蒸汽压力与燃料气压力连续型选择性控制方案。

3. 积分饱和及其防止

(1) 积分饱和的产生及其危害性。

一个具有积分作用的控制器，当其处于开环工作状态时，如果偏差输入信号一直存在，那么，由于积分作用的结果，将使控制器的输出不断增加或不断减小，一直达到输出的极限值为止，这种现象称之为“积分饱和”。由上述定义可以看出，产生积分饱和的条件有三个：其一是控制器具有积分作用；其二是控制器处于开环工作状态，其输出没有被送往执行器；其三是控制器的输入偏差信号长期存在。

在选择性控制系统中，任何时候选择器只能选中两个控制器的中一个，被选中的控制器的输出送往执行器，而未被选中的控制器则处于开环工作状态。这个处于开环工作状态下的控制器如果具有积分作用，在偏差长期存在的条件下，就会产生积分饱和。

当控制器处于积分饱和状态时，它的输出将达到最大或最小的极限值，该极限值已超出执行器的有效输入信号范围。对于气动薄膜控制阀来说，有效输入信号范围为 20～100 kPa，也就是说，当输入由 20 kPa 变化到 100 kPa 时，控制阀就可以由全开变为全关(或由全关变为全开)，当输入信号在这个范围以外变化时，控制阀将停留在某一极限位置(全开或全关)不再变化。由于控制器处于积分饱和状态时，它的输出已超出执行器的有效输入信号范围，所以当它在某个时刻重新被选择器选中，需要它取代另一个控制器对系统进行控制时，它并不能立即发挥作用。这是因为要它发挥作用，必须要等它退出饱和区，即输出慢慢返回到执行器的有效输入范围以后，才能使执行器开始动作，因而控制是不及时的。这种取代不及时(或者说取代虽然及时，但真正发挥作用不及时)有时会给系统带来严重的后果，甚至会造成事故，因而必须设法防止和克服。

(2) 抗积分饱和措施。

前面已经分析过，产生积分饱和有三个条件，即控制器具有积分作用、偏差长期存在和控制器处于开环工作状态。需要指出的是，除选择性控制系统会产生积分饱和现象外，只要满足产生积分饱和的这三个条件，其他系统也会产生积分饱和问题。如用于控制间歇生产过程的控制器，当生产停下来而控制器未切入手动，在重新开车时，控制器就会有积分饱和的问题，其他如系统出现故障、阀芯卡住、信号传送管线泄漏等都会造成控制器的积分饱和问题。

目前防止积分饱和的方法主要有以下两种。

① 限幅法。这种方法是通过一些专门的技术措施对积分反馈信号加以限制，从而使控制器输出信号被限制在工作信号范围之内。在气动和电动Ⅱ型仪表中有专门的限幅（高值限幅器和低值限幅器），在电动Ⅲ型仪表中则有专门设计的限幅型控制器。采用这种专用控制器后就不会出现积分饱和的问题。

② 积分切除法。这种方法是当控制器处于开环工作状态时，就将控制器的积分作用切除掉，这样就不会使控制器输出一直增大到最大值或一直减小到最小值，当然也就不会产生积分饱和问题了。

在电动Ⅲ型仪表中有一种PI-P型控制器就属于这一类型。当控制器被选中处于闭环工作状态时，就具有比例积分控制规律；而当控制器未被选中处于开环工作状态时，仪表线路具有自动切除积分作用的功能，结果控制器就只具有比例控制作用，这样就不能向最大或最小两个极端变化，积分饱和问题也就不存在了。

4.2.6 分程控制系统

1.概述

在反馈控制系统中，通常都是一台控制器的输出只控制一台控制阀，然而分程控制系统则不然。在这种控制系统中，一台控制器的输出可以同时控制两台或两台以上的控制阀。在这里，控制器的输出信号被分割成若干个信号范围段，由每一段信号去控制一台控制阀。由于是分段控制，故取名为分程控制系统。

分程控制系统的方块图如图4-2-28所示。

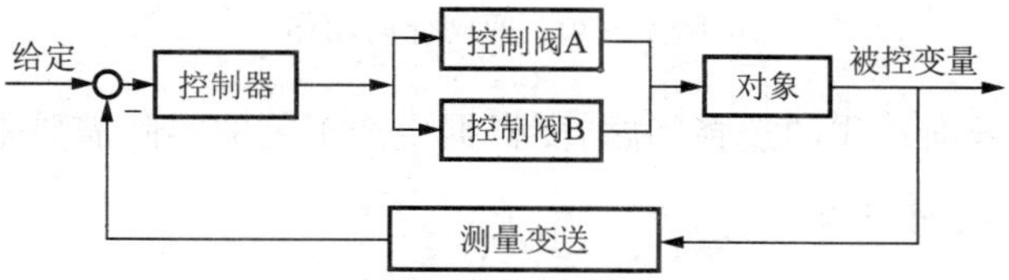

图4-2-28 分程控制系统方块图

分程控制系统中控制器输出信号的分段一般是由附设在控制阀上的阀门定位器来实现的。阀门定位器相当于一台可变放大系数且零点可以调整的放大器。如果在分程控制系统中采用了两台分程阀，在图4-2-28中分别为控制阀A和控制阀B，将执行器的输入信号20～100 kPa分为两段，要求A阀在20～60 kPa信号范围内做全行程动作（即由全关到全开或由全开到全关），B阀在60～100 kPa信号范围内做全行程动作，那么，就可以对附设在控制阀A、B上的阀门定位器进行调整，使控制阀A在20～60 kPa的输入信号下走完全行程，使控制阀B在60～100 kPa的输入信号下走完全行程。这样一来，当控制器输出信号在小于60 kPa范围内变化时，就只有控制阀A随着信号压力的变化改变自己的开度，而控制阀B则处于某个极限位置（全开或全关），其开度不变；当控制器输出信号在60～100 kPa范围内变化时，控制阀A因已移动到极限位置开度，故不再变化，控制阀B的开度却随着信号大小的变化而改变。

分程控制系统，就控制阀的气开、气关形式可以划分为两类；一类是两个控制阀同向动作，即随着控制器输出信号（即阀压）的增大或减小，两控制阀都开大或关小，其动作过程如图 4-2-29 所示，其中图(a)为气开阀的情况，图(b)为气关阀的情况。另一类是两个控制阀异向动作，即随着控制器输出信号的增大或减小，一个控制阀开大，另一个控制阀则关小，如图 4-2-30 所示，其中图(a)是 A 为气关阀、B 为气开阀的情况，图(b)是 A 为气开阀、B 为气关阀的情况。

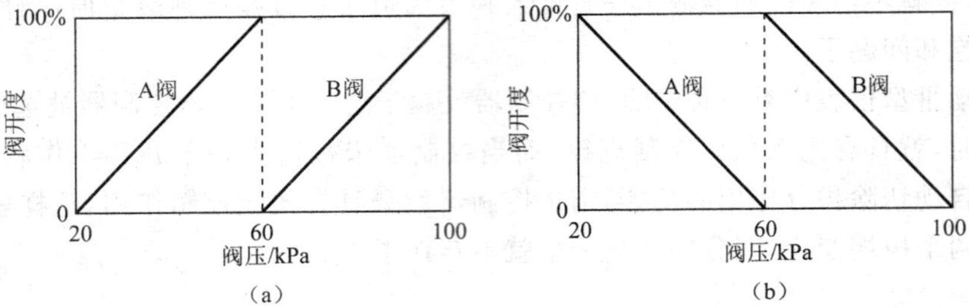

图 4-2-29　两阀同向动作

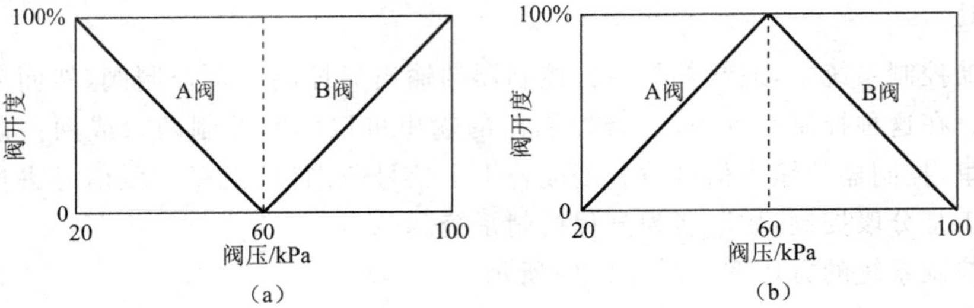

图 4-2-30　两阀异向动作

分程阀同向或异向动作的选择问题，要根据生产工艺的实际需要来确定。

2. 分程控制的应用场合

(1) 用于扩大控制阀的可调范围，改善控制质量。

有时生产过程要求有较大范围的流量变化，但是控制阀的可调范围是有限制的（国产统一设计柱塞控制阀可调范围 $R=30$）。若采用一个控制阀，能够控制的最大流量和最小流量相差不可能太悬殊，满足不了生产上流量大范围变化的要求，这时可考虑采用两个控制阀并联的分程控制方案。

现以某厂蒸汽压力减压系统为例进行分析。锅炉产汽压力为 10 MPa，是高压蒸汽，而生产上需要的是压力平稳的 4 MPa 中压蒸汽。为此，需要通过节流减压的方法将 10 MPa 的高压蒸汽节流减压成 4 MPa 的中压蒸汽。在选择控制阀口径时，为了适应大负荷下蒸汽供应量的需要，控制阀的口径就要选择得很大。然而，在正常情况下，蒸汽量却不需要这么大，这就得要将阀关小。也就是说，正常情况下控制阀只在小开度下工作。而大阀在小开度下工作时，除了阀特性会发生畸变外，还容易产生噪音和振荡，这样就会使控制效果变差，控制质量降低。为解决这一矛盾，可采用两台控制阀，构成分程控制方案，如图 4-2-31 所示。

在该分程控制方案中采用了A、B两台控制阀(假定根据工艺要求均选择为气开阀)。其中A阀在控制器输出压力为20～60 kPa时,从全关到全开,B阀在控制器输出压力为60～100 kPa时由全关到全开。这样在正常情况下,即小负荷时,B阀处于关闭状态,只通过A阀开度的变化来进行控制。当大负荷时,A阀已全开仍满足不了蒸汽量的需要,中压蒸汽管线的压力仍达不到给定值,于是反作用式的压力控制器PC输出增加,超过了60 kPa,使B阀也逐渐打开,以弥补蒸汽供应量的不足。

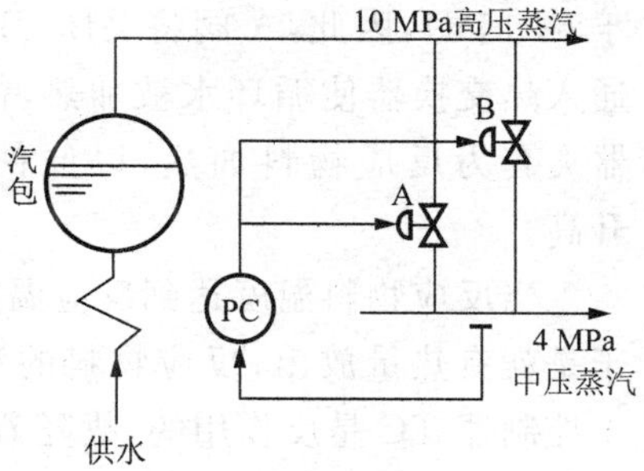

图 4-2-31 蒸汽减压系统分程控制

例 设A、B两个控制阀分程控制,其最大流通能力分别是 $C_{Amax}=100$,$C_{Bmax}=4$,可调范围为 $R_A=R_B=30$,试求A、B两个控制阀分程控制的可调范围 R(不考虑A阀的泄漏量)。

解 $R=C_{max}/C_{min}$

则 $C_{Bmin}=C_{Bmax}/R_B=4/30$

A、B两个阀分程控制的最大流通能力为

$$C_{Amax}+C_{Bmax}=100+4=104$$

则分程控制的可调范围为

$$R=\frac{C_{Amax}+C_{Bmax}}{C_{Bmin}}=\frac{104}{4/30}=780$$

可见,分程控制使控制阀的可调范围比单个控制阀的可调范围扩大了26倍,大大提高了控制阀的可调范围,从而提高了控制质量。

(2) 用于控制两种不同的介质,以满足工艺生产的要求。

在某些间歇式生产的化学反应过程中,当反应物料投入设备后,为了使其达到反应温度,往往在反应开始前,需要给它提供一定的热量。一旦达到反应温度后,就会随着化学反应的进行而不断放出热量,这些放出的热量如不及时移走,反应就会越来越剧烈,以致会有爆炸的危险。因此,对这种间歇式化学反应器,既要考虑反应前的预热问题,又要考虑反应过程中移走热量的问题。为此,可设计如图4-2-32所示的分程控制系统。在该系统中,利用A、B两台控制阀,分别控制冷水与蒸汽两种不同介质,以满足工艺上需要冷却和加热的不同需要。

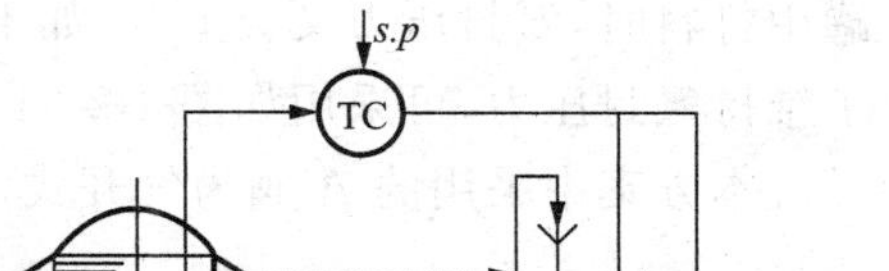

图 4-2-32 反应器分程控制系统

图中温度控制器TC选择为反作用,冷水控制阀A选为气关式,蒸汽控制阀B选为气开式,两阀的分程情况如图4-2-33所示。

该系统的工作情况如下。

在进行化学反应前的升温阶段,由于温度测量值小于给定值,控制器TC输出较大(大于 60 kPa)，因此，A 阀将关闭，B 阀被打开，此时蒸汽通入热交换器使循环水被加热，循环热水再通入反应器夹套为反应物料加热，以便使反应物料温度慢慢升高。

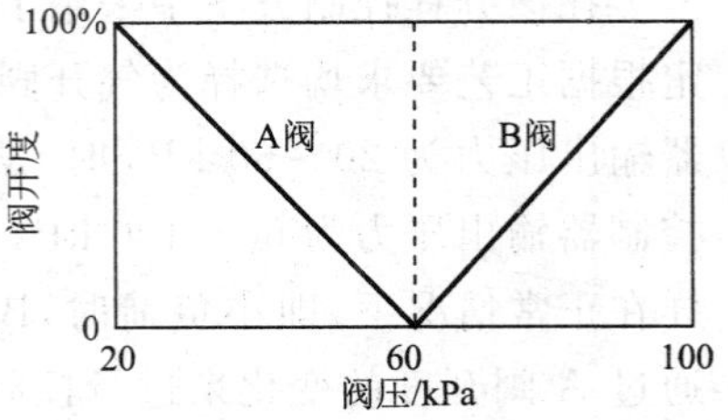

图 4-2-33　A、B 阀特性图

当反应物料温度达到反应温度时，化学反应开始，于是就有热量放出，反应物料的温度将逐渐升高。由于控制器 TC 是反作用的，故随着反应物温度的升高，控制器的输出逐渐减小。与此同时，B 阀将逐渐关闭。待控制器输出小于 60 kPa 以后，B 阀全关，A 阀则逐渐打开。这时，反应器夹套中流过的将不再是热水而是冷水。这样一来，反应所产生的热量就不断为冷水所带走，从而达到维持反应温度不变的目的。

本方案中选择蒸汽控制阀为气开式、冷水控制阀为气关式是从生产安全角度考虑的。因为，一旦出现供气中断情况，A 阀将处于全开，B 阀将处于全关。这样，就不会因为反应器温度过高而导致生产事故。

(3) 用作生产安全的防护措施。

有时为了生产安全考虑，需要采取不同的控制手段，这时可采用分程控制方案。

例如在各类炼油或石油化工厂中，有许多存放各种油品或石油化工产品的贮罐。这些油品或石油产品不宜与空气长期接触，因为空气中的氧气会使油品氧化而变质，甚至引起爆炸。为此，常常在贮罐上方充以惰性气体 N_2，以使油品与空气隔绝，通常称之为氮封。为了保证空气不进贮罐，一般要求氮气压力应保持为微正压。

这里需要考虑的一个问题就是贮罐中物料量的增减会导致氮封压力的变化。当抽取物料时，氮封压力会下降，如不及时向贮罐中补充 N_2，贮罐就有被吸瘪的危险。而当向贮罐中打料时，氮封压力又会上升，如不及时排出贮罐中一部分 N_2，贮罐就可能被鼓爆。为了维持氮封压力，可采用如图 4-2-34 所示的分程控制方案。

本方案中采用的 A 阀为气开式，B 阀为气关式，它们的分程特性如图 4-2-35 所示。

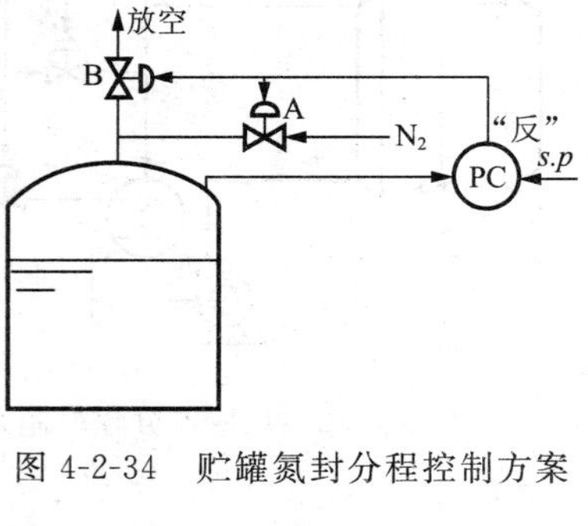

图 4-2-34　贮罐氮封分程控制方案

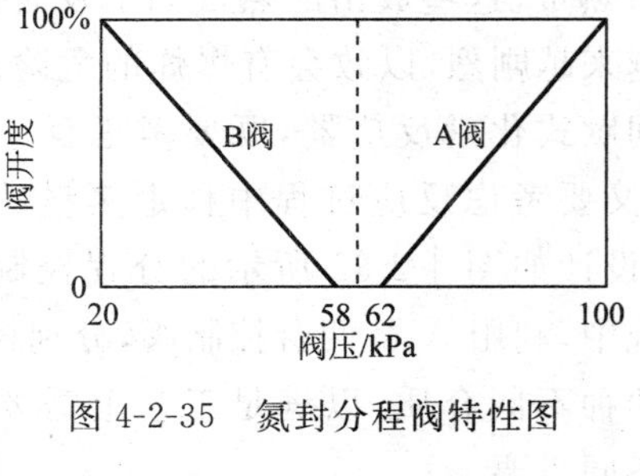

图 4-2-35　氮封分程阀特性图

当贮罐压力升高时，测量值将大于给定值，压力控制器 PC 的输出将下降，这样 A 阀将关闭，而 B 阀将打开，于是通过放空的办法将贮罐内的压力降下来。当贮罐内压力降低，测量值小于给定值时，控制器输出将变大，此时 B 阀将关闭而 A 阀将打开，于是 N_2 被补充加入贮罐中，以提高贮罐的压力。

为了防止贮罐中压力在给定值附近变化时 A、B 两阀的频繁动作，可在两阀信号交接处设置一个不灵敏区，如图 4-2-35 所示。方法是通过阀门定位器的调整，使 B 阀在 20～58 kPa 信号范围内从全开到全关，使 A 阀在 62～100 kPa 信号范围内从全关到全开，而当控制器输出压力在 58～62 kPa 范围变化时，A、B 两阀都处于全关位置不动。这样做的结果，对于贮罐这样一个空间较大，时间常数较大且控制精度要求不是很高的具体压力对象来说，是有益的。因为留有这样一个不灵敏区之后，将会使控制过程变化趋于缓慢，系统更为稳定。

3. 分程控制中的几个问题

(1) 控制阀流量特性要正确选择。因为在两阀分程点上，控制阀的放大倍数可能出现突变，表现在特性曲线上就是产生斜率突变的折点，这在大小控制阀并联时尤其重要。如果两控制阀均为线性特性，情况更严重，见图 4-2-36(a)。如果采用对数特性控制阀，分程信号重叠一小段，则情况会有所改善，如图 4-2-36(b)所示。

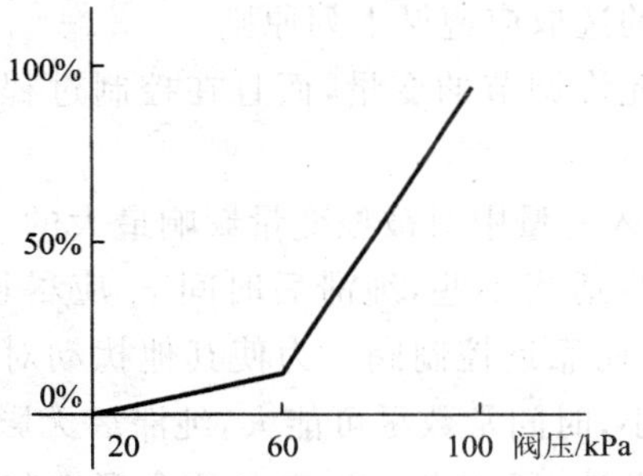

(a) 线性阀

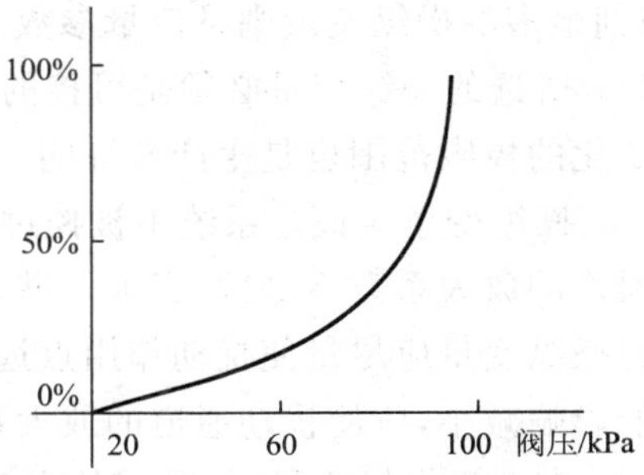

(b) 对数阀

图 4-2-36　阀门特性

(2) 大小阀并联时，大阀的泄漏量不可忽视，否则就不能充分发挥扩大可调范围的作用。当大阀的泄漏量较大时，系统的最小流通能力就不再是小阀的最小流通能力了。

(3) 分程控制系统本质上是简单控制系统，因此控制器的选择和参数整定可参照简单控制系统处理。不过在运行中，如果两个控制通道特性不同，就是说广义对象特性是两个，控制器参数不能同时满足两个不同对象特性的要求，遇此情况，只好照顾正常情况下的被控对象特性，按正常情况下整定控制器的参数，对另一台阀的操作要求，只要能在工艺允许的范围内即可。

小　　结

简单控制系统是由一台控制器、一台测量变送装置(检测元件及变送器)、一个执行器(控制阀)和被控过程所组成的控制系统。简单控制系统设计的基本内容主要包括控制方案的确定、仪表及装置的选型以及相关工程内容的设计。其中，控制方案的设计是否合理是影响系统控制质量的决定性环节。简单控制系统方案设计的主要内容如下。

1. 确定被控变量

被控变量的选择原则如下。

(1) 被控变量应能代表一定的工艺操作指标或能反映工艺操作状态，一般都是工艺过程中比较重要的变量。

(2) 应尽量选择那些能直接反映生产过程的产品产量和质量以及安全运行的直接参数作为被控变量。当无法获得直接参数信号，或其测量信号微弱或滞后很大时，可选择一个与直接参数有单值对应关系且对直接参数的变化有足够灵敏度的间接参数作为被控变量。

(3) 选择被控变量时，必须考虑工艺合理性和国内外仪表产品的现状。

2. 确定操纵变量

操纵变量一般选生产过程中可以调整的物料量或能量参数。在石油、化工生产过程中，遇到最多的操纵变量则是流量参数。操纵变量的选取应遵循下列原则。

(1) 所选的操纵变量必须是可控的，即工艺上允许调节的变量，而且在控制过程中该变量变化的极限范围也是生产允许的。

(2) 操纵变量应该是系统中被控过程的所有输入变量中对被控变量影响最大的一个，控制通道的放大系数 K_0 要适当大一些，时间常数 T_0 适当小些，纯滞后时间 τ_0 应尽量小；所选的操纵变量应尽量使扰动作用点远离被控变量而靠近控制阀。为使其他扰动对被控变量的影响减小，应使扰动通道的放大系数尽可能小，时间常数尽可能大，纯滞后无影响。

(3) 在选择操纵变量时，除了从自动化角度考虑外，还需考虑到工艺的合理性与生产的经济性。一般来说，不宜选择生产负荷作为操纵变量，以免产量受到波动；另外，从经济性考虑，应尽可能地降低物料与能量的消耗。

3. 选择合适的测量变送器

选择检测元件和变送器的基本原则是要求其测量信号能够可靠、准确和迅速地反映被控变量的变化情况。克服检测元件和变送器的测量传送滞后，有利于加快控制系统的动态响应，提高控制质量。

4. 控制阀的选择

工业生产上实际使用的多为气动控制阀。对气动控制阀的选择一般要从以下方面进行考虑。

(1) 根据工艺条件，选择合适的控制阀结构类型和材质。

(2) 根据生产安全和产品质量等项要求，选择控制阀的气开、气关作用方式。选择原则如下。

① 首先要从生产安全出发，当气源供气中断或控制系统出现故障时，控制阀所处的状态应能确保生产工艺设备的安全，不致发生事故。

② 从保证产品质量出发，当气源供气中断或控制系统出现故障时，控制阀所处的状态不应降低产品的质量。

③ 当气源供气中断或控制系统出现故障时，控制阀所处的状态应尽可能降低原料、成品和动力的损耗。

④ 选择控制阀的气开、气关作用方式时应充分考虑工艺介质的特点。

(3) 根据被控过程的特性，选择控制阀的流量特性。选择步骤如下。

① 根据过程特性，按照使广义过程具有线性特性的原则，选择阀的工作流量特性。

② 根据工艺上的配管情况，从所需的工作流量特性出发，推断出控制阀的理想流量特性。

(4) 根据工艺参数，计算控制阀的流通能力，选择阀的口径。

(5) 根据工艺要求，选择与控制阀配用的阀门定位器。

5. 控制器的选择

控制器的选择主要包括控制规律的选择和正、反作用方式的选择两方面内容。

(1) 控制器控制规律的选择原则可归纳为以下几点。

① 在一般的连续控制系统中，比例控制是必不可少的。如果广义过程控制通道的滞后较小，负荷变化不大，而工艺要求又不高，允许被控变量在一定范围内变化时，可选用单纯的比例控制规律，甚至采用开关控制，如中间贮槽(罐)的液位、塔釜液位、热量回收预热系统等。

② 对于比较重要、控制精度要求较高的参数，当广义过程控制通道的时间常数较小，系统负荷变化也较小时，为了消除余差，可以采用比例积分控制规律，如流量、压力和要求较严格的液位控制系统。

③ 对于比较重要的、控制精度要求比较高，希望动态偏差较小，当广义过程控制通道具有较大的惯性或容量滞后时，采用微分作用有良好效果，积分作用可以消除余差，因此，就要选用比例积分微分控制规律，如温度、物性(成分、pH 值等)控制系统。

(2) 控制器正、反作用方式的选择。

控制器正、反作用方式的选择原则是：所选控制器的作用方式应使控制系统构成闭环负反馈。

为保证构成负反馈的闭环控制系统，必须满足控制器、执行器、被控过程三者的作用符号相乘为负，则控制器正、反作用方式的选择判别式为

(控制器±)×(执行器±)×(被控过程±)=“—”

控制系统投运，就是将系统由手动工作状态切换到自动工作状态。在系统投运之前必须要进行全面、细致的检查和准备工作。熟悉控制系统的投运次序和步骤，掌握控制系统故障原因的分析方法，并能采取切实有效的方法排除系统或仪表故障，是仪表维护、维修人员的基本功。

思考题与习题

1. 简单控制系统一般由哪几部分组成？画出其典型方块图。
2. 在控制系统的设计中，被控变量的选择应遵循哪些原则？
3. 在控制系统的设计中，操纵变量的选择应遵循哪些原则？
4. 常用的控制器的控制规律有哪些？各有什么特点？适用于什么场合？

5. 有一蒸汽加热设备利用蒸汽将物料加热，并用搅拌器不停地搅拌物料，到物料达到所需温度后排出。试问：

(1) 影响物料出口温度的主要因素有哪些？

(2) 如果要设计一温度控制系统，被控变量与操纵变量应选什么？为什么？

(3) 如果物料在温度过低时会凝结，据此情况应如何选择控制阀的开关形式及控制器的正反作用？

6. 什么是气开阀？什么是气关阀？控制阀气开、气关形式的选择的原则是什么？

7. 控制器参数整定的任务是什么？常用的整定参数方法有哪几种？它们各有什么特点？

8. 习题 8 图所示为一锅炉汽包液位控制系统的示意图，要求锅炉不能烧干。试画出该系统的方块图，判断控制阀的气开、气关形式，确定控制器的正、反作用，并简述当加热室温度升高导致蒸汽蒸发量增加时，该控制系统是如何克服扰动的？

9. 习题 9 图所示为精馏塔温度控制系统的示意图，它通过控制进入再沸器的蒸汽量实现被控变量的稳定。试画出该控制系统的方块图，确定控制阀的气开、气关形式和控制器的正、反作用，并简述由于外界扰动使精馏塔温度升高时该系统的控制过程（此处假定精馏塔的温度不能太高）。

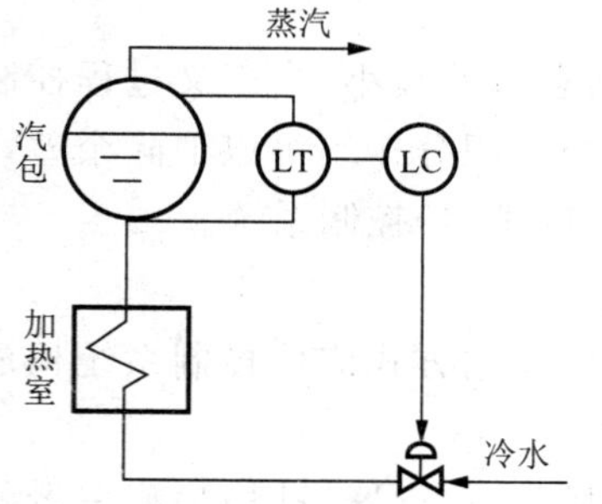

习题 8 图　锅炉汽包液位控制系统

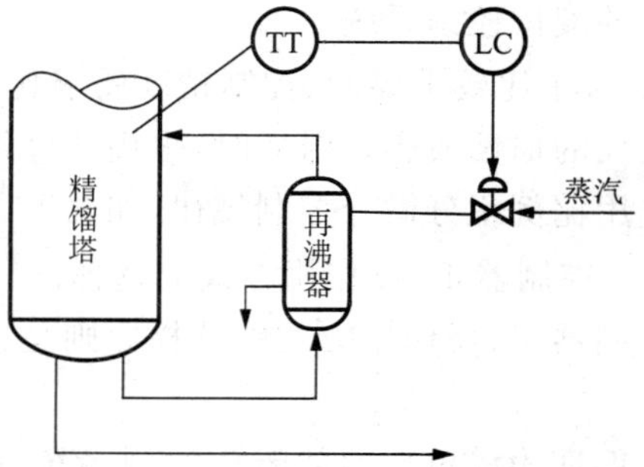

习题 9 图　精馏塔温度控制系统

10. 什么是控制器参数的工程整定？常用的控制器参数整定的方法有哪几种？

11. 某控制系统用临界比例度法整定参数，已知 $\delta_K = 25\%$，$T_k = 5$ min。请分别确定 PI、PID 作用时的控制器参数。

12. 什么是串级控制系统？画出一般串级控制系统的典型方块图。

13. 串级控制系统有哪些特点？主要使用在什么场合？

14. 为什么说串级控制系统中的主回路是定值控制系统，而副回路是随动控制系统？

15. 习题 15 图所示为聚合釜温度控制系统。试问：

(1) 这是一个什么类型的控制系统？试画出它的方块图；

(2) 如果聚合釜的温度不能过高，否则易发生事故，试确定控制阀的气开、气关形式；

(3) 确定主、副控制器的正、反作用；

(4) 简述当冷却水压力变化时的控制过程；

(5) 如果冷却水的温度是经常波动的，上述系统应如何改进？

(6) 如果选择夹套内的水温作为副变量构成串级控制系统，试画出它的方块图，并确定主、副控制器的正、反作用。

16. 如习题16图所示，如果控制阀选择为气开式，试确定LC和FC控制器的正、反作用。

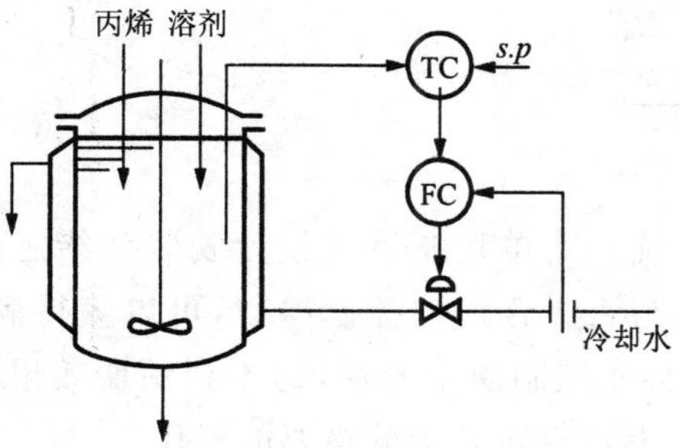

习题15图 聚合釜温度控制系统

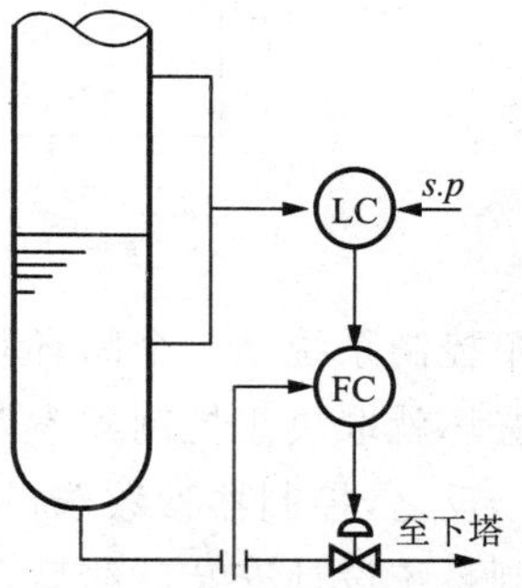

习题16图 串级均匀控制系统

17. 串级控制系统中主、副控制器的参数整定有哪两种主要方法？试分别说明之。

18. 均匀控制系统的目的和特点是什么？

19. 什么叫比值控制系统？比值控制系统有哪几种类型？

20. 与开环比值控制系统相比，单闭环比值控制系统有什么优点？

21. 前馈控制系统有什么特点？应用在什么场合？

22. 在什么情况下要采用前馈-反馈控制系统，试画出它的方块图，并指出在该系统中，前馈和反馈各起什么作用？

23. 什么叫生产过程的软保护措施？与硬保护措施相比，软保护措施有什么优点？

24. 画出液氨冷却器选择性控制系统方框图。确定控制阀气开、气关形式，两个控制器作用方向及选择器类型。

25. 积分饱和产生的条件是什么？积分饱和的危害是什么？

26. 什么是分程控制系统？分程控制系统主要应用在什么场合？

实训课题 单回路控制系统的投运和整定

1. 实训目的

(1) 通过实验进一步熟悉过程控制系统的结构组成。

(2) 掌握简单控制系统的投运和参数整定方法。

(3) 定性地分析P、PI、PID控制规律对系统性能的影响，得出结论。

2. 实验设备

过程控制实验装置一套。

3. 实训原理

水箱液位定值控制系统的结构示意图(见图1)。

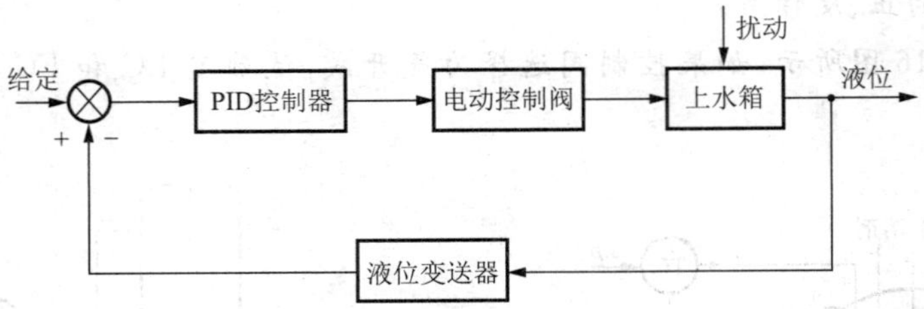

图 1　实训原理图

简单控制系统是一个闭环负反馈控制系统。简单控制系统设计安装就绪之后，控制质量的好坏就取决于控制器参数取值的合适与否。合适的控制参数，可以获得满意的控制效果。反之，控制器参数选择得不合适，则会使控制质量变坏，达不到预期效果。因此，一个控制系统设计安装就绪后，系统的投运和参数整定是十分重要的工作。

在对一个已选定控制规律的控制器进行参数整定时，一般以实现 4:1 衰减比为整定目标，根据比例度 δ、积分时间 T_I、微分时间 T_D 对系统控制过程的影响，逐步调整其参数值，直至获得满意的过渡过程。控制器参数的工程整定方法主要有经验凑试法、临界比例度法、衰减曲线法等，读者可根据过程特性及操作要求自行选择。

4. 注意事项

(1) 实验系统组态完毕(或线路连好)之后，需经指导老师检查认可后方可接通电源。

(2) 水泵启动前，出水阀应当关闭，待水泵启动后，再逐渐打开出水阀，直至完全打开或开至某一预定开度。在实验过程中，不得任意改变出水阀的开度。

(3) 每一次整定过程开始时，均需等到系统处于稳定状态后再施加扰动。施加扰动应分别按正、反方向进行。

5. 思考题

(1) 进行控制系统投运和整定之前，应做好哪些准备工作？

(2) 为什么要强调无扰动切换？对于 DDZ-Ⅲ型仪表如何才能做到无扰动切换？

(3) 控制器参数(比例度 δ、积分时间 T_I、微分时间 T_D)的改变对系统控制过程各有什么影响？

(4) 如何减小或消除余差？纯比例控制能否消除余差？

模块5 化工设备控制

本模块以流体输送设备、传热设备、锅炉设备、精馏塔、化学反应器等若干代表性装置或过程为例，从工艺要求和自动控制角度出发，介绍和探讨这些装置和过程常用控制系统。

5.1 流体输送设备的控制

在生产过程中，用于输送流体和提高流体压头的机械设备通称为流体输送设备。其中输送液体、提高压力的机械设备称为泵；输送气体并提高压力的机械设备称为风机和压缩机。

在工艺生产过程中，要求平稳生产，往往希望流体的输送量保持为定值，这时如系统中有显著的扰动，或对流量的平稳有严格的要求，就需要采用流量定值控制系统。在另一些过程中，要求各种物料保持合适的比例，保证物料平衡，就需要采用比值控制系统。此外，若要求物料的流量与其他变量保持一定的函数关系，就需要采用以流量控制系统为副环的串级控制系统。

流量控制系统的主要扰动是压力和阻力的变化，特别是同一台泵分送几支并联管道的场合，控制阀上游压力的变动更为显著，有时必须采用适当的稳压措施。至于阻力的变化，例如管道积垢的效应等，往往是比较迟缓的。

5.1.1 泵的控制

1. 离心泵的控制

离心泵是使用最广的液体输送机械。泵的压头 H 和流量 Q 及转速 n 之间的关系称为泵的特性，大体如图 5-1-1 所示，亦可出下列经验公式来近似

$$H = k_1 n^2 - k_2 Q^2$$

式中，k_1 和 k_2 是比例系数。

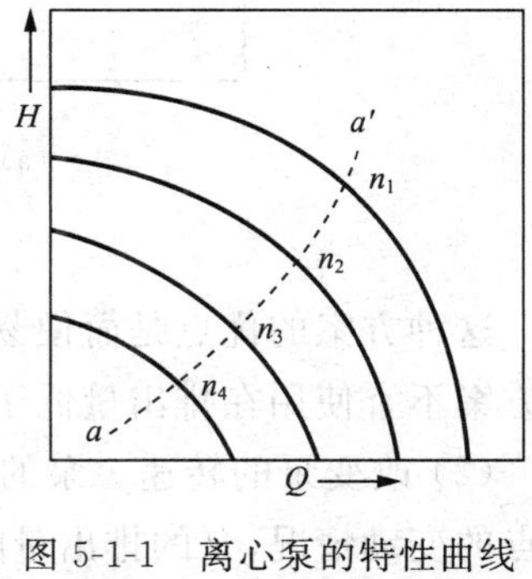

图 5-1-1 离心泵的特性曲线

aa'—相应于最高效率的工作点轨迹，$n_1 > n_2 > n_3 > n_4$

当离心泵装在管路系统时，实际的排出量与压头是多少，那就需要与管路特性结合起来考虑。

管路特性就是管路系统中流体的流量和管路系统阻

力的相互关系，如图 5-1-2 所示。

图中 h_L 表示液体提升一定高度所需的压头，即升扬高度，这项是恒定的；h_p 表示克服管路两端静压差的压头，即为 $(p_2-p_1)/\gamma$，这项也是比较平稳的；h_f 表示克服管路摩擦损耗的压头，它与流量的平方几乎成比例；h_v 是控制阀两端的压头，在阀门的开启度一定时，也与流量的平方值成比例。同时，h_v 还取决于阀门的开启度。

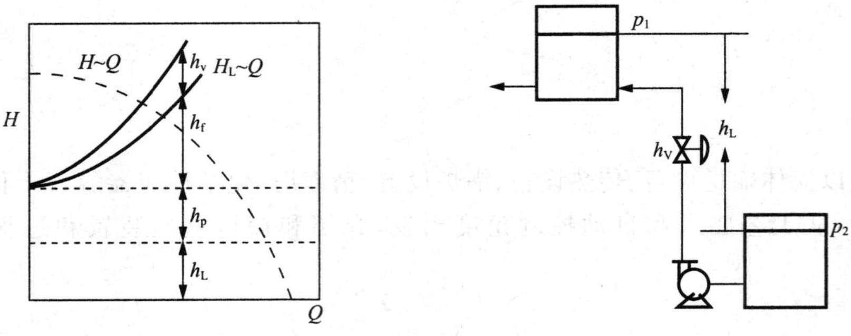

图 5-1-2　管路特性

设
$$H_L=h_L+h_p+h_f+h_v$$
则 H_L 和流量 Q 的关系称为管路特性，如图 5-1-2 所示。

当系统达到平稳状态时，泵的压头 H 必然等于 H_L，这是建立平衡的条件。从特性曲线上看，工作点 c 必然是泵的特性曲线与管路特性曲线的交点。

工作点 c 的流量应符合预定要求，它可以通过以下方案来控制。

(1) 改变控制阀开启度，直接节流。改变控制阀的开启度，即改变了管路阻力特性，图 5-1-3(a)所示表明了工作点的变动情况。图 5-1-3(b)所示的直接节流控制方案是用得很广泛的。

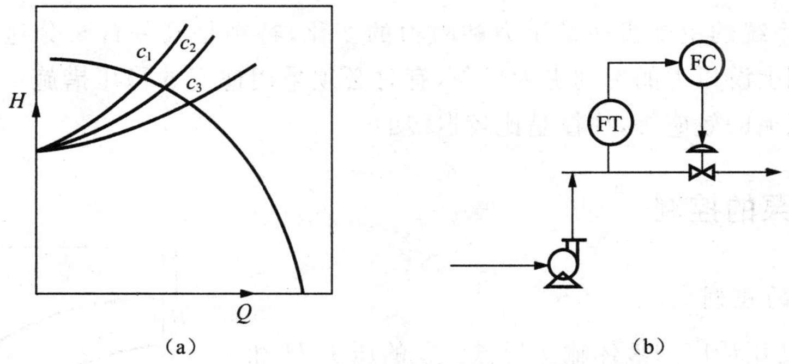

图 5-1-3　直接节流以控制流量

这种方案的优点是简便易行，缺点是在流量小的情况下总的机械效率较低。所以这种方案不宜使用在排出量低于正常值 30% 的场合。

(2) 改变泵的转速。泵的转速有了变化，就改变了特性曲线形状，图 5-1-4 就表明了工作点的变动情况，泵的排出量随着转速的增加而增加。

改变泵的转速以控制流量的方法有：用电动机作原动机时，采用电动调速装置；用汽轮机作原动机时，可控制导向叶片角度或蒸汽流量；采用变频调速器；也可利用在原动机与泵之间的联轴变速器，设法改变转速比。

采用这种控制方案时，在液体输送管线上不需装设控制阀，因此不存在 h_V 项的阻力损耗，相对来说机械效率较高，所以在大功率的重要泵装置中，有逐渐扩大采用的趋势。但要具体实现这种方案都比较复杂，所需设备费用亦高一些。

(3) 通过旁路控制流量。旁路阀控制方案如图 5-1-5 所示，可用改变旁路阀开启度的方法来控制实际排出量。

这种方案颇简单，而且控制阀口径较小。但亦不难看出，对旁路的那部分液体来说，由泵供给的能量完全消耗于控制阀，因此总的机械效率较低。

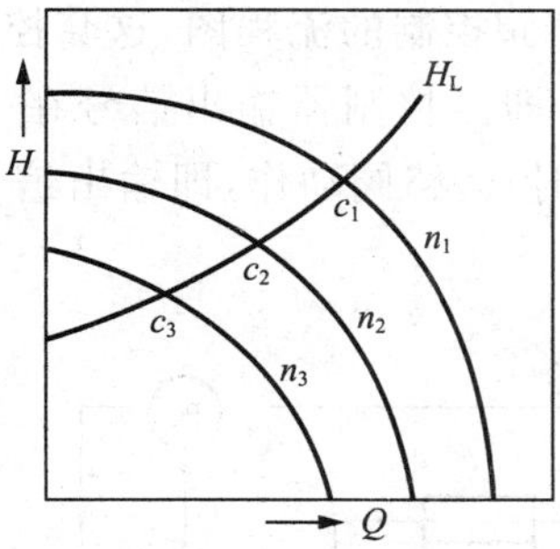

图 5-1-4　改变泵的转速以控制流量

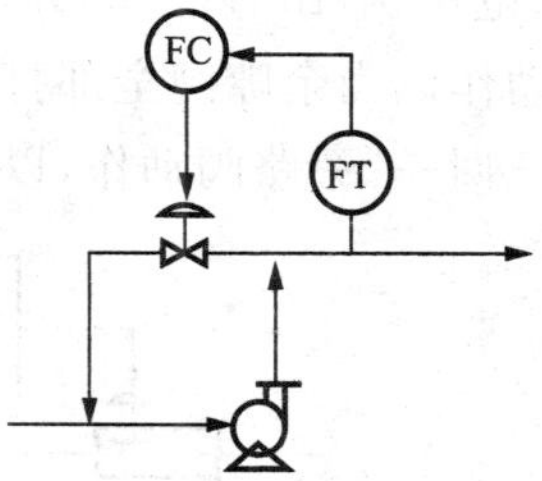

图 5-1-5　采用旁路以控制流量

2. 容积式泵的控制

容积式泵有两类：一类是往复泵，包括活塞式、柱塞式等；另一类是直接位移旋转式，包括椭圆齿轮泵、螺杆式等。由于这类泵的共同特点是泵的运动部件与机壳之间的空隙很小，液体不能在缝隙中流动，所以泵的排出量与管路系统无关。往复泵只取决于单位时间内的往复次数及冲程的大小，而旋转泵仅取决于转速。它们的流量特性大体如图 5-1-6 所示。

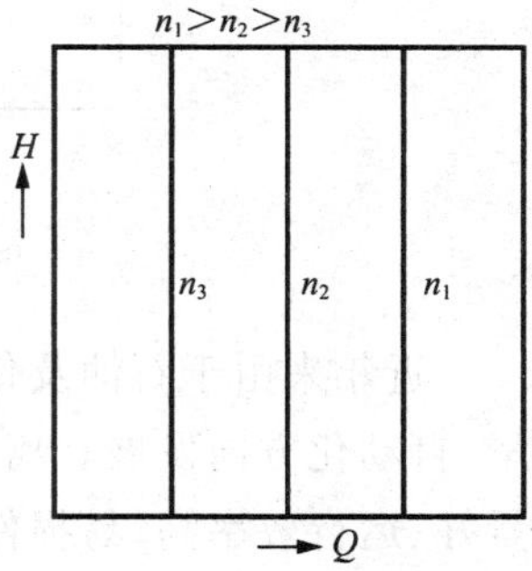

图 5-1-6　往复泵的特性曲线

因为它们的排出量与压头 H 的关系很小，因此不能在出口管线上用节流的方法控制流量，一旦将出口阀关死，将产生泵损、机毁的危险。

往复泵的控制方案有以下几种。

(1) 改变原动机的转速。此法与离心泵的调转速相同。

(2) 改变往复泵的冲程。在多数情况下，这种控制冲程方法机构复杂且有一定难度，只有在一些计量泵等特殊往复泵上才考虑采用。

(3) 通过旁路控制。其方案与离心泵相同，是最简单易行的控制方式。

(4) 利用旁路阀控制，稳定压力，再利用节流阀来控制流量(如图 5-1-7 所示)，压力控制器可选用自立式压力控制器。这种方案由于压力和流量两个控制系统之间相互关联，动态上有交互影响，为

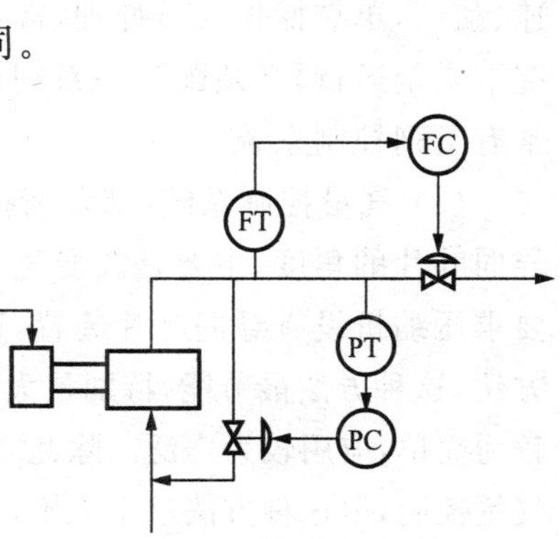

图 5-1-7　往复泵出口压力和流量控制

此有必要把它们的振荡周期错开，压力控制系统应该慢一些，最好整定成非周期的控制过程。

5.1.2 压缩机的控制

压缩机是指输送压力较高的气体机械，一般产生高于 300 kPa 的压力。压缩机分为往复式压缩机和离心式压缩机两大类。

往复式压缩机适用于流量小、压缩比高的场合，其常用控制方案有汽缸余隙控制、顶开阀控制(吸入管线上的控制)、旁路回流量控制、转速控制等。这些控制方案有时是同时使用的。如图 5-1-8 所示是氮压缩机汽缸余隙及旁路阀控制的流程图，这套控制系统允许负荷波动的范围为 100%～60%，是分程控制系统，即当控制器输出信号在 20～60 kPa 时，余隙阀动作。当余隙阀全部打开，压力还下不来时，旁路阀动作，即输出信号在 60%～100%时，"三回一"旁路阀动作，以保持压力恒定。

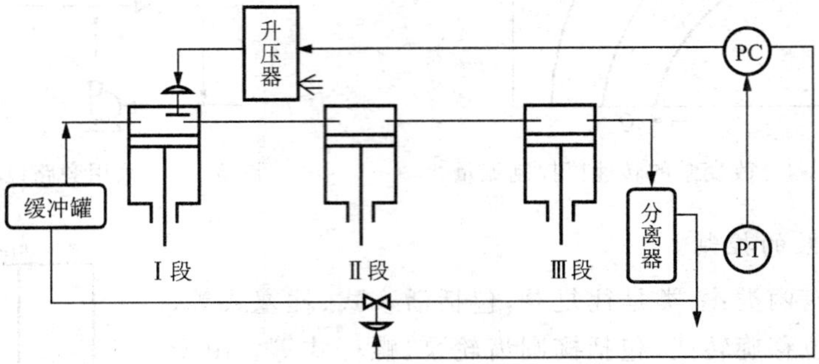

图 5-1-8　氮压缩机汽缸余隙及旁路阀控制流程图

近年来由于石油及化学工业向大型化发展，离心式压缩机急剧地向高压、高速、大容量、自动化方向发展。离心式压缩机与往复式压缩机比较有下述优点：体积小、流量大、质量好、运行效率高、易损件少、维护方便、气缸内无油气污染、供气均匀、运转平稳、经济性较好等，因此离心式压缩机得到了很广泛的应用。

离心式压缩机虽然有很多优点，但在大容量机组中，有许多技术问题必须很好地解决，例如喘振、轴向推力等，微小的偏差很可能造成严重事故，而且事故的出现又往往迅速、猛烈，单靠操作人员处理，常常措手不及。因此，为保证压缩机能够在工艺所要求的工况下安全运行，必须配备一系列的自控系统和安全联锁系统。一台大型离心式压缩机通常有下列控制系统。

(1) 气量控制系统(即负荷控制系统)。常用气量控制方法有：出口节流法；改变进口导向叶片的角度，主要是改变进口气流的角度来改变流量，它比进口节流法节省能量，但要求压缩机设有导向叶片装置，这样机组在结构上就要复杂一些；改变压缩机转速的控制方法，这种方法最节能，特别是大型压缩机现在一般都采用蒸汽透平作为原动机，实现调速较为简单，应用较为广泛。除此之外，在压缩机入口管线上设置控制模板，改变阻力亦能实现气量控制，但这种方法过于灵敏，并且压缩机入口压力不能保持恒定，所以较少采用。

压缩机的负荷控制可以用流量控制来实现，有时也可以采用压缩机出口压力控制来实现。

（2）压缩机入口压力控制。入口压力控制方法有：采用吸入管压力控制转速来稳定入口压力；设有缓冲罐的压缩机，缓冲罐压力可以采用旁路控制；采用入口压力与出口流量的选择控制。

（3）防喘振控制系统。离心式压缩机有这样的特性：当负荷降低到一定程度时，气体的排送会出现强烈的振荡，因而机身亦剧烈振动，这种现象称为喘振。喘振会严重损坏机体，进而产生严重后果，压缩机在喘振状态下运行是不允许的，所以在操作中一定要防止喘振的产生。因此，在离心式压缩机的控制中，防喘振控制是一个重要课题。

（4）压缩机各段吸入温度以及分离器的液位控制。

（5）压缩机密封油、润滑油、调速油的控制系统。

（6）压缩机振动和轴位移检测、报警、联锁。

5.1.3　防喘振控制系统

离心式压缩机的特性曲线如图 5-1-9 所示。

由图 5-1-9 所示可知，只要保证压缩机吸入流量大于临界吸入流量 Q_p，系统就会工作在稳定区，不会发生喘振。

为了使进入压缩机的气体流量保持在 Q_p 以上，在生产负荷下降时，须将部分出口气从出口旁路返回到入口或将部分出口气放空，保证系统工作在稳定区。

目前工业生产上采用两种不同的防喘振控制方案：固定极限流量（或称最小流量）法与可变极限流量法。

1. 固定极限流量防喘振控制

这种防喘振控制方案是使压缩机的流量始终保持大于某一固定值，即正常可以达到最高转速下的临界流量 Q_p，从而避免进入喘振区运行。显然压缩机不论运行在哪一种转速下，只要满足压缩机流量大于 Q_p 的条件，压缩机就不会产生喘振，其控制方案如图 5-1-10 所示。压缩机正常运行时，测量值大于给定值 Q_p，则旁路阀完全关闭。如果测量值小于 Q_p，则旁路阀打开，使一部分气体返回，直到压缩机的流量达到 Q_p 为止，这样压缩机向外供气量减少了，但可以防止喘振发生。

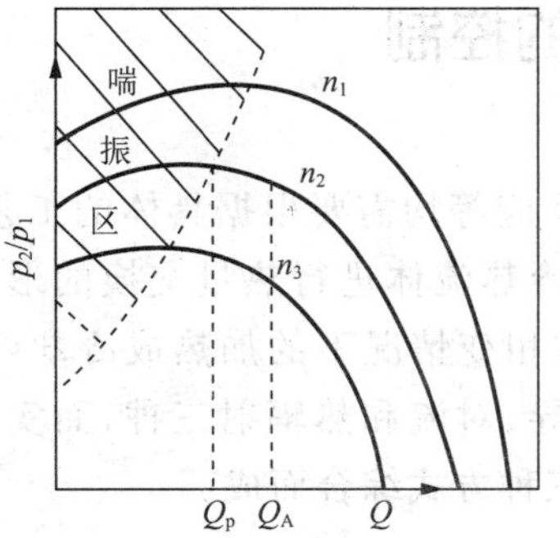

图 5-1-9　离心式压缩机的特性曲线

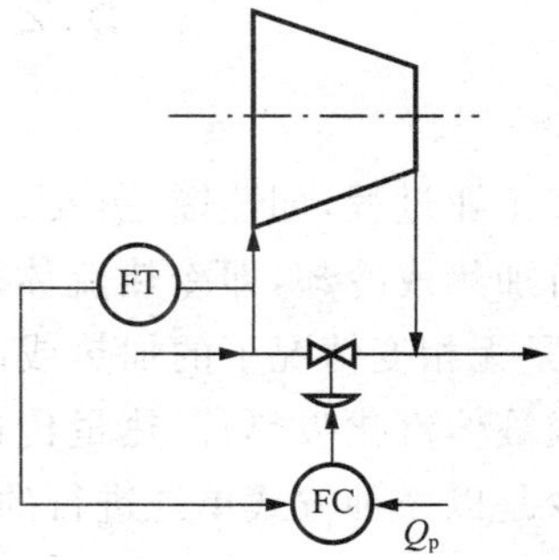

图 5-1-10　固定极限流量防喘振控制系统

固定极限流量防喘振控制系统应与一般流量控制系统中采用的旁路控制区别开来。主要差别在于检测点位置不一样，防喘振控制回路测量的是进压缩机流量，而一般流量控制回路测量的是从管网送来或是通往管网的流量。

固定极限流量防喘振控制方案简单，系统可靠性高，投资少，适用于固定转速场合。在变转速时，如果转速低到 n_2，n_3 时，流量的裕量过大，能量浪费很大。

2. 可变极限流量防喘振控制

为了减少压缩机的能量消耗，在压缩机负荷有可能经常波动的场合，采用可变极限流量防喘振控制方案。

假如在压缩机吸入口测量流量，只要满足下式即可防止喘振产生

$$\frac{p_2}{p_1} \leqslant a + \frac{bK_1^2 p_{1d}}{\gamma p_1}$$

或

$$p_{1d} \geqslant \frac{\gamma}{bK_1^2}(p_2 - ap_1)$$

式中 p_1——压缩机吸入口压力，绝对压力；

p_2——压缩机出口压力，绝对压力；

p_{1d}——入口流量 Q_1 的压差；

γ——$\gamma = \dfrac{M}{ZR}$ 为常数（M 为气体分子量，Z 为压缩系数，R 为气体常数）；

K_1——孔板的流量系数；

a，b——常数。

按上式可构成如图 5-1-11 所示可变极限流量防喘振控制系统。该方案取 p_{1d} 作为测量值，而 $\frac{\gamma}{bK_1^2}(p_2 - ap_1)$ 为给定值，这是一个随动控制系统。当 p_{1d} 大于给定值时，旁路阀关闭；当 p_{1d} 小于给定值时，将旁路阀打开一部分，保证压缩机始终工作在稳定区，这样就防止了喘振的产生。

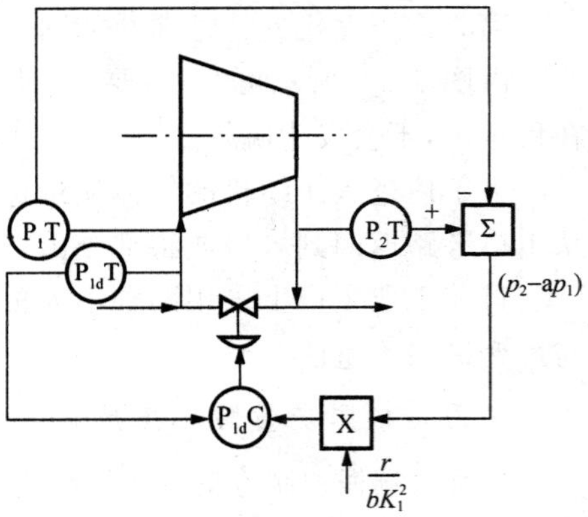

图 5-1-11 可变极限流量防喘振控制系统

5.2 传热设备的控制

许多工业过程，如蒸馏、蒸发、干燥结晶和化学反应等均需要根据具体的工艺要求，对物料进行加热或冷却，即冷热流体进行热量交换。冷热流体进行热量交换的形式有两大类：一类是无相变情况下的加热或冷却；另一类是在相变情况下的加热或冷却（即蒸汽冷凝给热或液体汽化吸热）。热量传递的方式有热传导、对流和热辐射三种，而实际的传热过程很少是以一种方式单纯进行的，往往由两种或三种方式综合而成。

5.2.1 传热设备的静态数学模型

对一个已有的设备，研究静态特性的意义是为了搞好生产控制，具体来说，有以下3个作用：

(1) 作为扰动分析，操纵变量选择及控制方案确定的基础。

(2) 求取放大倍数，作为系统分析及控制器参数整定的参考。

(3) 分析在各种条件下的放大系数 K_0 与操纵变量(调节介质)流量的关系，作为控制阀选型的依据。

传热过程工艺计算的两个方程式是热量平衡算式与传热速率方程式，它们是构成传热设备的静态特性的两个基本方程式。

热量的传递方向总是由高温物体传向低温物体，两物体之间的温差是传热的推动力，温差越大，传热速率亦越大。传热速率方程式为

$$q = UA_m\Delta\theta_m$$

式中，q 为传热速率，J/h。U 为传热总系数，J/(m²·℃·h)，U 是衡量热交换设备传热性能好坏的一个重要指标，U 值越大，设备传热性能越好。U 的数值取决于3个串联热阻(即管壁两侧对流给热的热阻以及管壁自身的热传导热阻)。这3个串联热阻中以管壁两侧对流给热系数 h 为影响 U 的最主要因素，因此，凡能影响 h 的因素均能影响 U 值。A_m 为平均传热面积，m^2。$\Delta\theta_m$ 为平均温度差，℃(是换热器各个截面冷、热两流体温度差的平均值)。

在各种不同情况下 $\Delta\theta_m$ 的计算方法是不同的，需要时可参考有关资料。

5.2.2 一般传热设备的控制

一般传热设备在这里是指以对流传热为主的传热设备，常见的有换热器、蒸汽加热器、氨冷器、再沸器等间壁式传热设备，在此就它们控制中的一些共性做一些介绍。一般传热设备的被控变量在大多数情况下是工艺介质的出口温度，至于操纵变量的选择，通常是载热体流量。然而在控制手段上有多种形式，从传热过程的基本方程式知道，为保证出口温度平稳，满足工艺要求，必须对传热量进行控制，要控制传热量有以下途径。

1. 控制载热体流量

改变载热体流量的大小，将引起传热系统 U 和平均温差 $\Delta\theta_m$ 的变化。对于载热体在传热过程中没有相变的情况，如不考虑 U 的变化，从前述热量平衡关系式和传热速率关系式来看，当传热面积足够大时，热量平衡关系式可以反映静态特性的主要方面。改变载热体流量，能有效地改变传热平均温差 $\Delta\theta_m$，亦即改变传热量，因此控制作用能满足要求。而当传热面积受到限制时，要将热量平衡关系式和传热速率关系式结合起来考虑。

对于载热体有相变时情况要复杂得多，例如对于氨冷器，液氨汽化吸热。传热面积有裕量时，进入多少液氨，汽化多少，即进氨量越多，带走热量越多。不然的话，液氨的液位要升高起来，如果仍然不能平衡，液氨液位越来越高，会淹没蒸发空间，甚至使液氨进至出口管道损坏压缩机。所以采用这种方案时，应设有液位指示、报警或联锁装置，确保安全

生产。还可以采用图 5-2-1 所示出口温度与液位的串级控制系统,其实该系统是改变传热面积的方案,应用这种方案时,可以限制液位的上限,保证有足够的蒸发空间。

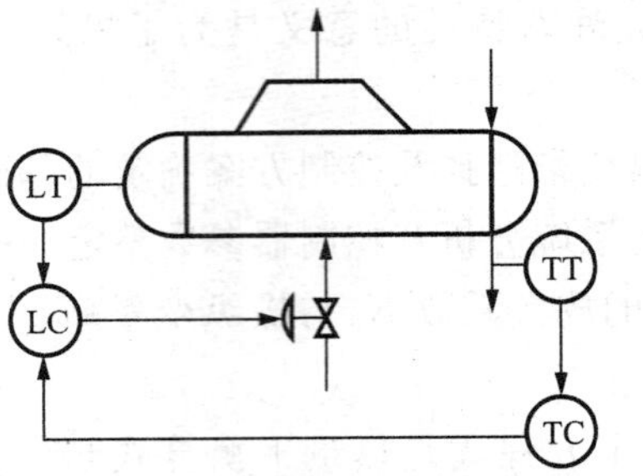

图 5-2-1　氨冷器出口温度与液位的串级控制系统

图 5-2-2 是控制载热体流量的一种方案,这种方案最简单,适用于载热体上游压力比较平稳及生产负荷变化不大的场合。如果载热体上游压力不平稳,则采取稳压措施使其稳定,或采用温度与流量(或压力)的串级控制系统,如图 5-2-3 所示。

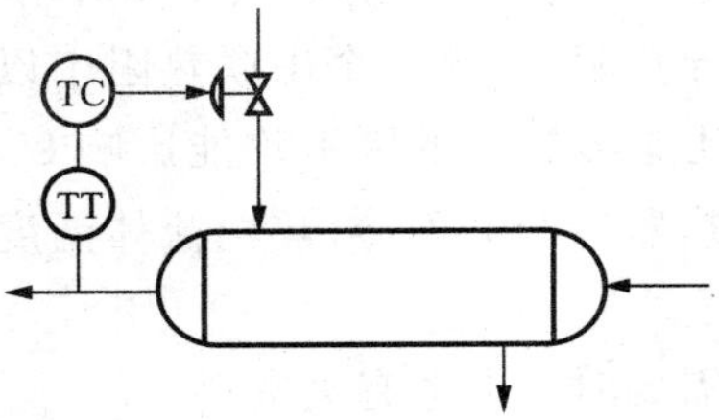

图 5-2-2　调载热体流量单回路控制方案

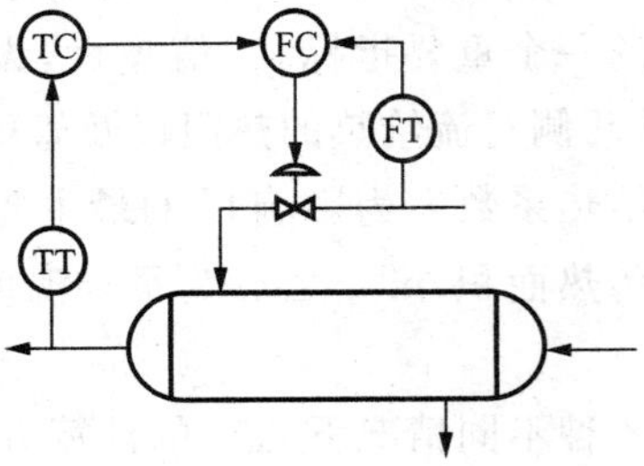

图 5-2-3　调载热体流量串级控制方案

2. 控制载热体的汽化温度

控制载热体的汽化温度亦即改变了传热平均温差 $\Delta\theta_m$,同样可以达到控制传热量的目的。图 5-2-4 所示氨冷器出口温度控制就是这类方案的一例。控制阀安装于气氨出口管道上,当阀门开度变化时,气氨的压力将发生变化,相应的汽化温度也发生变化,这样也就改变了传热平均温差,从而控制了传热量。但光这样还不行,还要设置一液位控制系统来维持液位,从而保证有足够的蒸发空间。这类方案的动态特点是滞后小,反应迅速、有效,应用亦较广泛。但必须用两套控制系统,所需仪表较多;在控制阀两端气氨有压力损失,需增大压缩机的功率;另外,要行之有效,液氨需有较高压力,设备必须耐压。

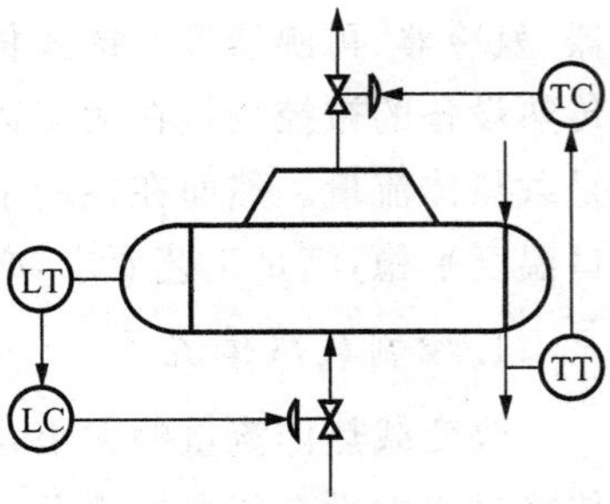

图 5-2-4　氨冷控制载热体汽化温度的方案

3. 将工艺介质分路

可以想到,要使工艺介质加热到一定温度,也可以采用同一介质冷热直接混合的办法。将工艺介质一部分进入换热器,其余部分旁路通过,然后两者混合起来,是很有效的控制手段，图 5-2-5 所示是采用三通控制阀的流程。

然而本方案不适用于工艺介质流量较大的情况，因为此时静态放大系数较小。该方案还有一个缺点是要求传热面积有较大裕量，而且载热体一直处于最大流量下工作，这在专门采用冷剂或热剂时是不经济的，然而对于某些热量回收系统，载热体是某种工艺介质，总流量不好控制，这时便不成为缺点了。

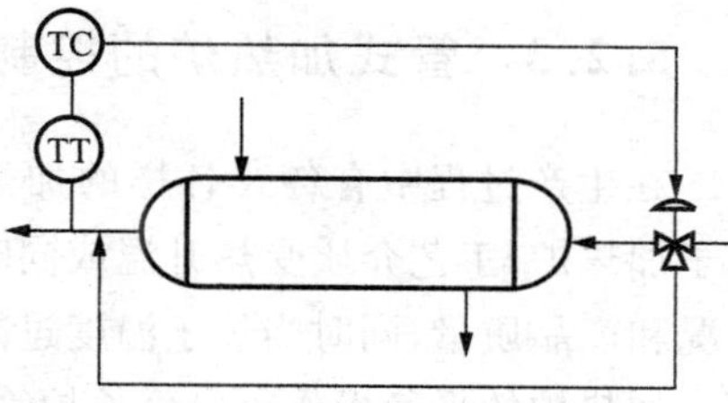

图 5-2-5　将工艺介质分路的控制方案

4. 控制传热面积

从传热速率方程 $q=UA_m\Delta\theta_m$ 来看，使传热系数和传热平均温差基本保持不变，控制传热面积 A_m 可以改变传热量，从而达到控制出口温度的目的。图 5-2-6 所示是这种控制方案的一例，其控制阀装在冷凝液的排出管线上。控制阀开度的变化，使冷凝液的排出量发生变化，而在冷凝液液位以下都是冷凝液，它在传热过程中不发生相变化，其给热系数远较液位上部气相冷凝给热小，所以冷凝液位的变化实质上等于传热面积的变化。

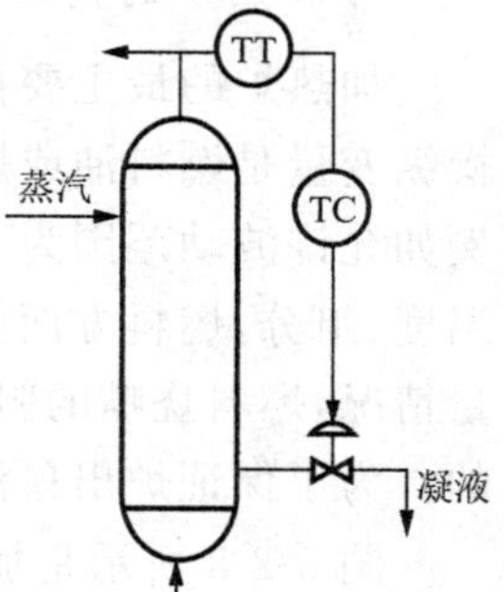

图 5-2-6　控制传热面积的方案

这种控制方案主要用于传热量较小、被控制温度较低的场合；在这种场合若采用控制载热体量——蒸汽的方法，可能会使凝液的排除发生困难，从而影响控制质量。

将控制阀装在冷凝液排出管线上，蒸汽压力有了保证，不会形成负压，这样可以控制工艺介质温度稳定。

传热面积改变过程的滞后影响，将降低控制质量，有时须设法克服。较有效的办法是采用串级控制方案，将这一环节包括于副回路内，以改善广义对象的特性。例如温度对凝液的液位串级，见图 5-2-7(a)；或者温度对蒸汽流量串级，而将控制阀仍装在凝液管路上，见图 5-2-7(b)。

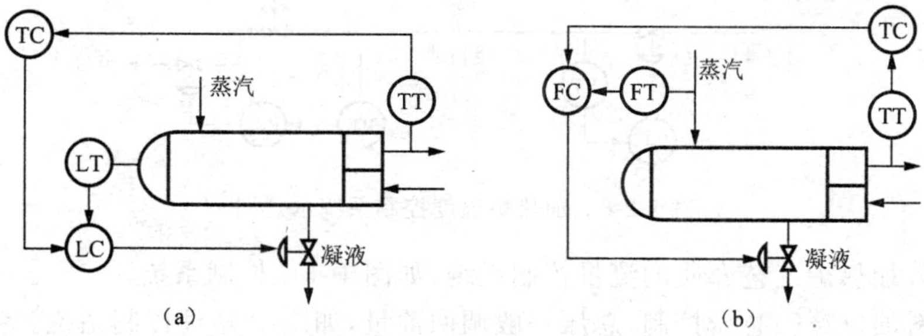

图 5-2-7　控制阀装在凝液管线上的两种串级控制方案

总的说来，因为传热设备是分布参数系统，近似地说，是具有时滞的多容过程，所以在检测元件的安装上须加注意，不论在位置上或是安装方法上，都应使测量滞后减到最低程度。正因为过程具有这样的特性，在控制器选型上适当引入微分作用是有益的，在有些时候是必要的。

5.2.3 管式加热炉的控制

在生产过程中有各式各样的加热炉，在炼油化工生产中常见的加热炉是管式加热炉。对于加热炉，工艺介质受热升温或同时进行汽化，其温度的高低会直接影响后一工序的操作工况和产品质量，同时当炉子温度过高时会使物料在加热炉内分解，甚至造成结焦，而烧坏炉管。加热炉的平稳操作可以延长炉管使用寿命，因此加热炉出口温度必须严加控制。

加热炉的对象特性一般从定性分析和实验测试获得。从定性角度出发，可看出其热量的传递过程是：炉膛炽热火焰辐射给炉管，经热传导、对流传热给工艺介质。所以与一般传热对象一样，具有较大的时间常数和纯滞后时间。特别是炉膛，它具有较大的热容量，故滞后更为显著，因此加热炉属于一种多容量的被控对象。

1. 加热炉的简单控制

加热炉的最主要控制指标是工艺介质的出口温度，此温度是控制系统的被控变量，而操纵变量是燃料油或燃料气的流量。对于不少加热炉来说，温度控制指标要求相当严格，例如允许波动范围为±1%～2%。影响炉出口温度的扰动因素有：工艺介质进料的流量、温度、组分，燃料方面有燃料油（或气）的压力、成分（或热值），燃料油的雾化情况，空气过量情况，燃料烧嘴的阻力，烟囱抽力等。在这些扰动因素中有的是可控的，有的是不可控的。为了保证炉出口温度稳定，对扰动因素应采取必要的措施。

图 5-2-8 所示是加热炉控制系统示意图，其主要控制系统是以炉出口温度为被控变量、燃料油（或气）流量为操纵变量组成的简单控制系统。其他辅助控制系统有：

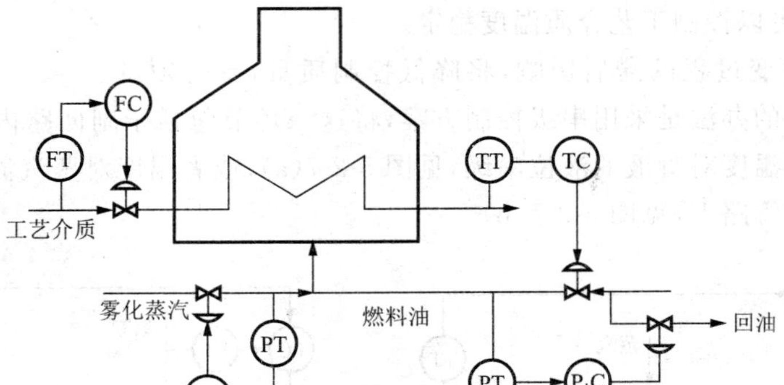

图 5-2-8 加热炉温度控制系统示意图

（1）进入加热炉工艺介质的流量控制系统，如图中 FC 控制系统。

（2）燃料油（或气）总压控制，总压一般调回油量，如图中 P_1C 控制系统。

（3）采用燃料油时，还需加入雾化蒸汽（或空气），为此设有雾化蒸汽压力系统，如图中 P_2C 控制系统，以保证燃料油的良好雾化。

采用雾化蒸汽压力控制系统后，在燃料油阀变动不大的情况下是可以满足雾化要求的。目前炼厂中大多数是采用这种方案的。

采用简单控制系统往往很难满足工艺要求，因为加热炉需要将工艺介质（物料）从几十度升温到数百度，其热负荷较大。当燃料油（或气）的压力或热值（组分）有波动时，就会引起炉出口温度的显著变化。采用简单控制时，当传热量改变后，由于传递滞后和测量滞后较大，作用不及时，而使炉出口温度波动较大，满足不了工艺生产的要求。

为了改善品质，满足生产的需要，石油化工、炼厂中加热炉大多采用串级控制系统。

2.加热炉的串级控制系统

由于扰动作用及炉子形式不同，加热炉的串级控制方案可以选用不同被控变量组成不同的串级控制系统，主要有以下方案：

(1) 炉出口温度对燃料油(或气)流量的串级控制(见图 5-2-9)。

(2) 炉出口温度对燃料油(或气)阀后压力的串级控制(见图 5-2-10)。

(3) 炉出口温度对炉膛温度的串级控制(见图 5-2-11)。

(4) 采用压力平衡式控制阀(浮动阀)的控制方案。

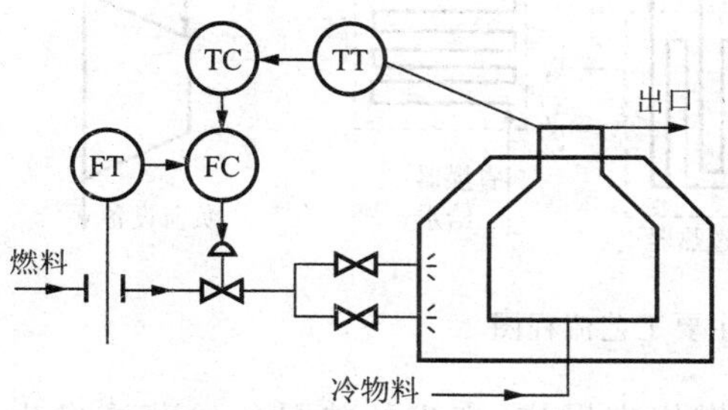

图 5-2-9 加热炉出口温度与燃料油流量串级控制系统

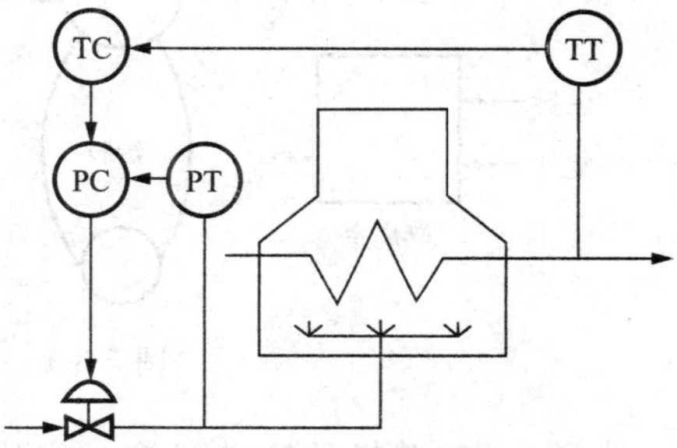

图 5-2-10 加热炉出口温度与燃料油压力串级控制系统

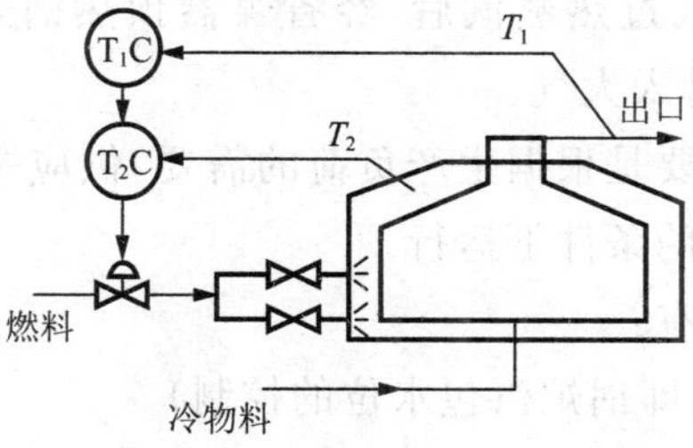

图 5-2-11 加热炉出口温度与炉膛温度串级控制系统

如果主要扰动在燃料的流动状态方面，例如阀前压力的变化，炉出口温度对燃料油流量的串级控制似乎是一种很理想的方案。但是燃料流量的测量比较困难，而压力测量比较方便，所以炉出口温度对燃料油(或气)阀后压力的串级控制系统应用很广泛。值得指出的是，如果燃烧嘴部分阻塞也会使阀后压力升高，此时副控制器的动作将使控制阀关小，这是不适宜的，运行中必须防止这种现象的发生。

当主要扰动是燃料油热值变化时，上述两种串级控制的副回路无法感受，此时采用炉出口温度对炉膛温度串级控制的方案更好些。但是，选择具有代表性、反映较快的炉膛温度检测点较困难，测温元件及其保护套管必须耐高温。

当燃料是气态时，采用压力平衡式控制阀(浮动阀)的方案颇有特色。这里采用压力平衡式控制阀代替了一般控制阀，节省了压力变送器，压力平衡式控制阀本身兼有压力控制器的功能，实现了串级控制。这种阀不用弹簧，不用填料，所以它没有摩擦，没有机械间隙，故工作灵敏度高、反应快，能获得较好的效果。

5.3 锅炉设备的控制

由于锅炉设备所使用的燃料种类、燃烧设备、炉体形式、锅炉功能和运行要求的不同，锅炉有各种各样的流程。常见的锅炉设备主要工艺流程如图 5-3-1 所示。

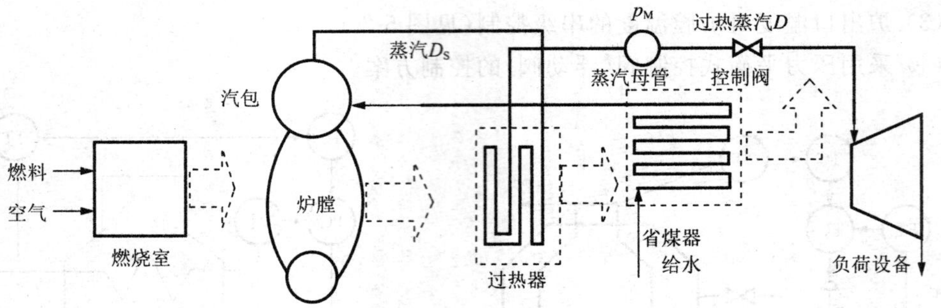

图 5-3-1 锅炉设备主要工艺流程图

由图可知，燃料和热空气按一定比例进入燃烧室燃烧，产生的热量传给蒸汽发生系统，产生饱和蒸汽 D_S。然后经过热器，形成一定气温的过热蒸汽 D，汇集至蒸汽母管。压力为 p_M的过热蒸汽，经负荷设备控制阀供给生产负荷设备使用。与此同时，燃烧过程中产生的烟气，将饱和蒸汽变成过热蒸汽后，经省煤器预热锅炉给水和空气预热器预热空气，最后经引风机送往烟囱排入大气。

锅炉设备的控制任务主要是根据生产负荷的需要，供应一定规格(压力、温度等)的蒸汽，同时使锅炉在安全、经济的条件下运行。

锅炉设备主要控制系统有：

(1) 给水自动控制系统(即锅炉汽包水位的控制)。

(2) 锅炉燃烧的自动控制。

(3) 过热蒸汽系统的自动控制。

5.3.1 锅炉汽包水位的控制

汽包水位是锅炉运行的主要指标，是一个非常重要的被控变量，维持水位在一定的范围内是保证锅炉安全运行的首要条件，这是因为：① 水位过高会影响汽包内汽水分离，饱和水蒸气带水过多，会使过热器管壁结垢导致损坏，同时过热蒸汽温度急剧下降，该过热蒸汽作为汽轮机动力的话，将会损坏汽轮机叶片，影响运行的安全与经济性；② 水位过低，则由于汽包内的水量较少而负荷很大时，水的汽化速度加快，因而汽包内的水量变化速度很快，如不及时控制就会使汽包内的水全部汽化，导致水冷壁烧坏，甚至引起爆炸。因此，锅炉汽包水位必须严加控制。

1. 汽包水位的动态特性

汽包水位不仅受汽包(包括循环水管)中贮水量的影响,亦受水位下气泡容积的影响。而水位下气泡容积与锅炉的负荷、蒸汽压力、炉膛热负荷等有关。因此,影响水位变化的因素很多,其中主要是锅炉蒸发量(蒸汽流量 D)和给水流量 W。下面着重讨论在给水流量作用下和蒸汽流量扰动下的水位过程的动态特性。

(1) 汽包水位在给水流量作用下的动态特性。

图 5-3-2 所示是给水流量作用下,水位的阶跃响应曲线。把汽包和给水看作单容量无自衡过程,水位阶跃响应曲线如图中 H_1 线。

但是由于给水温度比汽包内饱和水的温度低,所以给水流量增加后,从原有饱和水中吸取部分热量,这使得水位下气泡容积有所减少。当水位下气泡容积的变化过程逐渐平衡时,水位变化就完全反映了由于汽包中贮水量的增加而逐渐上升。最后当水位下气泡容积不再变化时,水位变化就完全反映了由于贮水量的增加而直线上升。因此,实际水位曲线如图中 H 线所示,即当给水量作阶跃变化后,汽包水位一开始不立即增加,而要呈现出一段起始惯性段,它近似于一个积分环节和时滞环节的串联。

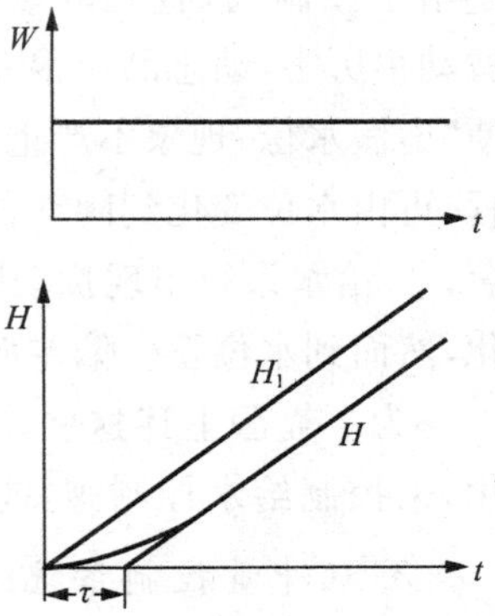

图 5-3-2 给水流量作用下水位阶跃响应曲线

给水温度低,时滞 τ 亦越大。对于非沸腾式省煤器的锅炉,$\tau=30\sim100$ s,对于沸腾式省煤器的锅炉,$\tau=100\sim200$ s。

(2) 汽包水位在蒸汽流量扰动下的动态特性。

在蒸汽流量 D 扰动作用下,水位的阶跃响应曲线如图 5-3-3 所示。当蒸汽流量 D 突然增加时,从锅炉的物料平衡关系来看,蒸汽量 D 大于给水量 W,水位应下降,如图中曲线 H_1 所示。但实际情况并非这样,由于蒸汽用量的增加,瞬间必然导致汽包压力的下降。汽包内的水沸腾突然加剧,水中气泡迅速增加,由于气泡容积增加而使水位变化的曲线如图中 H_2 所示。而实际显示的水位响应曲线 H 为 H_1+H_2。从图上可以看出,当蒸汽负荷增加时,虽然锅炉的给水量小于蒸发量,但在一开始时,水位不仅不下降反而迅速上升,然后再下降(反之,蒸汽流量突然减少时,则水位先下降,然后上升),这种现象称之为"虚假水位"。应该指出:当负荷变化时,水位下气泡容积变化而引起水位的变化速度是很快的,图中 H_2 的时间常数只有 10～20 s。

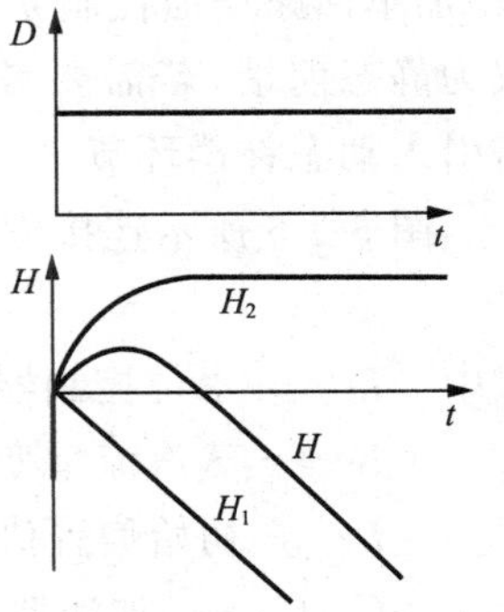

图 5-3-3 蒸汽流量扰动使用下的水位响应曲线使用

"虚假水位"变化的幅度与锅炉的工作压力和蒸发量有关。例如,一般 100～200 t/h 的中高压锅炉,当负荷变化 10%时,"虚假水位"可达 30～40 mm。"虚假水位"现象属于反向特性,这给控制带来一定困难,在设计控制方案时必须加以注意。

2. 单冲量水位控制系统

图 5-3-4 所示是一单冲量水位控制系统。这里的冲量一词指的是变量,单冲量即汽包水位。这种控制系统结构简单,是典型的单回路定值控制系统,在汽包内水的停留时间较长

且负荷又比较稳定的场合，这样的控制系统再配上一些联锁报警装置，也可以保证安全操作。

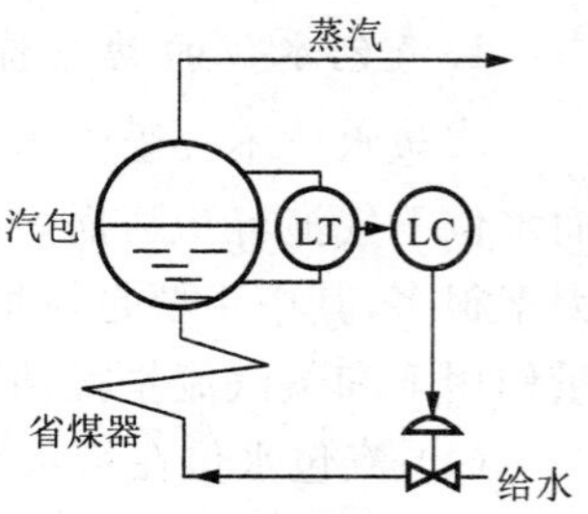

图 5-3-4　单冲量水位控制系统

然而，在停留时间较短且负荷变化较大时，采用单冲量水位控制系统就不再适用。这是由于：① 负荷变化时产生的“虚假水位”，将使控制器反向错误动作，负荷增大时反向关小给水控制阀，直到闪蒸汽化平息下来，将使水位严重下降，波动很厉害，动态品质很差；② 负荷变化时，控制作用缓慢，即使“虚假水位”现象不严重，从负荷变化到水位下降要有一个过程，再由水位变化到阀动作已滞后一段时间，如果水位过程时间常数很小，偏差必然相当显著；③ 给水系统出现扰动时，动作作用缓慢，假定给水泵的压力发生变化，进水流量立即变化，然而到水位发生偏差而使控制阀动作，同样不够及时。

为了克服上述这些矛盾，可以不仅依据水位，同时也参考蒸汽流量和给水流量的变化，来控制给水控制阀，能收到很好的效果，这就构成了双冲量或三冲量控制系统。

3. 双冲量控制系统

在汽包的水位控制中，最主要的扰动是负荷的变化。那么引入蒸汽流量来校正，不仅可以补偿“虚假水位”所引起的误动作，而且使给水控制阀的动作及时，这就构成了双冲量控制系统，如图 5-3-5 所示。

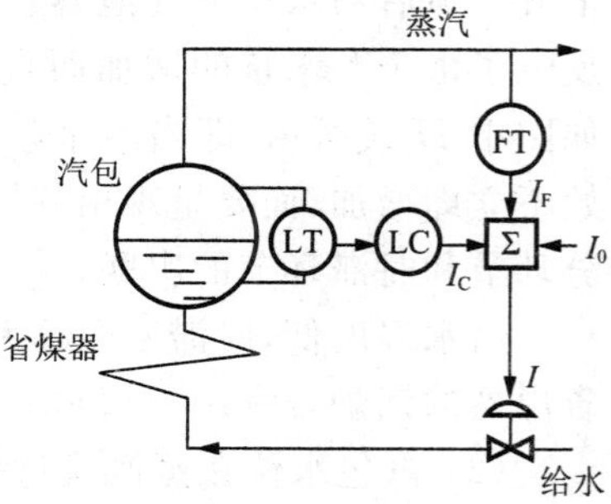

图 5-3-5　双冲量控制系统

从本质上看，双冲量控制系统是一个前馈（蒸汽流量）加单回路反馈控制系统的复合控制系统。这里前馈仅为静态前馈，若需要考虑两条通道在动态上的差异，需引入动态补偿环节。

图 5-3-5 所示连接方式中，加法器的输出 I 是

$$I = C_1 I_C \pm C_2 I_F \pm I_0$$

式中　I_C——水位控制器的输出；

I_F——蒸汽流量变送器（一般经开方器）的输出；

I_0——初始偏置值；

C_1，C_2——加法器的系数。

双冲量控制系统还有两个弱点，即控制阀的工作特性不一定是线性，这样要做到静态补偿就比较困难；同时对于给水系统的扰动不能直接补偿，为此将给水流量信号引入，构成三冲量控制系统。

4. 三冲量控制系统

（1）三冲量控制方案之一。

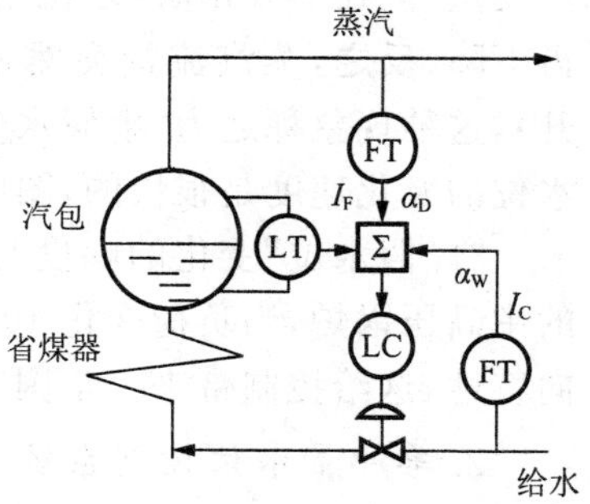

图 5-3-6　三冲量控制方案之一

图 5-3-6 所示是三冲量控制方案之一，该方案实质上是前馈（蒸汽流量）加反馈控制系统。这种三冲量控制方案结构简单，只需要一台多通道控制器，整个系统亦可看

作三冲量的综合信号为被控变量的单回路控制系统,所以投运和整定与单回路一样;但是如果系统设置不能确保物料平衡,当负荷变化时,水位将有余差。

系数 α_D 和 α_W 起什么作用呢?

第一是用来保证物料平衡,即在 $\Delta W=\alpha\Delta D$ 的条件下,多通道控制器蒸汽流量信号 $\alpha_D\Delta I_F$ 与给水流量信号 $\alpha_W\Delta I_C$ 应相等。

第二是用来确定前馈作用的强弱,因为上式仅知道 α_D 和 α_W 的比值,其大小依据过程特性确定,它反映了前馈作用的强弱。α_D 越大其前馈作用越强,则扰动出现时,控制阀开度的变化就越大。

(2) 三冲量控制方案之二。

三冲量控制方案之二如图 5-3-7 所示,该方案与方案之一相类似,仅是加法器位置从控制器前移至控制器后。该方案相当于前馈串级控制系统,而副回路的控制器比例度为 100%。该方案不管系数 α_D 和 α_W 如何设置,当负荷变化时,液位可以保持无差。

(3) 三冲量控制方案之三。

图 5-3-8 所示是三冲量控制方案之三,这是一种比较新型的接法,可以清楚地看出,这是前馈(蒸汽流量)与串级控制组成的复合控制系统。

在汽包停留时间较短,"虚假水位"严重时,需引入蒸汽流量信号的微分作用,如图 5-3-8 中虚线所示。这种微分作用应是负微分作用,起一个动态前馈补偿作用,以避免由于负荷突然增加或减少时,水位偏离给定值过高或过低而造成锅炉停车。

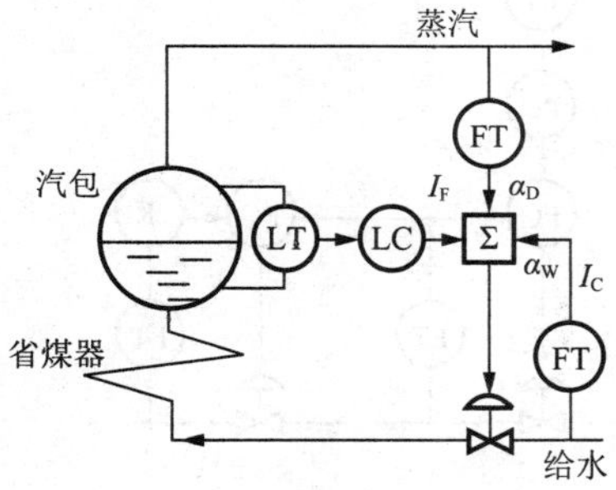

图 5-3-7 三冲量控制方案之二

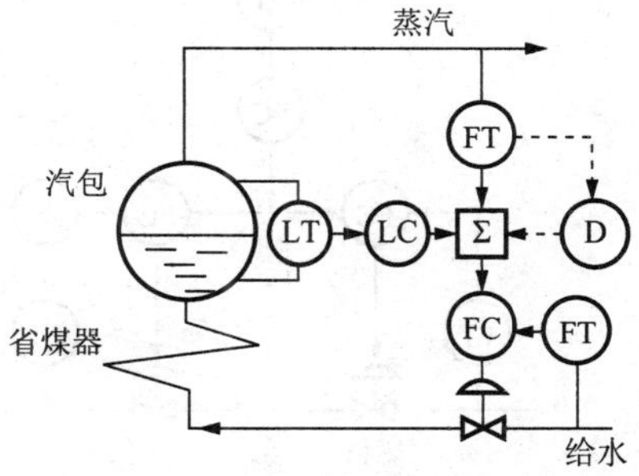

图 5-3-8 三冲量控制方案之三

5.3.2 锅炉燃烧系统的控制

锅炉燃烧系统的自动控制与燃料种类、燃烧设备以及锅炉形式等有密切关系。本节重点讨论燃油锅炉的燃烧系统控制方案。

1. 燃烧过程自动控制任务

燃烧过程自动控制的任务相当多。第一是要使锅炉出口蒸汽压力稳定。因此,当负荷扰动而使蒸汽压力变化时,通过控制燃料量(或送风量)使之稳定。第二是保证燃烧过程的经济性。在蒸汽压力恒定的条件下,要使燃料量消耗最少,燃烧尽量完全,使热效率最高,为此燃料量与空气量(送风量)应保持在一个合适的比例。第三保持炉膛负压恒定。通常用控制引风量使炉膛负压保持在微负压(−20~80 Pa),如果炉膛负压太小甚至为正,则炉膛内热烟气甚至火焰将向外冒出,影响设备和操作人员的安全。反之,炉膛负压太大，会使大量冷空气漏进炉内，从而使热量损失增加，降低燃烧效率。

与此同时，还须加强安全措施。例如，烧嘴背压太高时，可能使燃料流速过高而脱火，而烧嘴背压过低时又可能回火，这些都应设法防止。

2. 蒸汽压力控制和燃料与空气比值控制系统

蒸汽压力的主要扰动是蒸汽负荷的变化与燃料量的波动。当蒸汽负荷及燃料波动较小时，可以采用根据蒸汽压力来控制燃料量的单回路控制系统。而当燃料量波动较大时，可以采用蒸汽压力对燃料流量的串级控制系统。

燃料流量是随蒸汽负荷而变化的，所以作为主流量，与空气流量组成单闭环比值控制系统，以使燃料与空气保持一定比例，获得良好燃烧。

图 5-3-9 所示是燃烧过程的基本控制方案。图 5-3-9(a)方案是蒸汽压力控制器的输出同时作为燃料和空气流量控制器的给定值。这个方案可以保持蒸汽压力恒定，同时燃料量和空气量的比例是通过燃料控制器和送风控制器的正确动作而得到间接保证的。图 5-3-9(b)方案是蒸汽压力对燃料流量的串级控制，而送风量随燃料量变化而变化的比值控制，这样可以确保燃料量与送风量的比例。但是这个方案在负荷发生变化时，送风量的变化必然落后于燃料的变化，为此可设计为图 5-3-10 所示的燃烧过程改进控制方案。该方案在负荷减少时，先减少燃料量，后减少空气量；而负荷增加时，在增加燃料量之前，先加大空气量，以使燃烧完全。

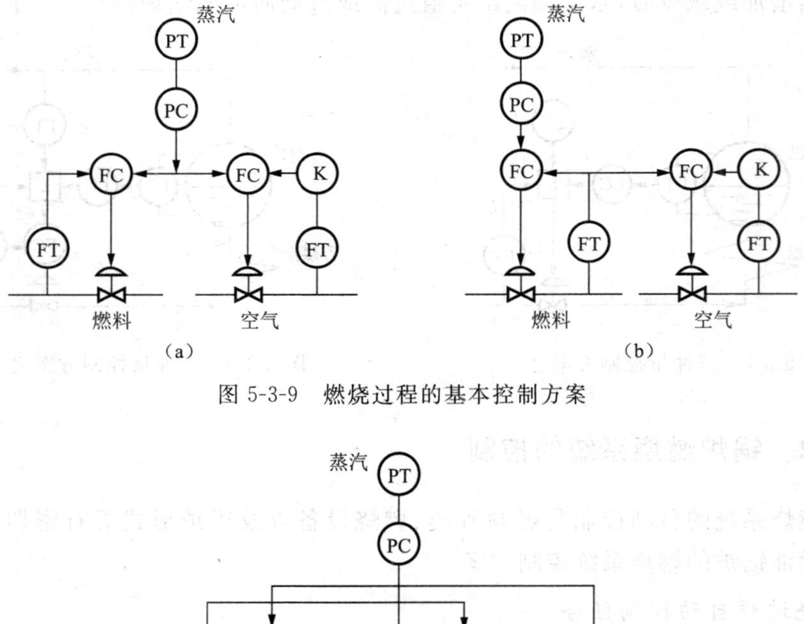

图 5-3-9　燃烧过程的基本控制方案

图 5-3-10　燃烧过程的改进控制方案

3. 炉膛负压控制与有关安全保护系统

炉膛负压一般通过控制引风量来保持在一定范围内。但对锅炉负荷变化较大时，采用单回路控制系统就比较难于保持。因为负荷变化后，燃料及送风控制器控制燃料量和送风量与负荷变化相适应。由于送风量变化时，引风量只有在炉膛负压产生偏差时，才由引风控制器去调节，这样引风量的变化落后于送风量，必然造成炉膛负压的较大波动。为此，可设计成图 5-3-11 所示的炉膛负压前馈-反馈控制系统。图 5-3-11(a)中送风控制器输出作为前馈信号，而图 5-3-11(b)中用蒸汽压力变送器输出作为前馈信号，这样可使引风控制器随着送风量协调动作，使炉膛负压保持恒定。

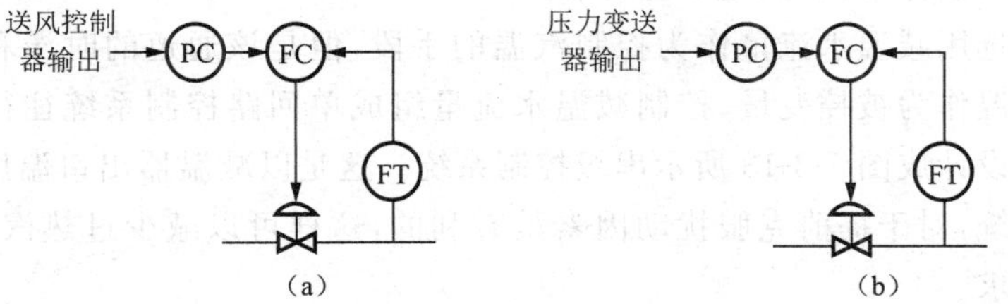

图 5-3-11 炉膛负压前馈-反馈控制系统

在此以图 5-3-12 所示的锅炉燃烧控制系统为例，来说明燃烧过程中的有关安全保护系统。如果燃料控制阀阀后压力过高，可能会使燃料流速过高，而造成脱火危险，此时由过压控制器 P_2C 通过低选器 LS 来控制燃料控制阀，以防止脱火的产生；如果燃料控制阀阀后压力过低，可能有回火的危险，由 PSA 系统带动联锁装置，将燃料控制阀上游阀切断，以防止回火。图中 P_1C 是蒸汽压力控制系统，依据蒸汽压力来控制燃料量。图中还有一炉膛负压的前馈-反馈控制系统。

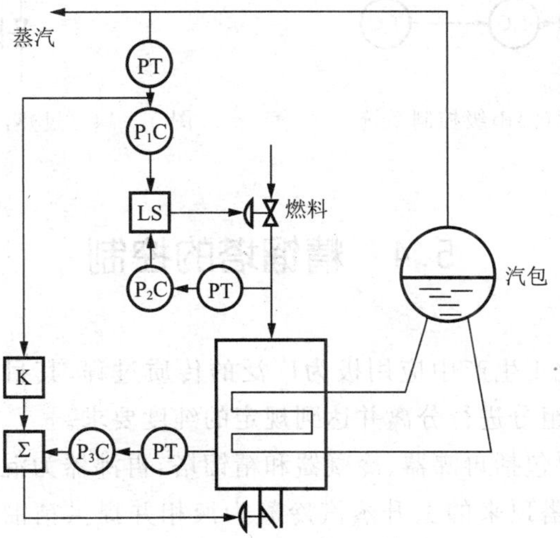

图 5-3-12 锅炉燃烧控制系统

5.3.3 蒸汽过热系统的控制

蒸汽过热系统包括一级过热器、减温器、二级过热器。蒸汽过热系统自动控制的任务是使过热器出口温度维持在允许范围内,并且保护过热器使管壁温度不超过允许的工作温度。

影响过热汽温的扰动因素很多,例如蒸汽流量、燃烧工况、引入过热器蒸汽的热焓(即减温水量)、流经过热器的烟气温度和流速等的变化都会影响过热汽温。在各种扰动下,汽温控制过程动态特性都有时滞和惯性且较大,这给控制带来一定困难,所以要选择好操纵变量和合理控制方案,以满足工艺要求。

目前广泛选用减温水流量作为控制汽温的手段,但是该通道的时滞和时间常数还太大。如果以汽温作为被控变量,控制减温水流量组成单回路控制系统往往不能满足生产的要求,因此,设计成图 5-3-13 所示串级控制系统。这是以减温器出口温度为副被控变量的串级控制系统,对于提前克服扰动因素是有利的,这样可以减少过热汽温的动态偏差,以满足工艺要求。

过热汽温的另一种控制方案是双冲量控制系统,如图 5-3-14 所示,这种控制方案实际上是串级控制的变形。

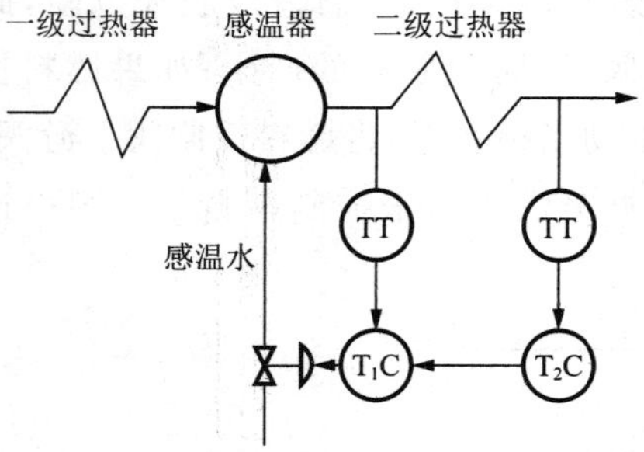

图 5-3-13 过热汽温串级控制系统

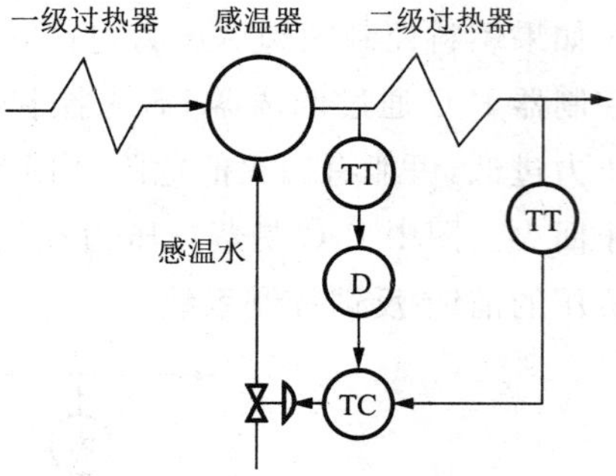

图 5-3-14 过热汽温双冲量控制系统

5.4 精馏塔的控制

精馏过程是现代化工生产中应用极为广泛的传质过程,其目的是利用混合液中各组分挥发度的不同,将各组分进行分离并达到规定的纯度要求。

精馏操作设备主要包括再沸器、冷凝器和精馏塔,再沸器为混合物液相中的轻组分转移提供能量,冷凝器将塔顶来的上升蒸汽冷凝为液相并提供精馏所需的回流。精馏塔是实现混合物组分分离的主要设备,其一般形式为圆柱形体,内部装有提供汽液分离的塔板,塔身设有混合物进料口和产品出料口。

精馏塔是精馏过程的关键设备,精馏过程是一个非常复杂的过程。在精馏操作中,被控变量多,可以选用的操纵变量也多,它们之间又可以有各种不同组合,所以,控制方案繁多。由于精馏对象的通道很多、反应缓慢、内在机理复杂、变量之间相互关联加之对控制要求又较高，因此必须深入分析工艺特性，总结实践经验结合具体情况才能设计出合理的控制方案。

5.4.1 工艺要求和扰动分析

1. 工艺要求

要对精馏塔实施有效的自动控制，必须首先了解精馏塔的控制目标。精馏塔的控制目标一般从质量指标、产品产量和能量消耗三方面考虑。任何精馏塔的操作情况也同时受约束条件的制约，因此，在考虑精馏塔控制方案时一定要把这些因素考虑进去。

(1) 保证质量指标。

质量指标(即产品纯度)必须符合规定的要求。一般应使塔顶或塔底产品之一达到规定的纯度，另一个产品的纯度也应该维持在规定的范围之内，或者塔顶和塔底的产品均应保证一定的纯度要求。

在精馏塔操作中使产品合格显然很重要。如果产品质量不合格，它的价值将远远低于合格产品，但绝不是说质量越高越好。由于质量超过规定，产品的价值并不因此而增加；而产品产量却可能下降，同时操作成本主要是能量消耗、物耗会增多，因此，总的价值反倒下降了。由此可见，除了要考虑使产品符合规格外，还应同时考虑产品的产量和能量消耗。

(2) 产品产量指标。

化工产品的生产要求是在达到一定质量指标要求的前提下，得到尽可能高的收率，这对于提高经济效益显然是有利的。

产品的收率 R_i 定义为产品量 P 与进料中该产品组分的量 F_{zi} 之比，即

$$R_i = P/F_{zi}$$

生产效益除了产品纯度与产品收率之间的关系，还必须考虑能量消耗因素。由精馏原理可知，用精馏塔进行混合物的分离是要消耗一定能量的；要使分离的产品质量越高，产品产量越多，所需的能量也就越大。

(3) 能耗要求和经济性指标。

精馏过程中消耗的能量，主要是再沸器的加热量和冷凝器的冷却量消耗；此外，塔和附属设备及管线也要散失部分能量。

在一定的纯度要求下，增加塔内的上升蒸汽是有利于提高产品回收率的；同时也意味着再沸器的能量消耗要增大，且任何事物总是有一定限度的，在单位进料量的能耗增加到一定数值后，再继续增加塔内的上升蒸汽，则产品回收率就增长不多了。应当指出精馏塔的操作情况，必须从整个经济效益来衡量。在精馏操作中，质量指标、产品回收率和能量消耗均是要控制的目标。其中质量指标是必要条件，在质量指标一定的条件下应在控制过程中使产品的产量尽可能高一些，同时能量消耗尽可能低一些。

(4) 约束条件。

为保证正常操作，需规定某些参数的极限值，并作为约束条件。塔内气体的流速过低

时，对于某些筛板精馏塔会产生漏液现象，从而影响操作降低塔板效率；而流速过高易产生液泛，将完全破坏塔的操作。由于塔板上液层增高，气相通过液层的阻力增大，因而可用测量差压的方法检测塔的液泛现象。当压差过高时，则通过差压控制系统减小气体流速。每个精馏塔都存在着一个最大操作压力限制，超过这个压力，塔的安全就没有保障。为精馏过程提供能量的再沸器和冷凝器，也都存在一定限制。再沸器的加热，受塔压和再沸器中液相介质最大汽化率的影响；同时再沸器两侧间的温差不能超过其临界温差，否则会导致给热系数下降，传热量降低。对冷凝器冷却能力影响最大的是冷却介质的温度，而在介质条件不变时，又与塔的操作压力有关；同时馏出产品组分的变化也将影响到冷凝器的冷却能力限制。在确定精馏塔的控制方案时，必须考虑到上述的约束条件，以使精馏塔工作于正常操作区内。

2. 扰动分析

和其他化工过程一样，精馏是在一定的物料平衡和能量平衡的基础上进行的，一切因素均通过物料平衡和能量平衡影响塔的正常操作。影响物料平衡的因素包括进料量和进料成分的变化，顶部馏出物及底部出料的变化。影响能量平衡的因素主要是进料温度或热焓的变化，再沸器加热量和冷凝器冷却量的变化，此外还有塔的环境温度等变化。同时，物料平衡和能量平衡之间又是相互影响的。

图 5-4-1 为精馏塔的物料流程图，可简单地视其为二元精馏。

在精馏塔的操作过程中，影响其质量指标的主要扰动有以下几种。

(1) 进料流量 F 的波动。进料量的波动通常是难免的。如果精馏塔位于整个生产过程的起点，则采用定值控制是可行的。但是，精馏塔的处理量往往是由上一工序决定的，如果一定要使进料量恒定，势必要设置很大的中间贮槽进行缓冲。工艺上新的趋势是尽可能减少或取消中间贮槽，而采取在上一工序设置液位均匀控制系统来控制出料，使塔的进料流量 F 波动比较平稳，尽量避免剧烈的变化。

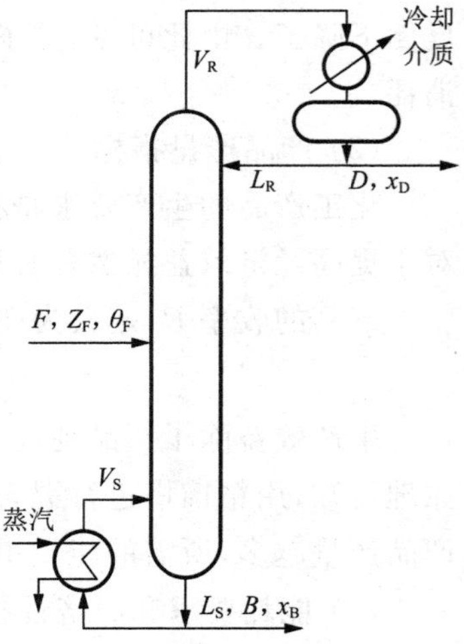

图 5-4-1　精馏塔的物料流程图

(2) 进料成分 Z_F 的变化。进料成分是由上一工序出料或原料情况决定的，因此对塔系统来讲，它是不可控的扰动。

(3) 进料温度 θ_F 及进料热量 Q_F 的变化。进料温度通常是较为恒定的。假如不恒定，可以先将进料预热，通过温度控制系统来使精馏塔进料温度恒定。然而，进料温度恒定时，只有当进料状态全部是汽态或全部是液态时，塔的进料热焓才能一定。当进料是汽液混合状态时，则只有当汽液两相的比例恒定时，进料热焓才能恒定。为了保持精馏塔的进料热焓恒定，必要时可通过热焓控制的方法来维持恒定。

(4) 再沸器加热剂(如蒸汽)加入热量的变化。当加热剂是蒸汽时，加入热量的变化往往是由蒸汽压力的变化引起的。可以通过蒸汽总管设置压力控制系统来加以克服，或者在串级控制系统的副回路中予以克服。

(5) 冷却剂在冷凝器内除去热量的变化。这个热量的变化会影响回流量或回流温度，它的变化主要是由于冷却剂的压力或温度变化引起的。一般冷却剂的温度变化较小，而压力的波动可采用克服加热剂压力变化的同样方法予以克服。

(6) 环境温度的变化。在一般情况下，环境温度的变化较小，但在采用风冷器作冷凝器时，则天气骤变与昼夜温差对塔的操作影响较大，它会使回流量或回流温度变化。为此，可采用内回流控制的方法予以克服。

由上述扰动分析可以看出，进料流量和进料成分的波动是精馏塔操作的主要扰动，而且往往是不可控的。其余扰动一般较小，而且往往是可控的，或者可以采用一些控制系统预先加以克服。

5.4.2 精馏塔被控变量的选择

精馏塔被控变量的选择，指的是实现产品质量控制、表征产品质量指标的选择。精馏塔产品质量指标选择有两类：直接产品质量指标和间接产品质量指标。在此重点讨论间接质量指标的选择。

精馏塔最直接的质量指标是产品成分。近年来成分检测仪表的发展很快，特别是工业色谱的在线应用，出现了直接按产品成分来控制的方案，此时检测点就可放在塔顶或塔底。然而由于成分分析仪表价格昂贵，维护保养复杂，采样周期较长，即反应缓慢，滞后较大，加上可靠性不够，应用受到了一定限制。

1. 采用温度作为间接质量指标

最常用的间接质量指标是温度。温度之所以可选作间接质量指标，这是因为对于一个二元组分精馏塔来说，在一定压力下，沸点和产品成分之间有单独的函数关系。因此，如果压力恒定，塔板温度就反映了成分。对于多元精馏塔来说，情况就比较复杂，然而炼油和石油化工生产中，许多产品由一系列碳氢化合物的同系物组成，在一定压力下，保持一定的温度，成分的误差就可忽略不计。在其余情况下，压力的恒定总是使温度参数能够反映成分变化的前提条件。由上述分析可见，在温度作为反映质量指标的控制方案中，压力不能有剧烈波动，除常压塔外，温度控制系统总是与压力控制系统联系在一起的。

采用温度作为被控变量时，选择塔内哪一点温度作为被控变量，应根据实际情况加以选择，主要有以下几种。

(1) 塔顶(或塔底)的温度控制。

一般来说，如果希望保持塔顶产品符合质量要求，即主要产品在顶部馏出时，以塔顶温度作为控制指标，可以得到较好的效果。同样，为了保证塔底产品符合质量要求，以塔底温度作为控制指标较好。为了保证另一产品质量在一定的规格范围内，塔的操作要有一定裕量。例如，如果主要产品在顶部馏出，操纵变量为回流量的话，再沸器的加热量要有一定富裕，以使在任何可能的扰动条件下，塔底产品的规格都在一定限度以内。

采用塔顶(或塔底)的温度作为间接质量指标，似乎最能反映产品的情况，实际上并不尽然。当要分离出较纯的产品时，在邻近塔顶的各板之间温差很小，所以要求温度检测装置有极高的精确度和灵敏度，这在实际上有一定困难。不仅如此，微量杂质（如某种更轻的组分）的存在，会使沸点起相当大的变化；塔内压力的波动，也会使沸点起相当大的变化，这些扰动很难避免。因此，目前除了像石油产品的分馏即按沸点范围来切割馏分的情况之外，凡是要得到较纯成分的精馏塔，现在往往不将检测点置于塔顶（或塔底）。

（2）灵敏板的温度控制。

在进料板与塔顶（或塔底）之间，选择灵敏板作为温度检测点。灵敏板实质上是一个静态的概念。所谓灵敏板，是指当塔的操作经受扰动作用（或承受控制作用）时，塔内各板的组分都将发生变化，各板温度亦将同时变化，直到新的稳态时，温度变化最大的那块板即称为灵敏板。同时，灵敏板也是一个动态的概念，前已说明灵敏板与上、下塔板之间浓度差较大，在受到扰动（或控制作用）时，温度变化的初始速度较快，即反应快，它反映了动态特性。

灵敏板位置可以通过逐板计算或计算机静态仿真，依据不同情况下各板温度分布曲线比较得出。但是，因为塔板效率不易估准，所以还须结合实践予以确定。具体的办法是先算出大致位置，在它的附近设置若干检测点，然后在运行过程中选择其中最合适的一点。

（3）中温控制。

取加料板稍上、稍下的塔板，或加料板自身的温度作为被控变量，这常称为中温控制。从其设计意图来看，希望及时发现操作线左右移动的情况，并得以兼顾塔顶和塔底成分的效果。这种控制方案在某些精馏塔上取得成功，但在分离要求较高时，或是进料浓度 Z_F 变动较大时，中温控制看来并不能正确反映塔顶或塔底的成分。

2. 采用压力补偿的温度作为间接质量指标

用温度作为间接质量指标有一个前提，就是塔内压力应恒定，虽然精馏塔的塔压一般设有控制系统，但对精密精馏等控制要求较高场合，微小压力变化将影响温度与组分间关系，造成产品质量控制难于满足工艺要求，为此需对压力的波动加以补偿，常用的有温差和双温差控制。

（1）温差控制。

在精密精馏时，可考虑采用温差控制。在精馏中，任一塔板的温度是成分与压力的函数，影响温度变化的因素可以是成分，也可以是压力。在一般塔的操作中，无论是常压塔、减压塔还是加压塔，压力都是维持在很小范围内波动，所以温度与成分才有对应关系。但在精密精馏中，要求产品纯度很高，两个组分的相对挥发度差值很小，由于成分变化引起的温度变化较压力变化引起温度的变化要小得多，所以微小压力波动也会造成明显的效应。例如，苯-甲苯-二甲苯分离时，大气压变化 6.67 kPa，苯的沸点变化 2 ℃，已超过了质量指标的规定。这样的气压变化是完全可能发生的，由此破坏了温度与成分之间的对应关系。所以在精密精馏时，用温度作为被控变量往往得不到好的控制效果，为此应该考虑补偿或消除压力微小波动的影响。

在选择温差信号时，检测点应按以下原则进行。例如当塔顶馏出液为主要产品时，应将一个检测点放在塔顶（或稍下一些），即成分和温度变化较小、比较恒定的位置，另一个检测点放在灵敏板附近，即成分和温度变化较大、比较灵敏的位置，然后取两者的温差 T_d

作为被控变量。只要这两点温度随压力变化的影响相等(或十分相近),即$\left(\frac{\partial T}{\partial p}\Delta p\right)$值相等,则选取温差作为被控变量时,其压力波动的影响就几乎相抵消。

在石油化工和炼油生产中,温差控制已成功地应用于苯-甲苯-二甲苯、乙烯-乙烷、丙烯-丙烷等精密精馏系统。要应用得好,关键在于选点正确、温差给定值合理(不能过大)以及操作工况稳定。

(2) 温差差值(双温差)控制。

采用温差控制还存在一个缺点,就是进料流量变化时,将引起塔内成分变化和塔内压降发生变化。这两者均会引起温差变化,前者使温差减小,后者使温差增加,这时温差和成分就不再呈现单值对应关系,难于采用温差控制。

采用温差差值控制后,若由于进料流量波动引起塔压变化对温差的影响,在塔的上、下段温差同时出现,因而上段温差减去下段温差的差值就消除了压降变化的影响。从国内外应用温差差值控制的许多装置来看,在进料流量波动影响下,仍能得到较好的控制效果。

5.4.3 精馏塔的控制方案

在了解精馏塔的操作要求和影响因素之后,就是如何确定精馏塔的控制方案。

设置精馏塔控制方案要考虑:

(1) 按物料及能量平衡关系进行控制。

(2) 设置质量控制系统。

(3) 静态和动态响应。

(4) 考虑控制系统间的关联影响。

(5) 考虑整个工艺生产过程的平稳操作。

为简化讨论,只谈及顶部和底部产品均为液相且没有侧线采出的情况。由于精馏塔的控制方案繁多,只按这些基本观点选择具有代表性的、常见的控制方案做介绍。

1. 按精馏段指标的控制方案

当对馏出液的纯度要求较之对釜液为高时,例如主要产品为馏出液时,往往按精馏段指标进行控制。这时,取精馏段某点成分或温度为被控变量,而以 L_R、D 或 V_S 作为操纵变量。可以使控制器输出直接作用于控制阀,控制某一物料的流量,也可以用串级控制的方式,作用于流量副环,作为该物料流量的给定值。后一种方式虽较复杂,但可更迅速有效地克服进入副环的扰动,并可降低对控制阀的特性要求,在需作精密控制时有所采用。

按精馏段指标控制,对塔顶产品的成分 x_D 有所保证,当扰动不很大的时候,塔底产品成分 x_B 的变动也不大,可由静态特性分析来确定出它的变化范围。

在采用这类方案时,于 L_R、D、V_S 及 B 四者之中选择一种作为控制成分的手段,选择另一种保持流量恒定,其余两者则按回流罐和再沸器的物料平衡,由液位控制器进行控制。

(1) 依据精馏段塔板温度来控制于 L_R,并保持 V_S 流量恒定。

这是在精馏段控制中最常用的方案(见图 5-4-2),它的主要控制系统是以精馏段塔板温度为被控变量,而以回流量为操纵变量。

需要指出，L_R的平稳是有利于精馏过程的，这样得以防止局部塔板发生液泛或低效率的情况。L_R的振荡会依次传到各块塔板，而且还会被反射上来。虽然轻微振荡的控制过程要比非振荡的快一些，但是对于精馏塔来说，平稳操作带来的好处更多。这在整定控制器参数时应予注意。

(2) 依据精馏段塔板温度来控制 D，并保持 V_S流量恒定（见图 5-4-3）。

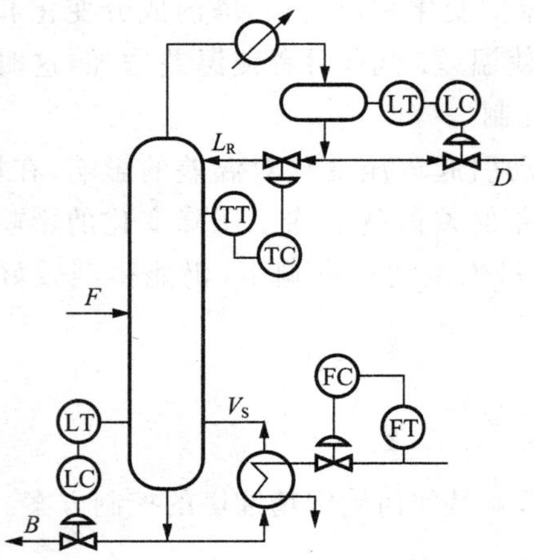

图 5-4-2 精馏段指标的控制方案之一

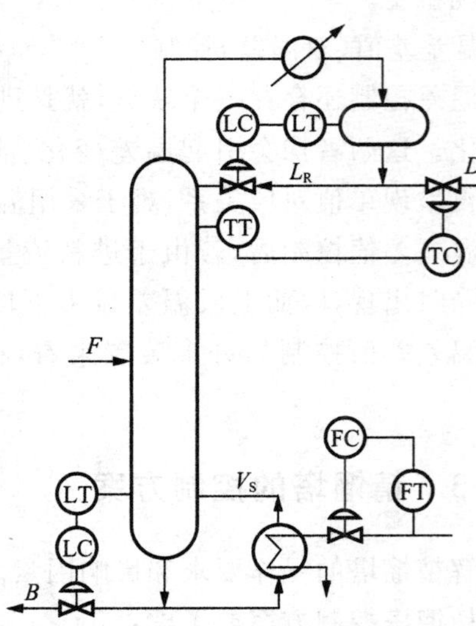

图 5-4-3 精馏段指标的控制方案之二

这在回流比（L_R/D）很大时比较适用。这类方案还有一个优点，就是在馏出液质量不合格时，D 的流出会自动暂时中断，进行全回流，这样可保证得到合格的产品。

在精馏段温控时，再沸器加热量应维持一定且足够大，以使塔在最大处理量时仍能保持塔底产品的质量指标在一定范围内。

精馏段温控的主要特点与使用场合如下：

① 由于采用了精馏段温度作为间接质量指标，因此它能较直接地反映精馏段的产品情况。当塔顶产品纯度要求比塔底严格时，一般宜采用精馏段温控方案。

② 如果扰动首先进入精馏段，例如气相进料时，由于进料量的变化首先影响塔顶的成分，所以采用精馏段温控就比较及时。

2. 提馏段指标的控制方案

当对釜液的成分要求较之对馏出液为高时，例如塔底为主要产品时，常常采用按提馏段指标控制的方案。同时，当对塔顶和塔底产品的质量要求相近时，如果是液相进料，也往往采用这类方案。原因是：在液相进料时，F 的变动先影响 x_B，用提馏段控制比较及时。常用的形式又分两类。

(1) 按提馏段塔板温度来控制加热蒸汽量，从而控制 V_S，并保持 L_R恒定或回流比恒定，此时，D 和 B 都是按物料平衡关系控制。图 5-4-4 所示即为一例。

可以说，这一类是目前应用最广的精馏塔控制方案，它比较简单、迅速，在一般情况下也比较可靠。

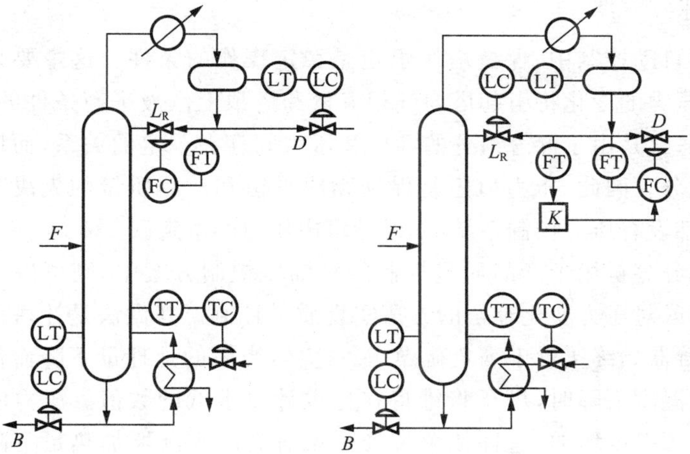

图 5-4-4　提馏段指标的控制方案之一

(2) 按提馏段温度控制釜液流量 B,并保持 L_R 恒定。此时,D 按回流罐的液位来控制,蒸汽量是按再沸器的液位来控制(见图 5-4-5)。

这类方案正像前面所述的按精馏段温度来控制 D 的方案那样,有其独特的优点和一定的弱点。优点是:当 B 的采出量小时,这样做比较平稳;当 B 不符合质量要求时,会自行暂停流出;对 F 的波动等扰动,控制比较及时。然而,要使 V_S 既比较平稳,又在 B 发生变化后能迅速地随之变化,从达到良好的控制品质来看,这样的要求是必要的,但在具体的实现上却有时会出现矛盾。因此,一方面,需在设备结构上设法使再沸器的容量不宜过大;另一方面,是在控制器整定参数上寻求解决,控制蒸汽量的液位控制系统一般应整定成非振荡的过程。

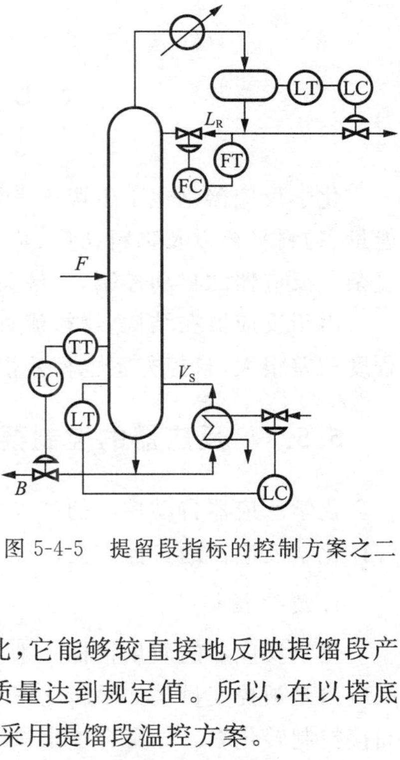

图 5-4-5　提留段指标的控制方案之二

提馏段温控的主要特点与使用场合如下。

① 由于采用了提馏段温度作为间接质量指标。因此,它能够较直接地反映提馏段产品情况。将提馏段恒定后,就能较好地保证塔底产品的质量达到规定值。所以,在以塔底采出为主要产品,对塔釜成分要求比对馏出液为高时,常采用提馏段温控方案。

② 当扰动首先进入提馏段时,例如在液相进料时,进料量或进料成分的变化首先要影响塔底的成分,故用提馏段温控就比较及时,动态过程也比较快。

由于提馏段温控时,回流量是足够大的,因而仍能使塔顶质量保持在规定的纯度范围内,这就是经常在工厂中看到的即使塔顶产品质量要求比塔底严格时,仍有采用提馏段温控的原因。

3. 压力控制

在精馏塔的自动控制中，保持塔压恒定是稳定操作的条件。这主要是由两方面的因素决定的：一是压力的变化将引起塔内气相流量和塔顶上汽液平衡条件的变化，导致塔内物料平衡的变化；二是由于混合组分的沸点和压力间存在一定的关系，而塔板的温度间接反映了物料的成分。因此，压力恒定是保证物料平衡和产品质量的先决条件。在精馏塔的控制中，往往都设有压力控制系统，来保持塔内压力的恒定。

而在采用成分分析用于产品质量控制的精馏塔控制方案中，则可以在可变压力操作下采用温度控制或对压力变化补偿的方法实现质量控制。其做法是让塔压浮动于冷凝器的约束，而使冷凝器始终接近于满负荷操作。这样，当塔的处理量下降而使热负荷降低或冷凝器冷却介质温度下降时，塔压将维持在比设计要求低的数值。压力的降低可以使塔内被分离组分的挥发度增加，这样使单位处理量所需的再沸器加热量下降，节省能量，提高经济效益。同时塔压的下降使同一组分的平衡温度下降，再沸器两侧的温度差增加，提高了再沸器的加热能力，减轻再沸器的结垢。

5.5 化学反应器的控制

化学反应器是化工生产中重要的设备之一，而化学反应过程伴有化学物理现象，涉及能量、物料平衡以及物料动量、热量和物质传递等过程，因此化学反应器的操作一般比较复杂。反应器的自动控制，直接关系到产品的质量、产量和安全生产。

由于反应器在结构、物料流程、反应机理和传热传质情况等方面的差异，自控的难易程度相差很大，自控方案也相差很大。

5.5.1 反应器的控制要求和被控变量的选择

化学反应器自动控制的基本要求，是使化学反应在符合预定要求的条件下自动进行。设计化学反应器的自控方案，一般要从质量指标、物料平衡、约束条件三方面加以考虑。

1. 质量指标

化学反应器的质量指标一般指反应的转化率或反应生成物的规定浓度。显然，转化率应当是被控变量。如果转化率不能直接测量，就只能选取与它相关的参数，经过运算去间接控制转化率。如聚合釜出口温差控制与转化率的关系为

$$y=\frac{\rho gc(\theta_o-\theta_i)}{x_iH}$$

式中 y——转化率；

θ_i，θ_o——进料与出料温度；

ρ——进料密度；

g——重力加速度；

c——物料的比热容；

x_i——进料浓度；

H——每摩尔进料的反应热。

上式表明，对于绝热反应器来说，当进料温度一定时，转化率与温度差成正比，即 $y=K(\theta_o-\theta_i)$。这是由于转化率越高，反应生成的热量也越多，因此物料出口的温度也越高。所以，以温差 $\Delta\theta=(\theta_o-\theta_i)$ 作为被控变量，可以来间接控制转化率的高低。

因为化学反应不是吸热就是放热，反应过程总伴随有热效应。所以，温度是最能够表征质量的间接控制指标。

也有用出料浓度作为被控变量的，如焙烧硫铁矿或尾砂，取出口气体中的 SO_2 含量作为被控变量。但是就目前情况，在成分仪表尚属于薄弱环节的条件下，通常是采用温度作为质量的间接控制指标构成各种控制系统，必要时再辅以压力和处理量（流量）等控制系统，即可保证反应器的正常操作。

以温度、压力等工艺变量作为间接控制指标，有时并不能保证质量稳定。当在扰动作用时，转化率和反应生成物组分等仍会受到影响。特别是在有些反应中，温度、压力等工艺变量和生成物组分之间不完全是单值对应关系，这就需要不断地根据工况变化去改变温度控制系统中的给定值。在有催化剂的反应器中，由于催化剂的活性变化，温度给定值也要随之改变。

2. 物料平衡

为使反应正常，转化率高，要求维持进入反应器的各种物料量恒定，配比符合要求。为此，在进入反应器前，往往采用流量定值控制或比值控制。另外，在有一部分物料循环的反应系统中，为保持原料的浓度和物料平衡，需另设辅助控制系统，如氨合成过程中的惰性气体自动排放系统。

3. 约束条件

对于反应器，要防止工艺变量进入危险区或不正常工况。例如，在不少催化接触反应中，温度过高或进料中某些杂质含量过高，将会损坏催化剂；在流化床反应器中，流体速度过高，会将固相吹走，而流速过低，又会让固相沉降；等等。为此，应当配备一些报警、联锁装置或设备取代控制系统。

5.5.2 釜式反应器的控制

釜式反应器在化学工业中应用十分普遍，除广泛用作聚合反应外，在有机染料、农药等行业中还经常采用釜式反应器来进行碳化、硝化、卤化等反应。

反应温度的测量与控制是实现釜式反应器最佳操作的关键问题，下面主要针对温度控制进行讨论。

1. 控制进料温度

图 5-5-1 是这类方案的示意图。物料经过预热器（或冷却器）进入反应釜。通过改变进入预热器（或冷却器）的热剂量（或冷却量），可以改变进入反应釜的物料温度，从而达到维持釜内温度恒定的目的。

2. 改变传热量

由于大多数反应釜均有传热面，以引入或移去反应热，所以用改变传热量多少的方法就能实现温度控制。图 5-5-2 为一带夹套的反应釜。当釜内温度改变时，可用改变加热剂（或冷却剂）流量的方法来控制釜内温度。这种方案的结构比较简单，使用仪表少，但由于反应釜容量大，温度滞后严重，特别是当反应釜用来进行聚合反应时，釜内物料黏度大、热传递较差，混合又不易均匀，就很难使温度控制达到严格要求。

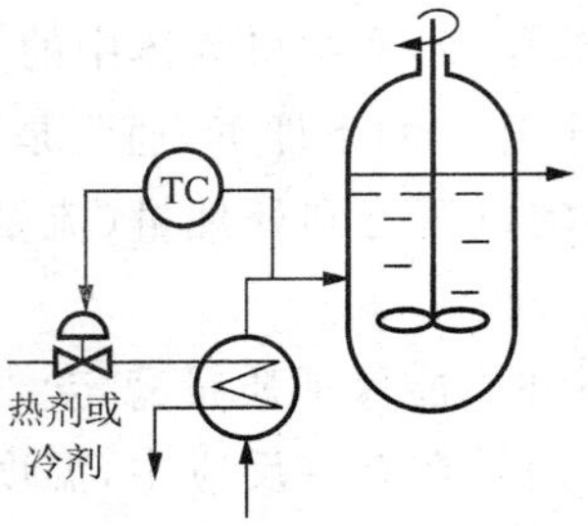

图 5-5-1　控制进料温度方案

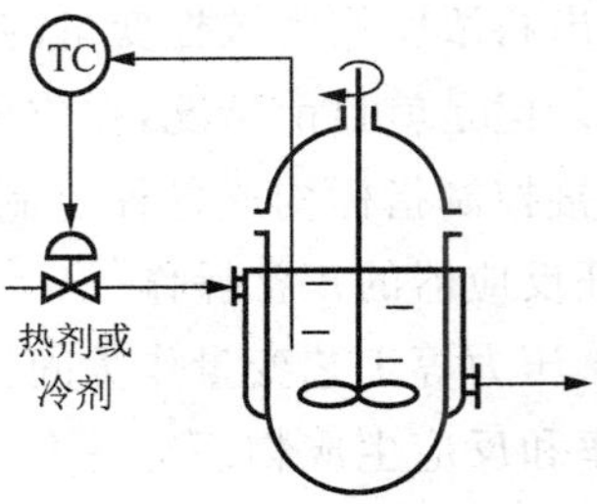

图 5-5-2　改变传热控制方案

3. 串级控制

为了针对反应釜滞后较大的特点，可采用串级控制方案。根据进入反应釜的主要扰动的不同情况，可以采用釜温与热剂（或冷剂）流量串级控制（见图 5-5-3）、釜温与夹套温度串级控制（见图 5-5-4）及釜温与釜压串级控制（见图 5-5-5）等。

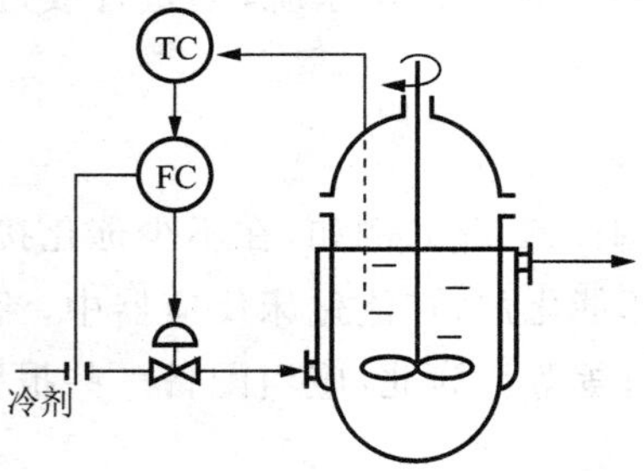

图 5-5-3　反应釜串级控制方案之一

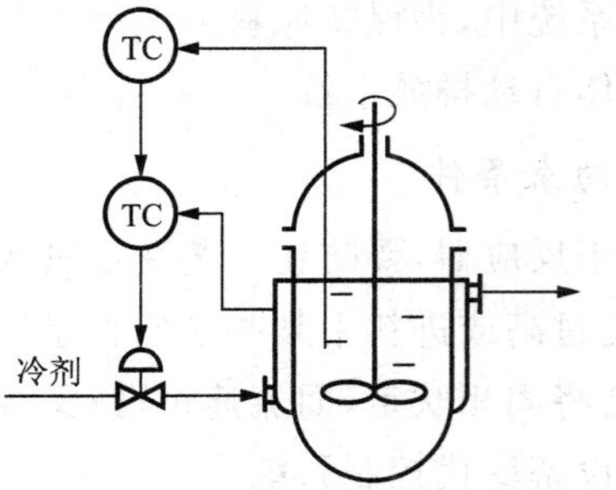

图 5-5-4　反应釜串级控制方案之二

5.5.3　固定床反应器的控制

固定床反应器是指催化剂床层固定于设备中不动的反应器，流体原料在催化剂作用下进行化学反应以生成所需反应物。

固定床反应器的温度控制十分重要。任何一个化学反应都有自己的最适宜温度。最适宜温度综合考虑了化学反应速度、化学平衡和催化剂活性等因素。最适宜温度通常是转化率的函数。

温度控制首要的是要正确选择敏点位置，把感温元件安装在敏点处，以便及时反映整个催化剂床层温度的变化。多段的催化剂床层往往要求分段进行温度控制，这样可使操作更趋合理。常见的温度控制方案有下列几种。

1. 改变进料浓度

对放热反应来说，原料浓度越高，化学反应放热量越大，反应后温度也越高。以硝酸生产为例，当氨浓度在 9%～11%范围内时，氨含量每增加 1%可使反应温度提高 60～70 ℃。图 5-5-6 是通过改变进料浓度以保证反应温度恒定的一个实例，改变氨和空气比值就相当于改变进料的氨浓度。

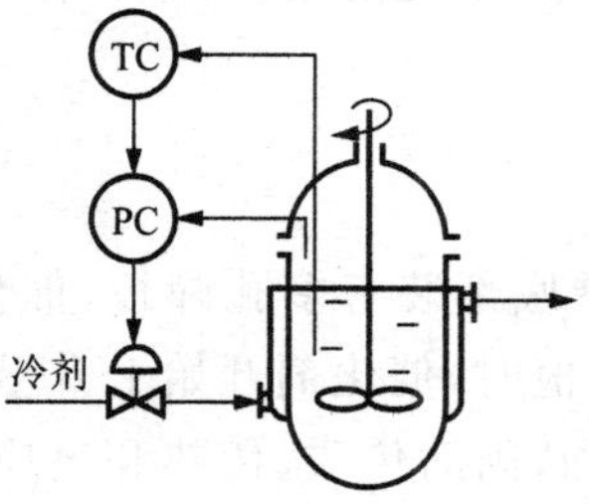

图 5-5-5 反应釜串级控制方案之三

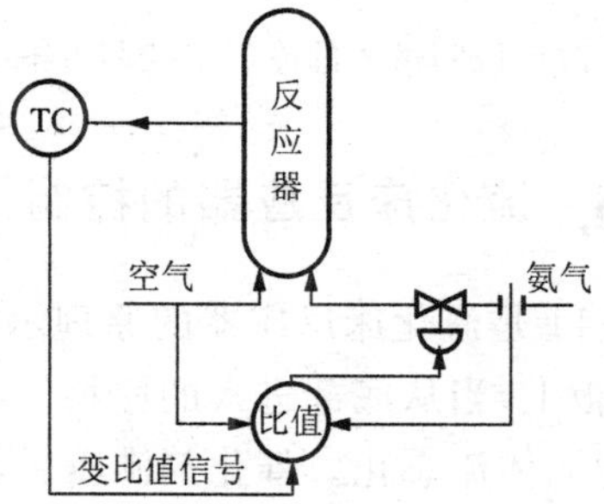

图 5-5-6 改变进料浓度控制方案

2. 改变进料温度

改变进料温度，整个床层温度就会变化，这是由于进入反应器的总热量随进料温度变化而改变的缘故。若原料进反应器前需预热，可通过改变进入换热器的载热体流量，以控制反应床上的温度，如图 5-5-7 所示，也有按图 5-5-8 所示方案通过改变旁路流量大小来控制床层温度的。

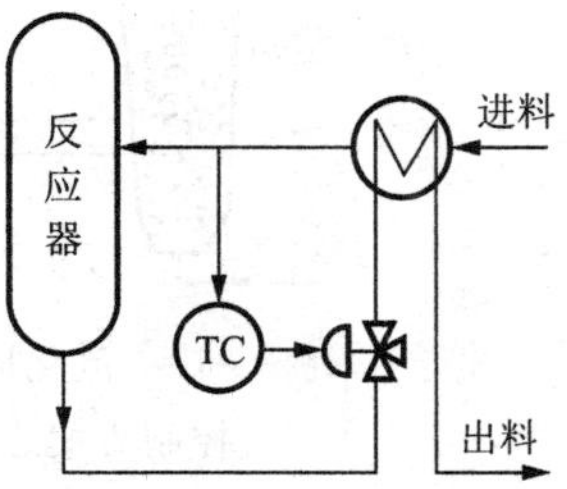

图 5-5-7 改变旁路流量控制方案之一

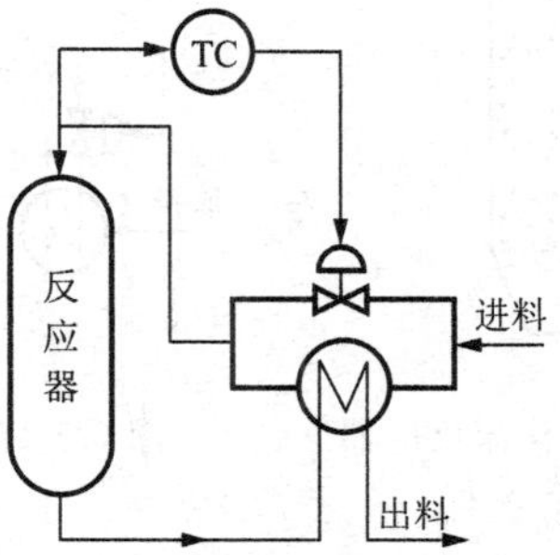

图 5-5-8 改变旁路流量控制方案之二

3. 改变段间进入的冷气量

在多段反应器中，可将部分冷的原料气不经预热直接进入段间，与上一段反应后的热气体混合，从而降低了下一段入口气体的温度。图 5-5-9 所示为硫酸生产中用 SO_2 氧化成 SO_3 的固定床反应器温度控制方案。这种控制方案由于冷的那一部分原料气少经过一段催化剂层，所以原料气总的转化率有所降低。另外一种情况，如在合成氨生产工艺中，当用水蒸气与一氧化碳变换成氢气时，为了使反应完全，进入变换炉的水蒸气往往是过量很多的，这时段间冷气采用水蒸气则不会降低一氧化碳的转变率，图 5-5-10 所示为这种方案的原理图。

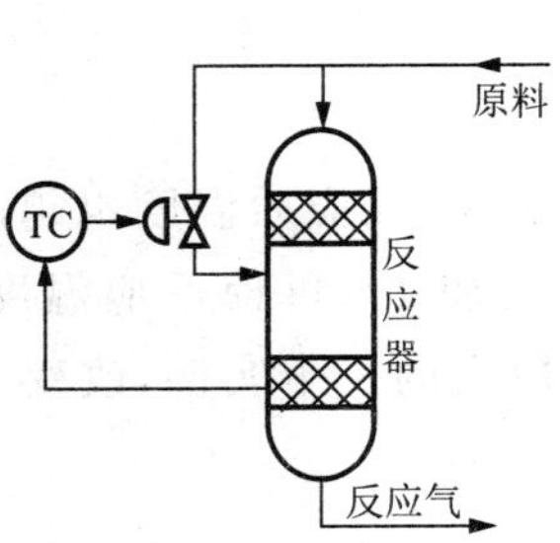

图 5-5-9　改变段间进入的冷气量控制方案之一

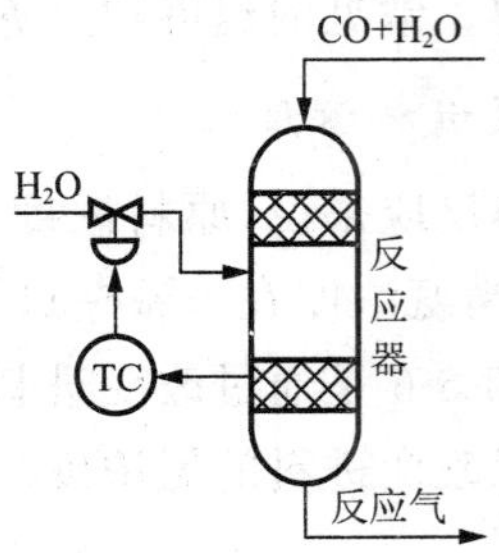

图 5-5-10　改变段间进入的冷气控制方案之二

5.5.4　流化床反应器的控制

图 5-5-11 是流化床反应器的原理示意图。反应器底部装有多孔筛板，催化剂呈粉末状，放在筛板上，当从底部进入的原料气流速达到一定值时，催化剂开始上升呈沸腾状，这种现象称为固体流态化。催化剂沸腾后，由于搅动剧烈，因而传质、传热和反应强度都高，并且有利于连续化和自动化生产。

与固定床反应器的自动控制相似，流化床反应器的温度控制是十分重要的。为了自动控制流化床的温度，可以通过改变原料入口温度(见图 5-5-12)，也可以通过改变进入流化床的冷却剂流量(见图 5-5-13)，以控制流化床反应器内的温度。

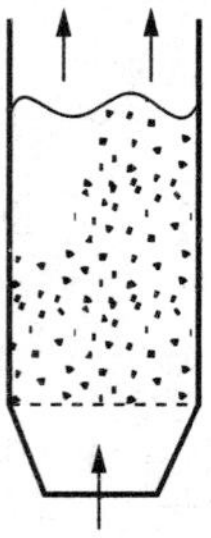

图 5-5-11　流化床反应器的原理示意图

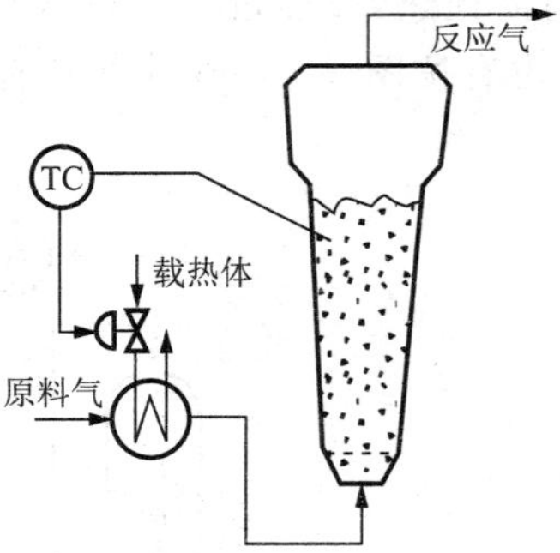

图 5-5-12　流化床反应器控制方案之一

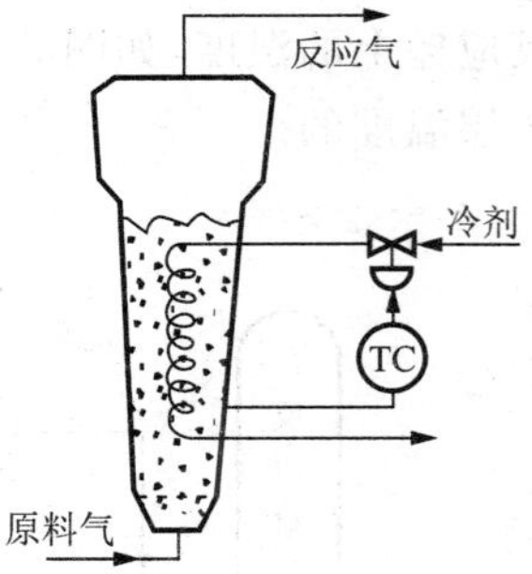

图 5-5-13　流化床反应器控制方案之二

在流化床反应器内，为了了解催化剂的沸腾状态，常设置差压指示系统，如图 5-5-14 所示。在正常情况下，差压不能太小或太大，以防止催化剂下沉或冲跑的现象。当反应器中有结块、结焦和堵塞现象时，也可以通过差压仪表显示出来。

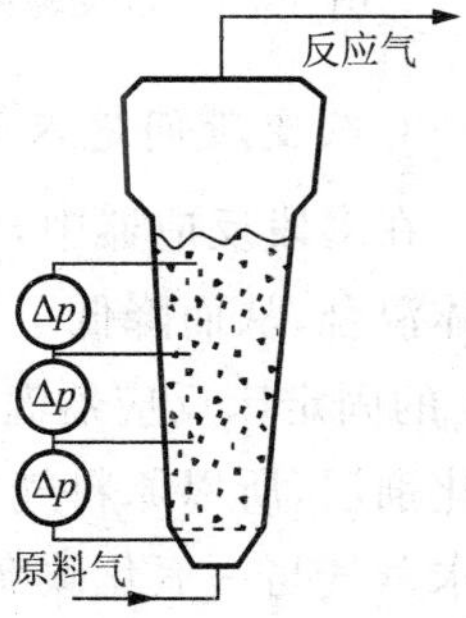

图 5-5-14　流化床反应器差压指示系统

5.5.5　管式裂解反应器的控制

管式反应器广泛应用在气相或液相的连续反应，它能承受较高的压力，也便于热量的交换，结构类似于列管式换热器。根据化学反应的热交换性质可分为吸热和放热两大类。石油工业中的管式反应器多称管式炉，用于吸热反应居多。管内进行反应，管外利用燃料燃烧加热。在控制的特点方面，此类吸热反应对象是开环稳定的；由于反应器内部存在热量、动量、质量的传递过程，其扰动因素较多。下面以乙烯裂解炉为例简单介绍一下管式裂解反应器的自动控制。

1. 乙烯裂解炉工艺特点

裂解反应必须由外界不断供给大量热量，在高温下进行。其本质是用外界能量使原料中的碳链断裂，而断裂链又进行聚合缩合等反应，所以裂解过程中伴随着错综复杂的反应，并有众多的产物。例如原料中的丁烷裂解为丙烯、甲烷、乙烯、乙烷、碳、氢等，而乙烷又可以裂解为乙烯和氢，乙烯又可以脱氢成为乙炔和氢或转变为丁二烯等。

乙烯裂解炉为垂直倒梯台形。几十根裂解管在炉中垂直排列，炉体上部为辐射段，下部为对流段；炉顶、炉侧设置许多喷嘴，燃烧油和燃烧气由此喷出燃烧加热裂解管；原料油进入对流段预热部分预热，再和稀释蒸汽混合加热后，在裂解管通过并发生裂解反应，反应后的裂解气立即进急冷锅炉急冷，停止裂解反应，以免生成的乙烯、丙烯等进一步裂解。此后裂解气再经油淬冷器水冷等送到压缩分离工段，把产品分离出来。影响裂解的主要因素是反应温度、反应时间、水蒸气量。

2. 控制方案

图 5-5-15 为裂解炉的控制图，主要包括三个控制回路：原料油流量控制，稀释蒸汽流量控制和出口裂解气温度控制。

(1) 原料油流量控制。原料油流量的变化使得进入反应器的反应物变化，既影响反应温度也影响反应的时间，所以必须设置流量控制回路，采用定值控制。

(2) 蒸汽流量控制。为提高乙烯收率以及防止裂解管结焦，可以一定比例的蒸汽混入原料油。采用蒸汽流量控制回路后保证了蒸汽量的恒定。由于原料油流量采用定值控制，所以实际上是保证原料油和蒸汽量的比值控制。

(3) 裂解管出口温度控制。当原料油流量和蒸汽流量稳定后，裂解质量主要由反应温度决定。由于反应温度在裂解管不同位置是不一样的，且同一位置不同管子结焦情况不一，反应温度也有所区别。一般选定裂解管出口温度作为被控变量，操纵变量为燃烧气或燃烧油的流量。

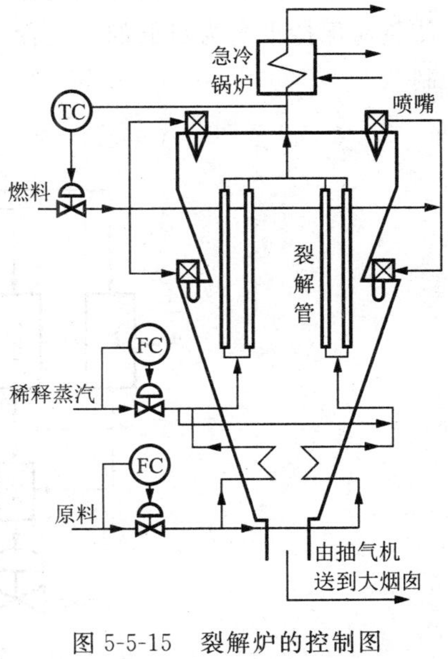

图 5-5-15 裂解炉的控制图

该控制方案比较简单，在工况稳定的情况下可以满足要求。由于燃烧油要通过燃烧加热炉膛，再加热裂解管才影响到出口温度，因此，控制通道较长，时间常数较大。当工况经常变化时，就难以满足控制要求，此时可采用出口温度对燃烧油流量的串级控制加以解决。

3. 乙烯裂解炉的平稳控制

反应温度控制是控制裂解炉正常生产的关键。上述控制方案并不能保证炉内各管子的正常生产。裂解炉中有许多裂解管,通常按裂解管的排列情况分为若干组,每组对应若干喷嘴。裂解管总管出口温度是各裂解管出口温度的平均温度。由于安装、制造、结焦情况不同,各组裂解管的加热、反应情况都不同(严格讲,每根管子的情况也不一样)。这就形成裂解管出口温度的不均匀性,温度高的容易结焦。因此工艺上要求各组炉管之间的温差不能太大。而上述方案显然满足不了这种要求。对应每组裂解管设置一个温度控制回路,被控变量取自多组管的出口温度,操纵变量为每组对应的喷嘴的燃烧油流量,通过控制阀加以控制。此时就存在各组之间的相互关联的影响。由于裂解炉的结构非常紧凑,裂解管排列的很近,其中任意一个控制阀的变化,对其他组的炉管也有影响。

为了尽量减少各组炉管之间的温度差别,使它们出口温度相一致。在每个控制阀前配置一个偏差设定器称为 TXC,对控制阀开度进行修正。此时作用于控制阀的是控制回路信号和修正信号之和。修正信号对各组裂解管之间的影响进行修正,达到解耦控制的目的,如图 5-5-16 所示。当炉出口温度相差太大,上述解耦控制不能实现炉管出口温度一致时,可采用在总负荷保持不变的前提下,借助于各组炉管原料油流量的改变,达到炉管温度一致,这就叫作裂解炉的温度控制。

裂解炉的解耦控制和温度控制都是以保持同一裂解炉各组炉管的出口温度一致,且使负荷保持平衡为目的的。它使整个生产得以平稳运行。因而统称为裂解炉的“平稳控制”。

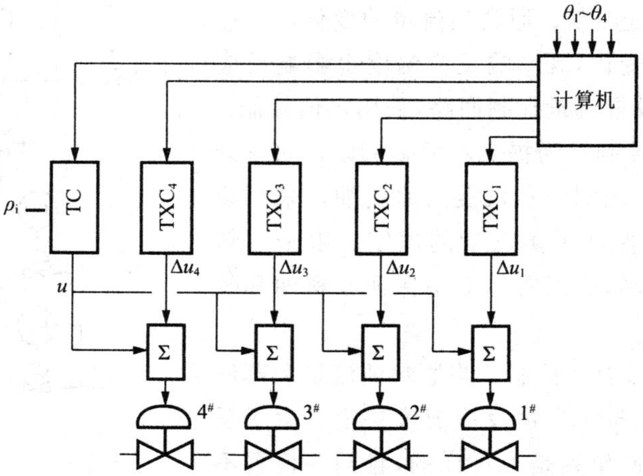

图 5-5-16 裂解炉炉管出口温度解耦控制原理框图

5.5.6 鼓泡床反应器的控制

当进行气液相反应时常用鼓泡床反应器。这在石油化工、无机化工、生物化工和制药工业等方面有许多应用。由于气液反应的特点,鼓泡床操作的基本要求,一是控制好气相和液相量;二是保持一定的液位,以免因液位过高使气体带液严重,或者液位太低气体停留时间太短而影响反应;三是维持保证反应质量的温度。因此,鼓泡床的控制方案主要根据这些要求来设置。

1. 保证反应物料稳定的流量控制

流量控制回路如图 5-5-17 所示，包括气相进料流量控制回路和液相进料流量控制回路。可以采用单回路定值控制和比值控制等方式。这样保证反应物料量稳定，减少其变化对反应的影响。在使用催化剂的鼓泡床反应器中，催化剂量一般也应有流量控制。但当其流量太小，难以测量时，可用定量泵、高位槽加入等方式尽量使其稳定。

2. 温度控制

在反应物料稳定、流量稳定的情况下，温度一般是衡量反应情况好坏的标志。即使在质量控制情况下，温度变化往往是反应变化的先导，要比质量指标灵敏，而且也是监视反应不致超温达到危险程度的标志之一。因此，鼓泡床反应器均设置温度控制回路。

操纵变量多为冷却剂量，可以是总冷却剂量，也可以是上冷却器水量遥控，单独控制下冷却器水量。图 5-5-17 中给出后者的温度控制。

3. 液位控制

当鼓泡床不是采用溢流方式时，要有液位控制，以保证反应的正常进行。

图 5-5-18 是液位控制的最常见最简单的控制方案。其缺点是不管反应是否合格，只要有进料就必须有出料。

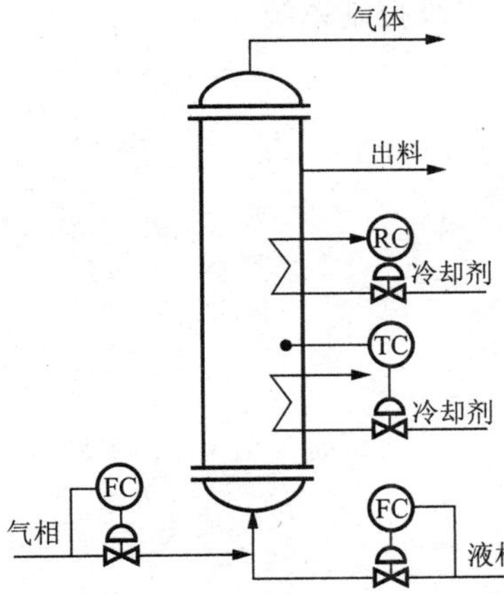

图 5-5-17　反应物料流量稳定的控制

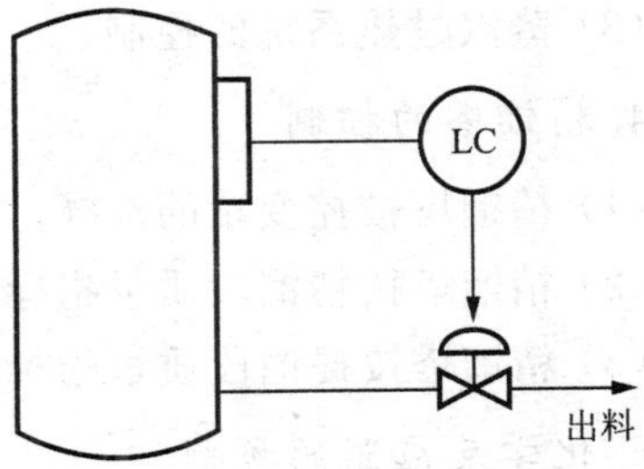

图 5-5-18　液位控制

液位控制的另一方案是用液位控制液相进料，而用反应温度控制出料。其中比值控制为保证气、液相进料之间的比例。反应温度仍然由控制冷却剂量来实现。这一方案，可以克服上一方案的不足。以放热反应为例，当流量增加使反应温度上升时，通过温度控制回路的控制，一方面加大冷却剂量；另一方面关小出口阀门，通过液位控制减少进料量，加速温度下降。两个温度控制回路用同一测量元件和变送器，是为了避免两个回路用两套测量系统带来误差。用两个控制器，是为了满足不同对象对控制器参数的不同要求。

液位测量，采用差压法或外沉筒式比较合适。但在安装和校验时要注意到液位静止体积与反应在鼓泡时体积膨胀的区别。内浮筒式测量，波动较大，不宜用作液位控制的输入。

4. 压力控制

压力波动对进料的影响一般要比液位波动时对进料影响大而且也影响到温度。为了充分利用反应器的体积，增加气液接触时间，控制的液位较高，液位的上部的空间也较小，对于强放热反应会产生骤爆的反应，设置压力控制和报警等紧急措施就更显得重要。压力控制可装在本设备上，也可装在后继设备上；可采用单回路控制，也可采用分程控制，正常情况下控制小阀，不正常时控制大阀。

小　　结

主要内容讲述了几种典型的生产过程操作单元的基本控制方案。

1. 流体输送设备

(1) 离心泵、往复泵、压缩机的控制方案。

(2) 离心式压缩机的防喘振控制。

2. 传热设备的控制

(1) 传热设备的静态数学模型。

(2) 管式加热炉的两种控制方案：简单控制系统和串级控制系统。

3. 锅炉设备的控制

(1) 锅炉汽包水位的控制。

(2) 锅炉燃烧系统的控制。

(3) 蒸汽过热系统的控制。

4. 精馏塔的控制

(1) 精馏塔被控变量的选择。

(2) 精馏塔按精馏段质量指标的控制方案。

(3) 精馏塔按提馏段质量指标的控制方案。

5. 化学反应器的控制

(1) 化学反应器的控制要求和被控变量的选择。

(2) 釜式反应器的控制。

(3) 固定床反应器的控制。

(4) 流化床反应器的控制。

(5) 管式裂解反应器的控制。

思考题与习题

1. 离心泵的流量控制方案有哪几种形式？

2. 离心泵与往复泵流量控制方案有哪些相同点与不同点?
3. 何谓离心式压缩机的喘振? 产生喘振条件是什么?
4. 离心式压缩机防喘振控制方案有哪几种? 简述适用场合。
5. 试述一般传热设备的控制方案,并举例说明。
6. 锅炉设备主要控制系统有哪些?
7. 锅炉水位有哪三种控制方案? 说明它们的应用场合。
8. 试述锅炉燃烧系统的控制方案。
9. 简述加热炉的控制方案。
10. 精馏塔对自动控制有哪些基本要求?
11. 精馏塔操作的主要扰动有哪些?
12. 精馏段和提馏段的温控方案有哪些? 分别使用在什么场合?
13. 什么是温差控制、双温差控制? 特点和使用场合各是什么?
14. 化学反应器对自动控制的基本要求是什么?
15. 为什么对大多数化学反应器来说,其主要的被控变量都是温度?
16. 如何实现釜式、固定床和流化床反应器的温度自动控制?

附　　录

附录1　部分压力单位的换算关系

附表1-1　部分压力单位换算关系

单位	帕/Pa	巴/bar	毫米水柱/mmH_2O	标准大气压/atm	工程大气压/at	毫米汞柱/mmHg
帕/Pa	1	1×10^{-5}	$1.019\ 716\times10^{-1}$	$0.986\ 923\times10^{-5}$	$1.019\ 716\times10^{-5}$	$0.750\ 06\times10^{-2}$
巴/bar	1×10^{5}	1	$1.019\ 716\times10^{4}$	0.986 923	1.019 716	$0.750\ 06\times10^{3}$
毫米水柱/mmH_2O	$0.980\ 665\times10$	$0.980\ 665\times10^{-4}$	1	$0.967\ 841\times10^{-4}$	1×10^{-4}	$0.735\ 559\times10^{-1}$
标准大气压/atm	$1.013\ 25\times10^{5}$	1.013 25	$1.033\ 227\times10^{4}$	1	1.033 227	0.76×10^{3}
工程大气压/at	$0.980\ 665\times10^{5}$	0.980 665	1×10^{4}	0.967 841	1	$0.735\ 559\times10^{3}$
毫米汞柱/mmHg	$1.333\ 224\times10^{2}$	$1.333\ 224\times10^{-3}$	$1.359\ 51\times10$	$1.315\ 79\times10^{-3}$	$1.359\ 51\times10^{-3}$	1

附录 2 热电偶分度表

附表 2-1 铂铑$_{10}$-铂热电偶(S 型)分度表(参考端温度为 0 ℃)

温度/℃	0	10	20	30	40	50	60	70	80	90
	热电势/mV									
0	0.000	0.055	0.113	0.173	0.235	0.299	0.365	0.432	0.502	0.573
100	0.645	0.719	0.795	0.872	0.950	1.029	1.109	1.190	1.273	1.356
200	1.440	1.525	1.611	1.698	1.785	1.873	1.962	2.051	2.141	2.232
300	2.323	2.414	2.506	2.599	2.692	2.786	2.880	2.974	3.069	3.164
400	3.260	3.356	3.452	3.549	3.645	3.743	3.840	3.938	4.036	4.135
500	4.234	4.333	4.432	4.532	4.632	4.732	4.832	4.933	5.034	5.136
600	5.237	5.339	5.442	5.544	5.648	5.751	5.855	5.960	6.064	6.169
700	6.274	6.380	6.486	6.592	6.699	6.805	6.913	7.020	7.128	7.236
800	7.345	7.454	7.563	7.672	7.782	7.892	8.003	8.114	8.225	8.336
900	8.448	8.560	8.673	8.786	8.899	9.012	9.126	9.240	9.355	9.470
1 000	9.585	9.700	9.816	9.932	10.048	10.165	10.282	10.400	10.517	10.635
1 100	10.754	10.872	10.991	11.110	11.229	11.348	11.467	11.587	11.707	11.827
1 200	11.947	12.067	12.188	12.308	12.429	12.550	12.671	12.792	12.913	13.034
1 300	13.155	13.276	13.397	13.519	13.640	13.761	13.883	14.004	14.125	14.247
1 400	14.368	14.489	14.610	14.731	14.852	14.973	15.094	15.215	15.336	15.456
1 500	15.576	15.697	15.817	15.937	16.057	16.176	16.296	16.415	16.534	16.653
1 600	16.771	16.890	17.008	17.125	17.245	17.360	17.477	17.594	17.711	17.826
1 700	17.924	18.056	18.170	18.282	18.394	18.504	18.612			

附表 2-2 铂铑$_{30}$-铂铑$_{6}$ 热电偶(B 型)分度表(参考端温度为 0 ℃)

温度/℃	0	10	20	30	40	50	60	70	80	90
	热电势/mV									
0	0.000	−0.002	−0.003	−0.002	−0.000	0.002	0.006	0.011	0.017	0.025
100	0.033	0.043	0.053	0.065	0.078	0.092	0.107	0.123	0.141	0.159
200	0.178	0.199	0.220	0.243	0.267	0.291	0.317	0.344	0.372	0.401
300	0.431	0.462	0.494	0.527	0.561	0.596	0.632	0.669	0.707	0.746
400	0.787	0.828	0.870	0.913	0.957	1.002	1.048	1.095	1.143	1.192
500	1.242	1.293	1.344	1.397	1.451	1.505	1.561	1.617	1.675	1.733

续附表 2-2

温度/℃	0	10	20	30	40	50	60	70	80	90
	热电势/mV									
600	1.792	1.852	1.913	1.975	2.037	2.101	2.165	2.230	2.296	2.363
700	2.431	2.499	2.569	2.639	2.710	2.782	2.854	2.928	3.002	3.078
800	3.154	3.230	3.308	3.386	3.466	3.546	3.626	3.708	3.790	3.873
900	3.957	4.041	4.127	4.213	4.299	4.387	4.475	4.564	4.653	4.743
1 000	4.834	4.926	5.018	5.111	5.205	5.299	5.394	5.489	5.585	5.682
1 100	5.780	5.878	5.976	6.075	6.175	6.276	6.377	6.478	6.580	6.683
1 200	6.786	6.890	6.995	7.100	7.205	7.311	7.417	7.524	7.632	7.740
1 300	7.848	7.957	8.066	8.176	8.286	8.397	8.508	8.620	8.731	8.844
1 400	8.956	9.069	9.182	9.296	9.410	9.524	9.639	9.753	9.868	9.984
1 500	10.099	10.215	10.331	10.447	10.563	10.679	10.796	10.913	11.029	11.146
1 600	11.263	11.380	11.497	11.614	11.731	11.848	11.965	12.082	12.199	12.316
1 700	12.433	12.549	12.666	12.782	12.898	13.014	13.130	13.246	13.361	13.476
1 800	13.591	13.706	13.820							

附表 2-3　镍铬-铜镍热电偶(E 型)分度表(参考端温度为 0 ℃)

温度/℃	0	10	20	30	40	50	60	70	80	90
	热电势/mV									
0	0.000	0.591	1.192	1.801	2.419	3.047	3.683	4.329	4.983	5.646
100	6.317	6.996	7.683	8.377	9.078	9.787	10.501	11.222	11.949	12.681
200	13.419	14.161	14.909	15.661	16.417	17.178	17.942	18.710	19.481	20.256
300	21.033	21.814	22.597	23.383	24.171	24.961	25.754	26.549	27.345	28.143
400	28.943	29.744	30.546	31.350	32.155	32.960	33.767	34.574	35.282	36.190
500	36.999	37.808	38.617	39.426	40.236	41.045	41.853	42.662	43.470	44.278
600	45.085	45.891	46.697	47.502	48.306	49.109	49.911	50.713	51.513	52.312
700	53.110	53.907	54.703	55.498	56.291	57.083	57.873	58.663	59.451	60.237
800	61.022	61.806	62.588	63.368	64.147	64.924	65.700	66.473	67.245	68.015
900	98.783	69.549	70.313	71.075	71.835	72.593	73.350	74.104	74.857	75.608

附表 2-4　镍铬-镍硅热电偶(K 型)分度表(参考温度为 0 ℃)

温度/℃	0	10	20	30	40	50	60	70	80	90
	热电势/mV									
0	0.000	0.397	0.798	1.203	1.612	2.023	2.436	2.851	3.267	3.682
100	4.096	4.509	4.920	5.328	5.735	6.138	6.540	6.941	7.340	7.739

续表 2-4

温度/℃	0	10	20	30	40	50	60	70	80	90
	热电势/mV									
200	8.138	8.539	8.940	9.343	9.747	10.153	10.561	10.971	11.382	11.295
300	12.209	12.624	13.040	13.457	13.874	14.293	14.713	15.133	15.554	15.975
400	16.397	16.820	17.243	17.667	18.091	18.516	18.941	19.366	19.792	20.218
500	20.644	21.071	21.497	21.924	22.350	22.776	23.203	23.629	24.055	24.480
600	24.905	25.330	25.755	26.179	26.602	27.025	27.447	27.869	28.289	28.710
700	29.129	29.548	29.965	30.382	30.798	31.213	31.628	32.041	32.453	32.865
800	33.275	33.685	34.093	34.501	34.908	35.313	35.718	36.121	36.524	36.925
900	37.326	37.725	38.124	38.522	38.918	39.314	39.708	40.101	40.494	40.885
1 000	41.276	41.665	42.053	42.440	42.826	43.211	43.595	43.978	44.359	44.740
1 100	45.119	45.497	45.873	46.249	46.623	46.995	47.367	47.737	48.105	48.473
1 200	48.838	49.202	49.565	49.926	50.286	50.644	51.000	51.355	51.708	52.060
1 300	52.410	52.759	53.106	53.451	53.795	54.138	54.479	54.819		

附录 3 热电阻分度表

附表 3-1 工业用铂热电阻(Pt100)分度表(R_0=100 Ω)

温度/℃	0	1	2	3	4	5	6	7	8	9
	热电阻/Ω									
−150	39.71	39.30	38.88	38.46	38.04	37.63	37.21	36.79	36.37	35.95
−140	43.87	43.45	43.04	42.63	42.21	41.79	41.38	40.96	40.55	40.13
−130	48.00	47.59	47.18	46.76	46.35	45.94	45.52	45.11	44.70	44.28
−120	52.11	51.70	51.29	50.88	50.47	50.06	49.64	49.23	48.82	48.41
−110	56.19	55.78	55.38	54.97	54.56	54.15	53.74	53.33	52.92	52.52
−100	60.25	59.85	59.44	59.04	58.63	58.22	57.82	57.41	57.00	56.60
−90	64.30	63.90	63.49	63.09	62.68	62.28	61.87	61.47	61.06	60.66
−80	68.33	67.92	67.52	67.12	66.72	66.31	65.91	65.51	65.11	64.70
−70	72.33	71.93	71.53	71.13	70.73	70.33	69.93	69.53	69.13	68.73
−60	76.33	75.93	75.53	75.13	74.73	74.33	73.93	73.53	73.13	72.73
−50	80.31	79.91	79.51	79.11	78.72	78.32	77.92	77.52	77.13	76.73

续附表 3-1

温度/℃	0	1	2	3	4	5	6	7	8	9
	热电阻/Ω									
−40	84.27	83.88	83.48	83.08	82.69	82.29	81.89	81.50	81.10	80.70
−30	88.22	87.83	87.43	87.04	86.64	86.25	85.85	85.46	85.06	84.67
−20	92.16	91.77	91.37	90.98	90.59	90.19	89.80	89.40	89.01	88.62
−10	96.09	95.69	95.30	94.91	94.52	94.12	93.73	93.34	92.95	92.55
0	100.00	99.61	99.22	98.83	98.44	98.04	97.65	97.26	96.87	96.48
0	100.00	100.39	100.78	101.17	101.56	101.95	102.34	102.73	103.13	103.51
10	103.90	104.29	104.68	105.07	105.46	105.85	106.24	106.63	107.02	107.40
20	107.79	108.18	108.57	108.96	109.35	109.73	110.12	110.51	110.90	111.28
30	111.67	112.06	112.45	112.83	113.22	113.61	113.99	114.38	114.77	115.15
40	115.54	115.93	116.31	116.70	117.08	117.47	117.85	118.24	118.62	119.01
50	119.40	119.78	120.16	120.55	120.93	121.32	121.70	122.09	122.47	122.86
60	123.24	123.62	124.01	124.39	124.77	125.16	125.54	125.92	126.31	126.69
70	127.07	127.45	127.84	128.22	128.60	128.98	129.37	129.75	130.13	130.51
80	130.89	131.27	131.66	132.04	132.42	132.80	133.18	133.56	133.94	134.32
90	134.70	135.08	135.46	135.84	136.22	136.60	136.98	137.36	137.74	138.12
100	138.50	138.88	139.26	139.64	140.02	140.39	140.77	141.15	141.53	141.91
110	142.29	142.66	143.04	143.42	143.80	144.17	144.55	144.93	145.31	145.68
120	146.06	146.44	146.81	147.19	147.57	147.94	148.32	148.70	149.07	149.45
130	149.82	150.20	150.57	150.95	151.33	151.70	152.08	152.45	152.83	153.20
140	153.58	153.95	154.32	154.70	155.07	155.45	155.82	156.19	156.57	156.94
150	157.31	157.69	158.06	158.43	158.81	159.18	159.55	159.93	160.30	160.67
160	161.04	161.42	161.79	162.16	162.53	162.90	163.27	163.65	164.02	164.39
170	164.76	165.13	165.50	165.87	166.24	166.61	166.98	167.35	167.72	168.09
180	168.46	168.83	169.20	169.57	169.94	170.31	170.68	171.05	171.42	171.79
190	172.16	172.53	172.90	173.26	173.63	174.00	174.37	174.74	175.10	175.47
200	175.84	176.21	176.57	176.94	177.31	177.68	178.04	178.41	178.78	179.14
210	179.51	179.88	180.24	180.61	180.97	181.34	181.71	182.07	182.44	182.80
220	183.17	183.53	183.90	184.26	184.63	184.99	185.36	185.72	186.09	186.45
230	186.82	187.18	187.54	187.91	188.27	188.63	189.00	189.36	189.72	190.09
240	190.45	190.81	191.18	191.54	191.90	192.26	192.63	192.99	193.35	193.71
250	194.07	194.44	194.80	195.16	195.52	195.88	196.24	196.60	196.96	197.33
260	197.69	198.05	198.41	198.77	199.13	199.49	199.85	200.21	200.57	200.93

续附表 3-1

温度/℃	0	1	2	3	4	5	6	7	8	9
	热电阻/Ω									
270	201.29	201.65	202.01	202.36	202.72	203.08	203.44	203.80	204.16	104.52
280	204.88	205.23	205.59	205.95	206.31	206.67	207.02	207.38	207.74	208.10
290	208.45	208.81	209.17	209.52	209.88	210.24	210.59	210.95	211.31	211.66
300	212.02	212.37	212.73	213.09	213.44	213.80	214.15	214.51	214.86	215.22